Wärmetausch-Fibel I

Dr. Manfred Nitsche

Wärmetausch-Fibel I

für die Planung und Auslegung in der Praxis

VULKAN VERLAG

Bibliografische Information Der Deutschen Nationalbibliothek
Die Deutsche Nationalbibliothek verzeichnet diese Publikation in der Deutschen Nationalbibliografie; detaillierte bibliografische Daten sind im Internet über http://dnb.d-nb.de abrufbar.

ISBN 978-3-8027-2775-7

Huyssenallee 52–56, 45128 Essen, Deutschland
Telefon: 0201 82002-0, Internet: www.vulkan-verlag.de
Kontakt: Nico Hülsdau, n.huelsdau@vulkan-verlag.de

Satz: e-Mediateam Michael Franke, Bottrop
Druck: Druckerei Chmielorz GmbH, Wiesbaden

Vorwort

Liebe Leserin, lieber Leser,

Dieses Buch ist keine akademische Abhandlung, sondern ein Buch zur einfachen Bewältigung der tagtäglichen Probleme in der Praxis und zur Veranschaulichung der wesentlichen Einflussgrößen bei der Auslegung eines Wärmetauschers, Kondensators oder Verdampfers.

Alle Berechnungen werden anhand von praktischen Beispielen erklärt, die ich auch seit vielen Jahren in meinen Seminaren verwende.

In diesem Buch wird Ihnen für die tägliche Praxis gezeigt, wie man bei der Auslegung eines Wärmetauschers vorgeht, wie man die für die Wärmeübertragung wirksame Temperaturdifferenz ermittelt und wie man die Wärmeübergangszahlen mit einfachen Gleichungen berechnet.

Die wichtigsten Einflussparameter für die Wärmeübergangszahlen werden vorgestellt. Verschiedene Rechenmodelle werden miteinander verglichen. Es wird gezeigt, wie man die für Gemische benötigten Tau- und Siedelinien berechnet.

Aus der Vielzahl der veröffentlichten Berechnungsmethoden habe ich die Modelle ausgewählt, die einfach mit einem Handkalkulator zu rechnen sind und die sichere Ergebnisse liefern. Diese von mir aus dem vorhandenen Schrifttum ausgewählten Modelle habe ich als Nitsche-Methoden bezeichnet, weil ich sie empfehle.

In der Zeit von 1966 bis 2007 habe ich viele Chemieanlagen berechnet, geplant und gebaut: Destillationsanlagen mit Verdampfern, Kondensatoren und Wärmetauschern für Fettalkohole, Fettsäuren, Nitrochlorbenzole, Amine und Kohlenwasserstoffe und Teeröle; Tank- und Behälterläger mit Abfüllstationen für TKW, KWG und Fässer; Rührbehälteranlagen für Reaktionen mit Dekantern, Zentrifugen und Filtern; Anlagen zur Abluftreinigung und Rückgewinnung von Benzin, Methanol und Ethylacetat usw.; Stripper zur Reinigung von Sauerwasser oder zur Rückgewinnung von MIBK.

Seit 1980 berichte ich in Seminaren über Rohrleitungen, Wärmetauscher und Chemieanlagen über meine praktischen Erfahrungen bei der Auslegung und Planung. Spätestens bei der Inbetriebnahme habe ich gemerkt, was ich falsch gerechnet oder falsch geplant habe. Dieses Buch soll Ihnen helfen, die Fehler bei der Auslegung von Wärmetauschern zu minimieren.

In der bereits erschienenen Nitsche-Rohrleitungsfibel wird die Planung und Berechnung von Rohrleitungen, Regelventilen und Pumpen behandelt.

In der Nitsche-Wärmetauschfibel II, die ab Dezember 2012 erhältlich ist, werden die Möglichkeiten und Probleme beim Heizen und Kühlen im Betrieb aufgezeigt.

Hamburg im September 2012

Dr. Manfred Nitsche

Inhaltsverzeichnis

Verzeichnis der Berechnungsbeispiele

1 Wärmetauscherauslegung

2 Ermittlung der wirksamen Temperaturdifferenzen LMTD und CMTD

3 Berechnung der Wärmeübergangszahlen und Druckverluste beim konvektiven Wärmeübergang

4 Geometrische Wärmetauscherberechnungen

5 Dimensionslose Kennzahlen für den Wärmeübergang

6 Wärmedurchgangszahl und Temperaturprofil

7 Verfahrenstechnische Berechnungen

8 Auslegung von Kondensatoren

9 Auslegung von Verdampfern

10 Auslegung von Thermosiphonverdampfern

11 Doppelrohr-, Schlangenrohr- und Querstromwärmetauscher

12 Rippenrohrwärmetauscher

13 Festigkeitsberechnungen von Wärmeaustauschern

1 Wärmetauscherauslegung

Bei der Wärmetauscherauslegung wird die Wärmetauscherfläche A [m^2] ermittelt, die für eine bestimmte Wärmeleistung Q [W] bei einem vorgegebenen Temperaturgefälle Δt [°C] benötigt wird.

$$A = \frac{Q}{k \cdot \Delta T} \quad [m^2]$$

Die Wärmedurchgangszahl k wird folgendermaßen berechnet:

$$\frac{1}{k} = \frac{1}{\alpha_i} + \frac{1}{\alpha_a} + \frac{s}{\lambda} + f_i + f_a$$

f_i = Verschmutzung innen [m^2 K/W]
f_a = Verschmutzung außen [m^2 K/W]
k = Wärmedurchgangszahl [W/m^2 K]
s = Rohrwandstärke [m]
λ = Wärmeleitzahl des Rohrmaterials [W/m K]
α_i = Innere Wärmeübergangszahl in den Rohren [W/m^2 K]
α_a = Äußere Wärmeübergangszahl an den Rohren im Mantelraum [W/m^2 K]

In **Bild 1.1** wird gezeigt, welche Wärmedurchgangswiderstände zu überwinden sind und wie das Temperaturprofil in einem Wärmetauscher aussieht. In Kapitel 6 werden die Wärmedurchgangszahlen und das Temperaturprofil berechnet. Richtwerte für Wärmeübergangs- und durchgangszahlen sind in **Tabelle 1.1** aufgelistet.

1.1 Vorgehensweise bei der Wärmetauscherauslegung

Für die Berechnung der konvektiven Wärmeübergangszahlen benötigt man die Reynoldszahl. Die Wärmeübergangskoeffizienten α sind abhängig von der Reynoldszahl Re bzw. der Strömungsgeschwindigkeit w auf der Rohr- und Mantelseite.

Rohrseite: $\alpha \propto w^{0,8}$ Mantelseite: $\alpha \propto w^{0,6}$

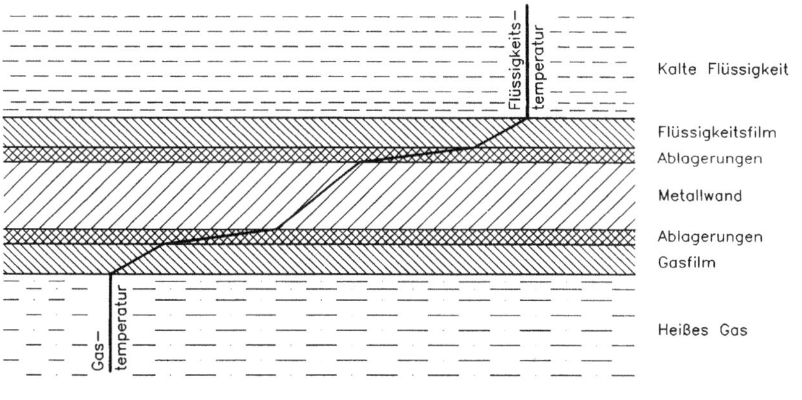

Bild 1.1: Wärmedurchgangswiderstände mit Temperaturprofil

Tabelle 1.1: Anhaltswerte für Wärmeübergangszahlen α

		α (W/m² K)
Eigenkonvektion:		
Gase bei Atmosphärendruck		4–6
Öl (100 mm²/s)		10–20
Wasser		250–500
Kohlenwasserstoffe, dünnflüssig		170–300
Kondensation:		
Wasserdampf		5000–10000
Organische Lösemittel		1000–3000
Leichte Öle		1000–1500
Schwere Öle (Vakuum)		100–300
Verdampfung:		
Wasser		4000–10000
Organische Lösemittel		1000–2500
Leichte Öle		700–1400
Strömende Medien:		
Atmosphärische Gase		40–200
Gase unter Druck		150–300
Organische Lösemittel		300–1000
Wasser		2500–4000
Anhaltswerte für Wärmedurchgangszahlen k		**k (W/m² K)**
Kondensation:		
Wasser	Wasser	1000–2000
Wasser	Organische Lösemittel	600–1000
Wasser	Organische Lösemittel + Inerte	100–500
Wasser	Hochsiedende KWST (Vakuum)	50–200
Verdampfung:		
Dampf	Wasser	2000–4000
Dampf	Organische Lösemittel	500–1000
Dampf	Leichte Öle	250–800
Dampf	Schwere Öle	120–400
Strömende Medien:		
Dampf	Wasser	1500–4000
Dampf	Organische Lösemittel	600–1000
Dampf	Gase	30–250
Wasser	Wasser	1000–2000
Wasser	Organische Lösemittel	250–800
Wasser	Gase	15–300
Organische Lösemittel	Organische Lösemittel	100–300

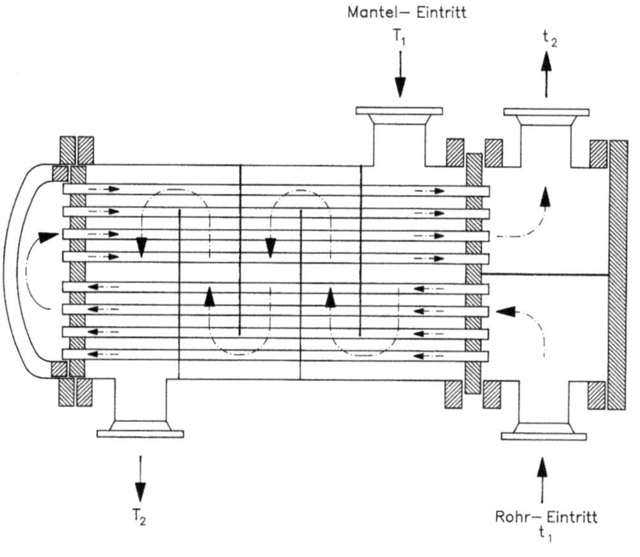

Bild 1.1.1: Wärmetauscher für den konvektiven Wärmeübergang

Es müssen daher die Strömungsquerschnitte bekannt sein, damit man die Strömungsgeschwindigkeiten und die Reynoldszahlen ermitteln kann. Bei einem vorhandenen Wärmetauscher ist das kein Problem, wenn eine Zeichnung vorliegt.

Bei der Auslegung eines neuen Wärmetauschers kennt man die Strömungsquerschnitte nicht. Es muss daher zunächst eine Abschätzung der erforderlichen Fläche erfolgen und dann ein geeigneter Apparat ausgewählt werden.

Bei der Auswahl sind folgende Kriterien zu beachten:

- Die Strömungsgeschwindigkeit sollte auf beiden Seiten für Flüssigkeiten im Bereich 0,5–1 m/s liegen und für Gase im Bereich 15–20 m/s.
- Die erforderliche Austauschfläche sollte mit Rohrlängen von 3 bis 6 m erreicht werden.

Im Folgenden wird der in **Bild 1.1.2** schematisch dargestellte Ablauf beim Auslegen eines Wärmetauschers erläutert.

1. **Zusammenstellung der Mengen und Temperaturen mit den physikalischen Werten**
2. **Ermittlung der Wärmeleistungen auf Rohr- und Mantelseite**

   $Q_{erf} = Q_R = M_R \cdot c_p \cdot (t_1 - t_2)$ (Rohrseite)

   $Q_{erf} = Q_M = M_M \cdot c_p \cdot (T_1 - T_2)$ (Mantelseite)

   Bei Kondensatoren und Verdampfern wird die Wärmeleistung unter Berücksichtigung der **Kondensations- bzw. Verdampfungsenthalpien** ermittelt.
3. **Berechnung der treibenden Temperaturdifferenz CMTD für die Wärmeleistung**

   Zunächst bestimmt man die **logarithmische Temperaturdifferenz LMTD** für den idealen Gegenstrom.

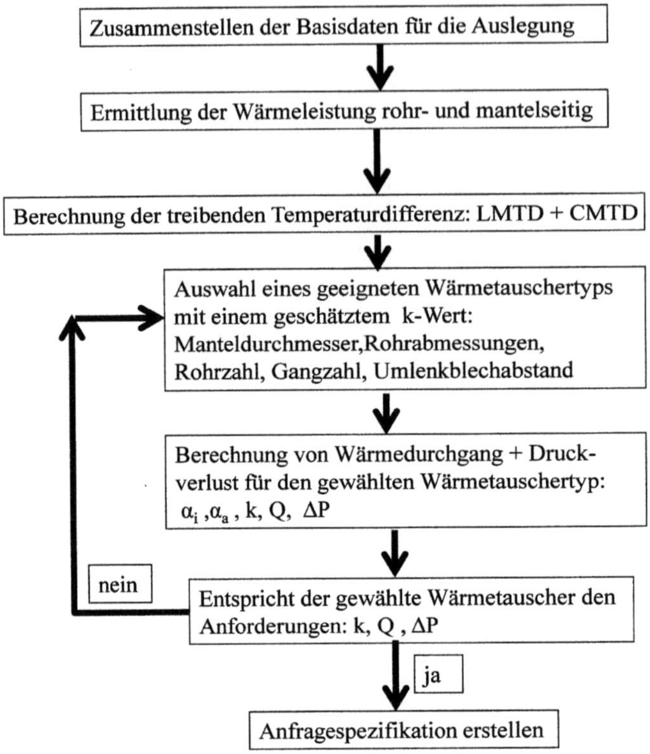

Bild 1.1.2: Ablaufschema für eine Wärmetauscherauslegung

Die meisten Wärmetauscher haben zur Erhöhung der Strömungsgeschwindigkeit in den Rohren mehrere Gänge. Der Wärmetauscher in **Bild 1.1.1** hat z. B. zwei Gänge. Das Medium auf der Rohrseite strömt hin und zurück. In einem Rohrgang strömt das Produkt im Gleichstrom mit der Mantelseite, im anderen Gang im Gegenstrom zur Mantelseite. Es liegt kein idealer Gegenstrom vor. Das treibende Temperaturgefälle ist schlechter.

Bei mehrgängigen Wärmetauschern muss daher wegen des nichtidealen Gegenstroms der **Temperaturwirkungsfaktor F** berechnet werden. **F sollte > 0,75 sein!**

Mit Hilfe des Temperaturwirkungsfaktors F ermittelt man die korrigierte wirksame Temperaturdifferenz CMTD.

$$CMTD = F \cdot LMTD$$

Die Berechnung der wirksamen Temperaturdifferenz wird in Kapitel 2 gezeigt.

Bei nicht-linearen Kondensations- oder Verdampfungskurven muss die **mittlere gewogene Temperaturdifferenz WMTD** bestimmt werden.

Es werden Zonen mit annähernd linearen Verlauf der Kondensationstemperatur festgelegt, für die dann die korrigierten wirksamen Temperaturdifferenzen CMTD ermittelt werden. Abschließend wird das gewogene Mittel der wirksamen Temperaturdifferenzen in den Zonen bestimmt.

4. **Abschätzung der erforderlichen Wärmetauscherfläche**

   Für die berechnte Wärmeleistung und die vorhandene wirksame Temperaturdifferenz wird mit einer geschätzten Wärmedurchgangszahl k aus Tabelle 1.1 die erforderliche Wärmetauscherfläche abgeschätzt.

$$A = \frac{Q_{erf}}{k \cdot CMTD} \quad [m^2]$$

5. **Auswahl eines geeigneten Apparates** aus der **Tabelle 1.1.1** für die benötigte Wärmetauschfläche A aus der Spalte AS mit der Oberfläche des Wärmetauschers pro m Länge (m^2/m).

Tabelle 1.1.1: Geometrische Daten von Wärmetauschern nach DIN 28184, Teil 1, für Rohre 25 x 2 mit Dreieckteilung 32 mm

Typ Nr.	DN –	Z –	Da [mm]	B [mm]	n –	AE [mm²]	AR [mm²]	AS [m²/m]	f_w –	VR [m³/h]	VM [m³/h]
1	150	2	168	30	14	1770	2425	1,1	0,251	8,73	6,37
2	200	2	219	40	26	2288	4503	2	0,366	16,21	8,24
3	250	2	273	50	44	5520	7620	3,5	0,259	27,43	19,87
4	300	2	324	60	66	5088	11430	5,2	0,375	41,15	18,32
5	350	2	355	70	76	6230	13162	6	0,397	47,38	22,43
6	350	4	355	70	68	6230	5888	5,3	0,381	21,20	22,43
7	400	2	406	80	106	11072	18357	8,3	0,319	66,09	39,86
8	400	4	406	80	88	9072	7620	6,9	0,382	27,43	32,66
9	500	2	508	100	180	14600	31172	14,1	0,360	112,22	52,56
10	500	4	508	100	164	12100	14201	12,9	0,430	51,12	43,56
11	600	2	600	120	258	19560	44681	20,3	0,389	160,85	70,42
12	600	8	600	120	232	22560	10044	18,2	0,348	36,16	81,22
13	700	2	700	140	364	22260	63038	28,6	0,456	226,94	80,14
14	700	8	700	140	324	25760	14028	25,4	0,395	50,50	92,74
15	800	2	800	160	484	29440	83819	38	0,454	301,75	105,98
16	800	8	800	160	432	37440	18703	33,9	0,367	67,33	134,78
17	900	2	900	180	622	41400	107718	48,9	0,407	387,79	149,04
18	900	8	900	180	556	41400	24072	43,7	0,416	86,66	149,04
19	1000	2	1000	200	776	46000	134388	61	0,452	483,80	165,60
20	1000	8	1000	200	712	56000	30826	55,9	0,373	110,97	201,60
21	1100	2	1100	220	934	55220	161750	73,4	0,460	582,30	198,79
22	1100	8	1100	220	860	60720	37234	67,5	0,420	134,05	218,59
23	1200	2	1200	240	1124	72240	194655	88,3	0,416	700,76	260,06
24	1200	8	1200	240	1048	78240	45373	82,3	0,390	163,34	281,66

DN = Mantelnennweite z = Gangzahl Da = Manteldurchmesser
B = Umlenkblechabstand (mm) n = Rohrzahl
AE = Mantelseitiger Strömungsquerschnitt (mm^2) AR = Rohrseitiger Strömungsquerschnitt (mm^2)
AS = Wärmetauscheroberfläche pro m Rohrlänge (m^2/m)
VR = Flüssigkeitsmenge für 1 m/s Strömungsgeschwindigkeit auf der Rohrseite (m^3/h)
VM = Flüssigkeitsmenge für 1 m/s Strömungsgeschwindigkeit auf der Mantelseite (m^3/h)

6. **Ermittlung der Strömungsgeschwindigkeit** mit Hilfe der Spalten VR und VM

In den Spalten VR und VM sind die Volumenströme auf der Rohr- und Mantelseite aufgelistet, die für eine Strömungsgeschwindigkeit von 1 m/s benötigt werden.

Beispiel 1.1.1: Auswahl eines geeigneten Wärmetauschers für eine benötigte Fläche $A = 55\ m^2$

Rohrseitiger Mengendurchsatz $V_{rohr} = 40\ m^3/h$
Mantelseitiger Mengenstrom $V_{mantel} = 80\ m^3/h$
Gewählt: Typ 12 mit $18{,}2\ m^2/m$ Rohrlänge, 232 Rohre in 8 Gängen
Rohrlänge 4 m
Wärmetauscherfläche $= 4 \cdot 18{,}2 = 72{,}8\ m^2$
32 % Reserve

Ermittlung der Strömungsgeschwindigkeit w_R auf der Rohrseite:

$$w_R = \frac{V_{Rohr}}{VR} \cdot 1 = \frac{40}{36{,}16} \cdot 1 = 1{,}1\ m/s$$

Bestimmung der Strömungsgeschwindigkeit w_M auf der Mantelseite:

$$w_M = \frac{V_{Mantel}}{VM} \cdot 1 = \frac{80}{81{,}22} \cdot 1 = 0{,}985\ m/s$$

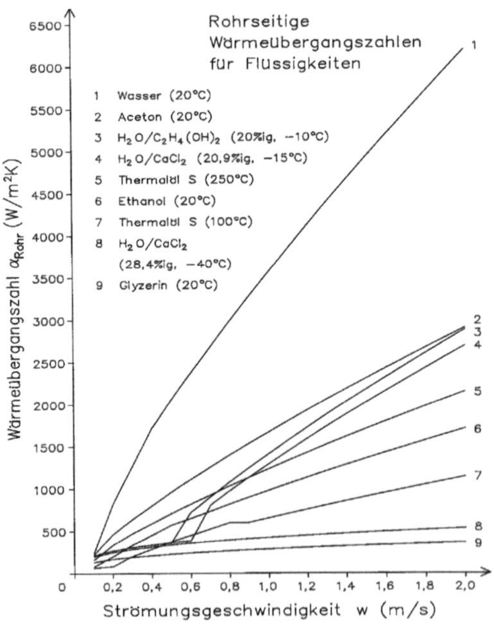

Bild 1.1.3: Rohrseitige Wärmeübergangszahl in Abhängigkeit von der Strömungsgeschwindigkeit

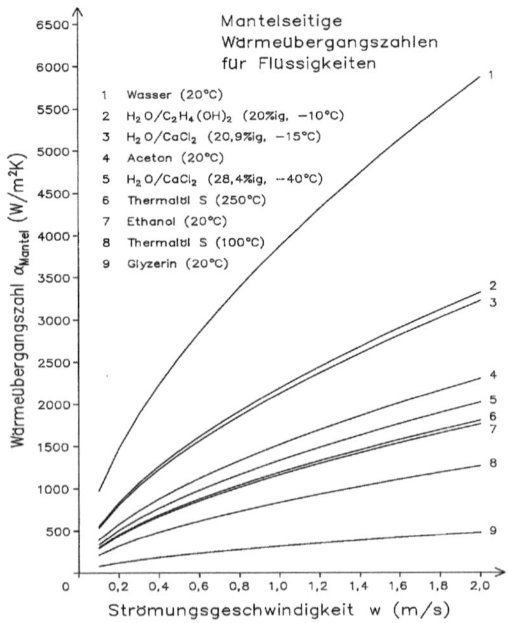

Bild 1.1.4: Mantelseitige Wärmeübergangszahlen als Funktion der Strömungsgeschwindigkeit

Erste Voraussetzung für einen guten konvektiven Wärmeübergang ist eine hohe Strömungsgeschwindigkeit. Deshalb sind die beiden Spalten mit VR und VM in Tabelle 1.1. wichtig.

In den **Bildern 1.1.3 und 1.1.4** wird gezeigt, dass die Wärmeübergangszahlen mit zunehmender Strömungsgeschwindigkeit ansteigen.

Mantelseitig kann der Umlenkblechabstand B verkürzt werden, wenn die Strömungsgeschwindigkeit vergrößert werden soll, um eine bessere Wärmeübergangszahl zu erreichen.

Da die der Auslegung zugrundeliegenden Mengenströme bekannt sind, lässt sich die Strömungsgeschwindigkeit sehr einfach mithilfe der in Tabelle 1.1.1 aufgelisteten Werte von VR und VM bestimmen (siehe Beispiel 1.1.1).

7. **Berechnung der Wärmeübergangszahlen** auf der Rohr- und Mantelseite

   Wenn die Strömungsgeschwindigkeit ermittelt ist, kann die Reynoldszahl berechnet werden. Beim konvektiven Wärmeübergang ist die Wärmeübergangszahl abhängig von der Reynoldszahl Re und der Prandtlzahl Pr (siehe Kapitel 3).

$$\alpha = \frac{\text{Const.} \cdot Re^m \cdot Pr^{0,33} \cdot \lambda}{d} \qquad Re = \frac{w \cdot d}{\nu} \qquad Pr = \frac{\nu \cdot c \cdot \rho \cdot 3600}{\lambda}$$

ν = kinemat. Viskosität [mm^2/s]
w = Strömungsgeschwindigkeit [m/s]
ρ = Dichte [kg/m^3]
d = Rohrdurchmesser [m]
λ = Wärmeleitzahl [W/m K]
c = spezif. Wärmekapazität [Wh/kg K]

Die Prandtlzahl Pr ist nur abhängig von den Stoffdaten Dichte, Viskosität, Wärmeleitzahl und spezifischer Wärmekapazität.

Die berechnete Wärmeübergangszahl α_i in den Rohren wird umgerechnet auf die Außenoberfläche, weil die Wärmetauscherfläche sich auf den Rohraußendurchmesser bezieht.

$$\alpha_{ia} = \alpha_i \cdot \frac{d_i}{d_a}$$

8. **Ermittlung der Wärmedurchgangszahl k** unter Berücksichtigung der Wärmewiderstände in der Rohrwand und durch Verschmutzung oder Beschichtung.

9. **Berechnung der tatsächlichen Wärmeleistung** des ausgewählten Wärmetauschers und Vergleich mit dem k-Wert für die erforderliche Wärmeleistung.

$$Q = k \cdot A \cdot CMTD$$

10. **Überprüfung der Reserve und der Verschmutzungsreserve**

$$\left(\frac{k}{k_{erf}} \cdot 100\right) - 100 = \%\ \text{Reserve}$$

Beispiel 1.1.2: Auslegung eines Wasserkühlers

1. Datentabelle

	Mantelseite	**Rohrseite**
Menge [kg/h]	50000	36800
Eintrittstemperatur [°C]	65	15
Austrittstemperatur [°C]	50	35,4
Dichte ρ [kg/m³]	983	994
Spezif. Wärmekapazität c [Wh/kg K]	1,16	1,16
Kinemat. Viskosität ν [mm²/s]	0,47	0,92
Wärmeleitzahl λ [W/m K]	0,654	0,605
Verschmutzungsbeiwert f [m² K/W]	0,002	0,002

2. Leistungsermittlung

Mantelseite $Q = m \cdot c \cdot \Delta t = 50\,000 \cdot 1{,}16 \cdot (65{,}0 - 50) = 870\,000$ W
Rohrseite $Q = m \cdot c \cdot \Delta t = 36\,800 \cdot 1{,}16 \cdot (35{,}4 - 15) = 870\,000$ W

3. Treibende Temperaturdifferenz CMTD

Die Berechnung erfolgt nach dem in Kapitel 2 beschriebenen Schema.

Zunächst wird die logarithmische Temperaturdifferenz LMTD für idealen Gegenstrom ermittelt.

$$\begin{array}{ll} T_1 \rightarrow T_2 & 65{,}0 \rightarrow 50 \\ t_2 \leftarrow t_1 & \underline{35{,}4 \leftarrow 15} \\ & 29{,}6 \quad\; 35 \end{array}$$

$$\text{LMTD} = \frac{35 - 29{,}6}{\ln \dfrac{35}{29{,}6}} = 32{,}2\ °\text{C}$$

Da wir einen mehrgängigen Wärmetauscher einsetzen wollen, muss der Temperaturwirkungsfaktor F zur Korrektur des logarithmischen Temperaturgradienten LMTD eingesetzt werden.

Das geht sehr einfach mit dem Diagramm in **Bild 1.1.5**. Es werden die Rechengrößen P und R aus den Temperaturen T_1, T_2, t_1 und t_2 berechnet.

$P = 0{,}41$ $\qquad R = 0{,}735$

Aus dem Diagramm in Bild 1.1.5 wird F abgelesen am Schnittpunkt von P und R:
F = 0,948

$\text{CMTD} = F \cdot \text{LMTD} = 0{,}948 \cdot 32{,}2 = 30{,}55\ °\text{C}$

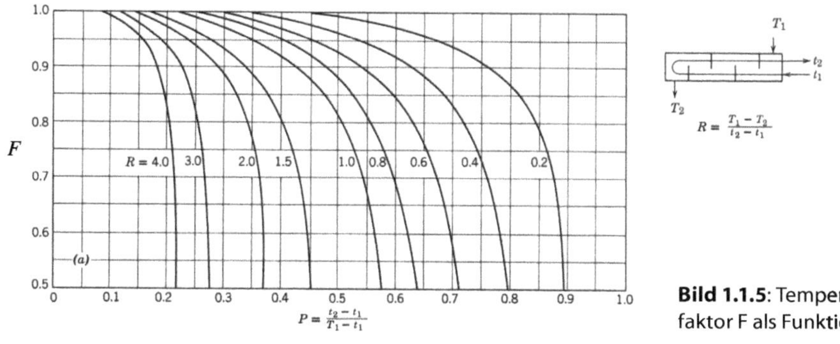

Bild 1.1.5: Temperaturwirkungsfaktor F als Funktion von P und R

4. Schätzung der benötigten Wärmetauscherfläche A

Wärmeleistung Q = 870000 W
Treibendes Temperaturgefäle CMTD = 30,55 °C
Geschätzte Wärmedurchgangszahl k = 716 W/m²K
Erforderliche Wärmetauscherfläche A

$$A = \frac{Q_{erf}}{k \cdot CMTD} = \frac{870\,000}{716 \cdot 30{,}55} = 39{,}8\ m^2$$

5. Auswahl eines geeigneten Wärmetauschers aus Tabelle 1.1.1

Es muss ein Wärmetauschertyp ausgewählt werden, der die benötigte Fläche bringt und ausreichende Strömungsgeschwindigkeiten bei den Mengenströmen auf Rohr- und Mantelseite hat.

Gewählt: Typ 10 DN 500 mit 4 Gängen und 164 Rohren 25 x 2

Ermittlung der Wärmetauscherfläche bei 3 m Rohrlänge: $A = 3 \cdot 12{,}9 = 38{,}7\ m^2$

Überprüfung der Rohrseite:

Für eine Strömungsgeschwindigkeit von w = 1 m/s müssen 51,12 m³/h auf der Rohrseite strömen. In unserem Beispiel strömen auf der Rohrseite nur V_R =37 m³/h. Daraus ergibt sich die reale Strömungsgeschwindigkeit w_R wie folgt:

$$w_R = \frac{37}{51{,}12} \cdot 1 = 0{,}72\ m/s$$

Überprüfung der Mantelseite:

VM = 43,56 m/h für 1 m/s auf der Mantelseite bei Umlenkblechabstand B = 100 mm
Für B = 200 mm strömen bei 1 m/s 2 x 43,56 = 87,1 m³/h auf der Mantelseite.
Im Beispiel strömen auf der Mantelseite V_M = 50 m/h.

Daraus ergibt sich die reale Strömungsgeschwindigkeit w_M wie folgt:

$$w_M = \frac{50}{87{,}1} \cdot 1 = 0{,}58 \text{ m/s}$$

6. Berechnung der Wärmeübergangszahlen auf der Rohr- und Mantelseite

Die für die Berechnung der Wärmeübergangszahlen benötigten Strömungsgeschwindigkeiten wurden auf einfache Weise mit Hilfe der Tabelle 1.1.1 bestimmt. Mit den ermittelten Strömungsgeschwindigkeiten können die Reynoldszahlen bestimmt werden. Die Berechnung der Wärmeübergangszahlen wird in Kapitel 3 beschrieben.

Rohrseite: $w_{Rohr} = 0{,}72$ m/s für 37 m³/h

$$Re = w \cdot \frac{d}{\nu} = \frac{0{,}72 \cdot 0{,}021}{0{,}92 \cdot 10^{-6}} = 16435 \qquad Pr = 6{,}32$$

$$Nu = 0{,}023 \cdot 16435^{0{,}8} \cdot 6{,}32^{\,0.33} = 99{,}67$$

$$\alpha = \frac{99{,}67 \cdot 0{,}605}{0{,}021} = 2872 \text{ W/m}^2\text{K}$$

$$\alpha_{ia} = 2872 \cdot 21/25 = 2412 \text{ W/m}^2\text{K}$$

Mantelseite: $w_{Mantel} = 0{,}58$ m/s für 50,85 m³/h

$$Re = \frac{0{,}58 \cdot 0{,}025}{0{,}47 \cdot 10^{-6}} = 30851$$

$$Pr = \frac{\nu \cdot c \cdot \rho \cdot 3600}{\lambda} = \frac{0{,}47 \cdot 10^{-6} \cdot 1{,}16 \cdot 983 \cdot 3600}{0{,}654} = 2{,}95$$

$$Nu = 0{,}196 \cdot 30851^{0{,}6} \cdot 2{,}95^{0{,}33} = 138{,}3$$

$$\alpha = \frac{138{,}3 \cdot 0{,}654}{0{,}025} = 3618 \text{ W/m}^2\text{K}$$

7. Ermittlung der Wärmedurchgangszahl k unter Berücksichtigung der Wärmewiderstände in der Rohrwand s und durch Verschmutzung oder Beschichtung

Wandstärke $s = 0{,}002$ m Wärmeleitzahl der Wand $\lambda = 50$ W/mK
Rohrseitige Verschmutzung $f_i = 0{,}0002$ Mantelseitige Verschmutzung $f_a = 0{,}0002$

$$\frac{1}{k} = \frac{1}{\alpha_i} + \frac{1}{\alpha_a} + \frac{s}{\lambda} + f_i + f_a = \frac{1}{2412} + \frac{1}{3618} + \frac{0{,}002}{50} + 0{,}0004 = 0{,}00113$$

$$k = 884\ W/m^2K$$

8. Berechnung der tatsächlichen Wärmeleistung des ausgewählten Wärmetauschers und Vergleich mit dem k-Wert für die erforderliche Wärmeleistung

$$Q = k \cdot A \cdot CMTD = 884 \cdot 38{,}7 \cdot 30{,}55 = 1045\,140\ W$$

$$k_{erf} = \frac{Q_{erf}}{k \cdot CMTD} = \frac{870\,000}{38{,}7 \cdot 30{,}55} = 736\ W/m^2K$$

9. Überprüfung der Reserve und der Verschmutzungsreserve

$$\text{Flächenreserve} = \left(\frac{k}{k_{erf}} \cdot 100\right) - 100 = \left(\frac{884}{736} \cdot 100\right) - 100 = 20{,}1\ \%$$

Der Wärmetauscher hat eine Flächenreserve von 20,1 %.

$$f_{Res} = \frac{k - k_{erf}}{k \cdot k_{erf}} = \frac{884 - 736}{884 \cdot 736} = 0{,}000227\ m^2K/W$$

Die Verschmutzungsreserve beträgt 0,000227 m²K/W.

k = berechnete Wärmedurchgangszahl [W/m²K]
M_M = Mantelseitiger Mengenstrom [kg/h]
M_R = Rohrseitiger Mengenstrom [kg/h]
k_{erf} = erforderliche Wärmedurchgangszahl [W/m²K]
Q_{erf} = Erforderliche Wärmeleistung [W]
w_M = Mantelseitige Strömungsgeschwindigkeit [m/s]
w_R = Rohrseitige Strömungsgeschwindigkeit [m/s]
f_{Res} = Verschmutzungsreserve [m²K/W]
α_{ia} = Wärmeübergangszahl α_i im Rohr bezogen auf die Außenfläche [W/m²K]
α_a = Wärmeübergangszahl auf der Mantelseite [W/m²K]
s = Rohrwandstärke [m]
λ = Wärmeleitzahl des Rohrwerkstoffs [W/mK]
f_i = Verschmutzungsbeiwert auf der Rohrinnenseite [m²K/W]
f_a = Verschmutzungbeiwert auf der Rohraußenseite [m²K/W]
CMTD = Korrigierte wirksame Temperaturdifferenz = F · LMTD [°C]
LMTD = Logarithmische Temperaturdifferenz für Gegenstrom [°C]

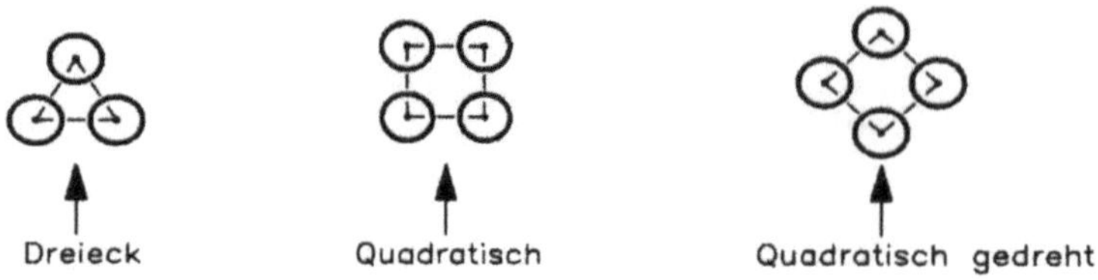

Bild 1.2.1: Verschiedene Rohranordnungen in Wärmetauschern

1.2 Informationen zu Wärmetauschern

1.2.1 Rohranordnung (Bild 1.2.1)

Durch eine dreieckige oder versetzte Anordnung der Rohre im Bündel erreicht man einen besseren Wärmeübergang, weil die Rohre direkt angeströmt werden. Bei der quadratischen Rohranordnung strömt das Medium zwischen den Rohrreihen und die Wärmeübergangszahl ist schlechter als bei der versetzten Anordnung.

Wenn starke Verschmutzungen auf der Mantelseite zu erwarten sind, z. B. in einem Kettle-Verdampfer, muss die quadratische Teilung gewählt werden, damit die Mantelseite gereinigt werden kann. Ein Kompromiss ist die gedrehte quadratische Teilung: Der Wärmeübergang ist besser, weil die Rohre angeströmt werden, und es kann zwischen den Rohrreihen gereinigt werden.

Normalerweise wählt man die versetzte Dreieckteilung, weil der Wärmeübergang gut ist und man bei Dreieckteilung mehr Rohre in einem Mantel unterbringen kann. Bei Dreieckteilung ist die Wärmetauscherfläche in einem Mantelrohr größer.

1.2.2 Beipass- und Leckageströmung

Auf der Mantelseite soll das Medium zwischen den Umlenkblechen durch das Rohrbündel strömen. Wenn jedoch große Beipassgassen installiert werden, z. B. große Spalte zwischen dem Mantel und dem Rohrbündel, so strömt das Produkt durch die freien Gassen, und diese Beipassmenge nimmt nicht am Wärmeaustausch teil.

Wenn die Löcher in den Umlenkblechen viel größer sind als die Rohrdurchmesser und ein großer Spalt zwischen Umlenkblech und Mantel besteht, kommt es zur Leckageströmung durch diese Spalte. Die Leckagemenge nimmt ebenfalls nicht am Wärmeaustausch teil.

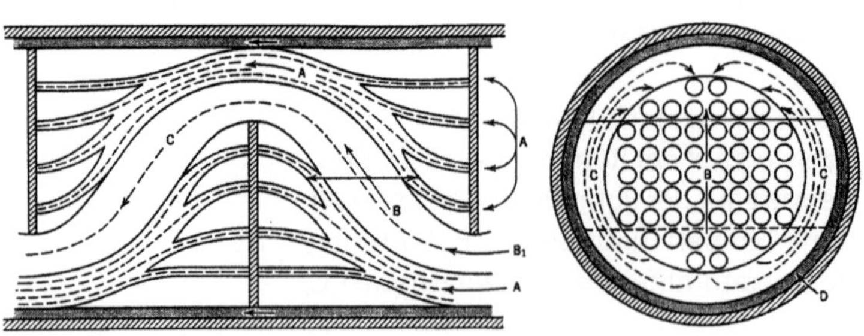

Bild 1.2.2: Beipass- und Leckageströme

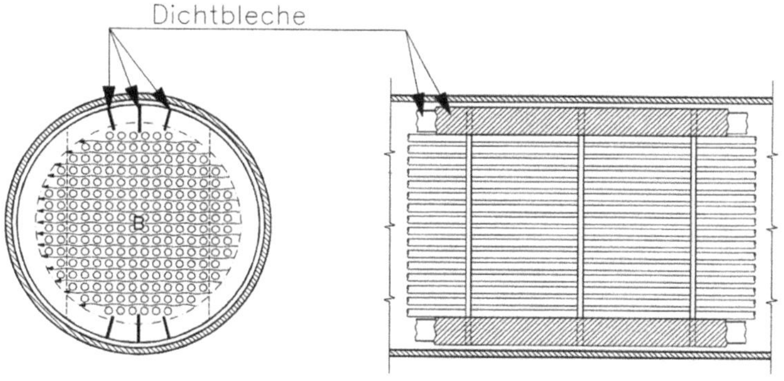

Bild 1.2.3: Dichtbleche gegen die Beipassströmung

Um die Wirksamkeit eines Wärmetauschers zu verbessern, sollte der Beipassspalt zwischen den äußersten Rohren und dem Mantel minimiert oder durch Totrohre blockiert werden, damit das Medium quer durch die Rohrreihen strömen muss. Bei Schwimmkopfapparaten, die konstruktiv bedingt einen größeren Spalt am Mantel haben, müssen **Dichtbleche** den Außenspalt blockieren (**Bild 1.2.3**).

Ebenso müssen freie Rohrgassen durch Gangaufteilungen in Strömungsrichtung oder bei U-Rohr-Bündeln vermieden werden. Die Toleranzen zwischen den Rohren und den Umlenkblechbohrungen sowie zwischen Umlenkblechen und Mantel sollten möglichst gering sein, um die Beipassströmung zu minimieren (siehe DIN bzw. TEMA).

Toleranzen: DIN 28008, Grad E, und DIN 28182 und DIN 28185 für Einbauten

1.2.3 Umlenkbleche

Auf der Mantelseite wird der Strömungsquerschnitt durch den Abstand der Umlenkbleche vorgegeben. Einige Ausführungsformen sind in **Bild 1.2.4** dargestellt. Normalerweise setzt man Segmentumlenkbleche ein. Die in Kapitel 3 vorgestellten Gleichungen zur Ermittlung der Wärmeübergangszahlen auf der Mantelseite gelten für Segmentumlenkbleche und folgende Annahmen:

$B = 0{,}2 \cdot D_i$ $\qquad$ $H = 0{,}2 \cdot D_i$

B = Umlenkblechabstand
H = Segmenthöhe

Beim konvektiven Wärmeaustausch ist eine Auf-Ab-Strömung auf der Mantelseite mit horizontalen Umlenkblechkanten zu empfehlen (**Bild 1.2.5**), weil dadurch eine Schichtenströmung vermieden wird. Zur Entlüftung und Entleerung können kleinere Schlitze in den Umlenkblechen angebracht werden, die allerdings die Beipassmenge vergrößern.
In horizontalen Kondensatoren mit den Dämpfen auf der Mantelseite sollte eine horizontale Links-Rechts-Strömung mit vertikalen Umlenkblechkanten angestrebt werden, damit das Kondensat unten gut ablaufen kann und oben die Nichtkondensierbaren abströmen können (**Bild 1.2.6**).

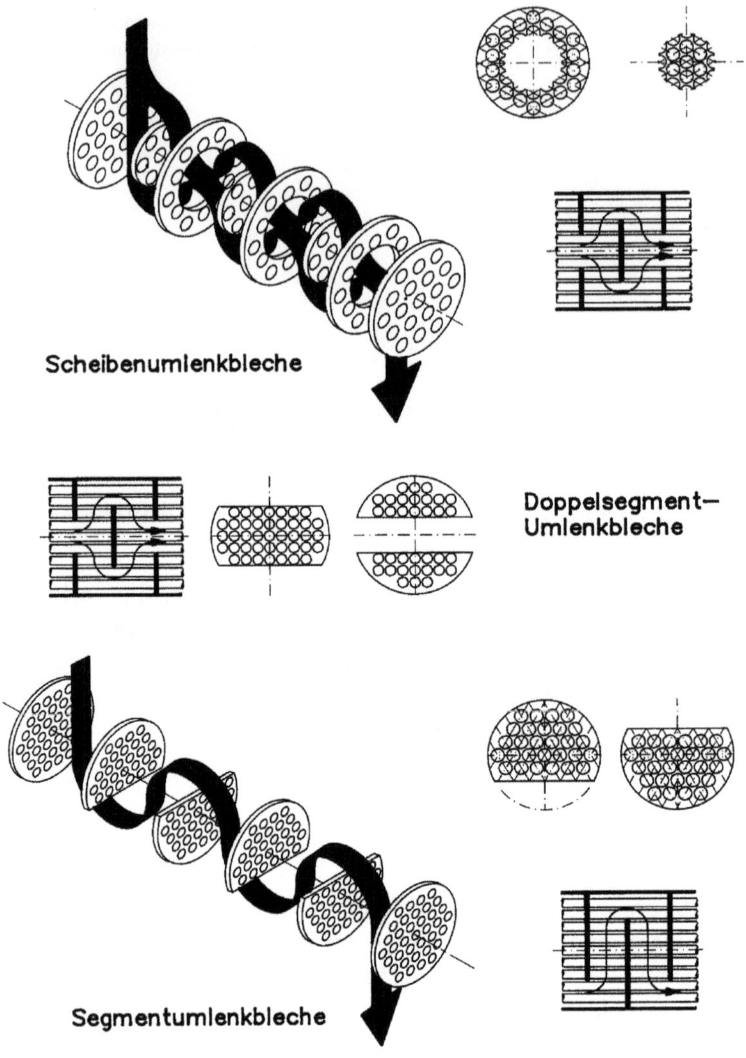

Bild 1.2.4: Umlenkbleche

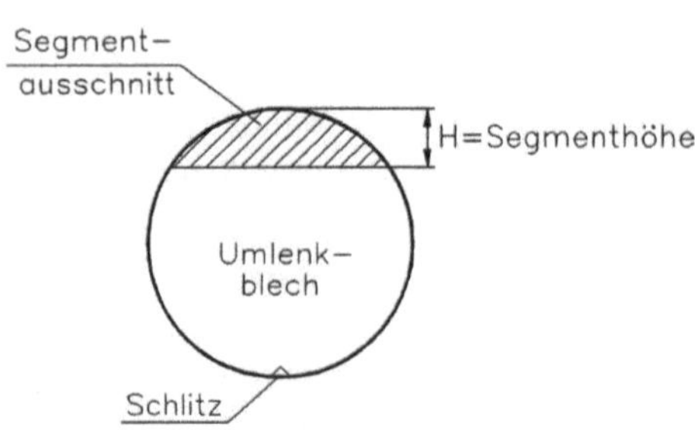

Bild 1.2.5

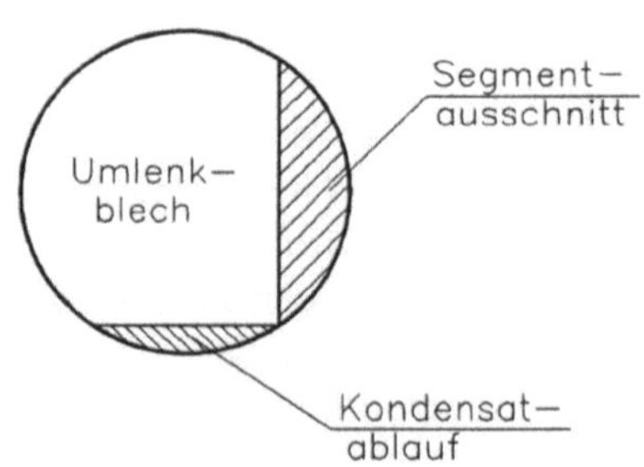

Bild 1.2.6

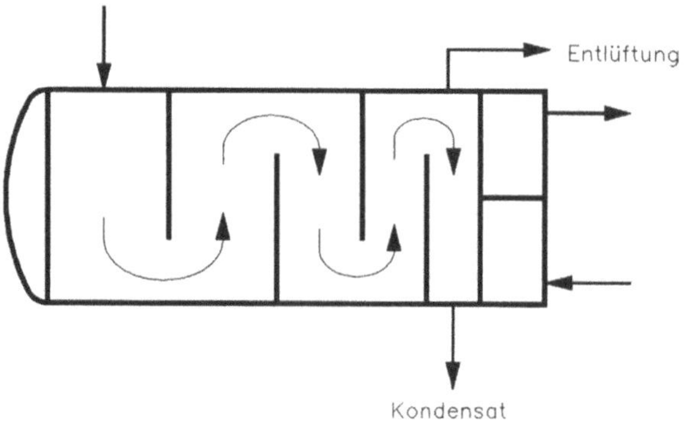

Bild 1.2.7: Unterschiedliche Umlenkblechabstände

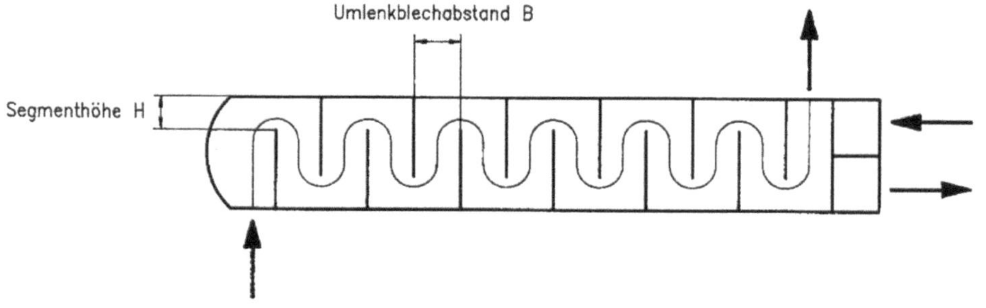

Bild 1.2.8: Umlenkblechabstände und Segmenthöhen

Die Umlenkblechabstände können der abnehmenden Dämpfemenge angepasst werden (**Bild 1.2.7**), also mit zunehmendem Strömungsweg kleiner werden. Das ist wichtig bei inertgashaltigen Dämpfen, die vor dem Kondensieren konvektiv gekühlt werden müssen.

1.2.4 Technische Hinweise

Welches Produkt kommt auf die Rohr- oder Mantelseite?

- **Durch die Rohre:** Das Medium mit dem höheren Druck, korrosive Medien und verschmutzungsanfällige Produkte
- **Auf der Mantelseite:** Zähflüssige Produkte

Wie wird die unterschiedliche Dehnung aufgenommen?

- Durch einen Kompensator im Mantel von Festrohrbündeln.
- Durch eine U-Rohr-Ausführung mit freier Rohrausdehnung.
- Mit einem Schwimmkopf für die freie Dehnung.

Die verschiedenen Möglichkeiten sind in **Bild 1.2.9** dargestellt.

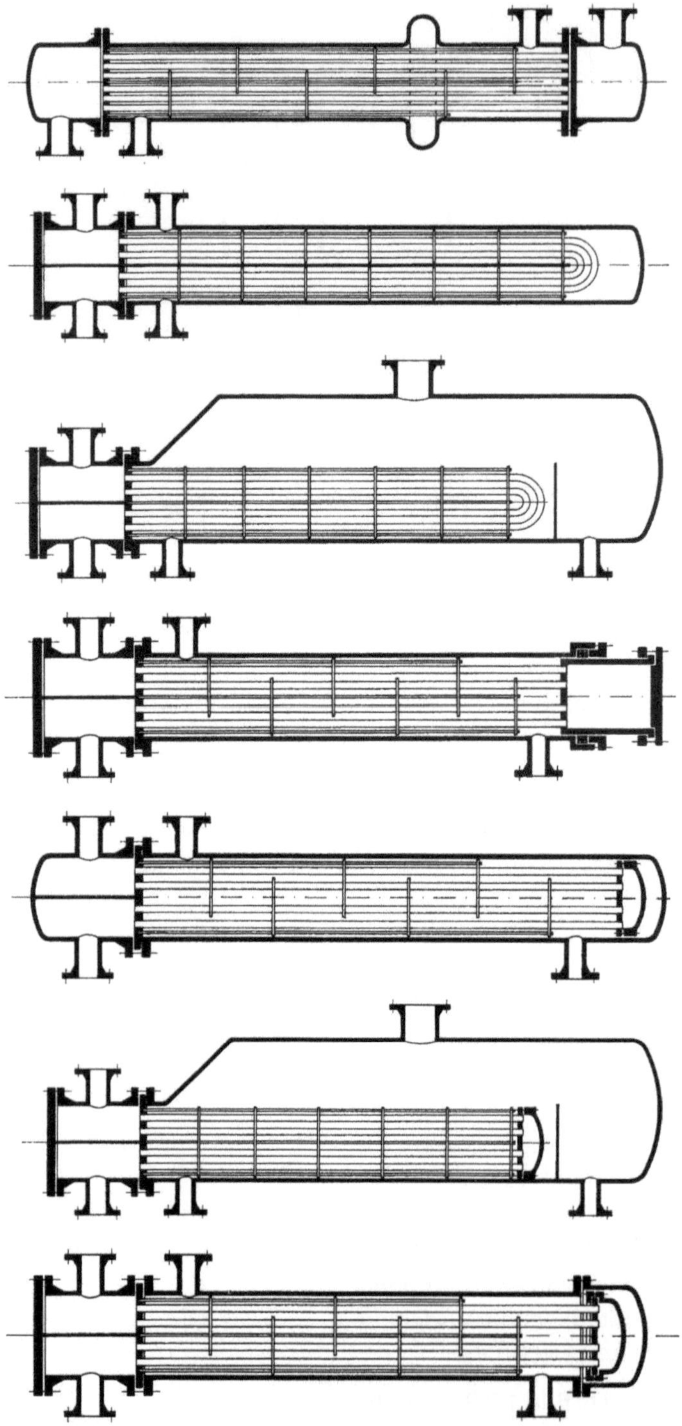

a) Feste Rohrböden mit Kompensator

b) U-Rohr-Bündel mit einem Rohrboden

c) Verdampfer mit U-Rohren

d) Mantelstopfbuchse (TEMA P)

e) Durchziehbarer Schwimmkopf (TEMA T)

f) Verdampfer mit Schwimmkopf

g) Geteilter Schwimmkopf (TEMA S)

Bild 1.2.9: Dehnungsmöglichkeiten in Rohrbündelwärmetauschern

1.2.5 Auswahl eines Rohrbündelwärmetauschers

Eine Übersicht über die verschiedenen Wärmetauschertypen nach TEMA (10) für unterschiedliche Hauben, Mäntel und Umlenkkammern wird in **Bild 1.2.10** gegeben.

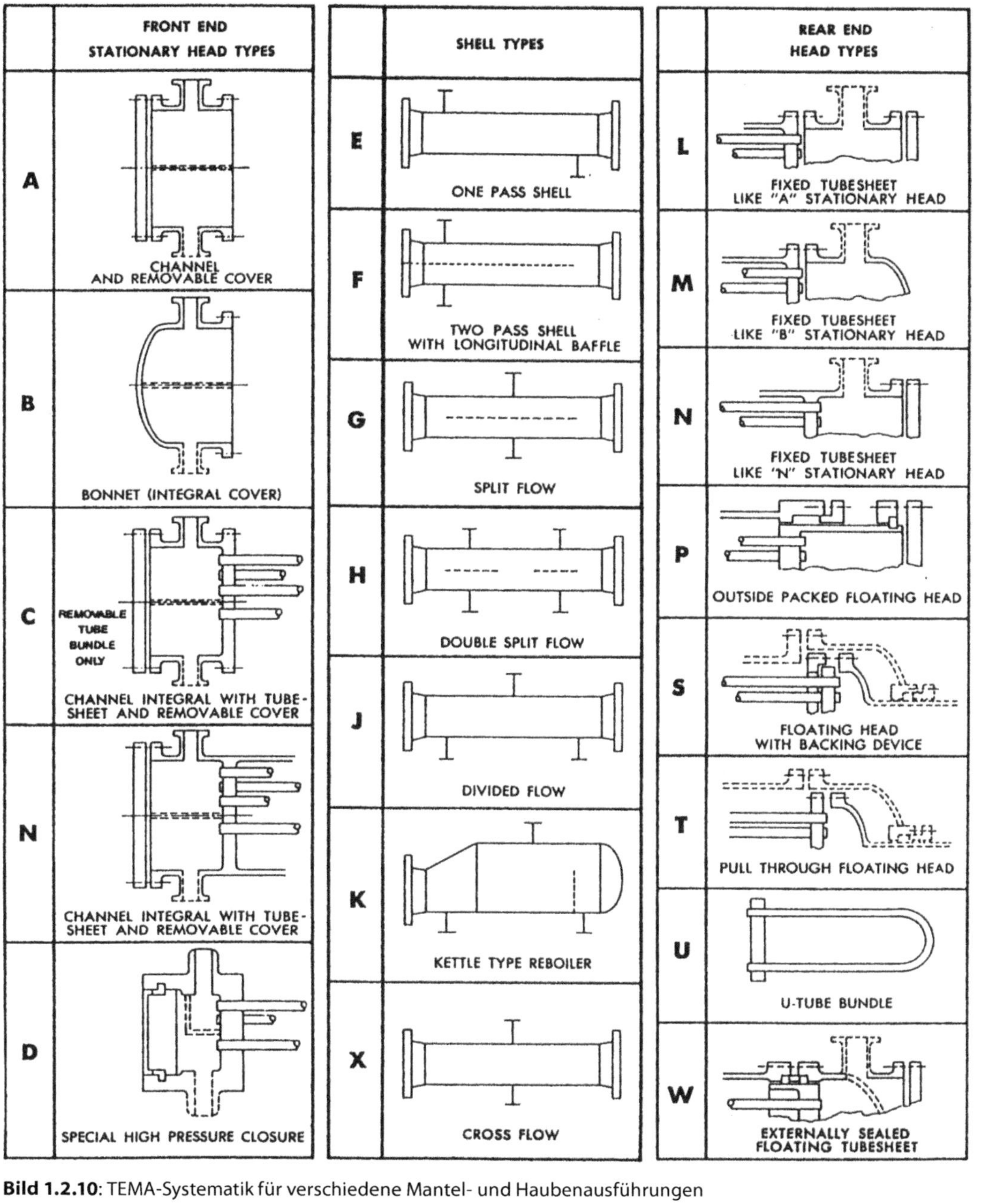

Bild 1.2.10: TEMA-Systematik für verschiedene Mantel- und Haubenausführungen

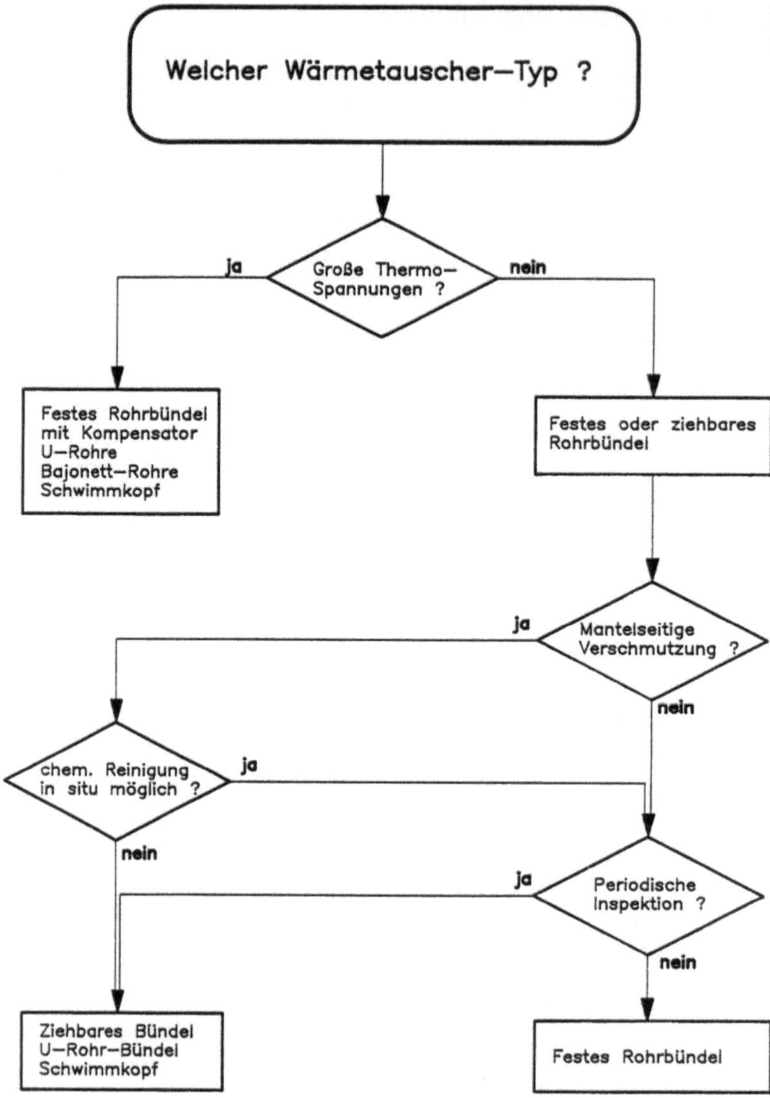

Bild 1.2.11: Auswahlschema für Wärmetauscher

Mithilfe des Auswahlschemas in Bild 1.2.11 kann der für die Aufgabenstellung erforderliche Wärmetauschertyp ermittelt werden.

Welche Wärmetauschertypen können gereinigt werden?

- Rohrseitige Reinigung: TEMA-Typen AEL und NEN mit Rohrdurchmessern > 20 mm
- Mantelseite Reinigung: Ziehbare Bündel mit quadratischer Teilung: TEMA-Typen CEU + CES + AES

2 Ermittlung der wirksamen Temperaturdifferenzen LMTD und CMTD

2.1 Logarithmische Temperaturdifferenz LMTD für idealen Gegenstrom

Die logarithmische Temperaturdifferenz LMTD für den idealen Gegenstrom wird aus den beiden Temperaturdifferenzen Δt_1 und Δt_2 ermittelt.

$$LMTD = \frac{\Delta t_1 - \Delta t_2}{\ln \frac{\Delta t_1}{\Delta t_2}} \qquad \Delta t_1 = T_1 - t_2 \qquad \Delta t_2 = T_2 - t_1$$

T_1 = Eintrittstemperatur mantelseitig [°C]
T_2 = Austrittstemperatur mantelseitig [°C]
t_1 = Eintrittstemperatur rohrseitig [°C]
t_2 = Austrittstemperatur rohrseitig [°C)

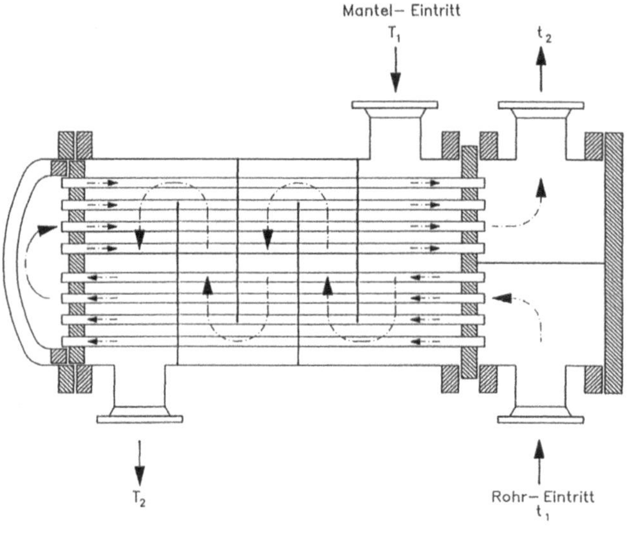

Bild 2.1: Wärmetauscher TEMA-Typ E mit zwei Rohrdurchgängen

Beispiel 2.1: Berechnung der logarithmischen Temperaturdifferenz LMTD

Rohrseite: $t_1 = 30$ °C $\quad t_2 = 60$ °C

Mantelseite:

Isotherme Beheizung	Nichtisotherme Beheizung
$T_1 = T_2 = 100$ °C	$T_1 = 100$ °C $\quad T_2 = 80$ °C
$100 \rightarrow 100$	$100 \rightarrow 80$
$60 \leftarrow 30$	$60 \leftarrow 30$
40 70	40 50
$LMTD = \frac{70-40}{\ln \frac{70}{40}} = 53{,}6$ °C	$LMTD = \frac{50-40}{\ln \frac{50}{40}} = 44{,}8$°C

2.2 Temperaturdifferenz CMTD für mehrgängige Wärmetauscher TEMA-Typ E

Bereits im Kapitel 1 wurde darauf hingewiesen, dass man bei mehrgängigen Wärmetauschern keinen idealen Gegenstrom vorliegen hat, sondern eine Mischung aus Gleich- und Gegenstrom. Dadurch wird das wirksame Temperaturgefälle verschlechtert.

Aus den in **Bild 2.2.1** und **Bild 2.2.2** dargestellten Temperatur-Leistung-Diagrammen geht deutlich hervor, dass die treibende Temperaturdifferenz in dem eingängigen Apparat mit idealem Gegenstrom besser ist als in dem zweigängigen Wärmetauscher.

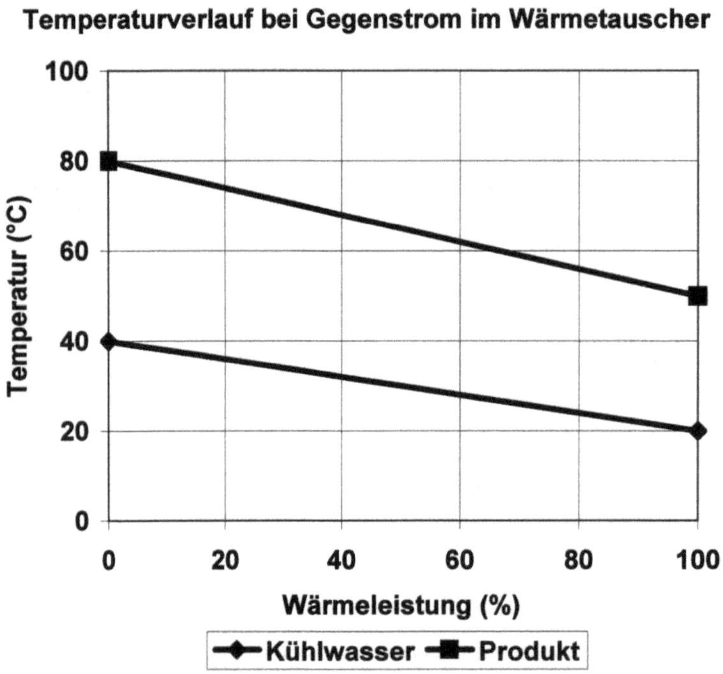

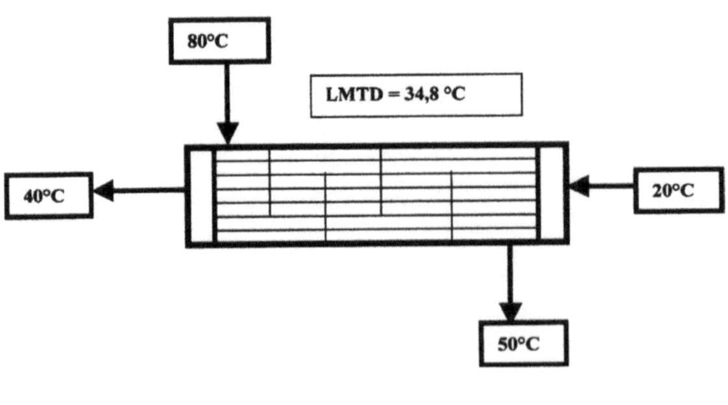

Bild 2.2.1: Temperaturverlauf als Funktion der Wärmeleistung in einem eingängigen Wärmetauscher mit idealem Gegenstrom

Vorgehensweise bei der Ermittlung der wirksamen Temperaturdifferenz CMTD für Wärmetauscher mit nichtidealem Gegenstrom:

Zunächst wird das logarithmische Temperaturgefälle LMTD aus den Ein- und Austrittstemperaturen auf der Rohr- und Mantelseite berechnet. Bei nicht idealem Gegenstrom muss die logarithmische Temperaturdifferenz mit einem Temperaturwirkungsfaktor F korrigiert werden.

$$CMTD = F \cdot LMTD$$

F = Temperaturwirkungsfaktor
LMTD = Logarithmische Temperaturdifferenz [°C] bei Gegenstrom
CMTD = Wirksame Temperaturdifferenz [°C] für mehrgängige Wärmetauscher

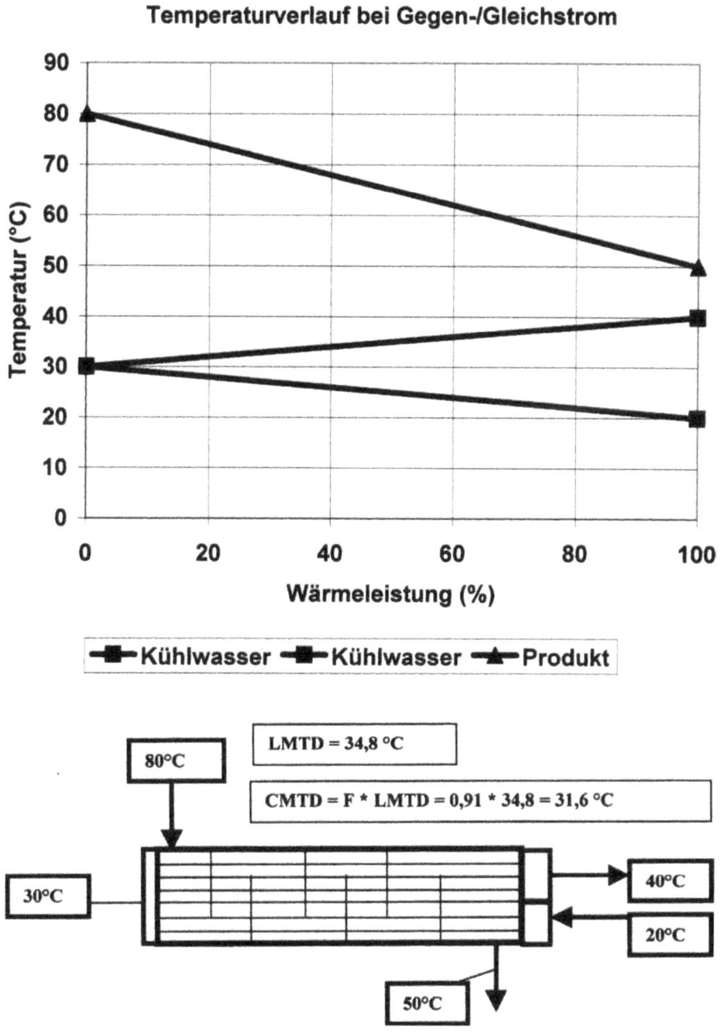

Bild 2.2.2: Temperaturverlauf als Funktion der Wärmeleistung in einem zweigängigen Wärmetauscher mit Gleich- und Gegenstrom

Den Temperaturwirkungsfaktor F kann man mit der folgenden Gleichung für Wärmetauscher Typ E nach TEMA berechnen.

$$F = \left(\frac{\sqrt{R^2+1}}{R-1}\right) \cdot \frac{\ln\,[(1-P_z)/(1-RP_z)]}{\ln\left(\frac{(2/P_z)-1-R+\sqrt{R^2+1}}{(2/P_z)-1-R-\sqrt{R^2+1}}\right)}$$

$$P_z = \frac{1-\left(\frac{RP-1}{P-1}\right)^{\frac{1}{N}}}{R-\left(\frac{RP-1}{P-1}\right)^{\frac{1}{N}}}$$

$$P = \frac{t_2 - t_1}{T_1 - t_1} \qquad R = \frac{T_1 - T_2}{t_2 - t_1}$$

N = Zahl der Wärmetauscher in Serie

Tabelle 2.2.1 zeigt, wie stark eine Temperaturannäherung oder eine Temperaturüberkreuzung die wirksame Temperaturdifferenz CMTD verschlechtert und dass man durch mehrere Wärmetauscher in Serie den Temperaturwirkungsfaktor verbessern kann.

Fazit

1. Bei stärkerer Annäherung der Temperatur auf der Rohr- und Mantelseite verschlechtern sich der Temperaturwirkungsfaktor F und die wirksame Temperaturdifferenz CMTD.
2. Durch die Anordnung mehrerer Wärmetauscher hintereinander kann man den Temperaturwirkungsfaktor F verbessern, weil man sich dadurch mehr dem Gegenstrom annähert.
3. Eine große Temperaturüberkreuzung ist nur möglich mit mehreren Apparaten in Serie.

Der **Temperaturwirkungsfaktor F** kann auch graphisch aus den Diagrammen in **Bild 2.2.3** mit Hilfe der **Rechengrößen P und R** bestimmt werden.

Tabelle 2.2.1: Berechnungsbeispiele für CMTD

T1	T2	t1	t2	N	LMTD	F	CMTD
58	42	15	35,1	1	24,9	0,906	22,6
58	42	20	40,1	1	19,9	0,844	16,8
58	42	25	45,1	1	14,9	0,670	10,0
58	42	25	45,1	2	14,9	0,936	13,9
58	42	30	50,1	2	9,8	0,840	8,2
58	42	35	55,1	4	4,7	0,818	3,8
58	42	37	57,1	6	2,4	0,631	1,5
58	42	37	57,1	7	2,4	0,764	1,8

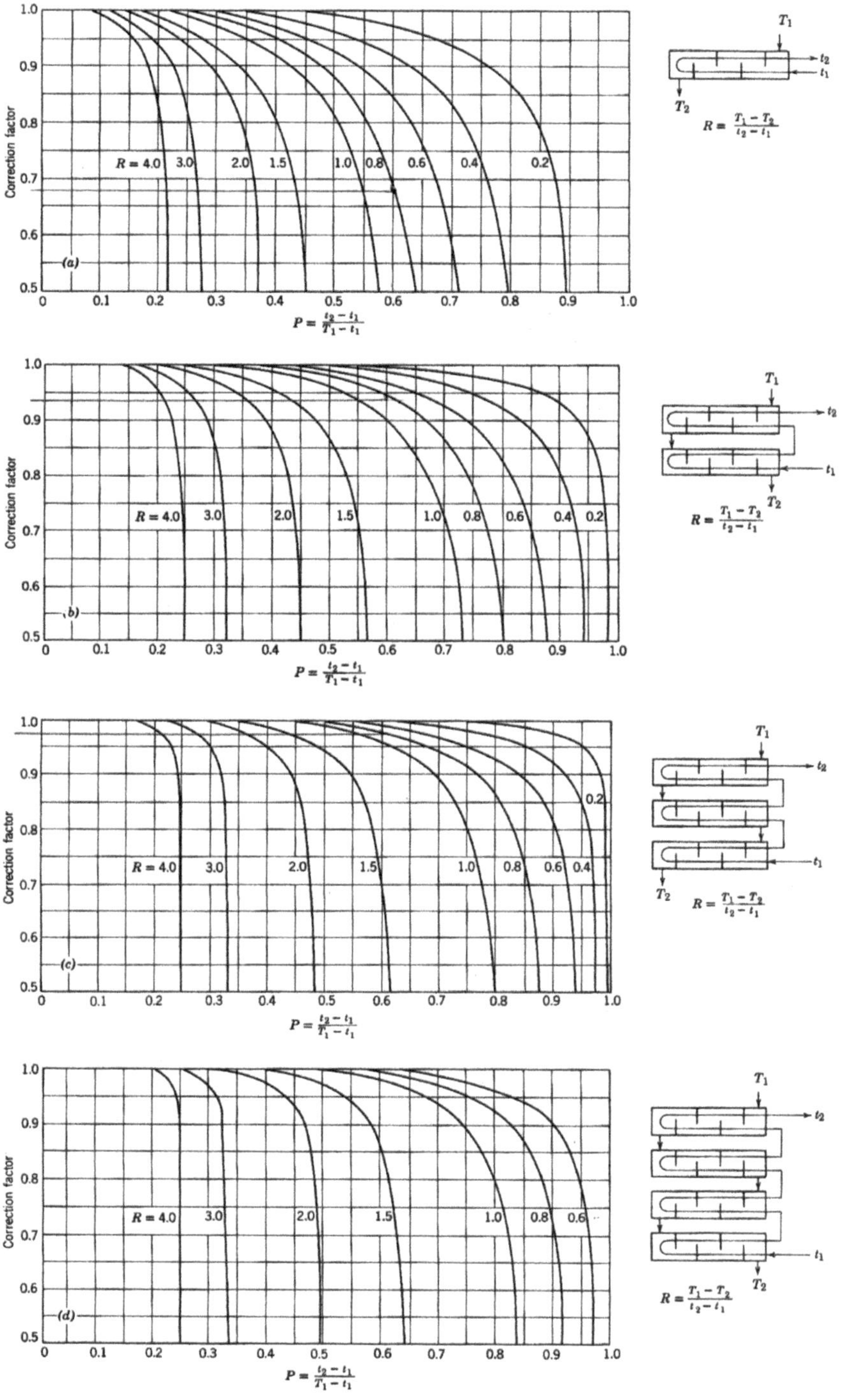

Bild 2.2.3: Diagramme mit den Temperaturkorrekturfaktoren als Funktion von P und R (Aus: Fraas; Ozisik: Heat Exchanger Design. Wiley, 1965)

Alternativ kann die **wirksame Temperaturdifferenz CMTD** in mehrgängigen Wärmetauschern mit den **Rechengrößen O und M** bestimmt werden.

$$CMTD = \frac{M}{\ln \frac{O + M}{O - M}} \ [°C]$$

$$O = (T_1 - t_2) + (T_2 - t_1)$$

$$M = \sqrt{(T_1 - T_2)^2 + (t_2 - t_1)^2}$$

Beispiel 2.2.1: Berechnung von LMTD und CMTD für die Wärmetauscher in Bild 2.2.1 und Bild 2.2.2

Manteleintrittstemperatur $T_1 = 80$ °C Mantelaustrittstemperatur $T_2 = 50$ °C
Rohreintrittstemperatur $t_1 = 20$ °C Rohraustrittstemperatur $t_2 = 40$°C

$\Delta t_1 = T_1 - t_2 = 80 - 40 = 40$ °C $\Delta t_2 = T_2 - t_1 = 50 - 20 = 30$ °C

Berechnung der logarithmischen Temperaturdifferenz LMTD für idealen Gegenstrom in Bild 2.2.1:

$$LMTD = \frac{40 - 30}{\ln \frac{40}{30}} = 34{,}8°C$$

Ermittlung der korrigierten wirksamen Temperaturdifferenz CMTD für den zweigängigen Wärmetauscher in Bild 2.2.2:

Ermittlung der Rechengrößen P und R:

$$P = \frac{40 - 20}{80 - 20} = 0{,}333 \qquad R = \frac{80 - 50}{40 - 20} = 1{,}5$$

Für die Rechengrößen P und R entnimmt man aus dem oberen Diagramm in Bild 2.2.3 den Temperaturwirkungsfaktor $F = 0{,}91$.

Berechnung der wirksamen Temperaturdifferenz CMTD für nicht idealen Gegenstrom:

$$CMTD = F \cdot LMTD = 0{,}91 \cdot 34{,}8 = 31{,}6 \text{ °C}$$

In dem zweigängigen Wärmetauscher mit nichtidealem Gegenstrom verschlechtert sich die wirksame Temperaturdifferenz von LMTD = 34,8 °C auf CMTD = 31,6 °C.

Alternative Berechnung von CMTD mit M und O:

$$O = (80 - 40) + (50 - 20) = 70 \qquad M = \sqrt{(80 - 50)^2 + (40 - 20)^2} = 36$$

$$CMTD = \frac{36}{\ln \frac{70 + 36}{70 - 36}} = 31{,}6 \text{ °C}$$

Beispiel 2.2.2: Korrekturfaktor F bei der Serienschaltung von Wärmetauschern

$T_1 = 58\ °C$ $T_2 = 42\ °C$ $t_1 = 25\ °C$ $t_2 = 45{,}1\ °C$

$$P = \frac{t_2 - t_1}{T_1 - t_1} = \frac{45{,}1 - 25}{58 - 25} = 0{,}6$$

$$R = \frac{T_1 - T_2}{t_2 - t_1} = \frac{58 - 42}{45{,}1 - 25} = 0{,}8$$

Der Korrekturfaktor F ergibt sich aus dem Schnittpunkt von P = 0,6 auf der Abzisse mit der Kurve für R = 0,8 in Bild 2.2.3.

Ein einzelner Apparat F = 0,67
Zwei Apparate in Serie F = 0,94
Drei Apparate in Serie F = 0,97
Vier Apparate in Serie F = 1

Durch die Hintereinanderschaltung von Wärmetauschern verbessert man den Gegenstromeffekt und erreicht dadurch eine bessere Nutzung der Temperaturdifferenz.

Beispiel 2.2.3: Berechnung des Temperaturfaktors F und der wirksamen Temperaturdifferenz CMTD für 4 Wärmetauscher in Serie

$T_1 = 58\ °C$ $T_2 = 42\ °C$ $t_1 = 35\ °C$ $t_2 = 55{,}1\ °C$

$$\begin{array}{rr} 58{,}0 \rightarrow & 42 \\ \underline{55{,}1 \leftarrow} & \underline{35} \\ 2{,}9 & 7 \end{array}$$

$$LMTD = \frac{7 - 2{,}9}{\ln \frac{7}{2{,}9}} = 4{,}65\ °C$$

$$P = \frac{55{,}1 - 35}{58 - 35} = 0{,}8739$$

$$R = \frac{58 - 42}{55{,}1 - 35} = 0{,}796$$

F = 0,8186 für 4 Wärmetauscher in Serie aus Bild 2.2.3.

Mit dem Temperaturwirkungsfaktor F bestimmt man CMTD wie folgt:

$$CMTD = 0{,}8186 \cdot 4{,}65 = 3{,}8\ °C$$

Beispiel 2.2.4: Berechnung der wirksamen Temperaturdifferenz CMTD für isotherme und nichtisotherme Beheizung

Rohrseite: $t_1 = 30\,°C$ $t_2 = 60\,°C$

Mantelseite:

Isotherme Beheizung	Nichtisotherme Beheizung
$T_1 = T_2 = 100\,°C$	$T_1 = 100\,°C$ $T_2 = 80\,°C$
$100 \rightarrow 100$	$100 \rightarrow 80$
$60 \leftarrow 30$	$60 \leftarrow 30$
$40 \quad 70$	$40 \quad 50$
$\text{LMTD} = \dfrac{70-40}{\ln \dfrac{70}{40}} = 53{,}6\,°C$	$\text{LMTD} = \dfrac{50-40}{\ln \dfrac{50}{40}} = 44{,}8°C$
$F = 1$	$F = 0{,}948$
$\text{CMTD} = 1 \cdot 53{,}6 = 53{,}6\,°C$	$\text{CMTD} = 0{,}948 \cdot 44{,}8 = 42{,}5\,°C$

Bei der isothermen Beheizung und Kühlung ist der Temperaturkorrekturfaktor F = 1.

Alternativberechnung für CMTD bei isothermer Beheizung:

$$O = (100 - 60) + (100 - 30) = 110$$

$$M = \sqrt{(100 - 100)^2 + (60 - 30)^2} = 30$$

$$\text{CMTD} = \frac{30}{\ln \dfrac{110 + 30}{110 - 30}} = 53{,}6\,°C$$

Alternativberechnung für CMTD bei nichtisothermer Beheizung:

$$O = (100 - 60) + (80 - 30) = 90$$

$$M = \sqrt{(100 - 80)^2 + (60 - 30)^2} = 36$$

$$\text{CMTD} = \frac{36}{\ln \dfrac{90 + 36}{90 - 36}} = 42{,}5\,°C$$

In **Bild 2.2.4** wird gezeigt, wie man mehrere Wärmetauscher in Serie verbindet.

Bild 2.2.4: Serienschaltung von Wärmetauschern

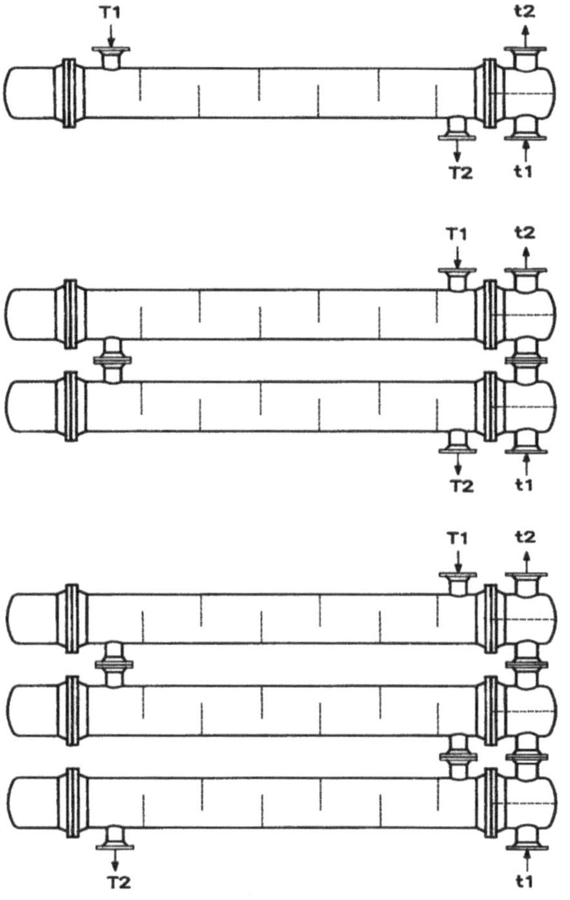

2.3 Einfluss der Beipassströmung auf LMTD

Auf der Mantelseite strömt nicht die gesamte Produktmenge quer durch das Rohrbündel und wird aufgeheizt oder gekühlt. Ein Teil des Produktstroms fließt im Beipass oder durch Leckagen an den Wärmetauscherrohren vorbei und nimmt nicht am Wärmeaustausch teil.

Es wird also nur ein Teil des mantelseitigen Produktstroms aufgeheizt oder gekühlt und dieser Teil wird mehr aufgeheizt oder gekühlt, weil die Menge kleiner ist. Dadurch verringert sich das treibende Temperaturgefälle.

Die logarithmische Temperaturdifferenz wird kleiner. Das wird in **Bild 2.3.1** gezeigt.

Aus Bild 2.3.1 geht hervor, dass mit zunehmender Zahl der Umlenkungen der Temperaturwirkungsgrad besser wird. Das liegt daran, dass bei jedem mantelseitigen Durchgang die beiden Ströme vermischt werden.

Empfehlung: Umlenkblechabstand = 0,2 · Manteldurchmesser oder
maximal 2 °C Temperaturänderung pro Manteldurchgang

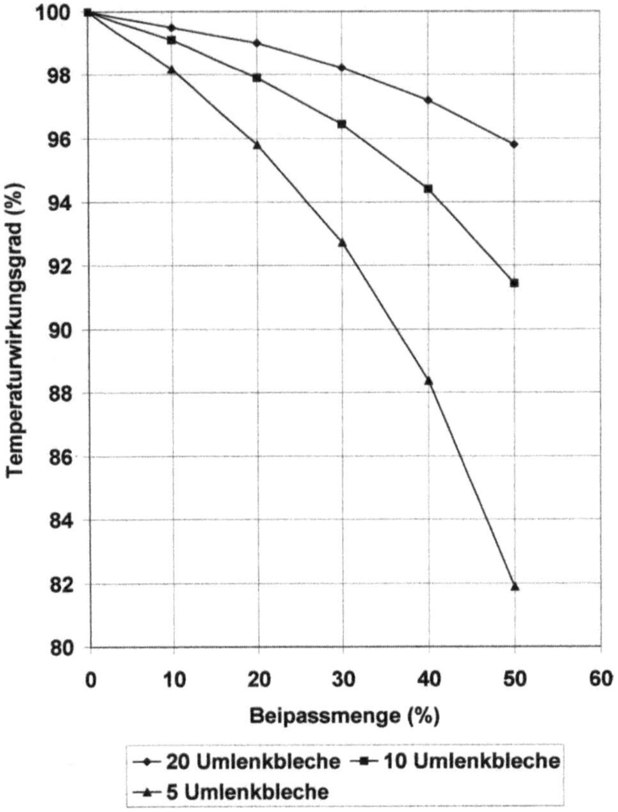

Bild 2.3.1: Temperaturwirkungsgrad in Abhängigkeit von der Beipassmenge

2.4 Mittlere gewogene Temperaturdifferenz WMTD

Für gekrümmte Temperaturkurven im Temperatur-Leistung-Diagramm, z. B. bei der Mehrkomponentenkondensation, werden große Wärmeleistungen bei hohen Temperaturgradienten und geringere Wärmeleistungen bei niedrigen Temperaturdifferenzen gefordert. Eine normale Berechnung der treibenden Temperaturdifferenz CMTD ist falsch.

Es werden die wirksamen Temperaturdifferenzen in den verschiedenen Leistungszonen bestimmt und anschließend die mittlere gewogene Temperaturdifferenz berechnet.

Beispiel 2.4.1: Ermittlung der mittleren gewogenen Temperaturdifferenz WMTD

$Q_1 = 1000000$ W $Q_2 = 500000$ W $Q_3 = 400000$ W
$CMTD_1 = 153,78$ K $CMTD_2 = 125,54$ K $CMTD_3 = 51,11$ K

$Q_{ges} = 1900000$ W

Bild 2.4.1: Ermittlung der gewogenen Temperaturdifferenz WMTO

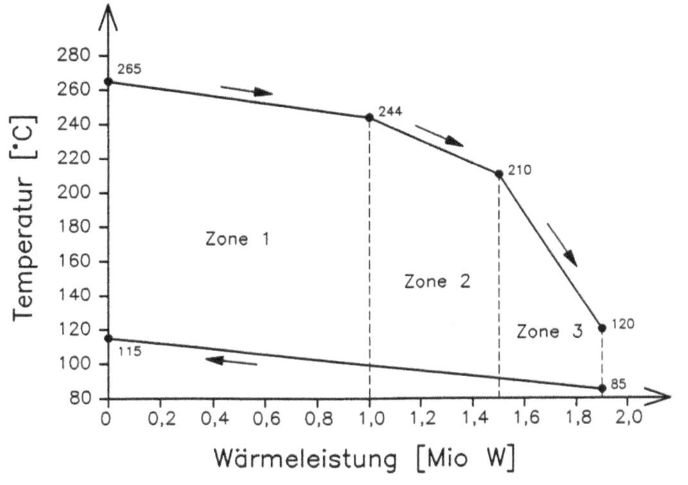

$$\text{WMTD} = \frac{Q_{ges}}{\dfrac{Q_1}{\text{CMTD}_1} + \dfrac{Q_2}{\text{CMTD}_2} + \dfrac{Q_3}{\text{CMTD}_3}}$$

$$= \frac{1900000}{\dfrac{1000000}{153{,}78} + \dfrac{500000}{125{,}54} + \dfrac{400000}{51{,}11}} = \frac{1900000}{18308{,}7} = 103{,}78\ \text{K}$$

LMTD ohne Wärmeleistungskorrektur = 79,02 K
F = 0,8519
CMTD = 67,32 K

Die Differenz zwischen CMTD = 67,32 K und WMTD = 103,78 ist erheblich. Der Kondensator würde mit CMTD = 67,38 °C um 54 % zu groß ausgelegt werden.

2.5 Berechnung der Wärmetauscheraustrittstemperaturen für einen mehrgängigen Wärmetauscher mit nichtidealem Gegenstrom und idealem Gegenstrom

Im Normalfall wird für eine vorgegebene Aufheizung oder Abkühlung, also für eine vorgegebene Temperaturdifferenz, die erforderliche Wärmetauscherfläche ermittelt.

In diesem Kapitel wird gezeigt, wie man die Austrittstemperaturen eines vorgegebenen Wärmetauschers für verschiedene Produktmengenströme berechnet.

Für die Berechnungen werden folgende Daten benötigt:

W_W = Warmer Mengenstrom [kg/h]
t_{W1} = Eintrittstemperatur des warmen Stroms [°C]
t_{W2} = Austrittstemperatur des warmen Stroms [°C]
c_W = Spezifische Wärmekapazität des warmen Mediums [Wh/kg K]
W_K = Kalter Mengenstrom [kg/h
T_{k1} = Eintrittstemperatur des kalten Mediums [°C]
T_{k2} = Austrittstemperatur des kalten Mediums [°C]
C_K = Spezifische Wärmekapazität des kalten Mediums [Wh/kg K]
A = Wärmetauscherfläche [m²]
k = Wärmedurchgangszahl [W/m² K]
F = Temperaturwirkungsfaktor bei nichtidealem Gegenstrom

2.5.1 Berechnung der Austrittstemperaturen in einem mehrgängigen Wärmetauscher unter Berücksichtigung des Temperaturwirkungsfaktors F für nichtidealen Gegenstrom

$$t_{W2} = \frac{(1 - R) \cdot t_{W1} + (1 - B_2) \cdot R \cdot T_{K1}}{1 - (R \cdot B_2)} \quad [°C]$$

$$R = \frac{W_K \cdot c_K}{W_W \cdot c_W}$$

$$B_2 = \exp\left[\frac{F \cdot k \cdot A}{W_K \cdot c_K} \cdot (R - 1)\right]$$

Berechnung der Austrittstemperatur T_{K2} des kalten Mediums

$$T_{K2} = \frac{t_{W1} - t_{W2}}{R} + T_{K1} \quad [°C]$$

2.5.2 Berechnung der Austrittstemperatur t_{W2} bei idealem Gegenstrom ohne F

$$t_{W2} = \frac{(1-R)\cdot t_{W1} + (1-B_1)\cdot R\cdot T_{K1}}{1-(R\cdot B_1)} \quad [°C]$$

$$B_1 = \exp\left[\frac{k\cdot A}{W_K\cdot c_K}\cdot(R-1)\right]$$

Beispiel 2.5.1: Berechnung der Wärmetauscheraustrittstemperaturen t_{W2} und T_{K2}

Warme Seite: $W_W = 10$ t/h $t_{W1} = 58$ °C $t_{W2} = 42$ °C $c_W = 0{,}5$ Wh/kg K

Kühlleistung $Q_W = 10\,000\cdot 0{,}5\cdot(58-42) = 80\,000$ W

Kalte Seite (Kühlwasser): $T_{K1} = 25$ °C $T_{K2} = 45{,}1$ °C $c_K = 1{,}16$ Wh/kg K

Wärmedurchgangszahl $k = 400$ W/m²K

Temperaturwirkungsfaktor F = 0,67

Ermittlung der benötigten Kühlwassermenge für die Kühlleistung Q = 80 kW

$$W_K = \frac{Q_W}{c_K\cdot(T_{K2}-T_{K1})} = \frac{80\,000}{1{,}16\cdot(45{,}1-25)} = 3431 \text{ kg/h}$$

Berechnung von LMTD und CMTD

58 → 42
45,1 ← 25
12,9 17

$$\text{LMTD} = \frac{17-12{,}9}{\ln\frac{17}{12{,}9}} = 14{,}9\ °C \qquad F = 0{,}67$$

Berechnung der Wärmetauscheroberfläche A

$$A = \frac{Q}{k\cdot F\cdot \text{LMTD}} = \frac{80\,000}{400\cdot 0{,}67\cdot 14{,}9} = 20 \text{ m}^2$$

Berechnung der Hilfsgrößen R und B_2

$$R = \frac{W_K\cdot c_K}{W_W\cdot c_W} = \frac{3431\cdot 1{,}16}{10\,000\cdot 0{,}5} = 0{,}796$$

$$B_2 = \exp\left[\frac{F\cdot k\cdot A}{W_K\cdot c_K}\cdot(R-1)\right] = \exp\left[\frac{0{,}67\cdot 400\cdot 20}{3431\cdot 1{,}16}\cdot(0{,}796-1)\right] = 0{,}7598$$

Berechnung der Austrittstemperatur t_{W2} des warmen Mediums

$$t_{W2} = \frac{(1-R)\cdot t_{W1} + (1-B_2)\cdot R \cdot T_{K1}}{1-(R\cdot B_2)}$$

$$= \frac{(1-0{,}796)\cdot 58 + (1-0{,}7598)\cdot 0{,}796\cdot 25}{1-(0{,}796\cdot 0{,}7598)} = 42\ °C$$

Berechnung der Austrittstemperatur t_{K2} des kalten Stroms

$$T_{K2} = \frac{t_{W1}-t_{W2}}{R} + T_{K1} = \frac{58-42}{0{,}796} + 25 = 45{,}1\ °C$$

Beispiel 2.5.2: Berechnung der Kühlwasseraustrittstemperatur T_{K2} für eine kleinere Kühlwassermenge

Daten: siehe Beispiel 2.5.1 **WK = 3135 kg/h statt 3431 kg/h**

$$R = \frac{W_K \cdot c_K}{W_W \cdot c_W} = \frac{3135 \cdot 1{,}16}{10\,000 \cdot 0{,}5} = 0{,}727$$

$$T_{K2} = \frac{t_{W1}-t_{W2}}{R} + T_{K1} = \frac{58-42}{0{,}727} + 25 = 47\ °C$$

Durch die Verringerung der Kühlwassermenge von 3431 kg/h auf 3135 kg/h erhöht sich die **Kühlwasseraustrittstemperatur von 42 °C auf 47 °C.**

Dadurch wird auch die wirksame Temperaturdifferenz **CMTD von 9,95 °C abgesenkt auf CMTD = 6,42 °C.**

Die geringere wirksame Temperaturdifferenz reduziert die **Wärmeleistung in dem Wärmetauscher von 80 kW bei CMTD = 9,95 auf 51,36 kW bei CMTD = 6,42 °C:**

$$Q = k \cdot A \cdot CMTD = 400 \cdot 20 \cdot 6{,}42 = 51\,360\ W$$

Zusätzlich ist zu berücksichtigen, dass durch die kleinere Produktmenge die Strömungsgeschwindigkeit und damit auch die Wärmeübergangszahl verringert wird, so dass die Wärmedurchgangszahl k kleiner wird.

3 Berechnung der Wärmeübergangszahlen und Druckverluste beim konvektiven Wärmeübergang

Wie berechnet man die Wärmeübergangszahlen?

Die erforderlichen Berechnungsgleichungen zur Ermittlung der Wärmeübergangszahlen auf der Rohr- und Mantelseite sind in **Tabelle 3.1** aufgelistet. In den Beispielen 3.1 und 3.2 wird die Anwendung der Gleichungen gezeigt.

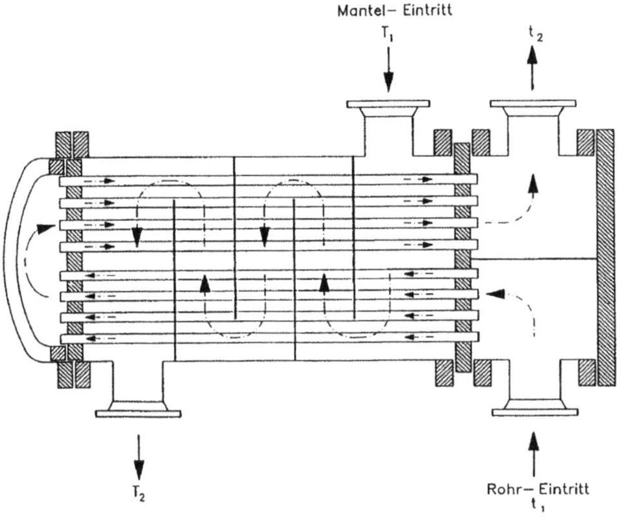

Bild 3.1: Wärmetauscher mit zwei Rohrgängen

Die Berechnung der Wärmeübergangszahlen ist einfach und die Ergebnisse liegen auf der sicheren Seite. Die Beziehungen gelten für folgende geometrische Bedingungen:

- Umlenkblechabstand/Durchmesser B/D = 0,2 bis 0,3
- Segmenthöhe/Durchmesser H/D = 0,2 bis 0,3

Diese geometrischen Bedingungen haben sich in der Praxis bewährt.

Aus den Berechnungsgleichungen in Tabelle 3.1 geht hervor, dass die Nusseltzahl Nu bzw. die Wärmeübergangszahl α abhängig ist von der Prandtl- und der Reynoldszahl.

In der Prandtlzahl Pr sind nur Stoffdaten enthalten, die man nicht verändern kann. Für die Auslegung wählt man im Allgemeinen die Stoffdaten bei der mittleren Temperatur im Wärmetauscher.Wenn sich die Stoffdaten jedoch im Wärmetauscher stark mit der Temperatur ändern, ist eine abschnittsweise Berechnung der einzelnen Zonen im Wärmetauscher zu empfehlen.

Eine Verbesserung der Wärmeübergangszahlen kann nur durch eine Vergrößerung der Reynoldszahl Re bzw. eine Erhöhung der Strömungsgeschwindigkeit w erreicht werden. Mit zunehmender Reynoldszahl verringert sich die Dicke des laminaren Grenzfilms s an der Rohrwand und der Quotient $\alpha \approx \lambda / s$ wird größer.

Aus den Berechnungsgleichungen in Tabelle 3.1 ergeben sich folgende Abhängigkeiten der Wärmeübergangszahlen α von der Strömungsgeschwindigkeit w:

Rohrseite: $\alpha \propto w^{0,8}$ Mantelseite: $\alpha \propto w^{0,6}$

Tabelle 3.1: Berechnungsgleichungen für den konvektiven Wärmeübergang

Rohrseitiger Wärmeübergang nach der Nitsche-Methode:

Laminarer Bereich mit Re < 2300:

$$Nu = 1{,}86 \cdot \left(\frac{Re \cdot Pr \cdot d_i}{l}\right)^{0{,}33}$$

Übergangsbereich mit 2300 < Re < 8000

$$Nu = (0{,}037 \cdot Re^{0{,}75} - 6{,}66) \cdot Pr^{0{,}42}$$

$0{,}6 < Pr < 500$

Turbulenter Bereich mit Re > 8000

$$Nu = 0{,}023 \cdot Re^{0{,}8} \cdot Pr^{0{,}33}$$

$$\alpha = \frac{Nu \cdot \lambda}{d_i} \qquad Re = \frac{w \cdot d_i}{\nu} \qquad Pr = \frac{\nu \cdot c \cdot \rho \cdot 3600}{\lambda} \qquad tm = \frac{t_1 + t_2}{2}$$

Mantelseitiger Wärmeübergang nach der Nitsche-Methode für Re > 10

Versetzte Anordnung

$$Nu = 0{,}196 \cdot Re^{0{,}6} \cdot Pr^{0{,}33}$$

Inline Anordnung

$$Nu = 0{,}156 \cdot Re^{0{,}6} \cdot Pr^{0{,}33}$$

$$\alpha = \frac{Nu \cdot \lambda}{d_a} \qquad Re = \frac{w \cdot d_a}{\nu} \qquad w = \frac{V\,[m^3/h]}{B \cdot (D_i - n_q \cdot d_a)}$$

Eine ausreichend hohe Strömungsgeschwindigkeit ist die Voraussetzung für eine gute Wärmeübergangszahl. Empfehlenswerte Strömungsgeschwindigkeiten sind 0,5–2 m/s für Flüssigkeiten und 10–25 m/s für Gase.

Bei viskosen Medien sind die mantelseitigen Wärmeübergangszahlen höher als die α- Werte auf der Rohrseite. Deswegen verlagert man die zähflüssigen Produkte gern auf die Mantelseite.

Schriftzeichen:

B = Umlenkblechabstand [m]
D_i = Mantelinnendurchmesser [m]
d_i = Rohrinnendurchmesser [m]
d_a = Rohraussendurchmesser [m]
l = Rohrlänge [m]
n_q = Anzahl der Rohre im Querstrom
w = Strömungsgeschwindigkeit [m/s]
V = Volumendurchsatz [m³/h]

Nu = Nusseltzahl
Re = Reynoldszahl
Pr = Prandtlzahl
T = Teilung [m]
α = Wärmeübergangszahl [W/m²K]
c = Spezifische Wärmekapazität [Wh/kgK]
λ = Wärmeleitzahl [W/m K]
ν = Kinematische Viskosität [m²/s]
ρ = Dichte [kg/m³]

Beispiel 3.1: Berechnung der rohrseitigen Wärmeübergangszahl

Wärmetauscher DN 500 mit 164 Rohren 25 x 2 $d_i = 21$ mm
4 Rohrdurchgänge 41 Rohre pro Gang
Rohrseitiger Durchsatz $V_R = 51{,}12$ m³/h
Dichte $\rho = 995$ kg/m³ Spezif. Wärmekapazität c = 1,16 Wh/kg K
Kinemat. Viskosität $\nu = 0{,}92$ mm²/s Wärmeleitzahl $\lambda = 0{,}605$ W/m K

1. Berechnung des Strömungsquerschnitts f_R von 41 Rohren

$$f_R = 41 \cdot d_i^2 \cdot \frac{\pi}{4} = 41 \cdot 0{,}021^2 \cdot 0{,}785 = 0{,}0142 \text{ m}^2$$

2. Ermittlung der Strömungsgeschwindigkeit w_R in den Rohren

$$w_R = \frac{V\,[\text{m}^3/\text{h}]}{f_R \cdot 3600} = \frac{51}{0{,}0142 \cdot 3600} = 1 \text{ m/s}$$

3. Bestimmung der Reynoldszahl

$$Re = \frac{w \cdot d_i}{\nu} = \frac{1 \cdot 0{,}021}{0{,}92 \cdot 10^{-6}} = 22826$$

4. Berechnung der Pr - Zahl

$$Pr = \frac{\nu \cdot c \cdot \rho \cdot 3600}{\lambda} = \frac{0{,}92 \cdot 10^{-6} \cdot 1{,}16 \cdot 995 \cdot 3600}{0{,}605} = 6{,}32$$

5. Ermittlung der Nusseltzahl

$$Nu = 0{,}023 \cdot Re^{0{,}8} \cdot Pr^{0{,}33} = 0{,}023 \cdot 22826^{0{,}8} \cdot 6{,}32^{0{,}33} = 129{,}62$$

6. Berechnung der Wärmeübergangszahl

$$\alpha = \frac{Nu \cdot \lambda}{d_i} = \frac{129{,}62 \cdot 0{,}605}{0{,}021} = 3734 \text{ W/m}^2\text{K}$$

Beispiel 3.2: Berechnung der mantelseitigen Wärmeübergangszahl

Manteldurchmesser $D_i = 1{,}1$ m 270 Rohre 38 x 2 mm $d_a = 38$ mm
Dreieckteilung T = 50 mm Umlenkblechabstand B = 200 mm
Mengendurchsatz $V_M = 200$ m³/h Dichte $\rho = 803$ kg/m³
Spezif. Wärmekapazität c = 2,59 kJ/kg K = 0,721 Wh/kg K
Kinem. Viskosität $\nu = 051$ mm²/s Wärmeleitzahl $\lambda = 0{,}108$ W/m K

1. Zunächst wird der Strömugsquerschnitt f_q für den Querstrom mit der Teilung T ermittelt

$$f_Q = D_i \cdot B \cdot \left(1 - \frac{d_a}{t}\right) = 1{,}1 \cdot 0{,}2 \cdot \left(1 - \frac{38}{50}\right) = 0{,}0528 \text{ m}^2$$

Alternative Berechnung mit der Anzahl der Rohre n_q im Querstrom

$$n_q = \frac{D}{T} = \frac{1100}{50} = 22$$

$$f_q = B \cdot (D - n_q \cdot d_a) = 0{,}2 \cdot (1{,}1 - 22 \cdot 0{,}038) = 0{,}0528 \text{ m}^2$$

2. Danach wird die Strömungsgeschwindigkeit w_q für den Querstrom ermittelt

$$w_q = \frac{V_M\,[\text{m}^3/\text{h}]}{f_q \cdot 3600} = \frac{200}{0{,}0528 \cdot 3600} = 1{,}052 \text{ m/s}$$

3. Berechnung der Reynoldszahl

$$Re = \frac{w_q \cdot d_a}{n} = \frac{1{,}052 \cdot 0{,}038}{0{,}51 \cdot 10^{-6}} = 78398$$

4. Berechnung der Pr-Zahl

$$Pr = \frac{\nu \cdot c \cdot \rho \cdot 3600}{\lambda} = \frac{0{,}51 \cdot 10^{-6} \cdot 0{,}721 \cdot 803 \cdot 3600}{0{,}108} = 9{,}84$$

5. Ermittlung der Nusseltzahl für Dreieckteilung

$$Nu = 0{,}196 \cdot Re^{0{,}6} \cdot Pr^{0{,}33} = 0{,}196 \cdot 78398^{0{,}6} \cdot 9{,}84^{0{,}33} = 360{,}18$$

6. Berechnung der Wärmeübergangszahl

$$\alpha = \frac{Nu \cdot \lambda}{d_i} = \frac{360{,}18 \cdot 0{,}108}{0{,}038} = 1023{,}7 \text{ W/m}^2\text{K}$$

3.1 Rohrseitige Wärmeübergangszahl

Auf der **Rohrseite** lässt sich die Strömungsgeschwindigkeit und die Wärmeübergangszahl durch eine mehrgängige Ausführung erhöhen. Dabei strömt das Medium in mehreren Durchgängen durch die Rohre und der rohrseitige Strömungsquerschnitt wird verringert.

In **Bild 3.1** ist ein Rohrbündel mit zwei rohrseitigen Durchgängen dargestellt. Bei zwei Rohrdurchgängen wird der Strömungsquerschnitt rohrseitig halbiert und somit die Strömungsgeschwindigkeit verdoppelt.

Die höhere Strömungsgeschwindigkeit im Rohr verbessert die Wärmeübergangszahl. In **Bild 3.1.1** ist die Abhängigkeit des Wärmeübergangskoeffizienten von der Strömungsgeschwindigkeit und dem Rohrdurchmesser dargestellt.

Ein Nachteil der mehrgängigen Ausführung ist die Verringerung der wirksamen Temperaturdifferenz für den Wärmeübergang, weil kein idealer Gegenstrom vorliegt.

Bei zwei Gängen auf der Rohrseite strömt das Medium im ersten Gang im Gegenstrom und im zweiten Gang im Gleichstrom zum Produktstrom auf der Mantelseite. Deshalb muss die logarithmische Temperaturdifferenz LMTD für den Gegenstrom mit dem Temperaturwirkungsfaktor F korrigiert werden.

$$\mathrm{CMTD} = F \cdot \mathrm{LMTD}$$

CMTD ist die korrigierte wirksame Temperaturdifferenz für den Wärmeübergang. Die Berechnung von CMTD wird in Kapitel 2 gezeigt.

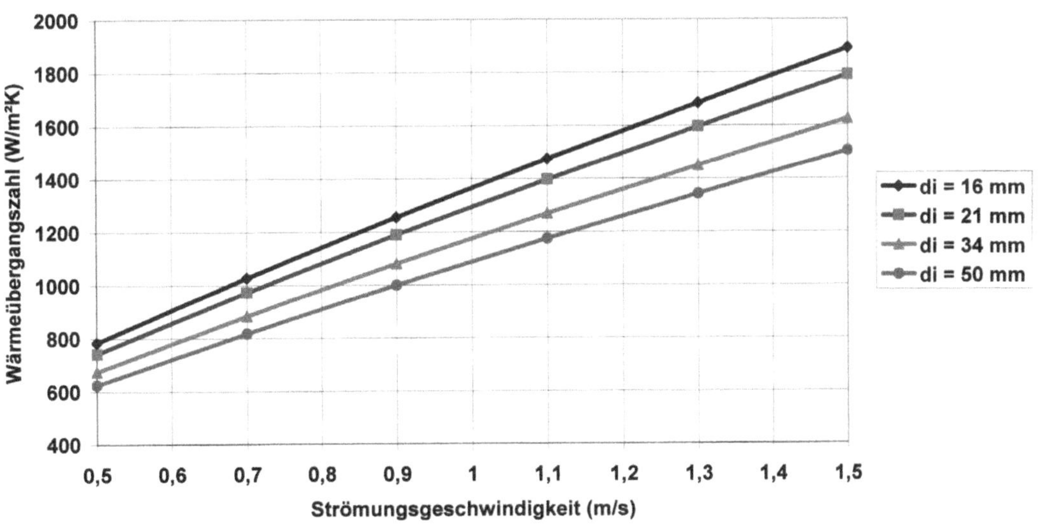

Bild 3.1.1: Rohrseitige Wärmeübergangszahl von Heptan als Funktion von Strömungsgeschwindigkeit und Rohrdurchmesser

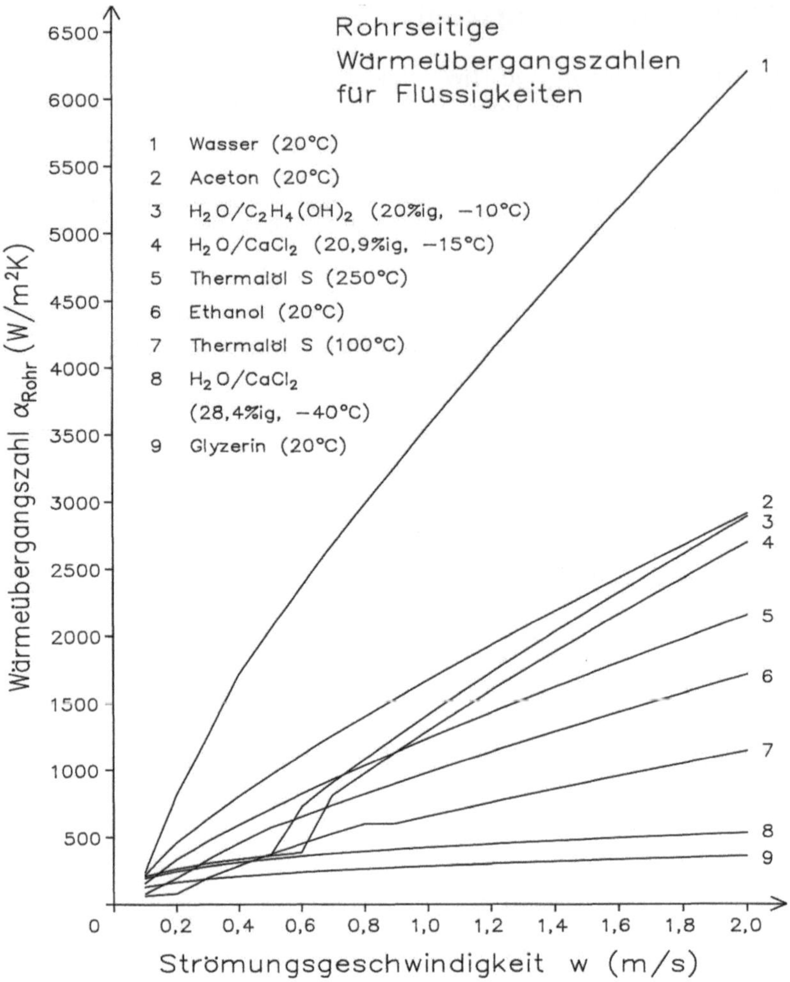

Bild 3.1.2: Rohrseitige Wärmeübergangszahlen als Funktion der Strömungsgeschwindigkeit für verschiedene Flüssigkeiten

Ein weiterer Nachteil der mehrgängigen Ausführung ist die Vergrößerung des Druckverlustes durch die mehrfache Umlenkung und wegen der höheren Strömungsgeschwindigkeit, die quadratisch in die Druckverlustberechnung eingeht. In **Bild 3.1.2** und **Bild 3.1.3** sind die Wärmeübergangszahlen für einige Flüssigkeiten und Gase dargestellt.

3.2 Mantelseitige Wärmeübergangszahl

Bei dem in Bild 3.1 dargestellten konvektiven Wärmetauscher strömt das Medium auf der Mantelseite quer durch das Rohrbündel und längs durch die Umlenkblechausschnitte. Die Strömungsquerschnittsflächen sollten möglichst gleich sein für den Querstrom durch das Rohrbündel und den Längsstrom in den Umlenkblechausschnitten. Dann herrschen glei-

Bild 3.1.3: Rohrseitige Wärmeübergangszahlen als Funktion der Strömungsgeschwindigkeit für verschiedene Gase

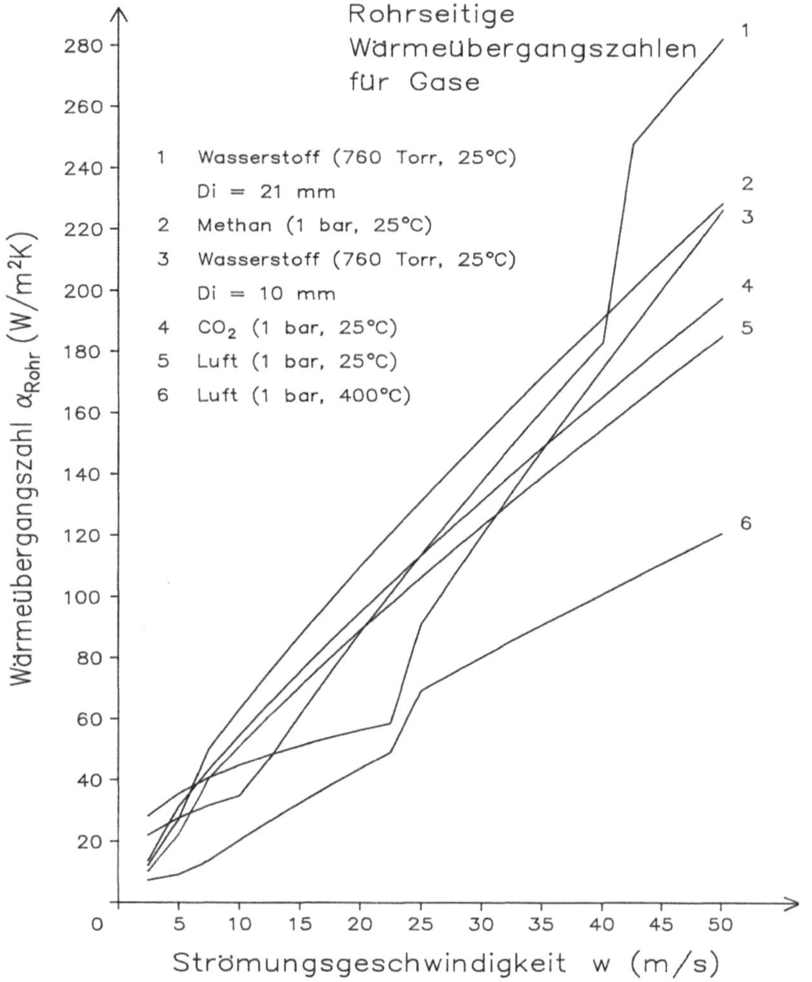

che Strömungsgeschwindigkeiten ohne Beschleunigungsturbulenzen mit entsprechenden Druckverlusten.

Mit zunehmender Strömungsgeschwindigkeit wird die Wärmeübergangszahl α besser.

Die mantelseitige Strömungsgeschwindigkeit für den Querstrom kann mit den folgenden Gleichungen berechnet werden:

$$w_q = \frac{V\,[m^3/h]}{3600 \cdot B \cdot (D_i - n_q \cdot d_a)} \quad [m/s]$$

$$w_q = \frac{V\,[m^3/h]}{3600 \cdot D_i \cdot B \cdot \left(1 - \frac{d_a}{T}\right)} \quad [m/s]$$

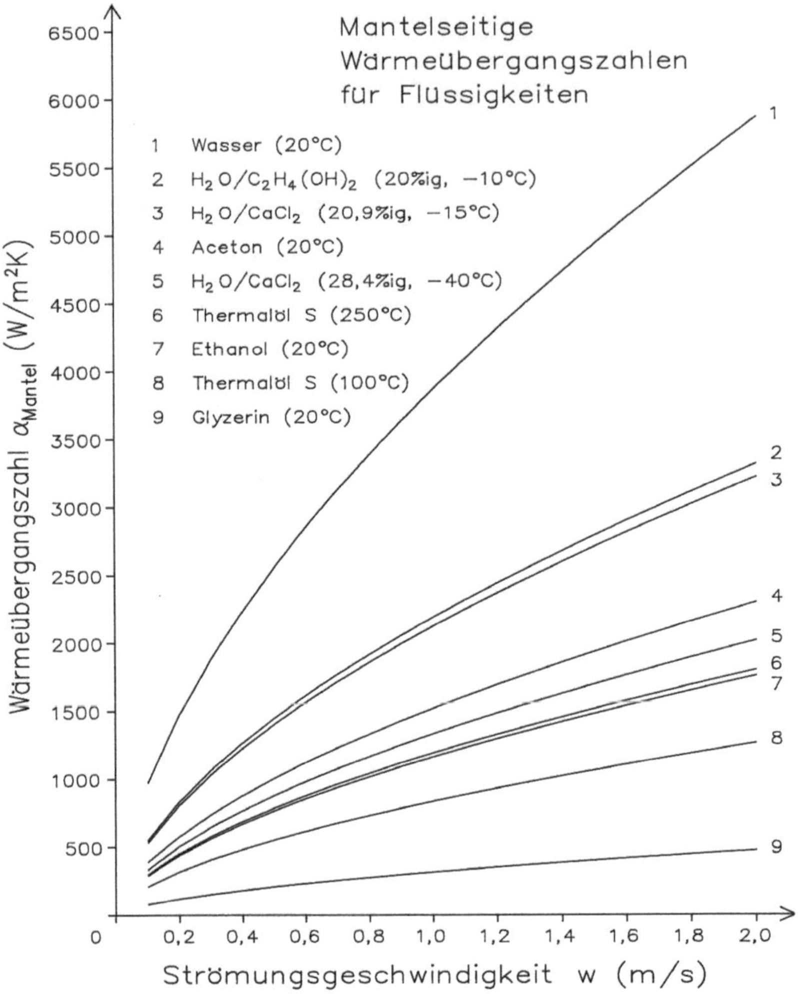

Bild 3.2.1: Mantelseitige Wärmeübergangszahlen in Abhängigkeit von der Strömungsgeschwindigkeit für verschiedene Flüssigkeiten

Durch eine Verringerung des Umlenkblechabstands B wird die Strömungsgeschwindigkeit erhöht und die Wärmeübergangszahl verbessert. In den Bildern 3.2.1 und 3.2.2 wird gezeigt, wie die mantelseitige Wärmeübergangszahl von Flüssigkeiten und Gasen mit zunehmender Strömungsgeschwindigkeit ansteigt.

Durch die Anordnung von mehr Umlenkblechen zur Verbesserung der Strömungsgeschwindigkeit erhöht sich der Druckverlust beim Querstrom durch das Rohrbündel, so dass sich die Produktmenge erhöht, die durch Leck- und Beipass-Querschnitte am Rohrbündel vorbeiströmt und nicht am Wärmeaustausch teilnimmt. Das verschlechtert den Wärmeübergang.

In **Bild 3.2.3** wird gezeigt, dass der Korrekturfaktor f_W für die mantelseitige Wärmeübergangszahl nach VDI-Wärmeatlas mit abnehmendem B/D-Verhältnis – also zunehmender Zahl von

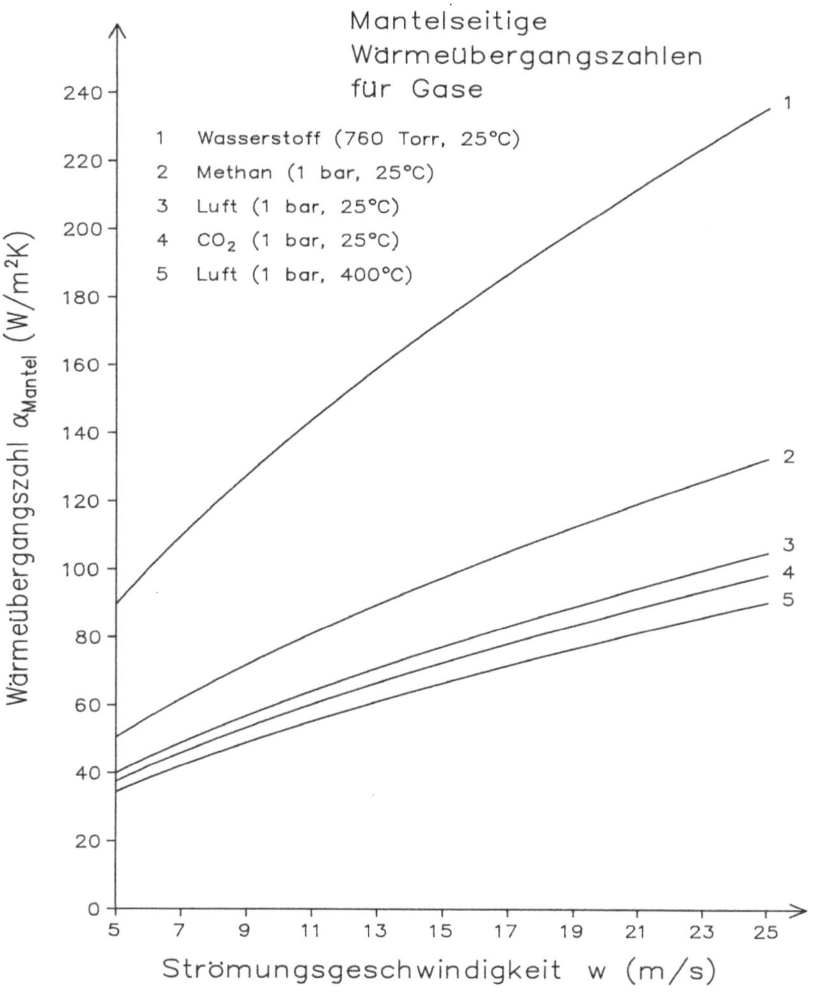

Bild 3.2.2: Mantelseitige Wärmeübergangszahlen als Funktion der Strömungsgeschwindigkeit für verschiedene Gase

Umlenkblechen – kleiner wird, weil jedes Umlenkblech zusätzliche Beipass- und Leckströme verursacht. Der Korrekturfaktor f_W ist folgendermaßen definiert:

$$f_W = f_G \cdot f_L \cdot f_B$$

f_G ist der Geometriefaktor, der im Wesentlichen berücksichtigt, wieviel Wärmetauscherrohre im Segmentausschnitt liegen.

f_L ist der Leckagefaktor für die Leckströmung durch die Spalte zwischen Rohren und Umlenkblechbohrungen sowie zwischen Umlenkblechen und Mantel. Der f_L-Faktor ist abhängig von der spezifizierten Toleranz und der Zahl der Umlenkbleche.

f_B ist der Beipassfaktor für die Strömung durch Rohrgassen und den Ringspalt zwischen dem Rohrbündel und dem Mantel. Durch Sperrbleche – sealing strips und Leerrohre (dummy tubes) – kann der Beipassstrom soweit minimiert werden, dass $f_B = 1$ wird.

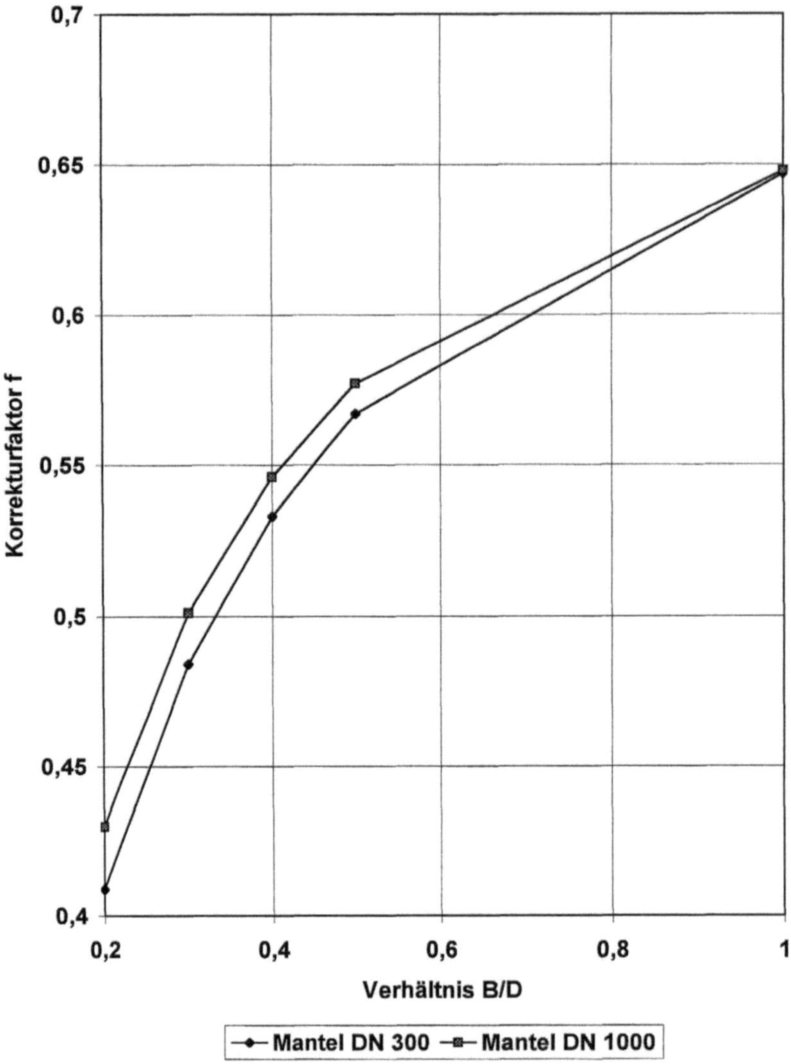

Bild 3.2.3: Korrekturfaktor nach VDI-Wärmeatlas für den mantelseitigen Wärmeübergang in Abhängigkeit vom B-D-Verhältnis

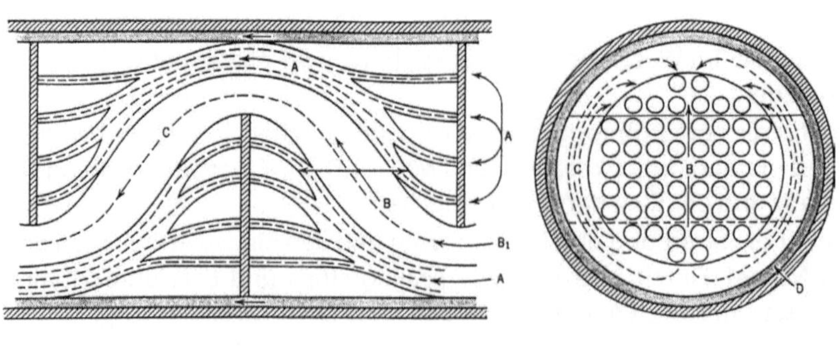

Bild 3.2.4: Mantelseitige Produktströme nach Tinker [15]

In **Bild 3.2.4** sind die verschiedenen Ströme auf der Mantelseite eines Wärmetauschers nach Tinker (15) dargestellt.

Strom A: Leckströmung durch die Spalte zwischen Rohren und Umlenkblechbohrungen
Strom B: Querstrom durch das Bündel
Strom C: Beipassströmung durch den Ringspalt zwischen Bündel und Mantel
Strom E: Beipassströmung zwischen Umlenkblech und Mantel
Strom F: Beipassströmung durch konstruktiv bedingte Rohrgassen

In **Bild 3.2.5** wird für einen Wärmetauscher DN 500 gezeigt, dass der Strom B, also der Mengenanteil, der quer durch das Rohrbündel strömt, mit zunehmendem Umlenkblechabstand ansteigt.

Weniger Umlenkbleche haben zur Folge, dass weniger Leck- und Beipass-Strömung auftritt, aber weniger Umlenkbleche mit höheren Umlenkblechabständen verringern die Strömungsgeschwindigkeit und verschlechtern den Wärmeübergang.

Diese Kurven gelten für folgende Wärmetauscherdaten:

Manteldurchmesser DN 500
mit 256 Rohren 20 x 2;
6 m lang;
Dreieckteilung 26 mm;
4 Gänge

Mantelseitiges Produkt:
15 m^3/h Benzin, das von
114 °C auf 40 °C mit Wasser
gekühlt wird.

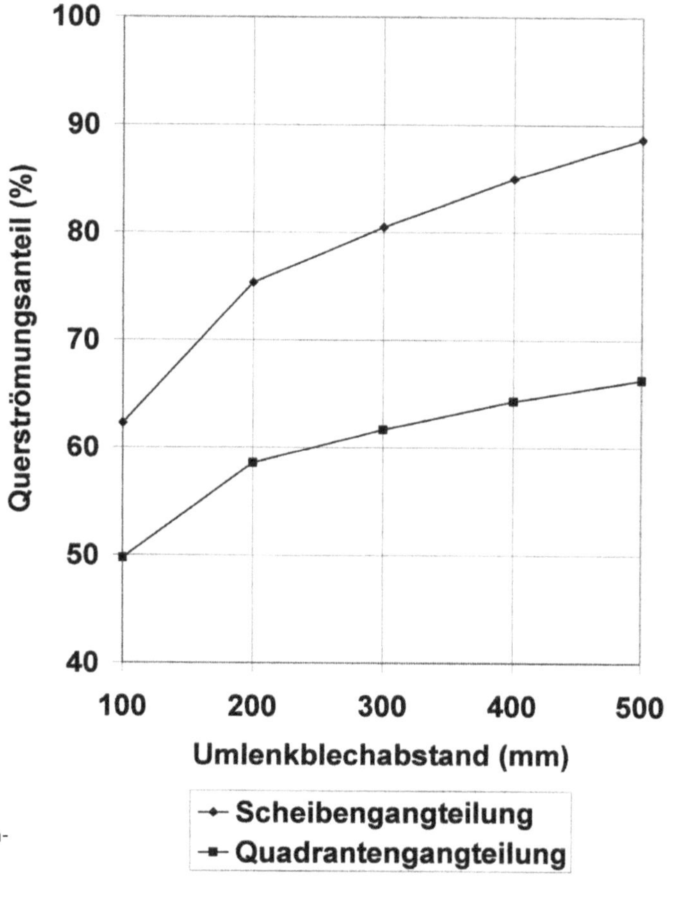

Bild 3.2.5: Mengenanteil der Querströmung durch das Rohrbündel eines Wärmetauschers DN 500 als Funktion des Umlenkblechabstands bei Scheiben- und Quadrantenteilung

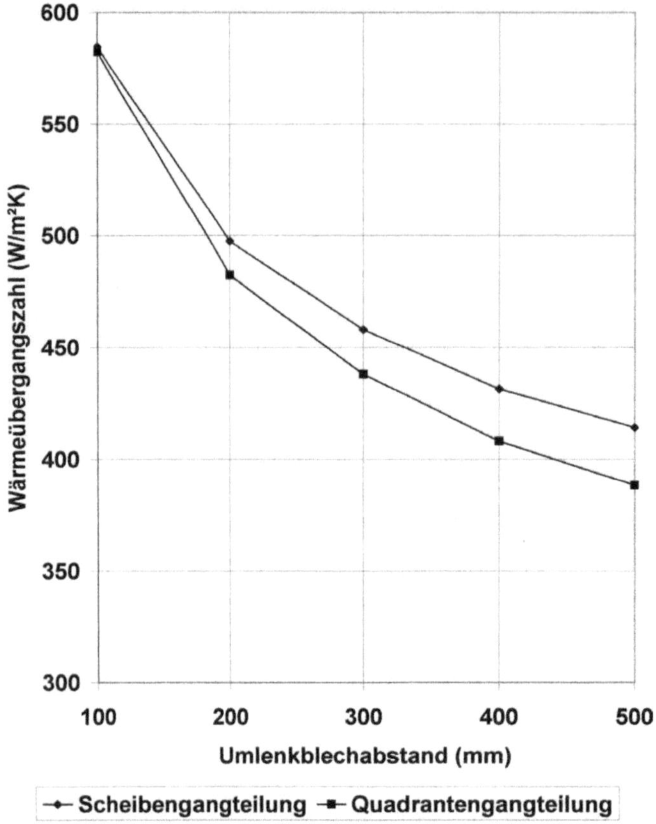

Bild 3.2.6: Mantelseitige Wärmeübergangszahlen als Funktion des Umlenkblechabstands für Scheiben- und Quadrantenteilung

Aus Bild 3.2.5 geht auch der Einfluss der Gangaufteilung bei mehrgängigen Apparaten auf die Beipass-Strömung hervor. Eine scheibenförmige Gangteilung quer zur Strömung liefert mehr Querströmung als eine Gangteilung in Quadranten, weil die Rohrgassen in Strömungsrichtung bei der Quadrantenteilung einen größeren Strom F durch Rohrgassen ermöglichen.

Aus **Bild 3.2.6** geht hervor, dass die Wärmeübergangszahlen mit abnehmendem Umlenkblechabstand trotz der zunehmenden Beipass- und Leckströmung ansteigen. Die Werte gelten für einen konstanten Mengendurchsatz von 15 m^3/h. Die Verbesserung durch die höhere Strömungsgeschwindigkeit ist größer als die Verschlechterung durch die zunehmende Beipass- und Leckströmung.

Die Leck- und Beipass-Strömung verschlechtert auch die Temperatureffizienz für den Wärmeaustausch, weil ein Teil des Produktstroms nicht am Wärmeaustausch teilnimmt und sich dadurch die wirksame treibende Temperaturdifferenz für den Wärmeaustausch verringert.

Die geringere Produktmenge ohne den Beipass- und Leckstromanteil wird weiter aufgeheizt und reduziert daher die Temperaturdifferenz zwischen Produkt und Heizmedium. Es ergibt sich bei jedem Durchgang durch eine Umlenkkammer eine Mischtemperatur aus der Temperatur des Querstroms und des Beipass-/Leckstroms.

Bild 3.2.7: Verschiedene Umlenkbleche

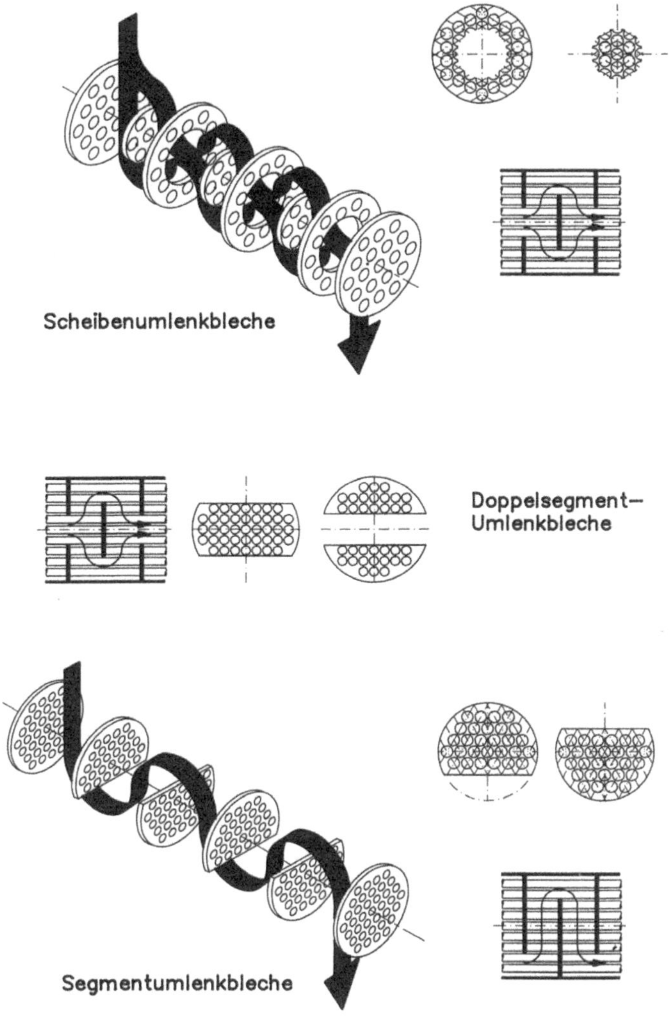

In **Bild 3.2.7** sind verschiedene Umlenkblecharten dargestellt. In der Praxis werden meistens die unten abgebildeten Segmentumlenkbleche mit horizontaler Sehne für den konvektiven Wärmeübergang eingesetzt, weil das Medium durch die Aufwärts-Abwärts-Strömung besser durchmischt wird und mögliche Temperaturunterschiede ausgeglichen werden.

Bei Kondensatoren sind seitliche Umlenkblechausschnitte mit vertikaler Sehne vorteilhaft, damit das Kondensat nicht angestaut wird und die nichtkondensierbaren Gase oben abströmen können.

Wenn der Druckverlust auf der Mantelseite verringert werden soll, setzt man Scheibenumlenkbleche oder Doppelsegmentumlenkbleche ein. Die Scheibenumlenkbleche haben den Vorteil, dass die Beipassströmung durch den Ringspalt zwischen Rohrbündel und Mantel entfällt, aber die vorwiegend horizontale Strömung verschlechtert den Wärmeübergang.

Bei den Doppelsegmentumlenkblechen wird die Strömungsquerschnittsfläche verdoppelt und somit die Strömungsgeschwindigkeit halbiert, so dass der Druckverlust erheblich reduziert wird, aber zu Lasten einer schlechteren Wärmeübergangszahl.

Grundsätzlich gibt es folgende Möglichkeiten zur Reduzierung des Druckverlustes auf der Mantelseite von Wärmetauschern:

- Änderung der Umlenkbleche: Abstände und Anordnung
- größere Teilung oder quadratische Teilung
- kürzere Rohrlängen
- größere Stutzendurchmesser
- mehrere Wärmetauscher parallel anordnen
- Installation eines reinen Querstromwärmetauscher, z. B. nach TEMA J oder TEMA X.

Was ist wichtig für einen funktionierenden Wärmetauscher?

- Hohe Strömungsgeschwindigkeiten bei zulässigen Druckverlusten
- Möglichst wenig Beipass- und Leckageströmung

Dazu sind erforderlich:

- mehrere Durchgänge auf der Rohrseite
- geringe Toleranzen Rohr/Umlenkblechbohrung und Umlenkblech/Mantel
- geringe Abstände Mantel/Hüllkreis mit kleinem Ringspalt
- Gangteilung in Scheiben ohne durchgehende Rohrgassen für den Beipass.

Konstruktive Maßnahmen:

- Längsbleche bzw. Dichtstreifen (sealing strips) im Mantel bei großen Ringspalten bzw. Abständen zwischen Mantel- und Hüllkreisdurchmesser. Das gilt insbesondere für Schwimmkopfapparate mit großen freien Strömungsquerschnitten zwischen Bündel und Mantel
- Dummy- bzw. Leerrohre zur Verringerung der Beipassquerschnitte in den Rohrgassen und im Ringspalt zwischen Bündel und Mantel.

Beispiel 3.2.1: Vergleichsberechnung nach VDI-Wärmeatlas und Nitsche

Physikalische Daten:	Rohrseite	Mantelseite
Dichte ρ [kg/m³]	995	763,4
Spezif. Wärme c [kJ/kg K]	4,18	2,66
Viskosität ν [mm²/s]	0,92	0,9
Wärmeleitzahl λ [W/m K]	0,605	0,162

Rohrabmessungen des Wärmetauschers: 25 x 2 mm

Vergleich der berechneten Wärmeübergangs- und -durchgangszahlen nach VDI und Nitsche:

	VDI-Methode			Nitsche-Methode		
w (m/s)	α_{Rohr}	α_{Mantel}	k-Wert	α_{Rohr}	α_{Mantel}	k-Wert
m/s	W/m²K	W/m²K	W/m²K	W/m²K	W/m²K	W/m²K
0,6	2779	845	523	2482	965	551
1	4771	1221	730	3734	1311	724
1,6	7775	1668	950	5439	1738	914

In **Bild 3.2.8** sind die Wärmeübergangs- und durchgangszahlen nach Nitsche und VDI- Wärmeatlas als Funktion der Strömungsgeschwindigkeit dargestellt. Die Wärmedurchgangszahlen sind fast identisch.

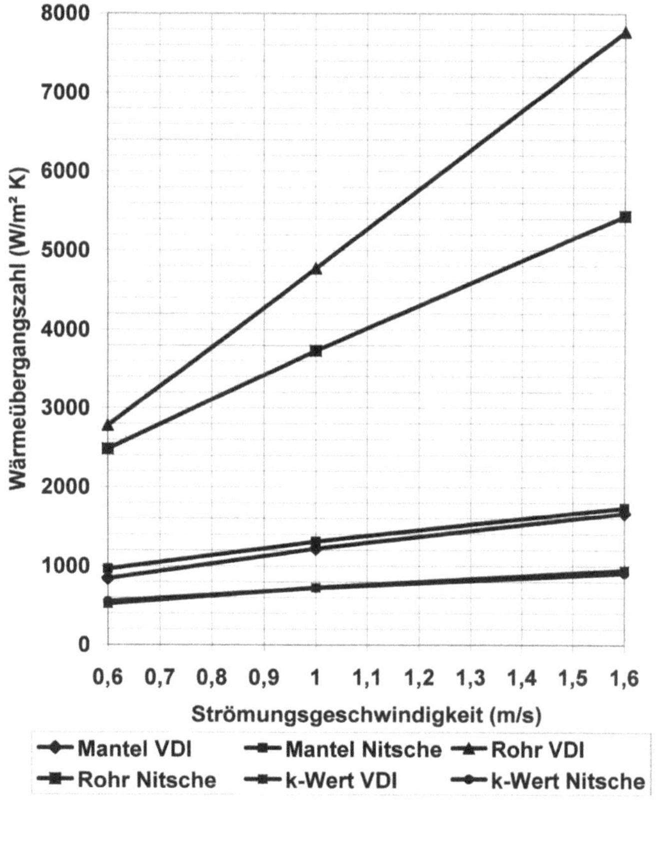

Bild 3.2.8: Wärmeübergangs- und Wärmedurchgangszahlen nach VDI-Wärmeatlas und Nitsche in Abhängigkeit von der Strömungsgeschwindigkeit

Beispiel 3.2.2: Einfluss der Leckströmung auf den Wärmedurchgang

Verbesserung der mantelseitigen Wärmeübergangszahl durch Minimieren der Leckströmung und Einfluss auf den Wärmedurchgang und die benötigte Wärmeaustauschfläche

Wärmetauscher nach DIN 28184 aus Stahl mit Manteldurchmesser DN = 500 mm

Rohre 25 mm x 2 — Dreieckteilung 32 mm
Umlenkblechabstand B / D = 0,2 — Fensterhöhe $0{,}2 \cdot D_i$

Fall 1: Normalrohr 25 mm nach DIN 28180 Toleranzklasse 3 → Toleranz ±0,5 mm
Bohrungsdurchmesser 26,2 mm (+0,7mm) und Spaltweite zwischen Umlenkblech und Mantel f =1,75 mm
Daraus berechnet sich ein Leckagefaktor $f_L = 0{,}58$

Fall 2: Präzisionsrohr 25 mm nach DIN 28180 Toleranzkl. 1 → Toleranz ±0,08 mm
Bohrung 25,5 mm (+0,4 mm) und Spaltweite zwischen Umlenkblech und Mantel f = 1,0 mm
Für diese geringeren Toleranzen ergibt sich ein Leckagefaktor $f_L = 0{,}797$

Der mantelseitige Wärmeübergang ist um den Faktor 0,797 / 0,58 = 1,37 besser mit den geringeren Toleranzen, weil weniger Produkt durch die Leckagen strömt.

Berechnung der Wärmedurchgangszahlen:

Rohrseitige Wärmeübergangszahl $\alpha_i = 1190\ \text{W/(m}^2\ \text{K)}$

Mantelseitige Wärmeübergangszahl für den Fall 1 $\alpha_{a1} = 1000\ \text{W/(m}^2\ \text{K)}$

Verschmutzung und Wandleitung $f_{ges} = 0{,}0005\ \text{(m}^2\ \text{K)/W}$

Berechnung der Wärmedurchgangszahl für Fall 1:

$$\frac{1}{k_1} = \frac{1}{\alpha_i} \cdot \frac{d_a}{d_i} + \frac{1}{\alpha_{a1}} + f_{ges}$$

$$\frac{1}{k_1} = \frac{1}{1190} \cdot \frac{25}{21} + \frac{1}{1000} + 0{,}0005 = \frac{1}{400} \qquad \rightarrow \qquad k_1 = 400\ \text{W/(m}^2\ \text{K)}$$

Berechnung der Wärmedurchgangszahl für Fall 2:

$$\frac{1}{k_2} = \frac{1}{\alpha_i} \cdot \frac{d_a}{d_i} + \frac{1}{\alpha_{a2}} + f_{ges}$$

$$\frac{1}{k_2} = \frac{1}{1190} \cdot \frac{25}{21} + \frac{1}{1000 \cdot 1{,}37} + 0{,}0005 = \frac{1}{448} \qquad \rightarrow \qquad k_2 = 448\ \text{W/(m}^2\ \text{K)}$$

$$\frac{k_2}{k_1} = \frac{448}{400} = 1{,}12$$

Der Wärmedurchgang in Fall 2 ist um 12 % besser als in Fall 1.

Beispiel 3.2.3: Einfluss der Beipassströmung auf den Wärmeübergang

Verbesserung des mantelseitigen Wärmeübergangs durch Minimierung der Beipassströmung (3 Abdichtstreifenpaare) und Einfluss auf den Wärmedurchgang

Wärmetauscher mit geflanschtem Schwimmkopf aus Stahl mit Manteldurchmesser $D_a = 508$ mm

Rohre 25 mm
Quadratische Teilung T = 32 mm, 90° versetzt

Umlenkblechabstand B / D = 0,2
Fensterhöhe $H \approx 0{,}2 \cdot D_i$

$D_i = 490{,}4$ mm
$D_1 = 486{,}9$ mm
$D_B = 442{,}0$ mm
$H = 109{,}6$ mm
$S = 100$ mm
$n_g = 122$ Rohre
$n_F = 40$ Rohre
$n_q = 10$ Rohre
$n_W = 9$ Hauptwiderstände
$n_S = 3$ Abdichtstreifenpaare

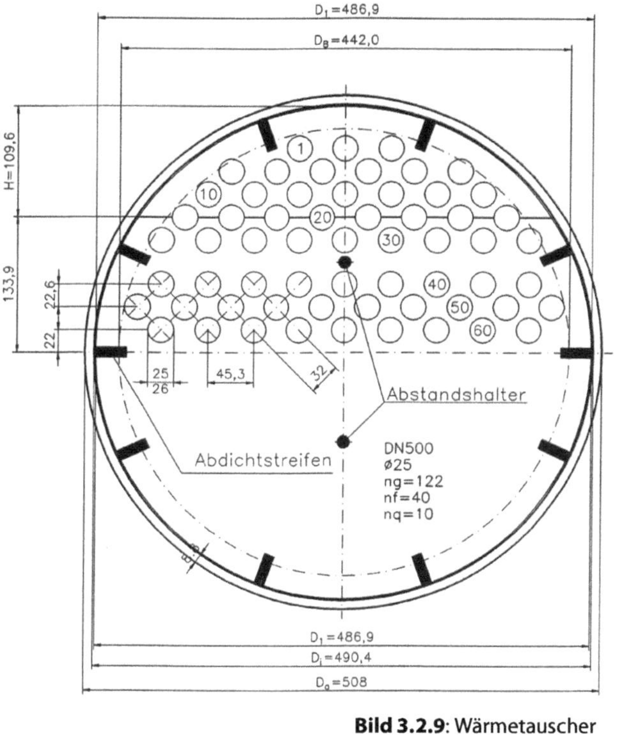

Bild 3.2.9: Wärmetauscher DN 500 mit Schwimmkopf

Fall 1: Berechnung ohne Abdichtstreifen

$$f_B = e^{-1{,}35 R_B} \quad \text{mit } R_B = \frac{A_B}{A_E} \leq 0{,}5$$

(siehe VDI-Wärmeatlas Kapitel Gg3 und Gg4)

$$A_B = S\,[(D_i - D_B) - (T - d_a)]$$
$$= 100 \cdot (490{,}4 - 442{,}0 - 32 + 25) = 4140 \text{ mm}^2$$

$$A_E = S \cdot L_E$$
$$L_E = 2e_1 + \Sigma e = D_i - D_B + \Sigma(T - d_a)$$
$$= 490{,}4 - 442{,}0 + 18 \cdot (32 - 25)$$
$$= 48{,}4 + 126 = 174{,}4 \text{ mm}$$

$\rightarrow$ $A_E = 100 \cdot 174{,}4 = 17440$ mm²
$\rightarrow$ $R_B = 4140 / 17440 = 0{,}237 \leq 0{,}5$ $\rightarrow$ o.k.

$f_B = e^{-1{,}35 \cdot 0{,}237} = 0{,}726$ ($\beta = 1{,}35$ bei Re > 100)

Fall 2: Berechnung mit Abdichtstreifen

$R_B = 0{,}237$ (siehe Fall 1)

$$\begin{aligned} f_B &= e^{\left[-1{,}35\, R_B \left(1-\sqrt[3]{2 n_s / n_w}\right)\right]} \\ &= e^{\left[-1{,}35 \cdot 0{,}237 \left(1-\sqrt[3]{2 \cdot 3/9}\right)\right]} \\ &= 0{,}726^{0{,}126} = 0{,}932 \end{aligned}$$

Im Fall 2 ist der mantelseitige Wärmeübergang α_a um Faktor 1,28 besser.

Berechnung der Wärmedurchgangszahlen:

$\alpha_i = 1190\ \mathrm{W/(m^2 K)}$ $\alpha_{a1} = 1000\ \mathrm{W/(m^2 K)}$ $f_{ges} = 0{,}0005\ \mathrm{(m^2 K)/W}$

Wärmedurchgangszahl Fall 1: $k_1 = 400\ \mathrm{W/(m^2 K)}$ (siehe Beispiel 3.2.2)

Berechnung der Wärmedurchgangszahl Fall 2:

$$\frac{1}{k_2} = \frac{1}{\alpha_i} \cdot \frac{d_a}{d_i} + \frac{1}{\alpha_{a2}} + f_{ges}$$

$$\frac{1}{k_2} = \frac{1}{1190} \cdot \frac{25}{21} + \frac{1}{1000 \cdot 1{,}28} + 0{,}0005 = \frac{1}{438} \qquad \rightarrow \qquad k_2 = 438\ \mathrm{W/(m^2 K)}$$

$$\frac{k_2}{k_1} = \frac{443}{400} = 1{,}107$$

Der Wärmedurchgang in Fall 2 mit Abdichtstreifen ist um 11% besser.

3.3 Vergleich verschiedener Rechenmodelle

In den **Bildern 3.3.1 und 3.3.2** sind die nach verschiedenen Modellen berechneten Wärmeübergangszahlen für Kühlwasser auf der Rohrseite und Ethanol auf der Mantelseite dargestellt. Das Ethanol wird von 58 °C auf 42 °C gekühlt mit Kühlwasser, das sich von 15 °C auf 35,1 °C erwärmt.

Die Berechnungen wurden durchgeführt für den Wärmetauschertyp 10 in Tabelle 1 in Kapitel 3.6.

DN 500 mit 164 Rohren in 4 Gängen Rohrlänge 3 m Umlenkblechabstand 100 mm

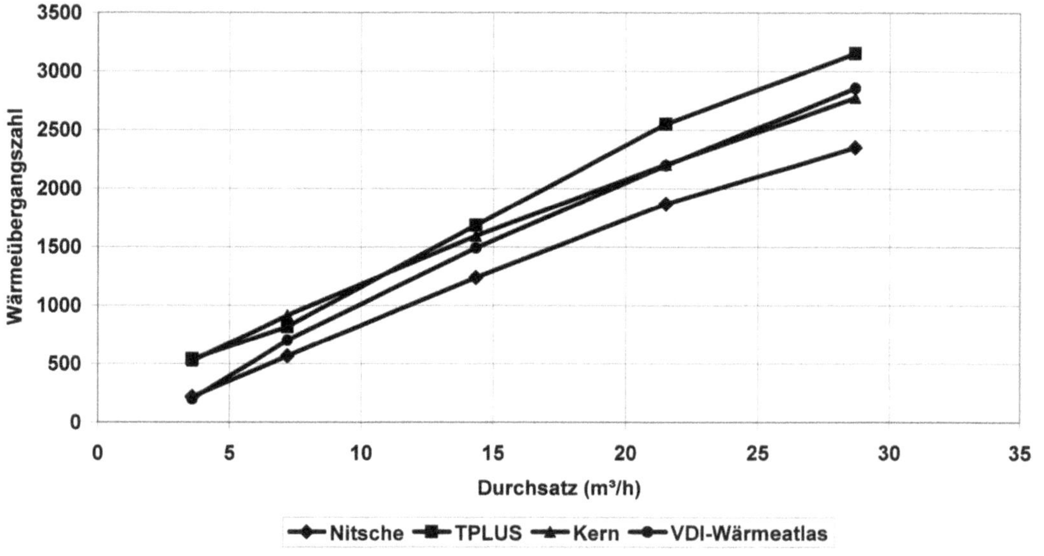

Bild 3.3.1: Rohrseitige Wärmeübergangszahlen in einem Wärmetauscher Typ 10 für Kühlwasser in den Rohren

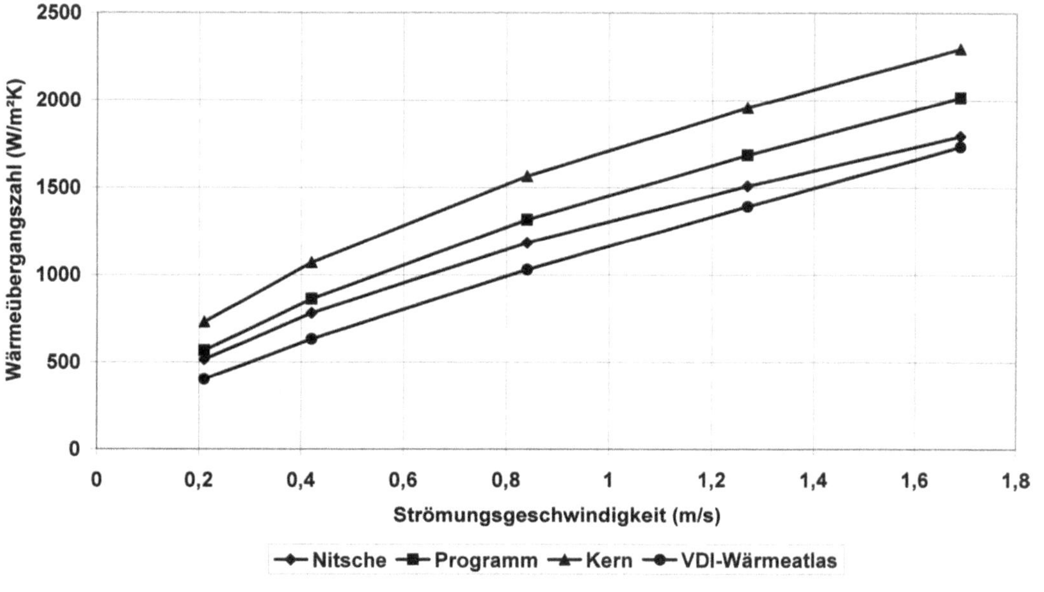

Bild 3.3.2: Mantelseitige Wärmeübergangszahlen in einem Wärmetauscher Typ 10 für Ethanol bei 50 °C

Modell Nitsche-Methode
Modell Programm TPLUS (Wärmetauscherauslegungsprogramm)
Modell Kern [1]
Modell VDI-Wärmeatlas [8]

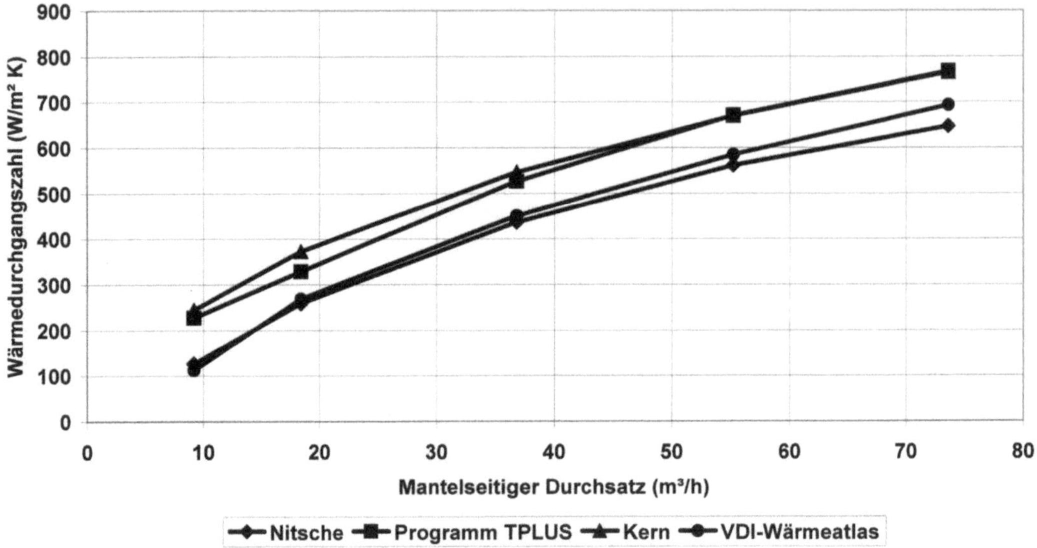

Bild 3.3.3: Wärmedurchgangszahlen für einen Ethanol-Wasser-Wärmetauscher

Fazit: Aus den in **Bild 3.3.3** dargestellten Wärmedurchgangszahlen geht hervor, dass die Unterschiede nicht groß sind und dass man mit der Nitsche-Methode auf der sicheren Seite liegt.

3.4 Vergleich der Wärmeübergangszahlen bei Längs- und Querströmung auf der Mantelseite von Wärmetauschern

Die Berechnung erfolgt nach folgenden Gleichungen:

- Querströmung mit Umlenkblechen bei Dreieckteilung **nach Nitsche-Methode:**

$$Nu = 0{,}196 \cdot Re^{0{,}6} \cdot Pr^{0{,}33}$$

$$Re = \frac{w \cdot da}{\nu}$$

$$\alpha = \frac{Nu \cdot \lambda}{da}$$

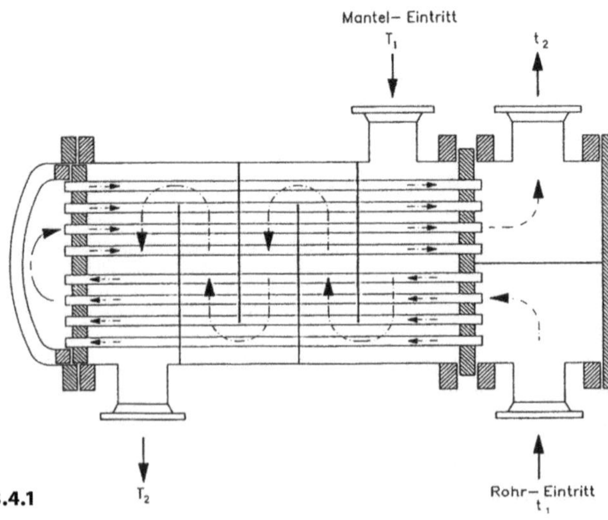

Bild 3.4.1

- Längsströmung ohne Umlenkbleche **nach Donohue** mit hydraulischen Durchmesser d_H

  $Nu = C \cdot Re^{0,6} \cdot Pr^{0,33}$

  $C = 1,16 \cdot d_H^{0,6}$

  $$Re = \frac{w \cdot d_H}{\nu}$$

  $$\alpha = \frac{Nu \cdot \lambda}{d_H}$$

  $$d_H = \frac{Di^2 - n \cdot da^2}{Di + n \cdot da}$$

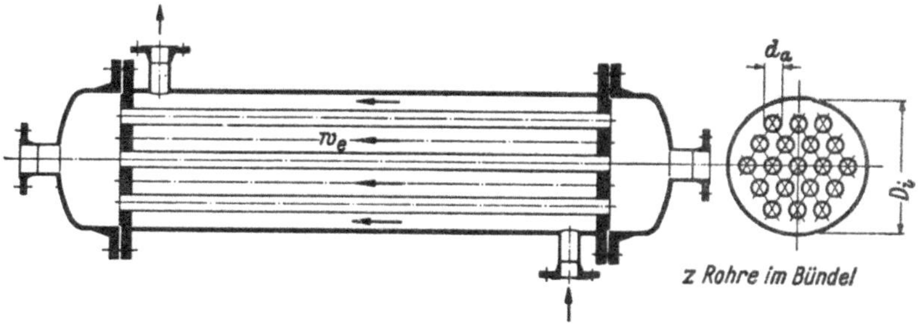

Bild 3.4.2

- Längsströmung als Rohrströmung **mit hydraulischem Durchmesser d_H**

  $Nu = 0,023 \cdot Re^{0,8} \cdot Pr^{0,33}$

  $$Re = \frac{w \cdot d_H}{\nu}$$

  $$\alpha = \frac{Nu \cdot \lambda}{d_H}$$

  $$d_H = \frac{Di^2 - n \cdot da^2}{n \cdot da}$$

Di = Mantelinnendurchmesse [m]
da = Rohraußendurchmesser [m]
d_H = Hydraulischer Durchmesser [m]
n = Anzahl der Wärmetauscherrohre
Nu = Nusseltzahl
Re = Reynoldszahl
α = Wärmeübergangszahl [W/m² K]
λ = Wärmeleitzahl [W/m K]

Vorteile der Querströmung:

1. Es ergeben sich bei gleicher Strömungsgeschwindigkeit höhere Wärmeübergangszahlen als bei der Längsströmung.
2. Durch den gewählten Umlenkblechabstand B kann die Strömungsgeschwindigkeit den Bedingungen angepasst werden.
3. Die Strömungsgeschwindigkeit ist höher und die Wärmeübergangszahl ist besser.
4. Eine mehrgängige Ausführung bei Längsströmung auf der Mantelseite zur Erhöhung der Strömungsgeschwindigkeit ist konstruktiv aufwendig und verteuert den Wärmetauscher.

Beispiel 3.4.1: Wärmetauscher DN 400 mit 144 Rohren 20 x 2 mit Dreieckteilung T = 25 mm

Stoffdaten	Fall 1	Fall 2
Dichte ρ [kg/m³]	1000	800
Kinematische Viskosität ν [mm²/s]	0,8	1
Spezifische Wärmekapazität [Wh/kg K]	1,16	0,6
Wärmeleitzahl λ [W/m K]	0,61	0,13
Prandtlzahl Pr	5,476	13,29

Strömungsgeschwindigkeit w = 1 m/s

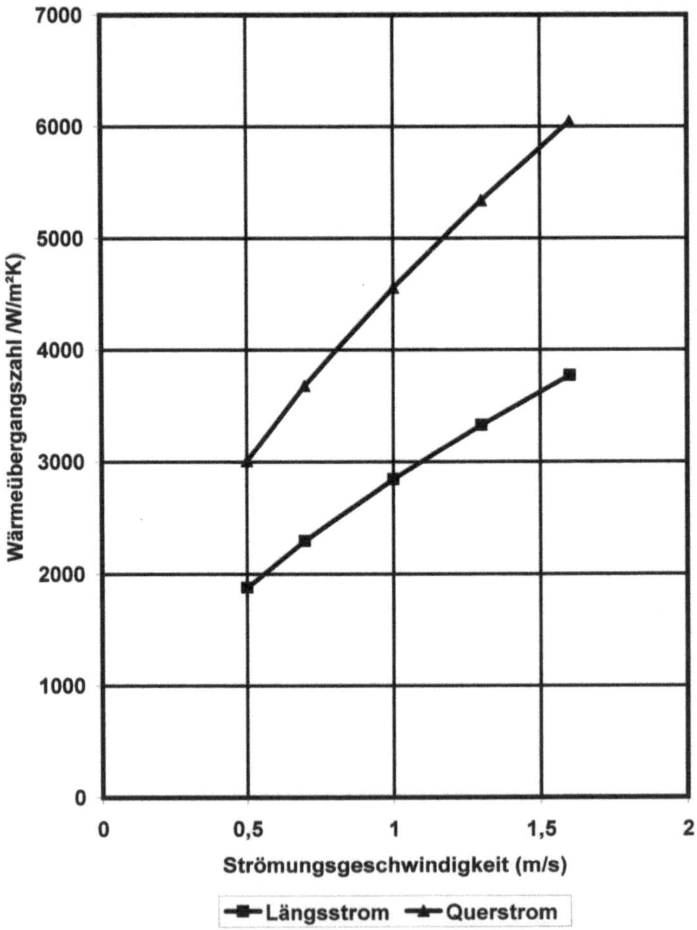

Bild 3.4.3: Wärmeübergangszahlen bei Längs- und Querstrom als Funktion der Strömungsgeschwindigkeit

Querströmung mit Umlenkblechen:

Fall 1:

$$Nu = 0{,}196 \cdot Re^{0,6} \cdot Pr^{0,33} = 0{,}196 \cdot 25000^{0,6} \cdot 5{,}476^{0,33} = 149{,}52$$

$$Re = \frac{1 \cdot 0{,}02}{0{,}8 \cdot 10^{-6}} = 25000$$

$$\alpha = \frac{149{,}52 \cdot 0{,}61}{0{,}02} = 4560\ W/m^2K$$

Fall 2:

$$Nu = 0{,}196 \cdot Re^{0,6} \cdot Pr^{0,33} = 0{,}196 \cdot 20000^{0,6} \cdot 13{,}29^{0,33} = 175{,}2$$

$$Re = \frac{1 \cdot 0{,}02}{1 \cdot 10^{-6}} = 20000$$

$$\alpha = \frac{175{,}2 \cdot 0{,}13}{0{,}02} = 1139\ W/m^2K$$

Längsströmung nach Donohue ohne Umlenkbleche

Fall 1:

$$Nu = C \cdot Re^{0,6} \cdot Pr^{0,33} = 0{,}1488 \cdot 40787^{0,6} \cdot 5{,}476^{0,33} = 152{,}2$$

$$d_H = \frac{Di^2 - n \cdot da^2}{Di + n \cdot da} = \frac{0{,}406^2 - 144 \cdot 0{,}02^2}{0{,}406 + 144 \cdot 0{,}02} = 0{,}03263\ m$$

$$C = 1{,}16 \cdot 0{,}03263^{0,6} = 0{,}1488$$

$$Re = \frac{1 \cdot 0{,}03263}{0{,}8 \cdot 10^{-6}} = 40787 \qquad \alpha = \frac{152{,}2 \cdot 0{,}61}{0{,}03263} = 2846\ W/m^2K$$

Fall 2:

$$Nu = C \cdot Re^{0,6} \cdot Pr^{0,33} = 0{,}1488 \cdot 32630^{0,6} \cdot 13{,}29^{0,33} = 178{,}4$$

$$d_H = \frac{Di^2 - n \cdot da^2}{Di + n \cdot da} = \frac{0{,}406^2 - 144 \cdot 0{,}02^2}{0{,}406 + 144 \cdot 0{,}02} = 0{,}03263\ m$$

$$C = 1{,}16 \cdot 0{,}03263^{0,6} = 0{,}1488$$

$$Re = \frac{1 \cdot 0{,}03263}{1 \cdot 10^{-6}} = 32630 \qquad \alpha = \frac{178{,}4 \cdot 0{,}13}{0{,}03263} = 711\ W/m^2K$$

Längsströmung als Rohrströmung mit dem hydraulischen Durchmesser d_H

Fall 1:

$$Nu = 0{,}023 \cdot Re^{0{,}8} \cdot Pr^{0{,}33} = 0{,}023 \cdot 46543^{0{,}6} \cdot 5{,}476^{0{,}33} = 218{,}6$$

$$d_H = \frac{Di^2 - n \cdot da^2}{n \cdot da} = \frac{0{,}406^2 - 144 \cdot 0{,}02^2}{144 \cdot 0{,}02} = 0{,}03723 \text{ m}$$

$$Re = \frac{1 \cdot 0{,}03723}{0{,}8 \cdot 10^{-6}} = 46543$$

$$\alpha = \frac{218{,}6 \cdot 0{,}61}{0{,}03723} = 3582 \text{ W/m}^2\text{K}$$

Fall 2:

$$Nu = 0{,}023 \cdot Re^{0{,}8} \cdot Pr^{0{,}33} = 0{,}023 \cdot 37230^{0{,}6} \cdot 13{,}29^{0{,}33} = 245$$

$$d_H = \frac{Di^2 - n \cdot da^2}{n \cdot da} = \frac{0{,}406^2 - 144 \cdot 0{,}02^2}{144 \cdot 0{,}02} = 0{,}03723 \text{ m}$$

$$Re = \frac{1 \cdot 0{,}03723}{1 \cdot 10^{-6}} = 37230$$

$$\alpha = \frac{245 \cdot 0{,}13}{0{,}03723} = 855{,}6 \text{ W/m}^2\text{K}$$

3.5 Druckverlustberechnungen in Rohrbündelwärmetauschern

3.5.1 Rohrseitiger Druckverlust ΔP_R

Der Druckverlust in den Rohren wird folgendermaßen berechnet:

$$\Delta P_R = \frac{{w_R}^2 \cdot \rho}{2} \cdot z \cdot \left(\frac{f \cdot L}{Di} + 4\right)$$

Eintrittsstutzendruckverlust $\Delta P_E = \frac{{w_E}^2 \cdot \rho}{2}$ Austrittsdruckverlust $\Delta P_A = 0{,}5 \cdot \frac{{w_A}^2 \cdot \rho}{2}$

Reibungsbeiwert $f = \frac{0{,}216}{Re^{0{,}2}}$

ΔP_R = Rohrleitungsdruckverlust
ΔP_{ges} = Gesamtdruckverlust = $\Delta P_R + \Delta P_E + \Delta P_A$
w_E = Strömungsgeschwindigkeit im Eintrittsstutzen [m/s]
w_A = Strömungsgeschwindigkeit im Austrittsstutzen [m/s]
w_R = Strömungsgeschwindigkeit im Rohr [m/s]
L = Rohrlänge [m]
z = Zahl der Rohrdurchgänge

Beispiel 3.5.1.1: Rohrseitige Druckverlustberechnung

$V = 14{,}35\ m^3/h$ $w_R = 0{,}28\ m/s$ $Re = 6406$ $L = 3\ m$

$Di = 21\ mm$ $z = 4$ Gänge 41 Rohre pro Gang

$$f = \frac{0{,}216}{6406^{0{,}2}} = 0{,}03742$$

$$\Delta P_R = \frac{0{,}28^2 \cdot 995}{2} \cdot 4 \cdot \left(\frac{0{,}03742 \cdot 3}{0{,}021} + 4 \right) = 1458\ Pa$$

Eintrittsstutzen DN 100: $w_E = 0{,}5077\ m/s$

$$\Delta P_E = \frac{0{,}5077^2 \cdot 995}{2} = 128\ Pa$$

Austrittsstutzen DN 80: $w_A = 0{,}793\ m/s$

$$\Delta P_A = 0{,}5 \cdot \frac{0{,}793^2 \cdot 995}{2} = 156\ Pa$$

$$\Delta P_{ges} = 1458 + 128 + 156 = 1742\ Pa$$

3.5.2 Mantelseitiger Druckverlust

Der gesamte Druckverlust ΔP_{ges} auf der Mantelseite setzt sich zusammen aus

- dem Druckverlust ΔP_L beim Durchströmen der Umlenkblechausschnitte
- dem Druckverlust ΔP_Q beim Querstrom durch die Rohre
- dem Stutzendruckverlust ΔP_{St} im Ein- und Austrittsstutzen

$$\Delta P_{ges} = \Delta P_L + \Delta P_Q$$

$$\Delta P_L = n_B \cdot \rho \cdot w_l^2$$

$$\Delta P_Q = (n_B + 1) \cdot f \cdot n_c \cdot w_q^2 \cdot \rho / 2$$

f = Druckverlustbeiwert
n_c = Rohrreihen im Querstrom zwischen den beiden Segmentausschnitten
n_B = Anzahl der Umlenkbleche
ρ = Dichte (kg/m^3)

Beispiel 3.5.2.1: Mantelseitige Druckverlustberechnung

$V = 50\ m^3/h$ $\rho = 763{,}4\ kg/m^3$ $\nu = 0{,}91\ mm^2/s$

Di = 496 mm 164 Rohre 25 x 2 Dreieckteilung 32 mm

Umlenkblechabstand B = 100 mm Segmenthöhe H = 100 mm

Zahl der Umlenkbleche $n_B = 28$ Durchströmte Rohrreihen $n_C = 9$

Strömungsquerschnitt im Querstrom $f_Q = 0{,}0121\ m^2 \rightarrow w_Q = 1{,}148\ m/s$

Strömungsquerschnitt in den Fenstern $f_L = 0{,}0165\ m^2 \rightarrow w_L = 0{,}842\ m/s$

1. Druckverlust ΔP_L in den 28 Umlenkblechausschnitten

$$\Delta P_L = BF \cdot n_B \cdot \rho \cdot w_L{}^2 = 0{,}36 \cdot 28 \cdot 763{,}4 \cdot 0{,}842^2 = 5455\ Pa$$

Der Beipassfaktor BF = 0,36 ergibt sich aus der Annahme, dass wegen der Beipassströme nur 60 % der geometrisch berechneten Strömungsgeschwindigkeit erreicht wird.

2. Druckverlust ΔP_Q beim Querstrom durch 9 Rohrreihen

$$\Delta P_Q = BF \cdot (n_B + 1) \cdot f \cdot n_C \cdot \frac{w_Q^2 \cdot \rho}{2}$$

$$\Delta P_Q = 0{,}36 \cdot (28 + 1) \cdot f \cdot 9 \cdot \frac{1{,}148^2 \cdot 763{,}4}{2} = 47266 \cdot f$$

Der Reibungsbeiwert f wird nach verschiedenen Modellen mit Hilfe der Reynoldszahl ermittelt.

$$Re = \frac{w \cdot da}{\nu} = \frac{1{,}148 \cdot 0{,}025}{0{,}91 \cdot 10^{-6}} = 31\,538$$

2.1 Nach Bell mit f_B

$$f_B = 2{,}68 \cdot Re^{-0{,}182} = 2{,}68 \cdot 31538^{-0{,}182} = 0{,}407$$

$$\Delta P_{QB} = 47266 \cdot 0{,}407 = 19237\ Pa$$

$$\Delta P_{ges} = \Delta P_L + \Delta P_{QB} = 5455 + 19237 = 24692\ Pa$$

2.2 Nach Clark-Davidson mit f_{CD}

$$f_{CD} = Re^{-0,2} \cdot \frac{3,12}{\sqrt{T / da}} = 31538^{-0,2} \cdot \frac{3,12}{\sqrt{32 / 25}} = 0,347$$

$$\Delta P_{QCD} = 47266 \cdot 0,347 = 16418 \text{ Pa}$$

$$\Delta P_{ges} = 5455 + 16418 = 21873 \text{ Pa}$$

2.3 Nach Jakob mit f_J

$$f_J = Re^{-0,16} \cdot \left(1 + \frac{0,47}{(T / da - 1)^{1,08}}\right) = 2,85 \cdot 31538^{-0,16} = 0,545$$

$$\Delta P_{QJ} = 47266 \cdot 0,545 = 25755 \text{ Pa}$$

$$\Delta P_{ges} = 5455 + 25755 = 31210 \text{ Pa}$$

2.4 Nach Donohue mit f_D

$$f_D = \frac{3}{\left(\frac{T - da}{da}\right)^{0,2}} \cdot Re^{-0,2} = 3,86 \cdot 31538^{-0,2} = 0,487$$

$$\Delta P_{QD} = 47266 \cdot 0,487 = 23039 \text{ Pa}$$

$$\Delta P_{ges} = 5455 + 23039 = 28494 \text{ Pa}$$

2.5 Nach Chopey mit dem Beipassfaktor BF in Abhängigkeit von D_i und B

$$\Delta P_{QCh} = BF \cdot (n_B + 1) \cdot n_R \cdot f_{Ch} \cdot \frac{w_Q^2 \cdot \rho}{2}$$

Rohrreihen im Querstrom:

$$n_R = \frac{b \cdot Di}{T} = \frac{0,7 \cdot 0,496}{0,032} = 10,85$$

Reynoldszahl nach Chopey:

$$Re_{Ch} = \frac{w_Q \cdot (T - da)}{v} = \frac{1{,}148 \cdot (0{,}032 - 0{,}025)}{0{,}91 \cdot 10^{-6}} = 8830$$

$$f_{Ch} = 4 \cdot Re_{Ch}^{-0{,}25} = 0{,}4126$$

$$\Delta P_{QCh} = BF \cdot 29 \cdot 10{,}85 \cdot 0{,}4126 \cdot \frac{1{,}148^2 \cdot 763{,}4}{2} = 65312 \cdot BF$$

Berechnung des Beipassfaktors BF:

$$BF = R_1 \cdot R_2$$

$$R_1 = 0{,}75 \cdot \sqrt{B / Di} = 0{,}75 \cdot \sqrt{100 / 496} = 0{,}3368$$

$$R_2 = 0{,}85 \cdot Di^{0{,}08} = 0{,}85 \cdot 0{,}496^{0{,}08} = 0{,}8036$$

$$BF = 0{,}3368 \cdot 0{,}8036 = 0{,}2706$$

$$\Delta P_{QCh} = 0{,}2706 \cdot 65312 = 17675 \text{ Pa}$$

$$\Delta P_{ges} = 5455 + 17675 = 23130 \text{ Pa}$$

2.6 Druckverlust nach Kern(neu) mit der Beipasskorrektur in f_K

$$\Delta P_{MK} = (n_B + 1) \cdot f_K \cdot \frac{Di}{de} \cdot \frac{w_K^2 \cdot \rho}{2}$$

Zunächst müssen die speziellen „Kern-Daten" ermittelt werden:

$f_{QK} = 0{,}01085 \text{ m}^2$ $w_K = 1{,}28 \text{ m/s}$ $de = 0{,}0198 \text{ m}$ $Re_K = 27649$

$$f_K = 0{,}436 \cdot \lg Re^{-1{,}4485} = 0{,}05$$

$$\Delta P_{MK} = 29 \cdot 0{,}05 \cdot \frac{496}{19{,}8} \cdot \frac{1{,}28^2 \cdot 763{,}4}{2} = 22849 \text{ Pa}$$

3. Stutzendruckverlust

Strömungsgeschwindigkeit in DN 150 $w_{St} = 0{,}786 \text{ m/s}$

$$\Delta P_{St} = 1{,}5 \cdot \frac{w_{St}^2 \cdot \rho}{2} = 1{,}5 \cdot \frac{0{,}786^2 \cdot 763{,}4}{2} = 354 \text{ Pa}$$

4. Ergebnisvergleich für $\Delta P_{ges} = \Delta P_L + \Delta P_Q + \Delta P_{St}$

Bell	$\Delta P_{ges} = 25046$ Pa
Clark-Davidson	$\Delta P_{ges} = 22227$ Pa
Jakob	$\Delta P_{ges} = 31564$ Pa
Donohue	$\Delta P_{ges} = 28848$ Pa
Chopey	$\Delta P_{ges} = 23484$ Pa
Kern	$\Delta P_{ges} = 23203$ Pa

In Bild 3.5.2.1 sind die nach unterschiedlichen Modellen berechneten Druckverluste für Ethanol in einem Wärmetauscher Typ 10 mit dem Umlenkblechabstand 100 mm dargestellt.

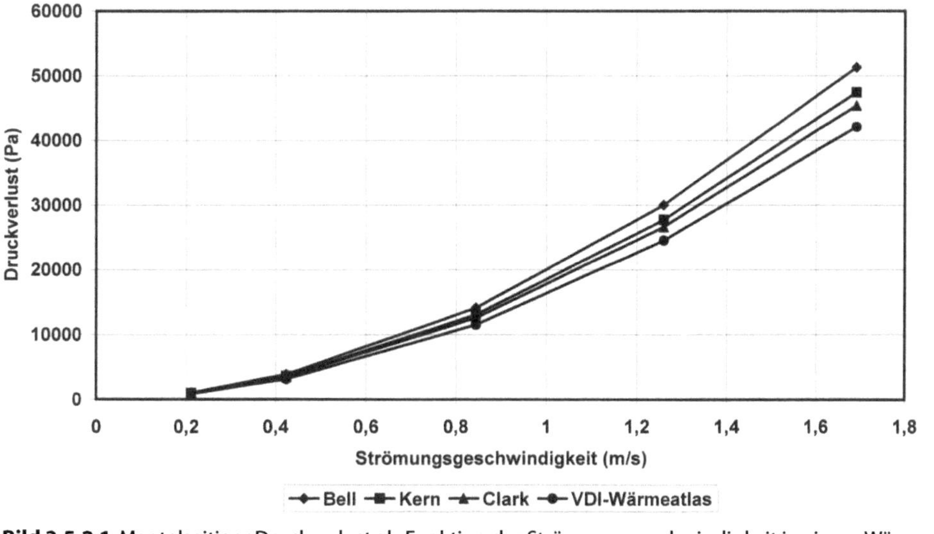

Bild 3.5.2.1: Mantelseitiger Druckverlust als Funktion der Strömungsgeschwindigkeit in einem Wärmetauscher Typ 10 nach Tabelle 1 in Kapitel 3.6

3.6 Wärmetauscherauslegung mit Wärmetauscher-Tabellen

In den **Tabellen 3.6.1 bis 3.6.4** sind die wichtigsten Daten für Wärmetauscher nach DIN 28184 und DIN 28191 aufgelistet.

Um die Auswahl des richtigen Wärmetauschertyps für eine bestimmte Aufgabenstellung im Hinblick auf eine gute Strömungsgeschwindigkeit zu erleichtern, sind in den beiden rechten Spalten für jeden Wärmetauschertyp die Volumenströme aufgelistet, die für eine Strömungsgeschwindigkeit von 1 m/s erforderlich sind:

V_R = Erforderlicher Mengendurchsatz für 1 m/s auf der Rohrseite [m^3/h]
V_M = Erforderlicher Mengendurchsatz für 1 m/s auf der Mantelseite [m^3/h]

Der V_M-Wert auf der Mantelseite gilt für den angegebenen Umlenkblechabstand B.

Die Wärmetauscheroberfläche pro m Rohrlänge ist unter A [m^2/m] aufgelistet.

Vorgehensweise:

Bei der Auslegung wird zunächst für eine geschätzte Wärmedurchgangszahl die benötigte Wärmetauscherfläche ermittelt. Dann wird aus den Tabellen ein Wärmetauscher ausgewählt.

Kriterien für die Auswahl:

- Der Wärmetauschertyp muss mehr als die überschlägig berechnete Fläche bringen.
- Die rohr- und mantelseitigen Mengenströme sollten in der Größenordnung der in den Tabellen aufgelisteten Mengenströme V_R und V_M für eine Strömungsgeschwindigkeit von 1 m/s liegen.

Die Ermittlung der für die Auslegung des Wärmetauschers benötigten Strömungsgeschwindigkeiten ist mithilfe der tabellierten V_R- und V_M-Werte sehr einfach. Die Anwendung der Tabellen wird in den folgenden Beispielen gezeigt.

Beispiel 3.6.1: Auslegung eines konvektiven Wärmetauschers

	Rohrseite	Mantelseite
Menge [kg/h]	42828	28100
Dichte ρ [kg/m^3]	995	763,4
Spezifische Wärmekapazität [Wh/kg K]	1,16	0,74
Kinematische Viskosität ν [mm^2/s]	0,92	0,9
Wärmeleitzahl λ [W/m K]	0,605	0,162
Eintrittstemperatur [°C]	25	58
Austrittstemperatur [°C]	31,7	42
Verschmutzungsbeiwert [$m^2 K/W$]	0,0002	0,0002
Wärmeleistung [kW]	332,8	332,8
Prandtlzahl Pr	6,32	11,3
Volumendurchfluss [m^3/h]	43	36,8

Gewählt: Typ 10 in Tablle 3.6.1, DN 500 mit 164 Rohren 25 x 2, Dreieckteilung 32 mm

	Rohrseite	Mantelseite
Durchfluss bei 1 m/s	51,1 m^3/h	42,8 m^3/h
Strömungsgeschwindigkeit	$\frac{43}{51} = 0{,}84$ m/s	$\frac{36{,}8}{42{,}8} = 0{,}86$ m/s
Reynoldszahl Re	19218	23472
Nusseltzahl Nu	112,96	182,85
Wärmeübergangszahl α	3254 W/m^2K	1185 W/m^2K
Wärmedurchgangszahl k	628 W/m^2K	
Wirksame Temperaturdifferenz	CMTD = 20,43 °C	

Erforderliche Austauschfläche A_{erf}:

$$A_{erf} = \frac{Q}{k \cdot CMTD} = \frac{332800}{628 \cdot 20{,}43} = 25{,}9\ m^2$$

Gewählte Rohrlänge L: L = 2,5 m

Gewählte Austauschfläche A: $A = 2{,}5\ m \cdot 12{,}88\ m^2/m = 33{,}2\ m^2$

Reserve: 24 %

Beispiel 3.6.2: Auslegung eines Wärmetauschers

	Rohrseite	Mantelseite
Menge (kg/h)	14276	28100
Dichte (kg/m^3)	995	763,4
Spezif. Wärmekapazität (Wh/kgK)	1,16	0,74
Kinemat. Viskosität (mm^2/s)	0,92	0,9
Wärmeleitzahl (W/mK)	0,605	0,162
Eintrittstemperatur (°C)	15	58
Austrittstemperatur (°C)	35,1	42
Verschmutzungsbeiwert (m^2K/W)	0,0002	0,0002
Wärmeleistung (kW)	332,8	332,8
Prandtlzahl Pr	6,32	11,3
Volumendurchfluss (m^3/h)	14,35	36,8

LMTD 24,89 °C
CMTD 22,56 °C

Gewählt: Typ 10 in Tablle 3.6.1, DN 500 mit 164 Rohren 25 x 2, Dreieckteilung 32 mm

	Rohrseite	Mantelseite
Durchfluss bei 1 m/s	51,1 m^3/h	42,8 m^3/h
Strömungsgeschwindigkeit	$\frac{14{,}35}{51} = 0{,}28$ m/s	$\frac{36{,}8}{42{,}8} = 0{,}86$ m/s

Die Strömungsgeschwindigkeit auf der Rohrseite ist zu klein.

Neue Wahl: Typ 4 in Tabelle 3.6.2, DN 350 mit 100 Rohren 20 x 2, Dreieckteilung 25 mm

	Rohrseite	Mantelseite
Durchfluss bei 1 m/s	9 m^3/h	24,2 m^3/h
Strömungsgeschwindigkeit	$\frac{14{,}35}{9} = 1{,}56$ m/s	$\frac{36{,}8}{24{,}2} = 1{,}53$ m/s
Reynoldszahl Re	27130	34074
Nusseltzahl Nu	148,8	228,7
Wärmeübergangszahl α (W/m^2K)	5600	1852
Wärmedurchgangszahl k (W/m^2K)	863	

Erforderliche Austauschfläche A_{erf}:

$$A_{erf} = \frac{Q}{k \cdot CMTD} = \frac{332800}{863 \cdot 22{,}56} = 17 \text{ m}^2$$

Gewählte Rohrlänge L: $L = 3{,}5$ m

Gewählte Austauschfläche A: $A = 3{,}5 \text{ m} \cdot 6{,}28 \text{ m}^2/\text{m} = 22 \text{ m}^2$
Reserve: 29 %

Hinweise zu den Wärmetauschertabellen:

- A = Wärmetauscheroberfläche pro m Rohrlänge [m^2/m]
- B = Umlenkblechabstand [mm]
- Da = Außendurchmesser [mm]
- Di = Innendurchmesser [mm]
- D_H = Hüllkreis [mm]
- $d_{Bohrung}$ = Bohrungsdurchmesser im Umlenkblech [mm]
- f_W = Korrekturfaktor nach VDI-Wärmeatlas
- n = Anzahl der Rohre
- n_F = Anzahl der Rohre im Umlenkblechausschnitt
- n_q = Anzahl der Rohre im Querstrom
- s = Mantelwandstärke [mm]
- SMU = Spaltweite zwischen Umlenkblech und Mantelinnendurchmesser [mm]
- V_R = Erforderl. Volumenstrom [m^3/h] für 1 m/s Strömungsgeschw. auf der Rohrseite
- V_M = Erforderl. Volumenstrom [m^3/h] für 1 m/s Strömungsgeschw. auf der Mantelseite
- Z = Zahl der Gänge

Tabelle 3.6.1: Geometrische Daten von Wärmetauschern nach DIN 28184 Teil 1 (Dreieckteilung 60°)
Rohre 25 x 2, Teilung 32 mm Dreieck, $d_{Bohrung}$ = 26 mm, f_A = 1,601

Typ Nr.	DN	Z	Da mm	Di mm	s mm	SMU mm	D_H mm	B mm	n	n_F	n_q	A m^2/m	fW	VR m^3/h	VM m^3/h
1	150	2	168	159	4,5	1,25	143	50	14	6	4	1,09	0,3624579	8,73	8,89
2	200	2	219	207,2	5,9	1,25	191	50	26	9	6	2,04	0,4663294	16,21	9,23
3	250	2	273	260,4	6,3	1,25	248	50	44	12	6	3,45	0,3133393	27,43	18,80
4	300	2	324	309,8	7,1	1,25	298	60	66	25	9	5,18	0,4285523	41,15	17,51
5	350	2	355	339	8	1,5	316	70	76	22	10	5,96	0,4681409	47,38	21,59
6	350	4	355	339	8	1,5	325	70	68	22	10	5,34	0,4751083	21,20	21,59
7	400	2	406	388,4	8,8	1,5	373	80	106	35	10	8,32	0,3562161	66,09	38,90
8	400	4	406	388,4	8,8	1,5	369	80	88	26	11	6,91	0,4420558	27,43	31,79
9	500	2	508	496	6	1,75	478	100	180	62	14	14,13	0,4098792	112,22	51,72
10	500	4	508	496	6	1,75	482	100	164	45	15	12,88	0,5205206	51,12	42,78
11	600	2	600	588	6	1,75	576	120	258	82	17	20,26	0,4489858	160,85	69,60
12	600	8	600	588	6	1,75	573	120	232	64	16	18,22	0,4110614	36,16	80,35
13	700	2	700	684	8	2,25	672	140	364	113	21	28,58	0,5294837	226,94	79,37
14	700	8	700	684	8	2,25	666	140	324	88	20	25,44	0,4712546	50,50	91,93
15	800	2	800	784	8	2,25	771	160	484	155	24	38,01	0,5295184	301,75	105,23
16	800	8	800	784	8	2,25	772	160	432	116	22	33,92	0,4339129	67,33	133,96
17	900	2	900	880	10	2,25	868	180	622	174	26	48,85	0,4824717	387,79	148,26
18	900	8	900	880	10	2,25	868	180	556	156	26	43,66	0,4962607	86,66	148,26
19	1000	2	1000	980	10	2,75	966	200	776	216	30	60,94	0,5353497	483,80	164,85
20	1000	8	1000	980	10	2,75	966	200	712	164	28	55,92	0,4528635	110,97	200,79
21	1100	2	1100	1076	12	2,75	1058	220	934	264	33	73,35	0,5440129	582,30	198,04
22	1100	8	1100	1076	12	2,75	1055	220	860	242	32	67,54	0,5009315	134,04	217,82
23	1200	2	1200	1176	12	2,75	1159	240	1124	328	35	88,27	0,4919161	700,76	259,30
24	1200	8	1200	1176	12	2,75	1160	240	1048	302	34	82,30	0,4633054	163,34	280,87

Tabelle 3.6.2: Geometrische Daten von Wärmetauschern nach DIN 28184 Teil 4 (Dreieckteilung 60°) Rohre 20 x 2, Teilung 25 mm, Dreieck, $d_{Bohrung}$ = 21 mm

Typ Nr.	DN	Z	Da mm	Di mm	s mm	SMU mm	D_H mm	B mm	n	n_F	n_q	A m^2/m	fW	VR m^3/h	VM m^3/h
1	250	2	273	260,4	6,3	1,25	248	50	76	30	10	4,78	0,3983235	27,51	10,27
2	250	4	273	260,4	6,3	1,25	250	50	64	24	8	4,02	0,2880986	11,58	17,30
3	300	4	324	309,8	7,1	1,25	297	60	92	36	12	5,78	0,4417207	16,65	14,48
4	350	8	355	339	8	1,5	328	70	100	28	12	6,28	0,3765783	9,05	24,25
5	400	8	406	388,4	8,8	1,5	373	80	144	32	14	9,05	0,4011764	13,03	30,55
6	500	8	508	496	6	1,75	486	100	256	74	18	16,09	0,3862411	23,16	48,32
7	600	8	600	588	6	1,75	574	120	376	114	22	23,62	0,4213845	34,02	63,31
8	700	8	700	684	8	2,25	671	140	532	176	26	33,43	0,4240278	48,13	82,04
9	800	8	800	784	8	2,25	770	160	724	208	30	45,49	0,4430131	65,51	105,38
10	900	8	900	880	10	2,25	868	180	936	286	34	58,81	0,4594987	84,69	129,00
11	1000	8	1000	980	10	2,75	970	200	1196	390	38	75,15	0,4505112	108,21	157,81
12	1100	8	1100	1076	12	2,75	1060	220	1436	412	42	90,23	0,4751299	129,93	186,32
13	1200	8	1200	1176	12	2,75	1162	240	1736	528	46	109,08	0,4792821	157,07	220,60

Tabelle 3.6.3: Geometrische Daten von Wärmetauschern nach VDI-Wärmeatlas 1984 Kap. G (Dreieckteilung 60°) Rohre 16 x 2, Teilung 20 mm, Dreieck, $d_{Bohrung}$ = 17 mm

Typ Nr.	DN	Z	Da mm	Di mm	s mm	SMU mm	D_H mm	B mm	n	n_F	n_q	A m^2/m	fW	VR m^3/h	VM m^3/h
1	150	2	168	159	4,5	1,25	147,4	50	36	10	7	1,81	0,3852249	7,33	7,56
2	200	4	219	207,2	5,9	1,25	198,1	50	60	22	8	3,02	0,2937709	6,11	13,48
3	250	4	273	260,4	6,3	1,25	253,9	50	96	32	10	4,83	0,2797606	9,77	17,47
4	300	8	324	309,8	7,1	1,25	297,7	60	128	42	12	6,43	0,2947632	6,51	24,85
5	350	8	355	339	8	1,5	330,8	70	164	56	14	8,24	0,3090594	8,35	28,39
6	400	8	406	388,4	8,8	1,5	377,8	80	228	68	16	11,46	0,3157251	11,60	7,33
7	500	8	508	496	6	1,75	485	100	404	134	22	20,31	0,3392087	20,56	51,32

Bild 3.6.1: Wärmetauscher von Tabelle 3.6.3

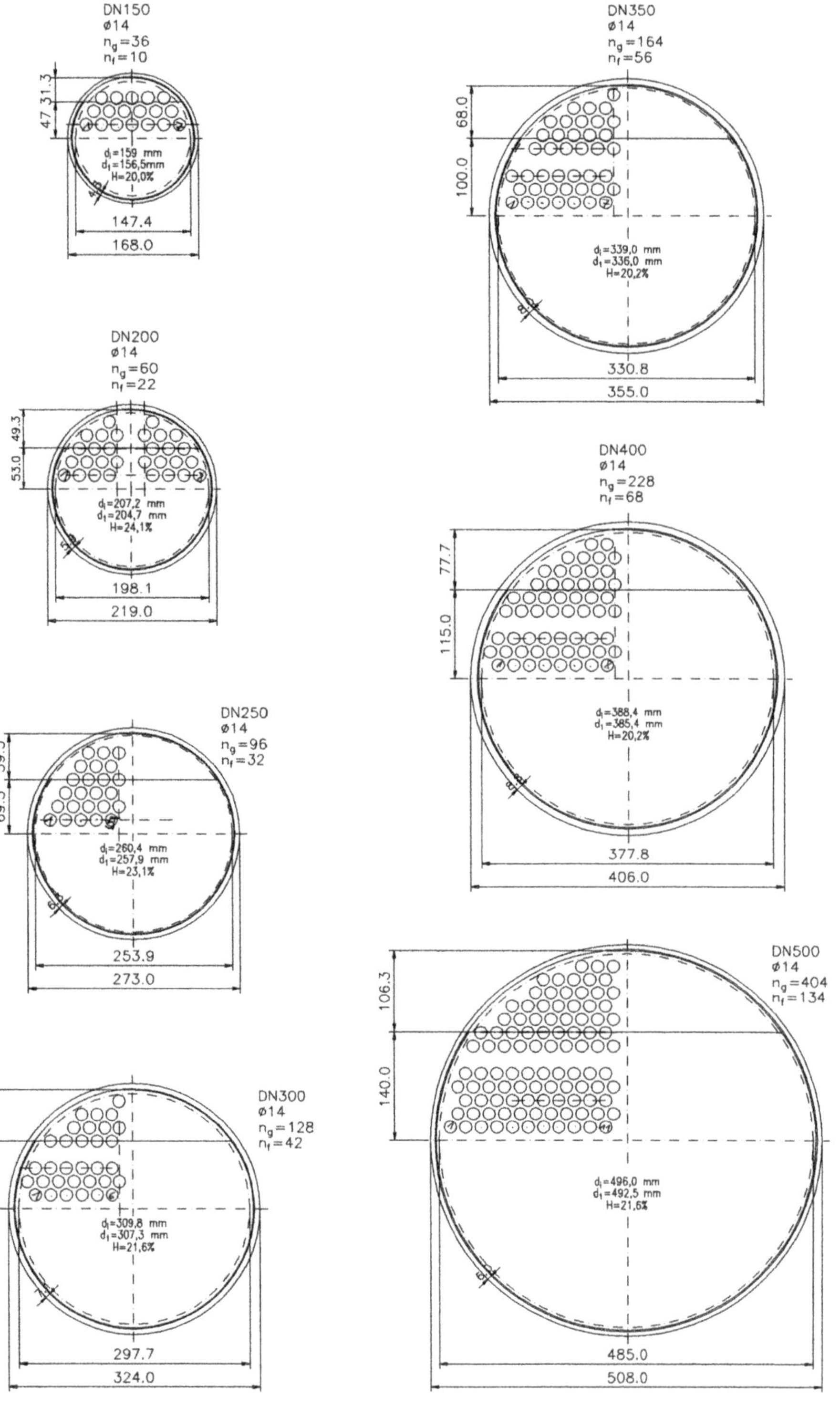

Bild 3.6.2: Rohrbündel-Wärmetauscher DIN 28191 mit geflanschtem Schwimmkopf von Tabelle 3.6.4

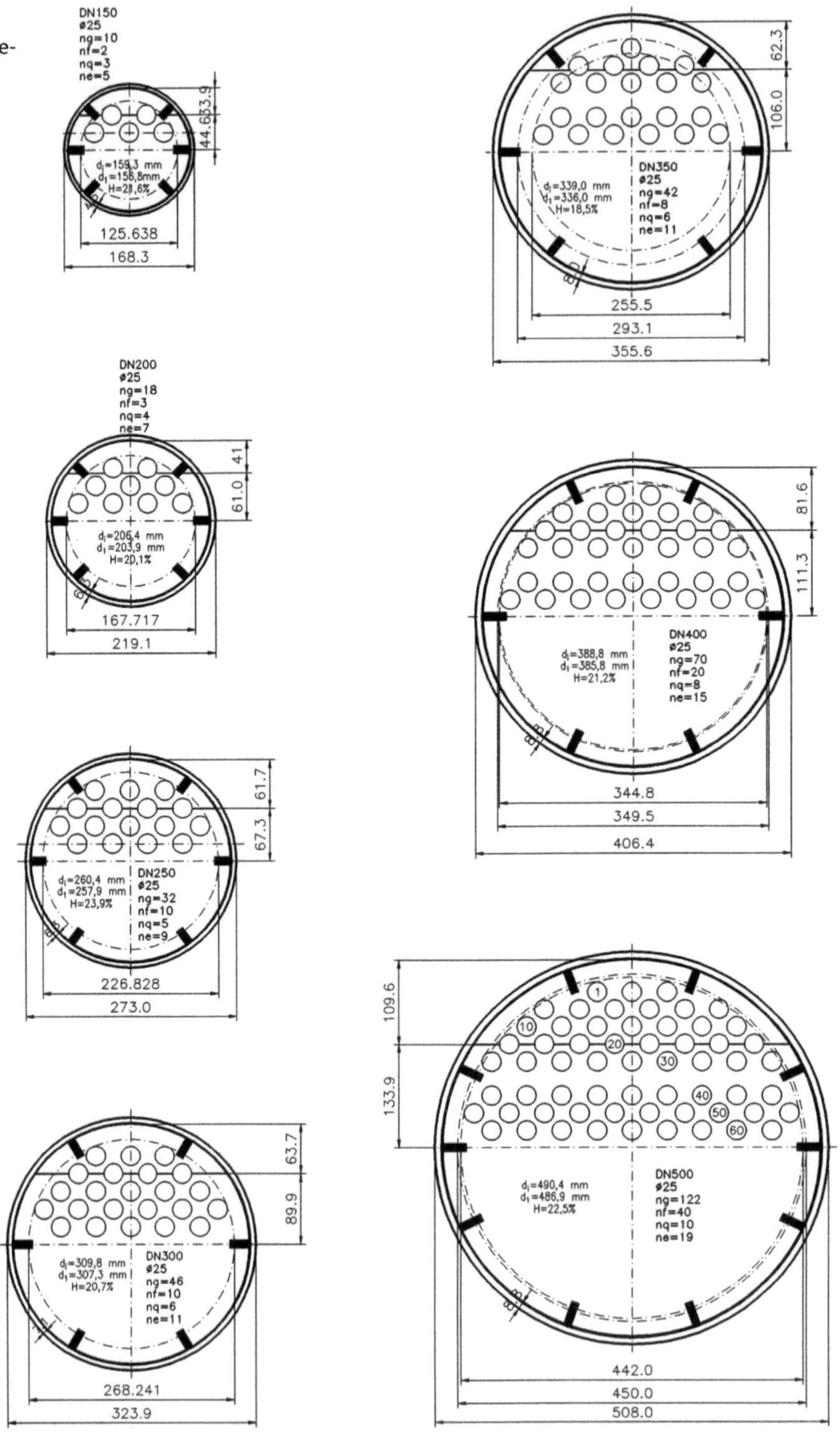

Bild 3.6.2 (Fortsetzung)

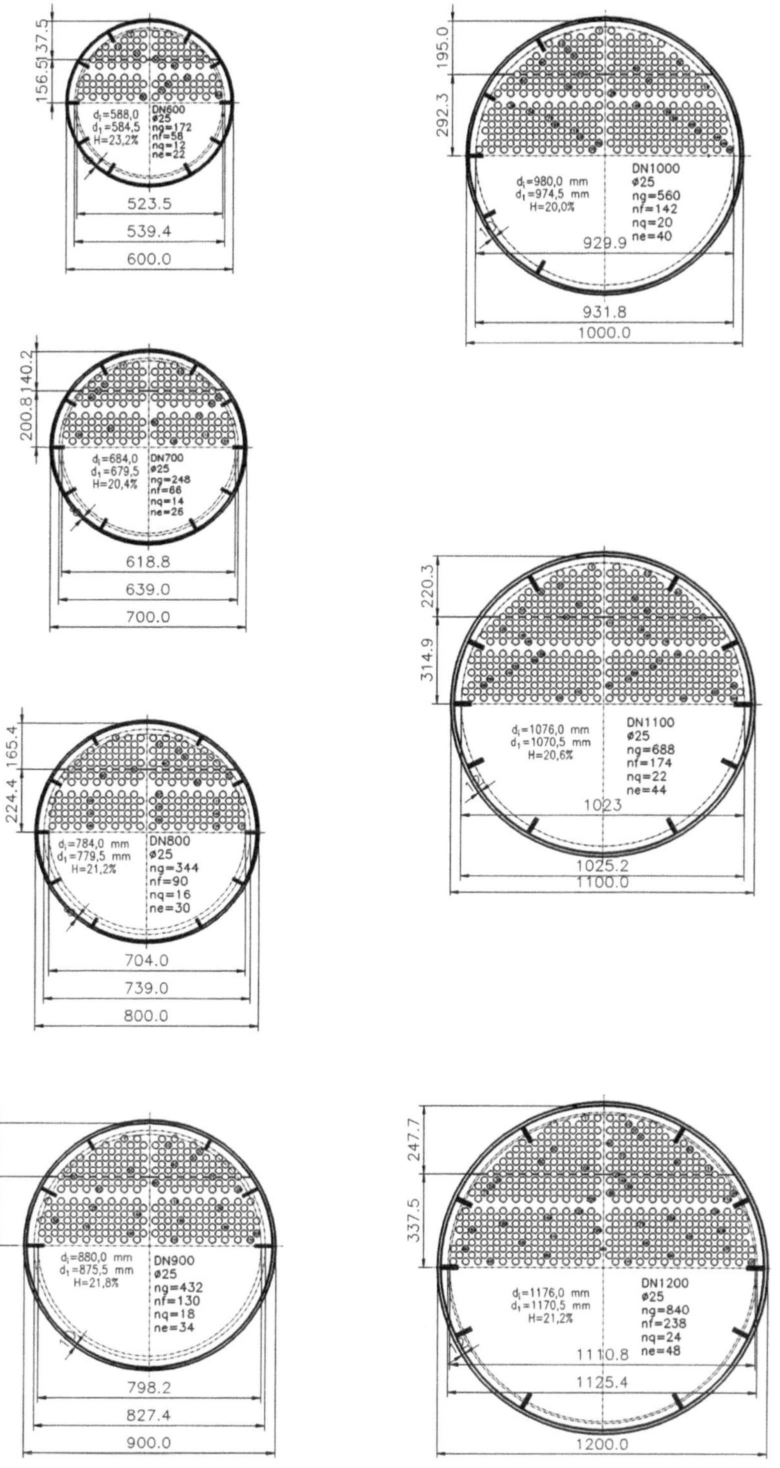

Tabelle 3.6.4: Geometrische Daten von Wärmetauschern mit geflanschtem Schwimmkopf nach DIN 28191
Rohre 25 x 2, Teilung 32 mm, Dreieck, f_A = 1,739, $d_{Bohrung}$ 26 mm

Typ Nr.	DN	Z	Da mm	Di mm	s mm	SMU mm	D_H mm	B mm	n	n_F	n_q	A m^2/m	fW	VR m^3/h	VM m^3/h
1	150	2	168,3	159	4,5	1,25	125,6	50	10	2	3	0,8	0,823	6,2	11,1
2	200	2	219,1	207	6,3	1,25	167,7	50	18	3	4	1,4	0,774	11,2	14,5
3	250	2	273	260	6,3	1,25	226,8	50	32	10	5	2,5	0,625	20	16,1
4	300	2	323,9	310	7,1	1,25	268,2	60	46	10	6	3,6	0,656	28,7	24,1
5	350	4	355,6	340	8	1,5	292,8	70	42	5	6	3,3	0,69	13,1	38,8
6	400	4	406,4	389	8,8	1,5	349,3	80	70	20	8	5,5	0,677	21,8	40,9
7	500	4	508	490	8,8	1,75	450	100	122	40	10	9,6	0,709	38	62,8
8	600	8	600	588	6	1,75	539,4	120	172	58	12	13,5	0,723	26,8	96,6
9	700	8	700	684	8	2,25	639	140	248	66	14	19,5	0,71	38,7	127,1
10	800	8	800	784	8	2,25	738,9	160	344	90	16	27	0,709	53,6	169,9
11	900	8	900	880	10	2,25	827,4	180	432	130	18	33,9	0,723	67,3	228,6
12	1000	8	1000	980	10	2,75	931,8	200	560	142	20	44	0,711	87,3	241,3
13	1100	8	1100	1076	12	2,75	1025,2	220	688	174	22	54	0,715	107,2	289,6
14	1200	8	1200	1176	12	2,75	1125,4	240	840	238	24	66	0,704	130,9	351

4 Geometrische Wärmetauscherberechnungen

4.1 Berechnungsformeln

Äußere Wärmetauscherfläche A

$$A = n \cdot d_a \cdot \pi \cdot L \quad [m^2]$$

n = Gesamtzahl der Rohre
d_a = Rohraußendurchmesser [m]
L = Rohrlänge [m]

Rohrseitiger Strömungsquerschnitt A_R

$$A_R = n_G \cdot d_i^2 \cdot \frac{\pi}{4} \quad [m^2]$$

n_G = Rohre pro Gang
d_i = Rohrinnendurchmesser [m]

Strömungsgeschwindigkeit w_R in den Rohren

$$w_R = \frac{V_R}{A_R \cdot 3600} \quad [m/s]$$

V_R = Rohrseitiger Volumenstrom [m³/h]

Mantelseitiger Querströmungsquerschnitt A_E

$$A_E = B \cdot (D_i - n_q \cdot d_a) \quad [m^2]$$

B = Umlenkblechabstand, ca. $0{,}2 \cdot D_i$ [m]
D_i = Mantelinnendurchmesser [m]
n_q = Anzahl der Rohre in der Mitte quer zur Strömungsrichtung

$$n_q = \frac{D_i - s_R}{s_q} = \frac{D_H}{s_q}$$

s_R = Randstreifen [m]
s_q = Rohrmittenabstand quer zur Strömungsrichtung [m] = Teilung T
D_H = Hüllkreisdurchmesser [m]

Mantelseitige Querströmungsgeschwindigkeit w_q

$$w_q = \frac{V_M}{A_E \cdot 3600} \quad [m/s]$$

V_M = Mantelseitiger Volumenstrom [m³/h]

Mantelseitiger Querströmungsquerschnitt A_{EK} nach Kern

$$A_{EK} = \frac{B \cdot D_i \cdot e}{s_q} \quad [m^2]$$

$$A_{EK} = B \cdot D_i \cdot \left(\frac{1 - d_a}{s_q} \right) \quad [m^2]$$

e = Rohrleitungsabstand [m]

Mantelseitige Querströmungsgeschwindigkeit w_{EK} nach Kern

$$w_{EK} = \frac{V_M}{A_{EK} \cdot 3600} \quad [m/s]$$

Mantelseitiger Längsströmungsquerschnitt A_F im Umlenkblech

$$A_F = D_i^2 \cdot C - n_F \cdot d_a^2 \cdot \frac{\pi}{4} \quad [m^2]$$

$$C = \frac{16x^2 - 13x^3}{12 \cdot \sqrt{x - x^2}} \quad \text{mit } x = \frac{H}{D_i}$$

C = Geometrischer Rechenfaktor

n_F = Anzahl der Rohre im Segment

H = Segmenthöhe [m]

Die Anzahl der im Segment liegenden Rohre n_F kann man rechnerisch aus der Segmenthöhe H und dem Abstand der Rohrreihen von der Mitte ermitteln. Besser geeignet ist ein Rohrspiegel.

Gemäß der obigen Gleichung sind die im Segment liegenden Rohre von der Segmentfläche abzuziehen. Als erste Näherung lässt sich die nicht mit Rohren bedeckte Fläche A_F auch mit Hilfe des Freiraumfaktors NF abschätzen.

$$NF = 1 - \frac{n \cdot d_a^2}{D_i^2}$$

$$A_F = D_i^2 \cdot C \cdot NF \quad [m^2]$$

Die Berechnung mit NF ergibt etwas niedrigere Strömungsquerschnitte im Segment, weil der Randstreifen nicht berücksichtigt wurde.

Zur Minderung des Randstreifeneinflusses, insbesondere bei kleinen Manteldurchmessern, sollte daher statt des Mantelinnendurchmessers D_i der Hüllkreisdurchmesser D_H eingesetzt werden.

$$NF = 1 - \frac{n \cdot d_a^2}{D_H^2}$$

Tabelle 4.1.1: Rechenfaktoren C und E für verschiedene x-Werte

$x = H/D_i$	C	E
0,20	0,1117	0,8
0,21	0,1197	0,8146
0,22	0,1279	0,8285
0,23	0,1363	0,8417
0,24	0,1448	0,8542
0,25	0,1534	0,8660
0,26	0,1621	0,8773
0,27	0,1709	0,8879
0,28	0,1798	0,8980
0,29	0,1889	0,9075
0,30	0,1980	0,9165

Sehnenlänge l_S des Segments

$$l_S = E \cdot D_i \quad [\text{m}]$$

$$E = 2 \cdot \sqrt{x - x^2}$$

E = Geometrischer Rechenfaktor

Für die Mantelseite sind folgende Auslegungen anzustreben:

$$A_E \approx A_F$$

$$x = \frac{H}{D_i} = 0{,}20 \ldots 0{,}25$$

$$\frac{B}{D_i} = 0{,}2 \text{ (minimal 50 mm)}$$

Längsströmungsgeschwindigkeit w_l im Segment

$$w_l = \frac{V_M}{A_F \cdot 3600} \quad [\text{m/s}]$$

Mittlerer mantelseitiger Strömungsquerschnitt A_M

$$A_m = \sqrt{A_E \cdot A_F} \quad [\text{m}^2]$$

Mittlere mantelseitige Strömungsgeschwindigkeit w_m

$$w_m = \frac{V_M}{A_m \cdot 3600} \quad [\text{m/s}]$$

Rohrmitten-abstand	Dreieck	Quadratisch	Quadratisch 45°
quer s_q	$sq = T$	$sq = T$	$sq = 1{,}414 \cdot T$
längs s_l	$s_l = 0{,}866 \cdot T$	$s_l = T$	$s_l = 0{,}707 \cdot T$

Tabelle 4.1.2: Quer- und Längsabstände (T = Rohrteilung)

Anzahl der Umlenkbleche n_B

$$n_B = \frac{L - B}{B + d_B}$$

d_B = Umlenkblechdicke [m]
B = Umlenkblechabstand [m]
L = Rohrlänge [m]

Kontrollrechnung für den Umlenkblechabstand B

$$B = \frac{L - n_B \cdot d_B}{n_B + 1} \quad [m]$$

Anzahl der Rohrreihen im Querstrom n_c zwischen den beiden Segmenten

$$n_c = \frac{D_i - 2 \cdot H - s_G \cdot (Z - 1)}{s_l}$$

s_G = Streifen für die Trennbleche zur Gangteilung
s_l = Rohrmittenabstand längs zur Strömungsrichtung

4.2 Rohrseitige Berechnungen

1. Strömungsgeschwindigkeit w_R in den Rohren für einen Volumenstrom V [m³/h]

$$w_R = \frac{V}{2827 \cdot di^2 \cdot n_G} \quad [m/s]$$

$$V = \frac{M}{\rho} \quad [m^3/h]$$

V = Volumendurchsatz [m³/h]
M = Mengendurchsatz [kg/h]
ρ = Dichte [kg/m³]

2. Anzahl der Rohre pro Gang n_G für eine bestimmte Strömungsgeschwindigkeit w_R

$$n_G = \frac{V}{2827 \cdot di^2 \cdot w_R}$$

3. Benötigte Rohrzahl pro Gang für eine bestimmte Reynoldszahl Re

$$n_G = \frac{V}{2827 \cdot \nu \cdot Re \cdot di}$$

4. Erforderliche Strömungsgeschwindigkeit w_R für eine bestimmte Reynoldszahl Re

$$w_R = \frac{Re \cdot \nu}{di} \quad [m/s]$$

di = Rohrinnendurchmesser [m]
M = Mengendurchsatz [kg/h]
ρ = Dichte [kg/m³]
Re = Reynoldszahl
ν = Kinematische Viskosität [m²/s]
n_G = Rohrzahl pro Gang
V = Volumendurchsatz [m³/h]

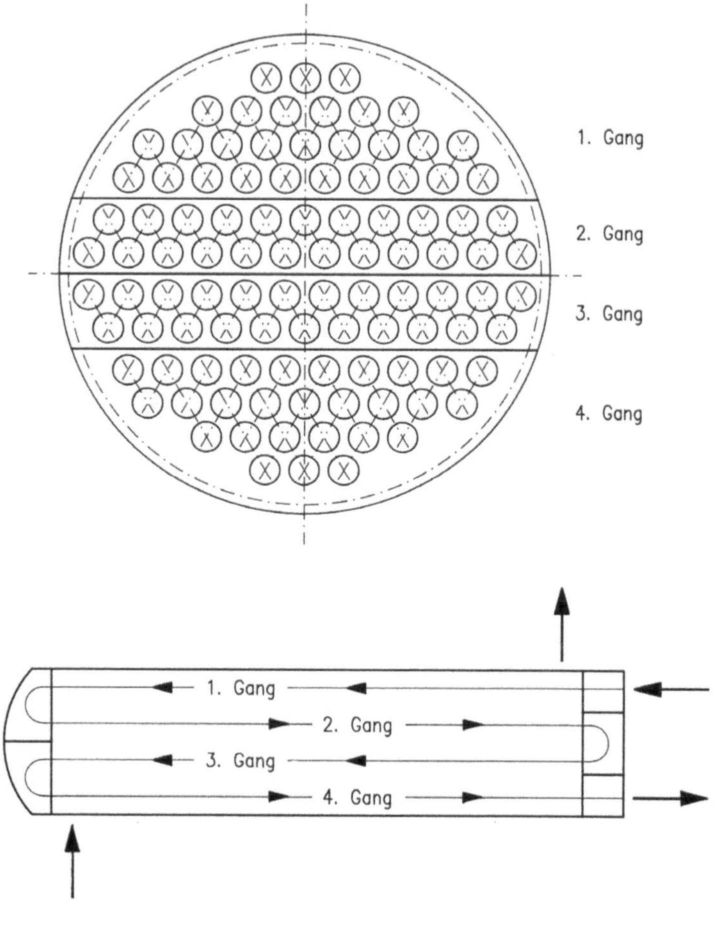

Bild 4.2.1: Rohrseitige Strömung im Wärmetauscher

Beispiel 4.2.1: Berechnung der erforderlichen Strömungsgeschwindigkeit für Re = 5000

$M = 5000$ kg/h $\rho = 850$ kg/m³ $V = 5000 / 850 = 5{,}88$ m³/h

$\nu = 2$ mm²/s di = 16 mm

$$w_R = \frac{Re \cdot \nu}{di} = \frac{5000 \cdot 2 \cdot 10^{-6}}{0{,}016} = 0{,}625 \text{ m/s}$$

Erforderliche Rohrzahl n_G pro Gang für $w_R = 0{,}625$ m/s

$$n_G = \frac{\frac{5000}{850}}{2827 \cdot 0{,}016^2 \cdot 0{,}625} = 13 \text{ Rohre}$$

Erforderliche Rohrzahl n_G pro Gang für Re = 5000

$$n_G = \frac{\frac{5000}{850}}{2827 \cdot 2 \cdot 10^{-6} \cdot 5000 \cdot 0{,}016} = 13 \text{ Rohre}$$

4.3 Mantelseitige Berechnungen

1. Strömungsquerschnitt f_q für die Strömung quer durch die Rohre

$$f_q = B \cdot (Di - n_q \cdot da) \quad [m^2]$$

$$n_q = \frac{Di - s}{T} = \frac{D_H}{T}$$

B = Umlenkblechabstand [m]
da = Außendurchmesser der Rohre [m]
Di = Mantelinnendurchmesser [m]
D_H = Hüllkreisdurchmesser [m]
n_q = Anzahl der Rohre im Querstrom auf der Mittellinie
T = Teilung [m]
s = $D_i - D_H$ = Randstreifen zwischen Mantel und Rohrbündel

2. Strömungsquerschnitt f_L für die Längsströmung in den Umlenkblechausschnitten

$$f_L = A_S - n_S \cdot da^2 \cdot \frac{\pi}{4} \quad [m^2]$$

$$H / Di = 0{,}20 \quad \rightarrow \quad A_S = 0{,}112 \cdot Di^2$$

$$H / Di = 0{,}25 \quad \rightarrow \quad A_S = 0{,}154 \cdot Di^2$$

A_S = Fläche des Umlenkblechausschnitts [m²]
n_S = Anzahl der Rohre im Umlenkblechausschnitt
H = Segmenthöhe = Höhe des Umlenkblechausschnitts

Wenn man die Rohrzahl im Segment n_S nicht kennt,kann der Längsströmungsquerschnitt f_L mit dem NF-Faktor bestimmt werden.

$$NF = 1 - \frac{z \cdot d_a^2}{Di^2}$$

z = Gesamtzahl der Rohre

$$f_L = NF \cdot A_S \quad [m^2]$$

Hinweis: Anzustreben sind möglichst gleiche Strömungsquerschnitte für den Quer- und den Längsstrom

3. Mittlerer Strömungsquerschnitt f_M auf der Mantelseite

$$f_M = \sqrt{f_q \cdot f_L} \quad [m^2]$$

4. Mantelseitige Strömungsgeschwindigkeiten

$$w_M = \frac{V}{3600 \cdot f_M} = \frac{V}{3600 \cdot \sqrt{f_q \cdot f_L}} \quad [m/s]$$

$$w_q = \frac{V}{3600 \cdot f_q} \quad \text{(Querströmung)} \quad [m/s]$$

$$w_L = \frac{V}{3600 \cdot f_L} \quad \text{(Längsströmung)} \quad [m/s]$$

5. Erforderlicher Umlenkblechabstand B für eine bestimmte Querströmungsgeschwindigkeit w_q

$$B = \frac{V}{3600 \cdot w_q \cdot (Di - n_q \cdot da)} \quad [m]$$

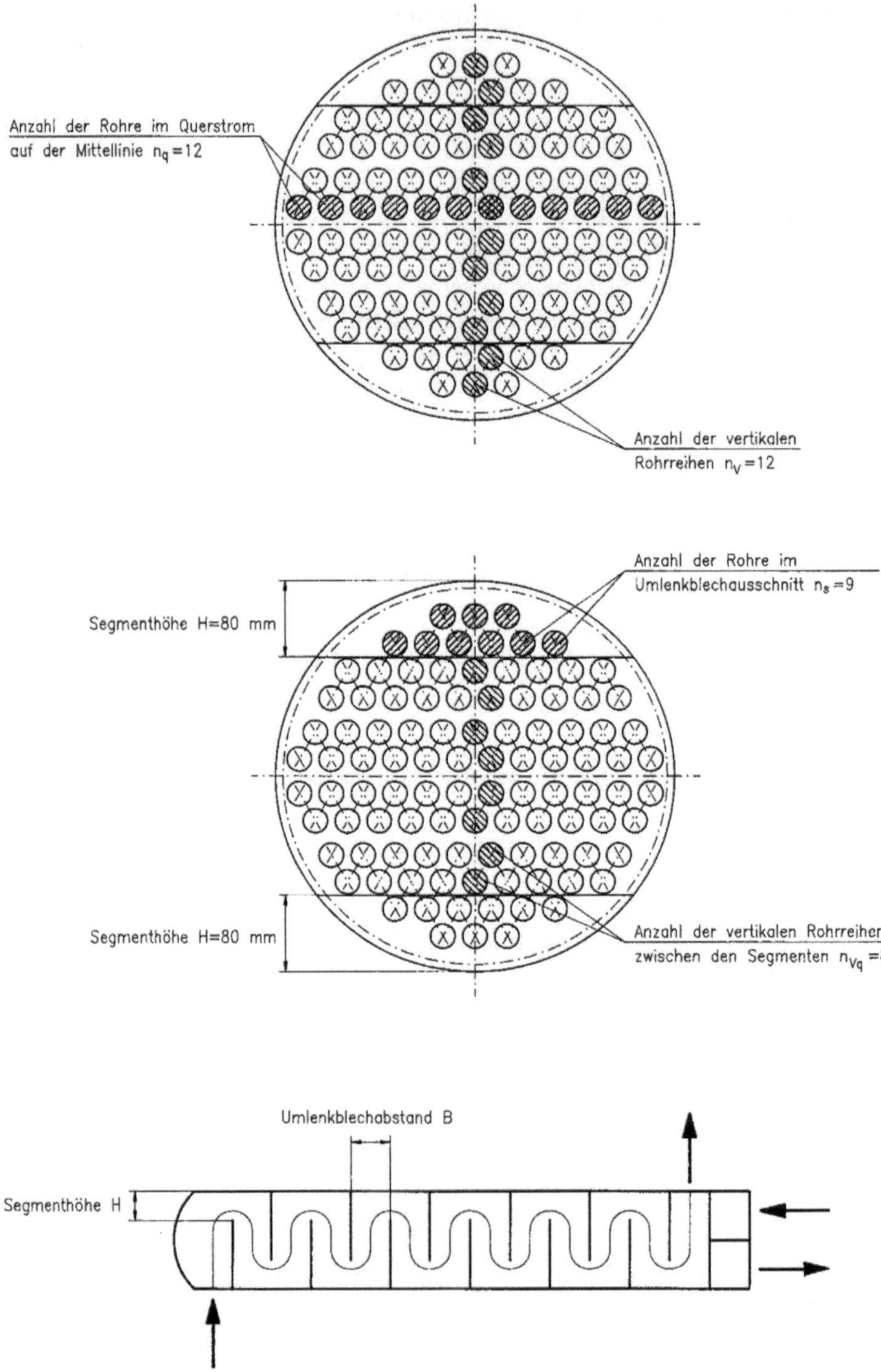

Bild 4.3.1: Mantelseitige Strömung im Wärmetauscher

6. Zahl der Umlenkbleche n_B bei vorgegebenem Umlenkblechabstand B

$$n_B = \frac{L - B}{B + a}$$

a = Umlenkblechdicke [mm]

$$B = \frac{L - n_B \cdot a}{n_B + 1} \quad [m]$$

7. Ermittlung der gesamten vertikalen Rohrreihen n_V bei Dreieckteilung

Zunächst wird die Zahl der möglichen Teilungen berechnet:

$$n_{TV} = \frac{D_H - da - S_G}{0{,}866 \cdot T}$$

$$n_{TV} = \frac{Di - da - S_G}{0{,}866 \cdot T}$$

$$n_V = n_{TV} + 1$$

8. Bestimmung der Rohrreihen n_{Vq} im Querstrom zwischen den Umlenkblechausschnitten mit der Segmenthöhe H

Zunächst wird die Zahl der Teilungen zwischen den Segmenten bestimmt

$$n_{TVq} = \frac{Di - da - 2 \cdot H}{0{,}866 \cdot T}$$

S_G = Streifen für Gangteilungen ca. 8–10 mm zwischen den Gängen
S_G = (Gangzahl – 1) · 10 mm

$$n_{Vq} = n_{TVq} + 1$$

4 Gänge $\rightarrow$ $S_G = (4 - 1) \cdot 10 = 30$ mm

Beispiel 4.3.1: Geometrische Berechnungen

Wärmetauscher DN 400 mit 102 Rohren 25 x 2 in Dreieckteilung T =32 mm

Di = 400 mm D_H = 385 mm L = 4 m a = 5 mm

Umlenkblechabstand B = 0,2 · Di = 0,2 · 400 = 80 mm

Segmenthöhe H = 0,2 · Di = 0,2 · 400 = 80 mm

H/Di = 0,2 $\rightarrow A_S = 0{,}112 \cdot Di^2 = 0{,}112 \cdot 0{,}4^2 = 0{,}0179\ m^2$

Berechnung der Strömungsquerschnitte:

$$n_q = \frac{D_H}{T} = \frac{385}{32} = 12 \text{ Rohre}$$

$$NF = 1 - \frac{z \cdot d_a^2}{Di^2} = 1 - \frac{102 \cdot 0{,}025^2}{0{,}4^2} = 0{,}60156$$

$$f_q = B \cdot (Di - n_q \cdot da) = 0{,}08 \cdot (0{,}4 - 12 \cdot 0{,}025) = 0{,}008 \text{ m}^2$$

$$f_L = NF \cdot A_S = 0{,}60156 \cdot 0{,}0179 = 0{,}01077 \text{ m}^2$$

$$f_M = \sqrt{f_q \cdot f_L} = \sqrt{0{,}008 \cdot 0{,}01077} = 0{,}00928 \text{ m}^2$$

Berechnung der Strömungsgeschwindigkeiten für V = 20 m³/h

$$w_q = \frac{20}{3600 \cdot 0{,}008} = 0{,}694 \text{ m/s}$$

$$w_L = \frac{20}{3600 \cdot 0{,}01077} = 0{,}516 \text{ m/s}$$

$$w_M = \frac{20}{3600 \cdot 0{,}00928} = 0{,}599 \text{ m/s}$$

Ermittlung der Umlenkblechzahl n_B für a = 5 mm

$$n_B = \frac{L - B}{B + a} = \frac{4000 - 80}{80 + 5} = 46 \text{ Umlenkbleche}$$

Kontrollberechnung des Umlenkblechabstand B für a = 5 mm

$$B = \frac{L - n_B \cdot a}{n_B + 1} = \frac{4000 - 46 \cdot 5}{46 + 1} = 80 \text{ mm}$$

Berechnung der gesamten vertikalen Rohrreihen n_V

Zunächst wird die Zahl der Teilungen n_{TV} übereinander ermittelt.

$$n_{TV} = \frac{D_H - da - S_G}{0{,}866 \cdot T} = \frac{385 - 25 - 30}{0{,}866 \cdot 32} = 11{,}9 \text{ Teilungen}$$

Nur gerade Teilungen sind möglich: $n_{TV} = 11$ Abstände

Gesamtzahl der vertikalen Rohrreihen übereinander:

$n_V = n_{TV} + 1 = 11 + 1 = 12$ Rohrreihen vertikal

Bestimmung der vertikalen Rohrreihen n_{Vq} zwischen den Segmenten

Zunächst wird die Anzahl der Teilungen n_{TVq} im Querstrom zwischen den Umlenkblechausschnitten ermittelt.

$$n_{TVq} = \frac{Di - da - 2 \cdot H}{0{,}866 \cdot T} = \frac{400 - 25 - 2 \cdot 80}{0{,}866 \cdot 32} = 7{,}75$$

Nur gerade Teilungen möglich: $n_{TVq} = 7$ Teilungen

Daraus ergibt sich die Anzahl der Rohrreihen zwischen den Umlenkblechausschnitten:

$n_{Vq} = n_{TVq} + 1 = 7 + 1 = 8$ Rohrreihen im Querstrom

Da sich von den insgesamt 12 vertikalen Rohrreihen 8 Rohrreihen zwischen den Umlenkblechausschnitten befinden, liegen je 2 Rohrreihen innerhalb des Umlenkblechausschnitts (ca. 9 Rohre).

5 Dimensionslose Kennzahlen für den Wärmeübergang

5.1 Reynoldszahl Re zur Kennzeichnung des Strömungszustandes

$$Re = \frac{w \cdot d_i}{\nu}$$

w = Strömungsgeschwindigkeit [m/s]
d = Rohrdurchmesser [m]
ν = Kinematische Viskosität

> ***Beispiel 5.1.1: Berechnung der Reynoldszahl Re***
>
> $w = 1{,}2$ m/s   di = 21 mm $\nu = 0{,}95 \cdot 10^{-6}$ m²/s
>
> $$Re = \frac{1{,}2 \cdot 0{,}021}{0{,}95 \cdot 10^{-6}} = 26526$$

5.2 Prandtlzahl Pr zur Kennzeichnung der Stoffeigenschaften

$$Pr = \frac{\nu}{a} = \frac{Pe}{Re} = \frac{3600 \cdot \eta \cdot c_p}{\lambda} = \frac{3600 \cdot \nu \cdot c_p \cdot \rho}{\lambda}$$

$$a = \frac{\lambda}{c_p \cdot \rho \cdot 3600}$$

$$Pe = \frac{w \cdot d}{a} = Pr \cdot Re$$

a = Temperaturleitzahl [m²/s]
Pe = Pecletzahl [–]
ρ = Dichte [kg/m³]
c_p = Spezifische Wärmekapazität [Wh/kg K]
λ = Wärmeleitfähigkeit [W/m K]
η = Dynamische Viskosität [Pas]

Der Faktor 3600 wird benötigt, um Stunden auf Sekunden umzurechnen, damit die Einheiten kohärent werden.

Beispiel 5.2.1: Berechnung der Prandtlzahl Pr

$\rho = 903\ \text{kg/m}^3$ $c_p = 0{,}594\ \text{Wh/kgK}$ $\lambda = 0{,}118\ \text{W/mK}$

$\eta = 858\ \text{mPas}$ $\nu = 0{,}95 \cdot 10^{-6}\ \text{m}^2\text{/s}$

$$a = \frac{\lambda}{c_p \cdot \rho \cdot 3600} = \frac{0{,}118}{0{,}594 \cdot 903 \cdot 3600} = 6{,}1 \cdot 10^{-8}\ \text{m}^2\text{/s}$$

$$Pr = \frac{\nu}{a} = \frac{0{,}95 \cdot 10^{-6}}{6{,}1 \cdot 10^{-8}} = 15{,}5$$

$$Pr = \frac{3600 \cdot \nu \cdot c_p \cdot \rho}{\lambda} = \frac{3600 \cdot 0{,}95 \cdot 10^{-6} \cdot 0{,}594 \cdot 903}{0{,}118} = 15{,}5$$

$$Pr = \frac{3600 \cdot \eta \cdot c_p}{\lambda} = \frac{858 \cdot 10^{-6} \cdot 0{,}594 \cdot 3600}{0{,}118} = 15{,}5$$

5.3 Nusseltzahl Nu zur Berechnung der Wärmeübergangszahl

$$Nu = \frac{\alpha \cdot d}{\lambda} = St \cdot Re \cdot Pr \qquad \alpha = \frac{Nu \cdot \lambda}{d}$$

α = Wärmeübergangszahl [W/m²K]

5.4 Stantonzahl St zur Berechnung der Wärmeübergangszahl

$G = w \cdot \rho$ G = Massenstromdichte (kg/m²s)

$$St = \frac{Nu}{Re \cdot Pr} = \frac{\alpha}{G \cdot c} = \frac{\alpha}{3600 \cdot c \cdot w}$$

$$\alpha = St \cdot 3600 \cdot c_p \cdot w \cdot \rho$$

5.5 Colburnfaktor J_C zur Berechnung der Wärmeübergangszahl

$$J_C = St \cdot Pr^{2/3}$$

$$\alpha = \frac{J_C}{Pr^{2/3}} \cdot 3600 \cdot c_p \cdot w \cdot \rho$$

5.6 Kern-Wärmeübergangsfaktor J_K zur Berechnung der Wärmeübergangszahl

$$J_K = \frac{Nu}{Pr^{1/3}}$$

$$\alpha = J_K \cdot Pr^{1/3} \frac{\lambda}{d}$$

Beispiel 5.6.1: Berechnung der Wärmeübergangszahl mit Nu, St, J_C und J_K

$\rho = 903\ kg/m^3$ | $c_p = 0{,}594\ Wh/kgK$ | $\lambda = 0{,}118\ W/mK$

$v = 0{,}95\ 10^{-6}\ m^2/s$ | $di = 21\ mm$ | $w = 1{,}2\ m/s$

$Re = 26526$ | $Pr = 15{,}5$ | $Nu = 196{,}55$

$$\alpha = \frac{Nu \cdot \lambda}{d} = \frac{196{,}55 \cdot 0{,}118}{0{,}021} = 1104\ W/m^2K$$

$$St = \frac{Nu}{Re \cdot Pr} = \frac{196{,}55}{26526 \cdot 15{,}5} = 0{,}00048$$

$$\alpha = St \cdot 3600 \cdot c_p \cdot w \cdot \rho = 0{,}00048 \cdot 3600 \cdot 0{,}594 \cdot 1{,}2 = 1108\ W/m^2K$$

$$J_C = St \cdot Pr^{2/3} = 0{,}00048 \cdot 15{,}5^{2/3} = 0{,}0030$$

$$\alpha = \frac{J_C}{Pr^{2/3}} \cdot 3600 \cdot c_p \cdot w \cdot \rho = \frac{0{,}003}{15{,}5^{2/3}} \cdot 3600 \cdot 1{,}2 \cdot 0{,}594 \cdot 903 = 1112\ W/m^2K$$

$$J_K = \frac{Nu}{Pr^{1/3}} = \frac{196{,}55}{15{,}5^{1/3}} = 79{,}55$$

$$\alpha = J_K \cdot Pr^{1/3} \frac{\lambda}{d} = 79{,}55 \cdot 15{,}5^{1/3} \cdot \frac{0{,}118}{0{,}021} = 1104\ W/m^2K$$

5.7 Graßhofzahl Gr zur Bestimmung der Wärmeübergangszahl bei Eigenkonvektion

$$Gr = \frac{9{,}81 \cdot \beta \cdot \Delta t \cdot l^3}{\nu}$$

$$\beta = \frac{1}{v} \cdot \frac{v_1 - v_2}{t_1 - t_2} = \rho \cdot \frac{\frac{1}{\rho_1} - \frac{1}{\rho_2}}{t_1 - t_2} \quad [1/K]$$

β = Räumlicher Wärmeausdehnungskoeffizient [1/K]
Δt = Temperaturdifferenz Produkt–Wand [K]
l = Kennzeichnende Länge [m]
v_1 = Spezifisches Volumen [m³/kg] bei t1
v_2 = Spezifisches Volumen [m³/kg] bei t2

Produkt Gr · Pr

$$Gr \cdot Pr = 35316 \cdot \frac{\rho \cdot c_p \cdot \beta \cdot \Delta t \cdot l^3}{\nu \cdot \lambda}$$

Beispiel 5.7.1: Berechnung der Graßhofzahl

$\rho = 800$ kg/m³ $c_p = 0{,}6$ Wh/kg K $\lambda = 0{,}13$ W/m K
$\nu = 50 \cdot 10^{-6}$ m²/s $\beta = 0{,}001$ K⁻¹ $\Delta t = 50$ K d = 50 mm

$$Pr = \frac{3600 \cdot 50 \cdot 10^{-6} \cdot 0{,}6 \cdot 800}{0{,}13} = 664{,}6$$

$$Gr = \frac{9{,}81 \cdot 0{,}001 \cdot 50 \cdot 0{,}05^3}{50 \cdot 10^{-6}} = 24{,}53 \cdot 10^3$$

$$Gr \cdot Pr = 24{,}53 \cdot 10^3 \cdot 664{,}6 = 16{,}3 \cdot 10^6$$

$$Gr \cdot Pr = 35316 \cdot \frac{800 \cdot 0{,}6 \cdot 0{,}001 \cdot 50 \cdot 0{,}05^3}{50 \cdot 10^{-6} \cdot 0{,}13} = 16{,}3 \cdot 10^6$$

6 Wärmedurchgangszahl und Temperaturprofil

6.1 Berechnung der Wärmedurchgangszahl

Die Gleichung für den Wärmedurchgang lautet:

$$Q = k \cdot A \cdot LMTD$$

$$A = \frac{Q}{k \cdot LMTD}$$

Normalerweise wird die benötigte Wärmetauscherfläche A für eine gegebene Aufgabenstellung berechnet. Die zu übertragende Wärmemenge Q ergibt sich aus der Aufgabenstellung, ebenso das logarithmische Temperaturgefälle LMTD oder bei nicht idealem Gegenstrom die korrigierte wirksame Temperaturdifferenz CMTD.

Das Hauptproblem besteht in der Bestimmung der Wärmeübergangszahlen auf der Innen- und Außenseite der Wärmetauscherrohre. Wenn die Wärmeübergangszahlen bekannt sind, kann die Wärmedurchgangszahl bestimmt werden.

Ohne Berücksichtigung der unterschiedlichen Flächen auf der Innen- und Außenseite der Wärmetauscherrohre sowie der Verschmutzung und der Wärmeleitung durch die Rohrwand ergibt sich folgender k_{einf}-Wert aus den beiden Wärmeübergangszahlen:

$$k_{einf} = \frac{1}{\frac{1}{\alpha_i} + \frac{1}{\alpha_a}} = \frac{\alpha_i \cdot \alpha_a}{\alpha_i + \alpha_a}$$

Beispiel 6.1.1: Berechnung von k_{einf} aus den Wärmeübergangszahlen

$\alpha_i = 620$ W/m²K $\qquad \alpha_a = 699$ W/m²K

$$k_{einf} = \frac{620 \cdot 699}{620 + 699} = 328 \text{ W/m}^2\text{K}$$

Alternativ kann die Wärmedurchgangszahl k_{einf} aus dem Diagramm in **Bild 6.1.1** ermittelt werden.

Beispiel 6.1.2: Berechnung von k_{einf} aus den Wärmeübergangszahlen

$\alpha_i = 4000$ W/m²K $\qquad \alpha_a = 1500$ W/m²K

$$k_{einf} = \frac{4000 \cdot 1500}{4000 + 1500} = 1091 \text{ W/m}^2\text{K}$$

Der gute Wärmeübergang im Rohr nützt wenig. Bestimmend für die Wärmedurchgangszahl ist immer die schlechtere Wärmeübergangszahl.

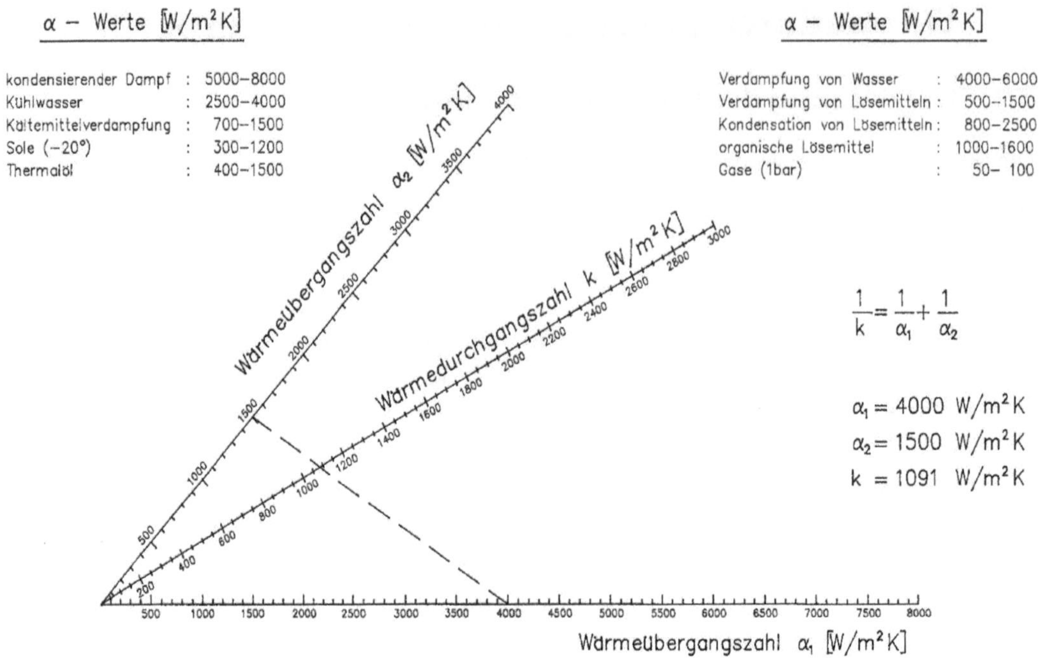

Bild 6.1.1: Diagramm zur Bestimmung von k_{einf} aus den α-Werten

Da die Wärmetauscherfläche bei glatten Rohren allgemein für die *Außenoberfläche* der Rohre gilt, muss die innere Wärmeübergangszahl α_i umgerechnet werden auf α_{ia}.

$$\alpha_{i\,a} = \alpha_i \frac{d_i}{d_a} = \alpha_i \frac{A_i}{A_a}$$

Beispiel 6.1.3: Umrechnung von α_i auf die Außenoberfläche

α_i=620 W/m²K d_i=16 mm d_a=20 mm

$$\alpha_{ia} = 620 \frac{16}{20} = 496 \text{ W/m}^2\text{K}$$

Die Wärmeübergangszahl α_{ia} ist die innere Wärmeübergangszahl bezogen auf die Außenoberfläche der Rohre.

Als nächstes ist die Wärmeleitung durch das Rohr zu berücksichtigen, insbesondere bei Rohrwerkstoffen mit einer schlechten Wärmeleitzahl λ, z. B. Edelstahl.

$$k_{rein} = \frac{1}{\frac{1}{\alpha_{ia}} + \frac{1}{\alpha_a} + \frac{s}{\lambda}}$$

Beispiel 6.1.4: Berechnung von k_{rein}

$\alpha_{ia} = 496\ W/m^2K$ $\alpha_a = 699\ W/m^2K$ $s = 2\ mm$ $\lambda = 56\ W/mK$

$$k_{rein} = \frac{1}{\frac{1}{496} + \frac{1}{699} + \frac{0{,}002}{56}} = 287\ W/m^2K$$

Verwendet man Chrom-Nickel-Stahl mit einer Wärmeleitzahl von 16 W/mK, so verschlechtert sich die Wärmedurchgangszahl.

$$k_{rein} = \frac{1}{\frac{1}{496} + \frac{1}{699} + \frac{0{,}002}{16}} = 280\ W/m^2K$$

Schließlich muss auch die Verschmutzung f_i auf der Rohrinnenseite und f_a auf der Rohraußenseite berücksichtigt werden. Die Verschmutzung ist abhängig ist von den Produkten, der Betriebszeit, der Strömungsgeschwindigkeit und durchgeführten Reinigungen.

$$k_{schm} = \frac{1}{\frac{1}{\alpha_{ia}} + \frac{1}{\alpha_a} + \frac{s}{\lambda} + f_i + f_a} = \frac{1}{\frac{1}{k_{rein}} + f_i + f_a}$$

Die Werte für den Verschmutzungsbeiwert f_i auf der Rohrinnenseite und f_a auf der Mantelseite liegen je nach Aufgabenstellung im Bereich von 0,0001–0,001 m^2K/W.

Die Werte in den **Tabellen 6.1.1 und 6.1.2** gelten für eine Betriebszeit von einem Jahr.

Falls die Rohre aus Korrosionsgründen beschichtet werden, muss zusätzlich der Wärmeleitwiderstand der Beschichtung berücksichtigt werden.

Tabelle 6.1.1:

Stoff	< 1 m/s		> 1 m/s	
	< 50 °C	> 50 °C	< 50 °C	> 50 °C
Trinkwasser	0,0002	0,0004	0,0002	0,0004
Destilliertes Wasser	0,0001	0,0001	0,0001	0,0001
Flusswasser	0,0006	0,0008	0,0004	0,0006
Kühlturmwasser	0,0002	0,0004	0,0002	0,0004
Brackwasser	0,0004	0,0006	0,0002	0,0004
Seewasser	0,0001	0,0002	0,0001	0,0002
Kessel-Absalzwasser	0,0004	0,0004	0,0004	0,0004

Tabelle 6.1.2:

Stoff	f [m^2K/W]
Heizöl	0,001
Schmieröl	0,0002
Thermalöl	0,0002
Vegetabile Öle	0,0006
organische Flüssigkeiten	0,0002
organische Dämpfe	0,0001
Diesel-Abgas	0,002
ölfreier Dampf	0,0001
ölhaltiger Dampf	0,0002
Luft	0,0004

Beispiel 6.1.5: Berechnung von k_{schm}

$\alpha_{ia} = 496\ W/m^2K$ $\alpha_a = 699\ W/m^2K$ $s = 2\ mm$ $\lambda = 56\ W/mK$

$f_i = 0{,}0002\ m^2K/W$ $f_a = 0{,}0002\ m^2K/W$ $k_{rein} = 287\ W/m^2K$

$$k_{schm} = \frac{1}{\frac{1}{496} + \frac{1}{699} + \frac{0{,}002}{56} + 0{,}0002 + 0{,}0002} = 257\ W/m^2K$$

$$k_{schm} = \frac{1}{\frac{1}{287} + 0{,}0002 + 0{,}0002} = 257\ W/m^2K$$

Interessant kann auch die Bestimmung der Verschmutzungsreserve eines neuen Wärmetauschers sein. Dabei vergleicht man den aus den beiden Wärmeübergangskoeffizienten und der Wärmeleitung durch das Rohr ermittelten k_{rein}-Wert mit dem für die Aufgabenstellung erforderlichen k_{erf}-Wert.

$$\sum f = \frac{k_{rein} - k_{erf}}{k_{rein} \cdot k_{erf}}$$

Beispiel 6.1.6: Berechnung der vorhandenen Verschmutzungsreserve Σf

$\alpha_{ia} = 496\ W/m^2K$ $\alpha_a = 699\ W/m^2K$ $k_{rein} = 287\ W/m^2K$

$s = 2\ mm$ $\lambda = 56\ W/mK$ $k_{erf} = 230\ W/m^2K$

$$\sum f = \frac{287 - 230}{287 \cdot 230} = 0{,}0009\ m^2K/W$$

Im vorliegenden Fall wurden für die beiden Verschmutzungsbeiwerte $f_i + f_a = 0{,}0004\ m^2K/W$ eingesetzt, sodass eine zusätzliche Verschmutzungsreserve von 0,0009 − 0,0004 = 0,0005 m^2K/W vorhanden ist.

Auswirkungen der Verschmutzung

In **Bild 6.1.2** wird gezeigt, dass eine gute Wärmedurchgangszahl k_{rein} durch die Verschmutzung stärker reduziert wird als eine schlechte Wärmedurchgangszahl k_{rein}.

Durch die Verschmutzung werden die k-Werte nivelliert.

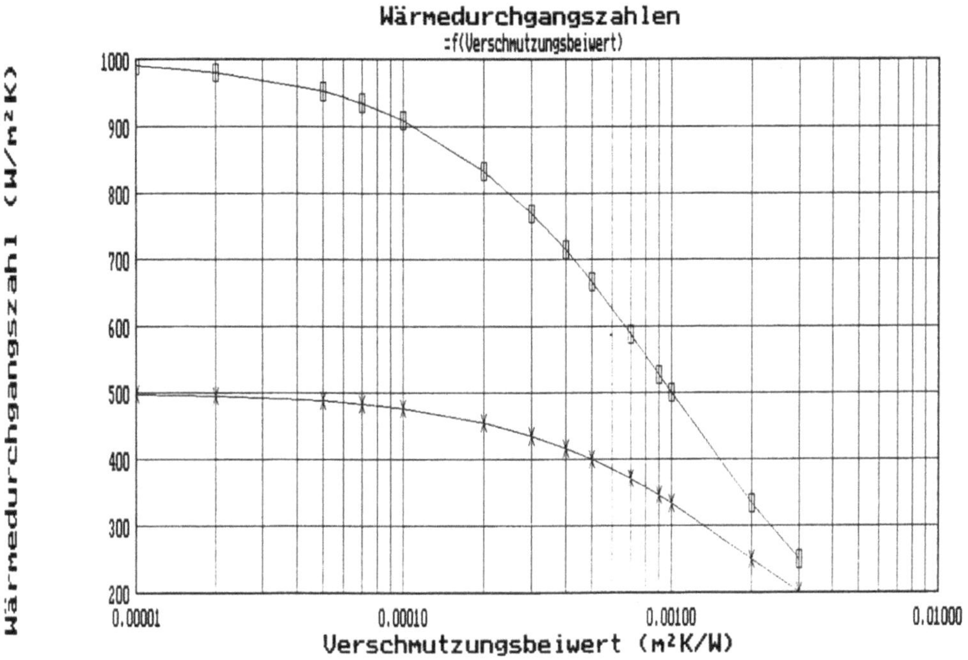

Bild 6.1.2: Abfall der Wärmedurchgangszahl mit zunehmender Verschmutzung

Die bisherigen Rechnungen basieren auf der Annahme glatter Wände.

Berücksichtigt man die Rohrform bei Rohrbündelwärmetauschern, so ergibt sich folgende exakte Gleichung für die Wärmedurchgangszahl k_{ex} bei Rohren:

$$k_{ex} = \frac{1}{\left(f_i + \frac{1}{\alpha_i}\right) \cdot \frac{d_a}{d_i} + \frac{d_a}{2\lambda} \ln \frac{d_a}{d_i} + \frac{1}{\alpha_a} + f_a}$$

Mit den Daten aus Beispiel 6.1.5 erhält man eine etwas geringere Wärmeübergangszahl.

$$k_{ex} = \frac{1}{\left(0{,}0002 + \frac{1}{620}\right) \cdot \frac{20}{16} + \frac{0{,}020}{2 \cdot 56} \ln \frac{20}{16} + \frac{1}{699} + 0{,}0002}$$

$k_{ex} = 254\ \text{W/m}^2\text{K}$

Die Differenz zwischen k_{ex} und k_{schm} ist gering, sodass man mit der einfachen Gleichung für glatte Wände rechnen kann.

Empfohlener Rechengang:

1. Berechnung der Wärmeübergangszahlen α_i im Rohr und α_a auf der Mantelseite

2. Korrektur von α_i auf α_{ia}:

$$\alpha_{ia} = \alpha_i \frac{d_i}{d_a}$$

3. Berechnung von k_{rein}:

$$k_{rein} = \frac{1}{\frac{1}{\alpha_{ia}} + \frac{1}{\alpha_a} + \frac{s}{\lambda}}$$

4. Berechnung von k_{schm}:

$$k_{schm} = \frac{1}{\frac{1}{k_{rein}} + f_i + f_a}$$

5. Berechnung der Verschmutzungsreserve des neuen Wärmetauschers:

$$\sum f = \frac{k_{rein} - k_{erf}}{k_{rein} \cdot k_{erf}}$$

Beispiel 6.1.7: Berechnung der Wärmedurchgangszahl und der Verschmutzungsreserve

$\alpha_i = 620\ \mathrm{W/m^2K}$ $\alpha_a = 699\ \mathrm{W/m^2K}$ $s = 2\ \mathrm{mm}$ $\lambda = 56\ \mathrm{W/mK}$

$d_i = 16\ \mathrm{mm}$ $d_a = 20\ \mathrm{mm}$ $f_i = f_a = 0{,}0002\ \mathrm{m^2K/W}$

2. $\alpha_{ia} = 620 \frac{16}{20} = 496\ \mathrm{W/m^2K}$

3. $k_{rein} = \frac{1}{\frac{1}{496} + \frac{1}{699} + \frac{0{,}002}{56}} = 287\ \mathrm{W/m^2K}$

4. $k_{schm} = \frac{1}{\frac{1}{287} + 0{,}0002 + 0{,}0002} = 257\ \mathrm{W/m^2K}$

5. $\sum f = \frac{287 - 230}{287 \cdot 230} = 0{,}0009\ \mathrm{m^2K/W}$

Es liegt also eine deutliche Verschmutzungsreserve von 0,0005 $\mathrm{m^2K/W}$ vor.

Oft kann es für die Auswahl bzw. Auslegung eines Wärmetauschers interessant sein, die Wärmedurchgangszahl bezogen auf einen laufenden Meter des Wärmetauschers zu berechnen, um daraus die erforderliche Gesamtlänge zu bestimmen.

Die entsprechende Gleichung zur Berechnung der Wärmedurchgangszahl k_R pro m Rohr lautet:

$$k_R = \frac{\pi}{\frac{1}{\alpha_i\, d_i} + \frac{1}{2\,\lambda} \ln \frac{d_a}{d_i} + \frac{1}{\alpha_a\, d_a} + \frac{f_i}{d_i} + \frac{f_a}{d_a}}$$

Aus k_R berechnet sich die erforderliche Länge L_R für eine bestimmte Wärmeleistung Q wie folgt:

$$Q = k_R \cdot L_R \cdot CMTD \qquad L_R = \frac{Q}{k_R \cdot CMTD}$$

Beispiel 6.1.8: Berechnung der Wärmedurchgangszahl pro m Wärmetauscherlänge

$\alpha_i = 620\ W/m^2K$ $\alpha_a = 699\ W/m^2K$ $s = 2\ mm$ $\lambda = 56\ w/mK$

$d_i = 16\ mm$ $d_a = 20\ mm$ $f_i = f_a = 0{,}0002\ m^2K/W$

$Q = 180000\ W$ $LMTD = 51\ K$

$$k_R = \frac{\pi}{\frac{1}{620 \cdot 0{,}016} + \frac{1}{2 \cdot 56} \ln \frac{20}{16} + \frac{1}{699 \cdot 0{,}02} + \frac{0{,}0002}{0{,}016} + \frac{0{,}0002}{0{,}02}}$$

$k_R = 15{,}96\ W/m^2K$

$$L_R = \frac{180000}{15{,}96 \cdot 51} = 221{,}14\ m$$

Schriftzeichen

A = Fläche des Wärmetauschers [m^2]
α_i = innere Wärmeübergangszahl [W/m^2K]
α_{ia} = α_i bezogen auf die Außenfläche [W/m^2K]
α_a = äußere Wärmeübergangszahl [W/m^2K]
d_i = Rohrinnendurchmesser [m]
d_a = Rohraußendurchmesser [m]
f_i = innerer Verschmutzungswiderstand [m^2K/W]
f_a = äußerer Verschmutzungswiderstand [m^2K/W]
k = Wärmedurchgangszahl allgemein [W/m^2K]

k_{einf} = Wärmedurchgangszahl berechnet aus den beiden α-Werten [W/m²K]
k_{rein} = Wärmedurchgangszahl ohne Verschmutzung [W/m²K]
k_{schm} = Wärmedurchgangszahl mit Verschmutzung [W/m²K]
k_{erf} = Erforderliche Wärmedurchgangszahl [W/m²K]
k_{ex} = Wärmedurchgangszahl unter Berücksichtigung der Verschmutzung und der Rohrform [W/m²K]
k_R = Wärmedurchgangszahl pro m Rohr [W/m²K]
λ = Wärmeleitfähigkeit des Rohrmaterials [W/mK]
L = Länge der Wärmetauscherrohre [m]
L_R = Gesamtlänge der Rohre [m]
CMTD = Wirksame Temperaturdifferenz [K]
Q = Wärmeleistung [W]
s = Rohrwandstärke [m]

6.2 Berechnung des Temperaturgradienten beim Wärmedurchgang durch die Wärmewiderstände im Wärmetauscher

Mit Hilfe der Wärmestromdichte q [W/m²] kann man den Temperaturabfall in den einzelnen Wärmedurchgangswiderstände berechnen.

$$q = \alpha_a \cdot \Delta t_a = \alpha_{ia} \cdot \Delta t_i = \frac{\lambda}{s} \cdot \Delta t_L = \frac{1}{f_i} \cdot \Delta t_{fi} = \frac{1}{f_a} \cdot \Delta t_{fa} \; [W/m^2]$$

$$\Delta t_a = \frac{q}{\alpha_a} \qquad \Delta t_i = \frac{q}{\alpha_{ia}}$$

$$\Delta t_L = q \cdot \frac{s}{\lambda}$$

$$\Delta t_{fi} = q \cdot f_i \qquad \Delta t_{fa} = q \cdot f_a$$

$$\Delta t_{ges} = \Delta t_a + \Delta t_i + \Delta t_L + \Delta t_{fi} + \Delta t_{fa}$$

$$q = \Delta t_{ges} \cdot k \; [W/m^2]$$

$$\frac{1}{k} = \frac{1}{\alpha_a} + \frac{1}{\alpha_{ia}} + \frac{s}{\lambda} + f_a + f_i$$

Beispiel 6.2.1: Berechnung des Temperaturgradienten in den Wärmedurchgangswiderständen

$\alpha_a = 699\ W/m^2K$	$\alpha_i = 620\ W/m^2K$	$\lambda = 56\ W/mK$
$f_a = 0{,}0002$	$f_i = 0{,}0002$	$s = 2\ mm$
$\Delta t_{ges} = 20\ °C = LMTD$	$d_i = 20\ mm$	$d_a = 25\ mm$

$$\alpha_{ia} = \alpha_i \cdot \frac{d_i}{d_a} = 620 \cdot \frac{20}{25} = 496\ W/m^2K$$

$$\frac{1}{k} = \frac{1}{699} + \frac{1}{496} + \frac{0{,}002}{56} + 0{,}0002 + 0{,}0002$$

$$k = 257{,}6\ W/m^2K$$

$$\mathbf{q = 257{,}6 \cdot 20 = 5151\ W/m^2}$$

$$\Delta t_a = \frac{q}{\alpha_a} = \frac{5151}{699} = 7{,}4\ °C \qquad \Delta t_i = \frac{q}{\alpha_{ia}} = \frac{5151}{496} = 10{,}4\ °C$$

$$\Delta t_{fi} = q \cdot f_i = 5151 \cdot 0{,}0002 = 1\ °C \qquad \Delta t_{fa} = 0{,}0002 \cdot 5151 = 1\ °C$$

$$\Delta t_L = q \cdot \frac{s}{\lambda} = 5151 \cdot \frac{0{,}002}{56} = 0{,}2\ °C$$

Kontrolle: $\Delta t_{ges} = 7{,}4 + 10{,}4 + 1 + 1 + 0{,}2 = 20\ °C$

Die Berechnungsergebnisse sind in **Bild 6.2.1** dargestellt.

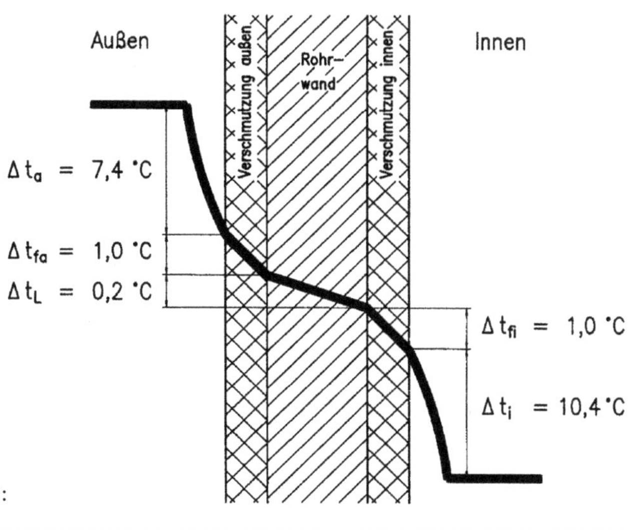

Bild 6.2.1:

6.3 Viskositätskorrektur und Ermittlung der Wandtemperaturen

Die Viskosität hat einen entscheidenden Einfluss auf die Dicke des laminaren Grenzfilms an der Wand und diese Grenzschicht bestimmt die Wärmeübergangszahl. Je höher die Viskosität an der Wand, desto dicker der Grenzfilm und desto schlechter die Wärmeübergangszahl.

Die Korrektur des für die mittlere Produkttemperatur t_m berechneten Wärmeübergangskoeffizienten α_m erfolgt über das Viskositätsverhältnis des Produkts bei mittlerer Fluidtemperatur und bei Wandtemperatur t_W.

$$\alpha_{korr} = \Phi \cdot \alpha_m$$

Bei Kühlung: $\frac{\eta_m}{\eta_W} < 1$ $\quad \Phi = \left(\frac{\eta_m}{\eta_W}\right)^{0,14}$

Bei Erwärmung: $\frac{\eta_m}{\eta_W} > 1$ $\quad \Phi = \left(\frac{\eta_W}{\eta_m}\right)^{0,14}$

α_{korr} = korrigierte Wärmeübergangszahl [W/m²K]
α_m = berechneter α-Wert bei t_m [W/m²K]
Φ = Korrekturfaktor
η_m = Viskosität bei t_m [mPas]
η_W = Viskosität bei Wandtemperatur t_W [mPas]

Beim Kühlen ist die Wandtemperatur kleiner als die mittlere Produkttemperatur und die Viskosität nimmt zu. Das verschlechtert den Wärmeübergang.

Beim Erwärmen ist es umgekehrt. Die geringere Viskosität an der Wand verbessert den Wärmeübergang.

Rechengang:

1. Berechnung der Wärmeübergangszahl bei der mittleren Produkttemperatur t_m

$$t_m = \frac{t_{ein} + t_{aus}}{2}$$

t_{ein} = Eintrittstemperatur [°C]
t_{aus} = Austrittstemperatur [°C]

2. Bestimmung der Wandtemperatur t_W

Kühlung: $t_W = t_m - \Delta t$ [°C]
Heizung: $t_W = t_m + \Delta t$ [°C]

Berechnung der Temperaturdifferenz Δt zwischen t_m und t_W (siehe Kapitel 6.2):

$$\Delta t = \frac{q}{\alpha_m} \quad [°C]$$

q = Wärmestromdichte [W/m²]

3. Ermittlung der Viskosität bei der berechneten Wandtemperatur

4. Berechnung der Viskositätskorrektur Φ

Beispiel 6.3.1: Berechnung der Viskositätskorrektur bei dünnflüssigen Medien

$\alpha_{ia} = 336\ W/m^2K$ $\alpha_a = 700\ W/m^2K$ $k = 202{,}11\ W/m^2K$

LMTD = 16,83 °C $q = 3401{,}92\ W/m^2$

Mantelseite:

Wasser 25 °C bis 30 °C $t_m = 27{,}5\ °C$

$$\Delta t = \frac{3401{,}92}{700} = 4{,}9\ °C \qquad t_W = 27{,}5 + 4{,}9 = 32{,}4\ °C$$

Die Wandtemperatur ist auf der Mantelseite höher als die mittlere Produkttemperatur und die Viskosität ist kleiner.

Rohrseite:

Isopropanol 70 °C bis 30 °C $t_m = 50\ °C$

$$\Delta t = \frac{3401{,}92}{336} = 10{,}1\ °C \qquad t_W = 50 - 10{,}1 = 39{,}9\ °C$$

Die Wandtemperatur ist geringer als die mittlere Produkttemperatur und die Viskosität an der Wand ist größer.

Aus **Bild 6.3.1** werden die Viskositäten von Wasser auf der Mantelseite und Isopropanol in den Rohren bei den verschiedenen Temperaturen entnommen.

Wasser: bei 27,5 °C: $\eta_m = 0{,}89\ mPas$

bei 32,4 °C: $\eta_W = 0{,}8\ mPas$

$$\left(\frac{\eta_m}{\eta_W}\right)^{0,14} = \left(\frac{0{,}89}{0{,}8}\right)^{0,14} = 1{,}01 \qquad \alpha_{korr} = 1{,}01 \cdot 336 = 339\ W/m^2K$$

Die geringere Viskosität an der Wand verbessert den Wärmeübergang.

Isopropanol: bei 50 °C: $\eta_m = 1{,}08$ mPas

bei 39,9 °C: $\eta_W = 1{,}37$ mPas

$$\left(\frac{\eta_m}{\eta_W}\right)^{0{,}14} = \left(\frac{1{,}08}{1{,}37}\right)^{0{,}14} = 0{,}97 \qquad \alpha_{korr} = 0{,}97 \cdot 700 = 679\ \text{W/m}^2\text{K}$$

Die höhere Viskosität an der Wand verschlechtert die Wärmeübergangszahl

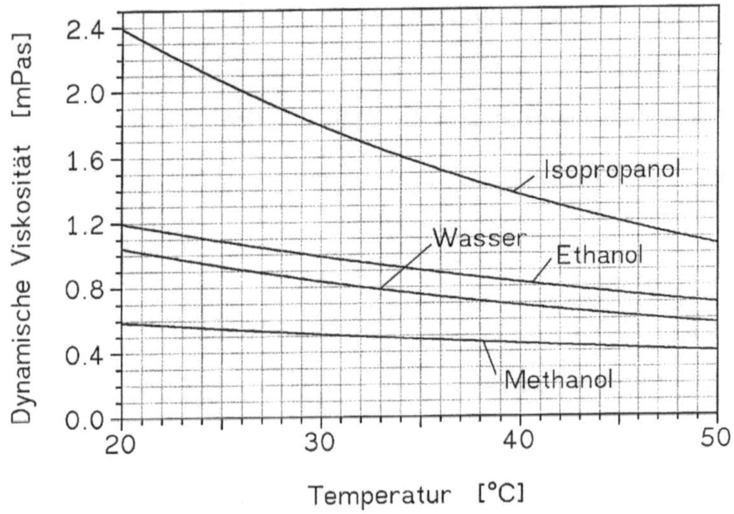

Bild 6.3.1: Dynamische Viskosität einiger Flüssigkeiten als Funktion der Temperatur

Beispiel 6.3.2: Berechnung der Viskositätskorrektur bei einem hochviskosen Öl

$\alpha_{ia} = 50$ W/m²K $\quad \alpha_a = 1500$ W/m²K $\quad k = 47{,}15$ W/m²K $\quad t_m = 70$ °C

LMTD = 15 °C $\quad q = 707{,}229$ W/m²

$$\Delta t = \frac{707{,}229}{50} = 14{,}1\ °\text{C} \qquad t_W = 70 - 14{,}1 = 55{,}9\ °\text{C}$$

$\eta_m = 110$ mPas bei 70 °C $\qquad \eta_W = 192$ mPas bei 55,9 °C

$$\left(\frac{\eta_m}{\eta_W}\right)^{0{,}14} = \left(\frac{110}{192}\right)^{0{,}14} = 0{,}925 \qquad \alpha_{korr} = 0{,}925 \cdot 50 = 46{,}2\ \text{W/m}^2\text{K}$$

$k = 43{,}8$ W/m²K

Durch die höhere Viskosität des Öls an der Wand verschlechtern sich die Wärmeübergangs- und die Wärmedurchgangszahlen.

6.4 Berechnung der Wärmeübergangszahl aus der Wärmedurchgangszahl

Die folgende Gleichung gilt für die Wärmedurchgangszahl.

$$\frac{1}{k} = \frac{1}{\alpha_i} + \frac{1}{\alpha_a} + \frac{s}{\lambda} + f_i + f_a$$

Nach einer kleinen Umstellung kann man die Wärmeübergangszahlen ermitteln.

$$\frac{1}{\alpha_i} = \frac{1}{k} - \frac{1}{\alpha_a} - \frac{s}{\lambda} - (f_i + f_a)$$

Beispiel 6.4.1: Ermittlung der α-Werte aus der Wärmedurchgangszahl k

$k = 300\ W/m^2K$ $\alpha_a = 1000\ W/m^2K$ $f_i + f_a = 0{,}0004$ $s/\lambda = 0{,}00014$

$$\frac{1}{\alpha_i} = \frac{1}{300} - \frac{1}{1000} - 000014 - 0{,}004$$

$\alpha_i = 557{,}6\ W/m^2K$

$$\frac{1}{\alpha_a} = \frac{1}{300} - \frac{1}{557{,}6} - 000014 - 0{,}004$$

$\alpha_a = 1000\ W/m^2K$

7 Verfahrenstechnische Berechnungen

Bei der Auslegung von Kondensatoren und Verdampfern für Mehrkomponentengemische müssen Taupunkt und Taulinie bzw. Siedepunkt und Siedelinie berechnet werden.

In Kondensatoren wird am Taupunkt des Gemisches der erste Tropfen verflüssigt und am Siedepunkt ist das gesamte Gemisch flüssig.

Das Gemisch muss vom Taupunkt auf den Siedepunkt gekühlt werden.

In Verdampfern von Gemischen verdampft der erste Tropfen am Siedepunkt und am Taupunkt ist das gesamte Gemisch dampfförmig.

Das Gemisch muss vom Siedepunkt auf den Taupunkt aufgeheizt werden.

Für die Auslegung von Kondensatoren und Verdampfern benötigt man die Kondensations- bzw. Flashkurven und die Wärmeleistungskurve mit dem Wärmeleistungsbedarf in Abhängigkeit von der Temperatur.

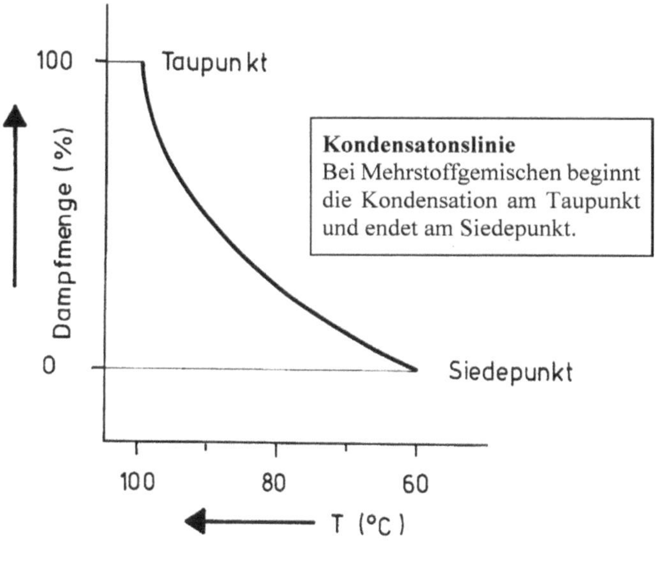

Bild 7.1: Kondensationslinie

7.1 Dampfdruckberechnungen

Die Berechnung des Dampfdrucks erfolgt mithilfe der Antoine-Gleichung und der Antoine-Konstanten A, B und C, die man Handbüchern entnehmen kann.

Antoine-Gleichung: $\lg p_0 = A - \frac{B}{C + t\,[°C]}$ [Torr]

p_0 [mbar] $= 1{,}33 \cdot p_0$ [Torr]

Beispiel 7.1.1: Dampfdruckberechnung

	Benzol	**Toluol**
	A=7,0099	A = 6,95087
	B = 1267,1096	B = 1342,31
	C = 226,8443	C = 219,187
Temperatur	**Dampfdrücke**	
50 °C:	p_{0B} = 360,4 mbar	p_{0T} = 122,5 mbar
98 °C:	p_{0B} = 1710 mbar	p_{0T} = 696 mbar
103 °C:	p_{0B} = 1960 mbar	p_{0T} = 810 mbar

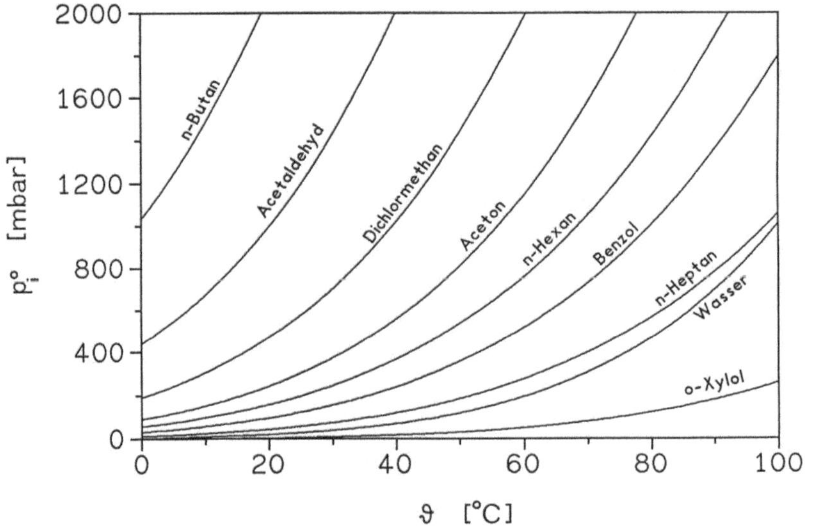

Bild 7.1.1: Dampfdruck p^0_i von verschiedenen Komponenten als Funktion der Temperatur

7.2 Phasengleichgewicht zwischen der Flüssig- und der Dampfphase nach den Gesetzen von Dalton und Raoult für ideale Gemische

Dalton:

$p_1 = y_1 \cdot P_{ges}$ $\qquad P_{ges} = p_1 + p_2 + p_3 + \dots p_i$

Raoult:

$p_1 = x_1 \cdot p_{01}$ $\qquad p_2 = x_2 \cdot p_{02}$

$P_{ges} = x_1 \cdot p_{01} + x_2 \cdot p_{02} + x_3 \cdot p_{03} + \dots . x_i \cdot p_{0i}$

Gleichgewichtsgleichung:

$$y_i \cdot P_{ges} = p_i = x_i \cdot p_{0i}$$

Berechnung des Gleichgewichtsfaktors K:

$$K = \frac{y_i}{x_i} = \frac{p_{0i}}{P_{ges}}$$

y_i = Konzentration der Komponente i in der Dampfphase (Molfraktion)
x_i = Konzentration der Komponente i in der Flüssigphase (Molfraktion)
P_{ges} = Gesamtdruck [mbar]
p_{0i} = Dampfdruck der Komponente i [mbar]
p_i = Partialdruck der Komponente i [mbar]

Beispiel 7.2: Berechnung der Partialdrücke nach Raoult und der Dämpfezusammensetzung nach Dalton und der Gleichgewichtsfaktoren

$x_1 = 0{,}6$ $p_{01} = 800$ mbar
$x_2 = 0{,}4$ $p_{02} = 1300$ mbar

Berechnung der Partialdrücke nach Raoult:

$$p_1 = x_1 \cdot p_{01} = 0{,}6 \cdot 800 = 480 \text{ mbar}$$

$$p_2 = x_2 \cdot p_{02} = 0{,}4 \cdot 1300 = 520 \text{ mbar}$$

$$P_{ges} = 1000 \text{ mbar}$$

Berechnung der Dämpfekonzentration nach Dalton:

$$y_1 = \frac{p_1}{P_{ges}} = \frac{480}{1000} = 0{,}48 = 48 \text{ Mol-\%}$$

$$y_2 = \frac{p_2}{P_{ges}} = \frac{520}{1000} = 0{,}52 = 52 \text{ Mol-\%}$$

Berechnung der Gleichgewichtsfaktoren K:

$$K_1 = \frac{y_1}{x_1} = \frac{p_{01}}{P_{ges}} = \frac{800}{1000} = 0{,}8$$

$$K_2 = \frac{y_2}{x_2} = \frac{p_{02}}{P_{ges}} = \frac{1300}{1000} = 1{,}3$$

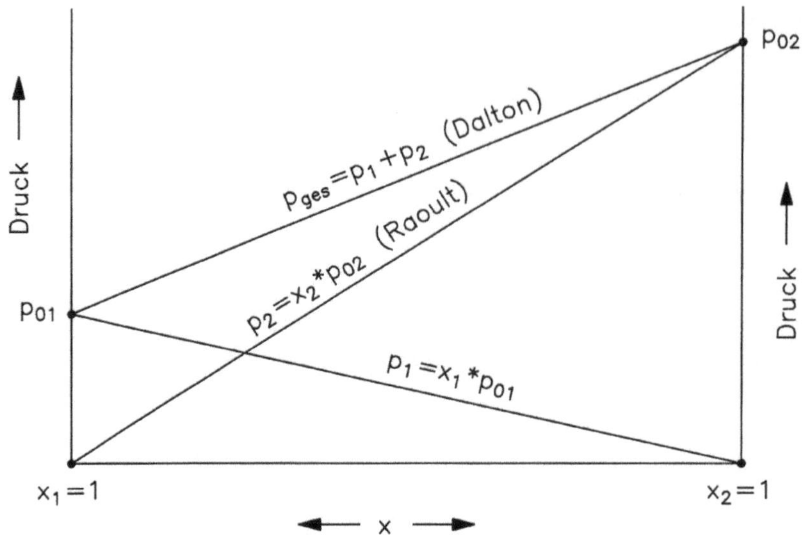

Bild 7.2.1: Graphische Darstellung der Gesetze von Dalton und Raoult

7.3 Siedepunktsberechnung

Der Siedepunkt eines Gemisches ist folgendermaßen definiert:

$$\sum y_i = \sum K_i \cdot x_i = 1$$

Der Siededruck wird direkt berechnet.

$$P_{ges} = x_1 \cdot p_{01} + x_2 \cdot p_{02}$$

Die Siedetemperatur für einen bestimmten Druck wird iterativ bestimmt, indem man den Siededruck bei verschiedenen Temperaturen berechnet. Das folgende Beispiel 7.3.1 zeigt die Vorgehensweise.

Beispiel 7.3.1: Iterative Siedepunktsberechnung für ein Benzol-Toluol-Gemisch

30 Mol-% Benzol in der Flüssigphase (x = 0,3)

70 Mol-% Toluol in der Flüssigphase (x = 0,7)

$P_{ges} = 1000$ mbar

1. Wahl:

$t = 95$ °C $\quad p_{0B} = 1573$ mbar $\quad p_{0T} = 634{,}4$ mbar

$P_{ges} = 0{,}3 \cdot 1573 + 0{,}7 \cdot 634{,}4 = 916$ mbar

P_{ges} ist zu niedrig!

2. Wahl:

t = 100 °C $\quad p_{0B} = 1807$ mbar $\quad p_{0T} = 740$ mbar

$P_{ges} = 0{,}3 \cdot 1807 + 0{,}7 \cdot 740 = 1060$ mbar

P_{ges} ist zu hoch!

3. Wahl:

t = 98 °C $\quad p_{0B} = 1710$ mbar $\quad p_{0T} = 696$ mbar

$P_{ges} = 0{,}3 \cdot 1710 + 0{,}7 \cdot 696 = 1000$ mbar

$P_{ges} = 1000$ mbar = richtig!

Kontrollberechnung bei 98 °C:

$$K_1 = \frac{p_{0B}}{P_{ges}} = \frac{1710}{1000} = 1{,}71$$

$$K_2 = \frac{p_{0T}}{P_{ges}} = \frac{696}{1000} = 0{,}696$$

$$\sum K_i \cdot x_i = 1{,}71 \cdot 0{,}3 + 0{,}696 \cdot 0{,}7 = 1$$

Die Siedepunktsspezifikation ist somit erfüllt.

7.4 Taupunktberechnung

Der Taupunkt eines Gemisches ist folgendermaßen definiert:

$$\sum x_i = \sum y_i / K_i = 1$$

Der Taudruck wird direkt berechnet.

$$\frac{1}{P_{ges}} = \frac{y_1}{p_{01}} + \frac{y_2}{p_{02}}$$

Die Taupunkttemperatur für einen bestimmten Druck wird iterativ berechnet. Beispiel 7.4.1 zeigt die Vorgehensweise.

Beispiel 7.4.1: Iterative Taupunktsberechnung für ein Benzol-Toluol-Gemisch

30 Mol-% Benzol in der Dampfphase (y = 0,3)

70 Mol-% Toluol in der Dampfphase (y = 0,7)

$P_{ges} = 1000$ mbar

1. Wahl:

t = 100 °C $\quad p_{0B} = 1807$ mbar $\quad p_{0T} = 740$ mbar

$$\frac{1}{P_{ges}} = \frac{0,3}{1807} + \frac{0,7}{740} = 0,0011$$

$P_{ges} = 899$ mbar

P_{ges} ist zu niedrig!

2. Wahl:

t = 104 °C $\quad p_{0B} = 2013$ mbar $\quad p_{0T} = 834,4$ mbar

$$\frac{1}{P_{ges}} = \frac{0,3}{2013} + \frac{0,7}{834,4} = 0,00099$$

$P_{ges} = 1012$ mbar

P_{ges} ist zu hoch!

3. Wahl:

t = 103,8 °C $\quad p_{0B} = 2002$ mbar $\quad p_{0T} = 829$ mbar

$$\frac{1}{P_{ges}} = \frac{0,3}{2002} + \frac{0,7}{829} = 0,001$$

$P_{ges} = 1000$ mbar

Kontrollberechnung bei 103,8 °C:

$$K_1 = \frac{2002}{1000} = 1,99$$

$$K_2 = \frac{829}{1000} = 0,824$$

$$\sum \frac{y_i}{K_i} = \frac{0,3}{1,99} + \frac{0,7}{0,824} = 1$$

Die Bedingung für den Taupunkt ist erfüllt.

7.5 Berechnung von Tau- und Siedelinien idealer Binärgemische

Der Siedepunkt eines Flüssigkeitsgemisches ist dadurch definiert, dass die Summe der Partialdrücke des Gemisches den Systemdruck erreicht und der erste Tropfen verdampft wird.

Durch das bevorzugte Verdampfen von Leichtsiedern nehmen die Hochsieder zu und der Siedepunkt steigt. Die Darstellung der Siedetemperatur in Abhängigkeit von der Konzentration der Leichtsieder im Gemisch bezeichnet man als Siedelinie.

Gleichung der Siedelinie:

$$x_1 = f(t) = \frac{P_{ges} - p_{02}}{p_{01} - p_{02}} \quad \text{(Molfraktion Leichtsieder in der Flüssigkeit)}$$

Mit abnehmender Leichtsiederkonzentration steigt die Siedetemperatur an.

Der Taupunkt eines Dampfgemisches ist die Temperatur, bei der der erste Tropfen auskondensiert wird. Durch das bevorzugte Auskondensieren von Hochsiedern reichert sich das Dampfgemisch mit Leichtsiedern an und die Taupunkttemperatur sinkt.

Die Darstellung der Taupunkttemperatur als Funktion der Dämpfekonzentration bezeichnet man als Taulinie.

Gleichung der Taulinie:

$$y_1 = f(t) = \frac{p_{01}}{P_{ges}} \cdot \frac{P_{ges} - p_{02}}{p_{01} - p_{02}} \quad \text{(Molfraktion Leichtsieder im Dampf)}$$

Ein Diagramm mit Siede- und Taulinie bezeichnet man als Siedediagramm.

Beispiel 7.5.1: Konstruktion des Siedediagramms für Benzol (1)-Toluol(2) bei 1,013 bar

Vorgehensweise:

1. Berechnung der beiden Siedepunkte mit der Antoine-Gleichung. Die beiden Siedepunkte sind die Eckpunkte im Siedediagramm.

   Siedepunkt Benzol: 80,1 °C Siedepunkt Toluol: 110,6 °C

2. Berechnung der Dampfdrücke bei verschiedenen Temperaturen mit der Antoine-Gleichung.

3. Ermittlung der Flüssigkeitskonzentration x und der Dampfkonzentration y bei den verschiedenen Temperaturen.

Temperatur [°C]	p_{01} [mbar]	p_{02} [mbar]	x_1	y_1
80,1	1013	390	1,000	1,000
83	1107	430	0,861	0,941
86	1211	476	0,731	0,874
89	1322	525	0,612	0,799
92	1442	578	0,504	0,717
95	1569	636	0,404	0,626
98	1705	698	0,313	0,527
101	1850	765	0,229	0,418
104	2004	836	0,151	0,300
107	2168	913	0,080	0,170
110,6	2378	1013	0,000	0,000

Siedelinie: $x_1 = f$ (Temperatur)
Taulinie: $y_1 = f$ (Temperatur)

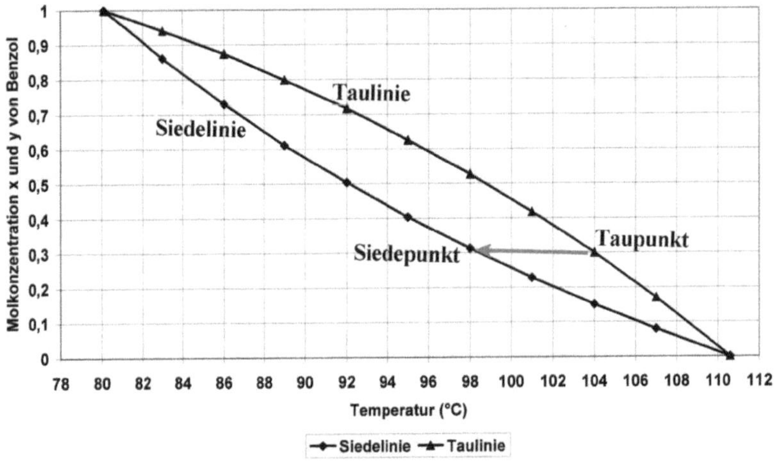

Bild 7.5.1: Siedediagramm für das Gemisch Benzol-Toluol

In **Bild 7.5.1** ist das Siedediagramm des Gemisches Benzol-Toluol dargestellt.

Der Taupunkt eines dampfförmigen Gemisches mit 30 Mol-% Benzol und 70 Mol-% Toluol liegt bei 104 °C. Der Siedepunkt des Gemisches liegt bei 98 °C. Der erste Flüssigkeitstropfen kondensiert bei 104 °C am Taupunkt. Am Siedepunkt bei 98 °C ist das ganze Gemisch flüssig.

Um das gesamte Gemisch zu kondensieren, muss das Gemisch von 104 °C auf 98 °C gekühlt werden.

Beim Verdampfen muss das Gemisch umgekehrt vom Siedepunkt auf den Taupunkt aufgeheizt werden.

7.6 Flash-Berechnungen

Im Bereich zwischen Siede- und Taupunkt ändern sich die Dampf- und Flüssigkeitsmengen. Beim Kondensieren verringert sich die Dampfmenge mit abnehmender Temperatur. Beim Verdampfen entsteht mehr Dampf mit zunehmender Erwärmung.

Mithilfe der Flashberechnung wird der Dampfanteil bei Temperaturen zwischen Siede- und Taupunkt ermittelt.

Auch die Konzentrationen in der Dampf- und Flüssigphase beim Abkühlen oder Aufheizen werden mit den Gleichgewichtsfaktoren bestimmt.

Am Siedepunkt ist das gesamte Gemisch flüssig.
Am Taupunkt ist das ganze Gemisch dampfförmig.

Wieviel von dem Gemisch ist dampfförmig bei Temperaturen zwischen Siede- und Taupunkt?

Die Berechnung des dampfförmigen Anteils V von der Einsatzmenge F ermittelt man mithilfe der Gleichgewichtskonstanten wie folgt:

$$\frac{V}{F} = \frac{z_1 \cdot \frac{K_1 - K_2}{1 - K_2} - 1}{K_1 - 1}$$

Welche Konzentrationen haben der flüssige und der dampfförmige Anteil des Gemisches?

$$x_1 = \frac{1 - K_2}{K_1 - K_2} \qquad y_1 = K_1 \cdot x_1$$

V = Dampfmenge [kmol/h]
F = Einsatzmenge [kmol/h]
K_1 = Gleichgewichtskonstante der leichteren Komponente 1
K_2 = Gleichgewichtskonstante der schwereren Komponente 2
z_1 = Konzentration der leichteren Komponente 1 im Einsatz (Molfraktion)
x_1 = Konzentration der leichteren Komponente in der Flüssigphase (Molfraktion)
y_1 = Konzentration der leichteren Komponente im Dampf (Molfraktion)

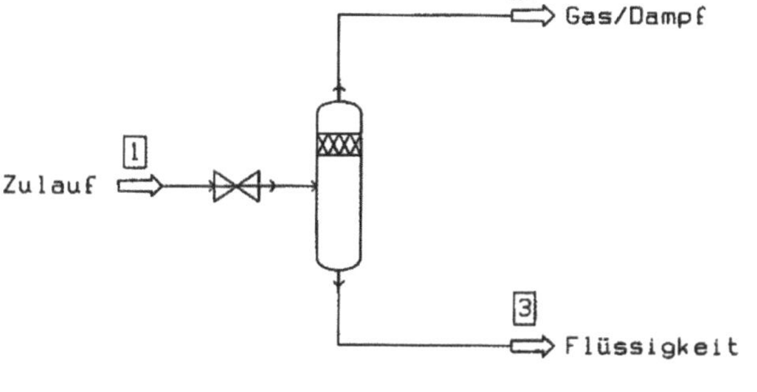

Bild 7.6.1:

Beispiel 7.6.1: Flash-Berechnungen für ein Benzol-Toluol-Gemisch mit z = 0,3

Am Siedepunkt (98 °C) ist alles flüssig. Am Taupunkt (104 °C) ist alles dampfförmig.

Einsatzkonzentration: 30 Mol-% Benzol (z = 0,3 Molfraktion)

Zu ermitteln ist der Dampfanteil bei 100 °C.

$t = 100\ °C$ $P_{ges} = 1000$ mbar

Dampfdruck Benzol $p_{0B} = 1807$ mbar

Dampfdruck Toluol $p_{0T} = 740$ mbar

$P_{ges} = 1000$ mbar

$$\text{Benzol: } K_1 = \frac{p_0}{P_{ges}} = \frac{1807}{1000} = 1{,}807$$

$$\text{Toluol: } K_2 = \frac{p_0}{P_{ges}} = \frac{740}{1000} = 0{,}74$$

$$\frac{V}{F} = \frac{0{,}3 \cdot \dfrac{1{,}807 - 0{,}74}{1 - 0{,}74} - 1}{1{,}807 - 1} = 0{,}2864$$

28,64 Mol-% vom Einsatz sind dampfförmig!

Berechnung der Konzentrationen in Flüssigkeit und Dampf bei t = 100 °C

$$x_1 = \frac{1 - 0{,}74}{1{,}807 - 0{,}74} = 0{,}2437$$ → 24,37 Mol-% Benzol in der Flüssigkeit

$$y_1 = 1{,}807 \cdot 0{,}2437 = 0{,}44$$ → 44 Mol-% Benzol in der Dampfphase

7.7 Kondensations- bzw. Flashkurve von Binärgemischen

Für die Auslegung von Kondensatoren und Verdampfern für Gemische benötigt man die Kondensations- bzw. Flashkurve. In diesen Kurven wird der Dampfanteil V/F des Gemisches bezogen auf die Einsatzmenge F über der Temperatur des Gemisches aufgetragen. Die Berechnungen erfolgen nach den Gleichungen in Kapitel 7.6.

Beispiel 7.7.1: Berechnung der Kondensationskurve für das Gemisch Benzol-o-Xylol

Eintrittskonzentration: z = 0,576 = 57,6 Mol-% Benzol im Dämpfegemisch

T [°C]	K_1	K_2	V/F	x_1	y_1
96	1,57	0,22	0	0,576	0,906
98,9	1,74	0,25	0,2	0,502	0,874
104	2	0,3	0,4	0,41	0,82
110,2	2,34	0,37	0,6	0,318	0,748
116,2	2,72	0,448	0,8	0,242	0,66
121	3,07	0,52	1	0,188	0,576

T = 96 °C: $$\frac{V}{F} = \frac{z_1 \cdot \frac{K_1 - K_2}{1 - K_2} - 1}{K_1 - 1} = \frac{0{,}576 \cdot \frac{1{,}57 - 0{,}22}{1 - 0{,}22} - 1}{1{,}57 - 1} = 0$$

$$x_1 = \frac{1 - K_2}{K_1 - K_2} = \frac{1 - 0{,}22}{1{,}57 - 0{,}22} = 0{,}576$$

$$y_1 = K_1 \cdot x_1 = 1{,}57 \cdot 0{,}576 = 0{,}906$$

T = 98,9 °C: $$\frac{V}{F} = \frac{0{,}576 \cdot \frac{1{,}74 - 0{,}25}{1 - 0{,}25} - 1}{1{,}74 - 1} = 0{,}2$$

$$x_1 = \frac{1 - 0{,}25}{1{,}74 - 0{,}25} = 0{,}502$$

$$y_1 = 1{,}74 \cdot 0{,}502 = 0{,}874$$

T = 116,2 °C: $$\frac{V}{F} = \frac{0{,}576 \cdot \frac{2{,}72 - 0{,}448}{1 - 0{,}448} - 1}{2{,}72 - 1} = 0{,}8$$

$$x_1 = \frac{1 - 0{,}448}{2{,}72 - 0{,}448} = 0{,}242$$

$$y_1 = 2{,}72 \cdot 0{,}242 = 0{,}66$$

T = 121 °C $$\frac{V}{F} = \frac{0{,}576 \cdot \frac{3{,}07 - 0{,}52}{1 - 0{,}52} - 1}{3{,}07 - 1} = 1$$

$$x_1 = \frac{1 - 0{,}52}{3{,}07 - 0{,}52} = 0{,}188$$

$$y_1 = 3{,}07 \cdot 0{,}188 = 0{,}576$$

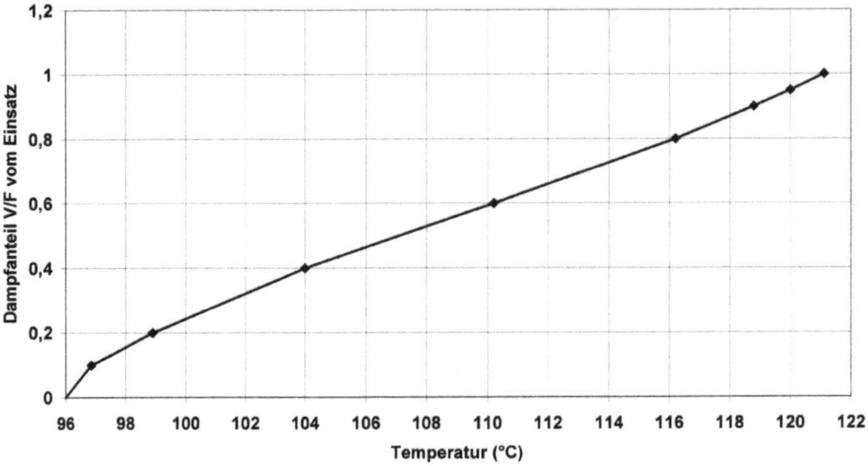

Bild 7.7.1: Kondensationskurve des Gemisches Benzol-o-Xylol

Die Kondensationskurve für das Gemisch Benzol-o-Xylol ist in **Bild 7.7.1** dargestellt. Der molare Dampfanteil V/F sinkt von V/F = 1 am Taupunkt bei 121 °C auf V/F = 0 am Siedepunkt 96 °C.

Die Konzentrationen der leichten Komponente Benzol in der Dampf- und Flüssigphase sind in **Bild 7.7.2** über der Temperatur aufgetragen.

Nach einer Umrechnung von Mol- auf Gewichtseinheiten erhält man für eine Einsatzmenge von 2000 kg/h mit 50 Gew.-% Benzol und 50 Gew.-% o-Xylol die in **Bild 7.7.3** dargestellten Dampf- und Kondensatmengen in kg/h bei verschiedenen Temperaturen.

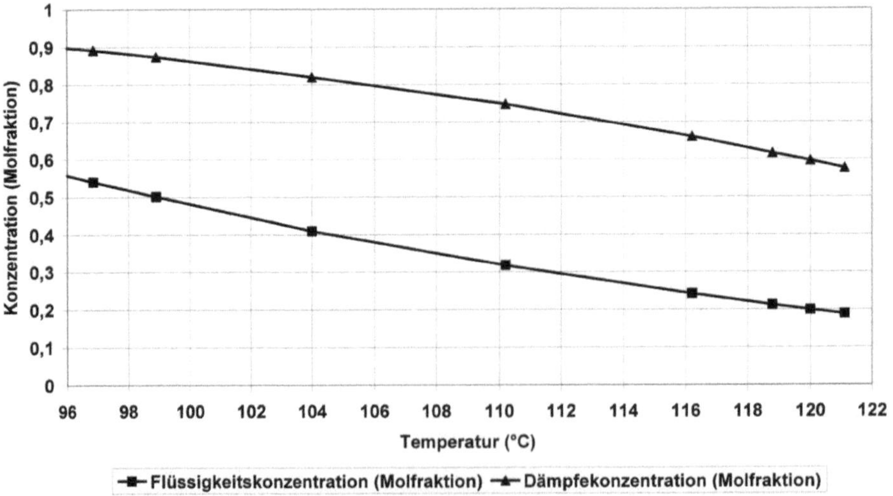

Bild 7.7.2: Konzentration in der Dampf- und Flüssigphase als Funktion der Temperatur

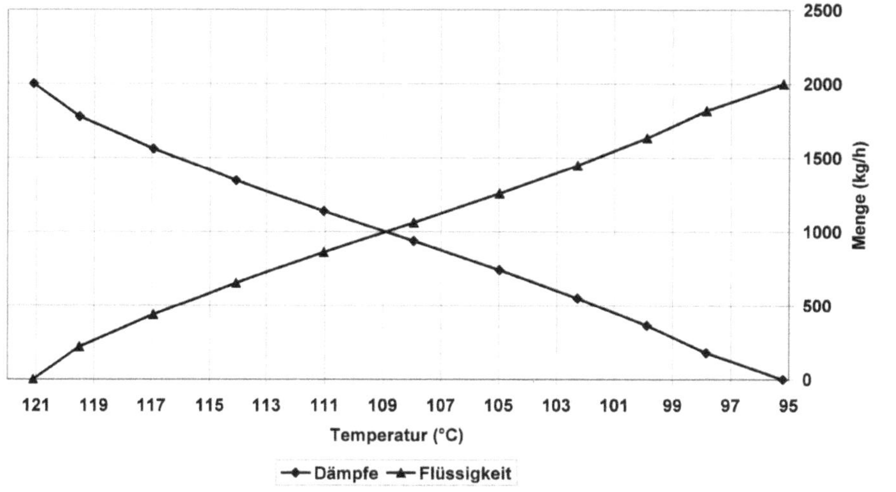

Bild 7.7.3: Dampf- und Flüssigkeitsmengen des Benzol-o-Xylol-Gemisches bei verschiedenen Temperaturen

Die erforderlichen Wärmeleistungen für das Kondensieren des Benzol-o-Xylol-Gemisches ergeben sich aus den Enthalpien für das Kühlen des Dämpfegemisches, das Kondensieren und das Kühlen des Kondensats.

In **Bild 7.7.4** sind die ermittelten Wärmeleistungen für das Kondensieren eines Gemisches von 2000 kg/h Benzol-o-Xylol als Funktion der Temperatur dargestellt.

Beim Kondensieren und Kühlen vom Taupunkt auf den Siedepunkt des Gemisches steigt die erforderliche Wärmeleistung von 0 auf 230 kW.

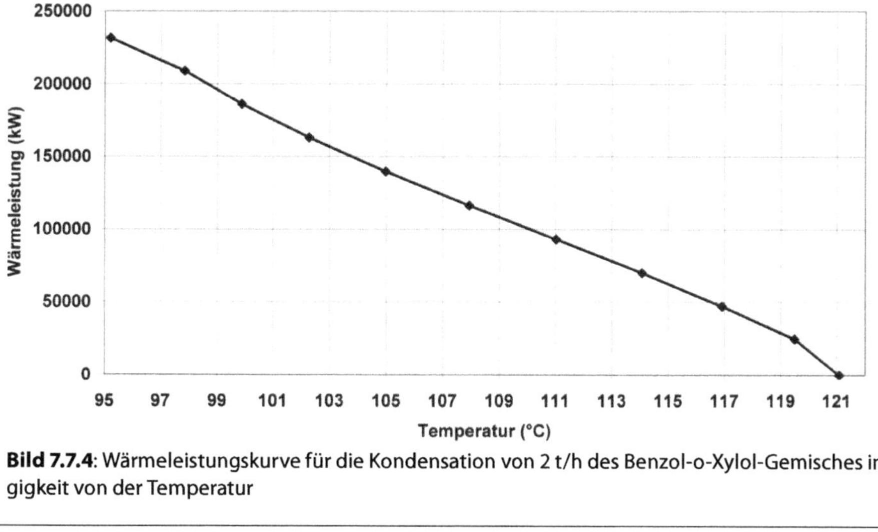

Bild 7.7.4: Wärmeleistungskurve für die Kondensation von 2 t/h des Benzol-o-Xylol-Gemisches in Abhängigkeit von der Temperatur

7.8 Berechnung unidealer Binärgemische

Bei unidealen Gemischen muss bei der Berechnung der Phasengleichgewichte der Aktivitätskoeffizient γ berücksichtigt werden.

$$P_{ges} = \gamma_1 \cdot x_1 \cdot p_{01} + \gamma_2 \cdot x_2 \cdot p_{02}$$

$$y_1 \cdot P_{ges} = \gamma_1 \cdot x_1 \cdot p_{01}$$

$$y_1 = \frac{x_1 \cdot p_{01} \cdot \gamma_1}{P_{ges}}$$

$$K_1 = \frac{p_{01} \cdot \gamma_1}{P_{ges}}$$

$$K_2 = \frac{p_{02} \cdot \gamma_2}{P_{ges}}$$

Der Aktivitätskoeffizient ist stark abhängig von der Konzentration und kann nach verschiedenen Modellen berechnet werden: Wilson, NRTL, Uniquac, Unifac.

Beispiel 7.8.1: Siedepunktsberechnung mit Aktivitätskoeffizient für das Gemisch Methanol(1)–Wasser(2)

$x_1 = 0{,}1$ $\quad x_2 = 0{,}9$ $\quad t = 87{,}8\ °C$

$\gamma_1 = 1{,}705$ $\quad \gamma_2 = 1$

$p_{01} = 2438$ mbar $\quad p_{02} = 646$ mbar

$$P_{Sied} = x_1 \cdot \gamma_1 \cdot p_{01} + x_2 \cdot \gamma_2 \cdot p_{02} = 0{,}1 \cdot 1{,}705 \cdot 2438 + 0{,}9 \cdot 1 \cdot 646 = 997 \text{ mbar}$$

$$K_1 = \frac{p_{01} \cdot \gamma_1}{P_{ges}} = \frac{2438 \cdot 1{,}705}{997} = 4{,}167$$

$$K_2 = \frac{1 \cdot 646}{997} = 0{,}64$$

$$\sum K_i \cdot x_i = 0{,}1 \cdot 4{,}167 + 0{,}9 \cdot 0{,}64 = 1$$

Die Siedepunktsbedingung ist erfüllt bei 87,8 °C!

Ohne Berücksichtigung des Aktivitätskoeffizienten γ erhält man eine Siedetemperatur von 93,1 °C statt 87,8 °C.

Beispiel 7.8.2: Taupunktsberechnung mit Aktivitätskoeffizient γ für das Gemisch

Methanol(1)-Wasser(2)

$y_1 = 0{,}1$ $\quad y_2 = 0{,}9$ $\quad t = 97{,}1\ °C$

$\gamma_1 = 2{,}2$ $\quad \gamma_2 = 1$

$p_{01} = 3343\ \text{mbar}$ $\quad p_{02} = 910\ \text{mbar}$

$$\frac{1}{P_\tau} = \frac{y_1}{\gamma_1 \cdot p_{01}} + \frac{y_2}{\gamma_2 \cdot p_{02}} = \frac{0{,}1}{2{,}2 \cdot 3343} + \frac{0{,}9}{910} = 0{,}001$$

$P_\tau = 997\ \text{mbar}$

$$K_1 = \frac{2{,}2 \cdot 3343}{997} = 7{,}373$$

$$K_2 = \frac{1 \cdot 910}{997} = 0{,}9125$$

$$\sum \frac{y_i}{K_i} = \frac{0{,}1}{7{,}373} + \frac{0{,}9}{0{,}9125} = 1$$

Die Taupunktsbedingung ist erfüllt bei 97,1 °C!

Beispiel 7.8.3: Flash-Berechnung für das Gemisch Methanol(1)-Wasser(2)

$P = 1\ \text{bar} = 750\ \text{Torr}$ $\quad t = 92{,}1\ °C$ $\quad$ Einsatzmenge = 100 kMol/h

Eintrittskonzentrationen: $z_1 = 0{,}1$ $\quad z_2 = 0{,}9$

$\gamma_1 = 1{,}848$ $\quad \gamma_2 = 1{,}004$

$p_{01} = 2817\ \text{mbar}$ $\quad p_{02} = 756\ \text{mbar}$

$$K_1 = \frac{1{,}848 \cdot 2817}{1000} = 5{,}218 \qquad K_2 = \frac{1{,}004 \cdot 756}{1000} = 0{,}7614$$

$$\frac{V}{F} = \frac{z_1 \cdot \frac{K_1 - K_2}{1 - K_2} - 1}{K_1 - 1} = \frac{0{,}1 \cdot \frac{5{,}218 - 0{,}7614}{1 - 0{,}7614} - 1}{5{,}218 - 1} = 0{,}2058$$

Bei 92,1 °C sind 20,58 % vom Einsatz dampfförmig.

Dampfmenge $V = 0{,}2058 \cdot 100 = 20{,}58$ kMol/h

Flüssigkeitsmenge $L = 100 - 20{,}58 = 79{,}42$ kMol/h

Konzentrationsberechnung in der Flüssigkeit und im Dampf:

$$x_1 = \frac{1 - K_2}{K_1 - K_2} = \frac{1 - 0{,}7614}{5{,}218 - 0{,}7614} = 0{,}0535 \text{ (Molfraktion)}$$

$$x_2 = 1 - 0{,}0535 = 0{,}9465 \text{ (Molfraktion)} = 94{,}65 \text{ Mol-\%}$$

$$y_1 = K_1 \cdot x_1 = 5{,}218 \cdot 0{,}0535 = 0{,}279 \text{ (Molfraktion)} = 27{,}9 \text{ Mol-\%}$$

$$y_2 = K_2 \cdot x_2 = 0{,}7614 \cdot 0{,}9465 = 0{,}721 \text{ (Molfraktion)} = 72{,}1 \text{ Mol-\%}$$

Ohne Berücksichtigung des Aktivitätskoeffizienten γ ergeben sich folgende falsche Ergebnisse bei 92,1 °C:

$K_1 = 2{,}82$ $\quad K_2 = 0{,}758$

$V = 0$ $\quad L = 100$ kMol/h

Es wird nichts verdampft, weil der Siedepunkt mit $\gamma = 1$ bei 93,1 °C liegt, also oberhalb von 92,1 °C.

7.9 Flashberechnungen für Mehrstoffgemische

Bei Gemischen mit mehr als zwei Komponenten muss die Berechnung iterativ durchgeführt werden. Mit einem Schätzwert für V/F werden die einzelnen V/F-Werte der verschiedenen Komponenten berechnet. Die Summe der V/F-Werte der Komponenten muss gleich dem V/F-Schätzwert sein.

$$\frac{V}{F} = \sum \frac{z_i}{1 + \frac{L}{V \cdot K_i}} \qquad \frac{L}{V} = \frac{F}{V} - 1 = \frac{1}{V/L}$$

$$y_i = \frac{F}{V} \cdot \left(\frac{z_i}{1 + \frac{L}{V \cdot K_i}} \right) \qquad x_i = \frac{F}{V} \cdot \left(\frac{z_i}{K_i + \frac{L}{V}} \right)$$

Eine Beschreibung der Vorgehensweise mit Beispiel findet man bei

Henley-Seader: Equilibrium-Stage Separation Operations in Chemical Engineering. John Wiley, New York, 1981

und B. D. Smith: Design of Equilibrium Stage Processes. McGraw-Hill, New York, 1963

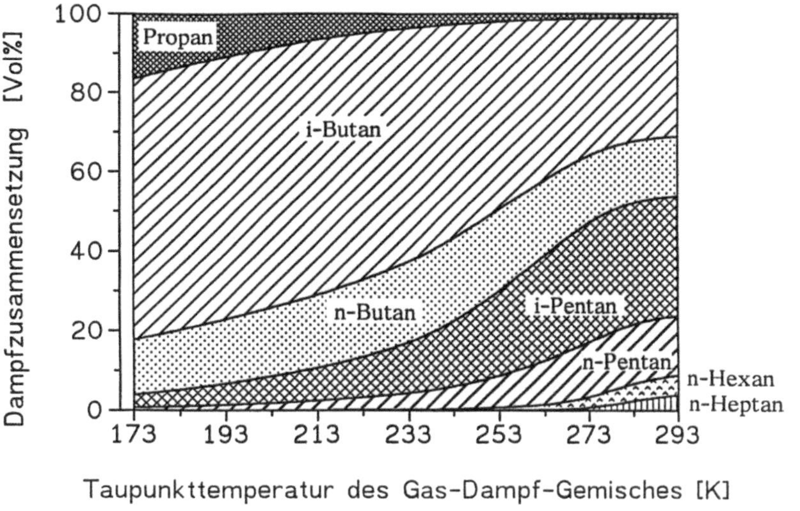

Bild 7.9.1: Dampfzusammensetzung eines Kohlenwasserstoffgemisches als Funktion der Temperatur

Aus **Bild 7.9.1** geht hervor, dass die Taupunkttemperatur mit zunehmender Anreicherung der Leichtsieder stark absinkt.

In **Bild 7.9.2** wird die Kondensationskurve eines nichtidealen Gemisches gezeigt.

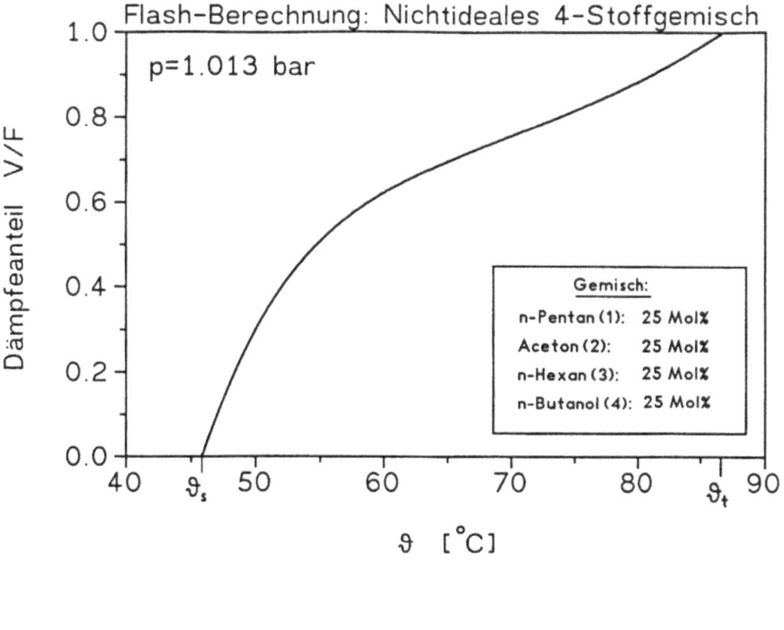

Bild 7.9.2: Flash-Berechnung für ein nichtideales 4-Stoff-Gemisch

8 Auslegung von Kondensatoren

Dampfförmige Medien werden an kalten Flächen kondensiert, wenn die Kühlfläche kälter ist als der Taupunkt der Dämpfe. Bei der Filmkondensation bildet sich an der Kühlfläche ein Kondensatfilm. In technischen Anlagen werden die Dämpfe durch Filmkondensation verflüssigt.

Bei der isothermen Kondensation von Einzelstoffen wird am Taupunkt kondensiert.

Bei Mehrstoffgemischen muss das Gemisch beim Kondensieren entsprechend der Kondensationslinie vom Taupunkt bis auf den Siedepunkt gekühlt und verflüssigt werden.

Bauarten von Kondensatoren

Man unterscheidet folgende indirekte Kondensationsarten:

- Kondensation am horizontalen Rohrbündel (Bild 8.1a)
- Kondensation in horizontalen Rohren (Bild 8.1b)
- Kondensation in vertikalen Rohren (Bild 8.1c)
- Kondensation am vertikalen Rohrbündel (Bild 8.1d)

Die verschiedenen Kondensatortypen sind in Bild 8.1 dargestellt.

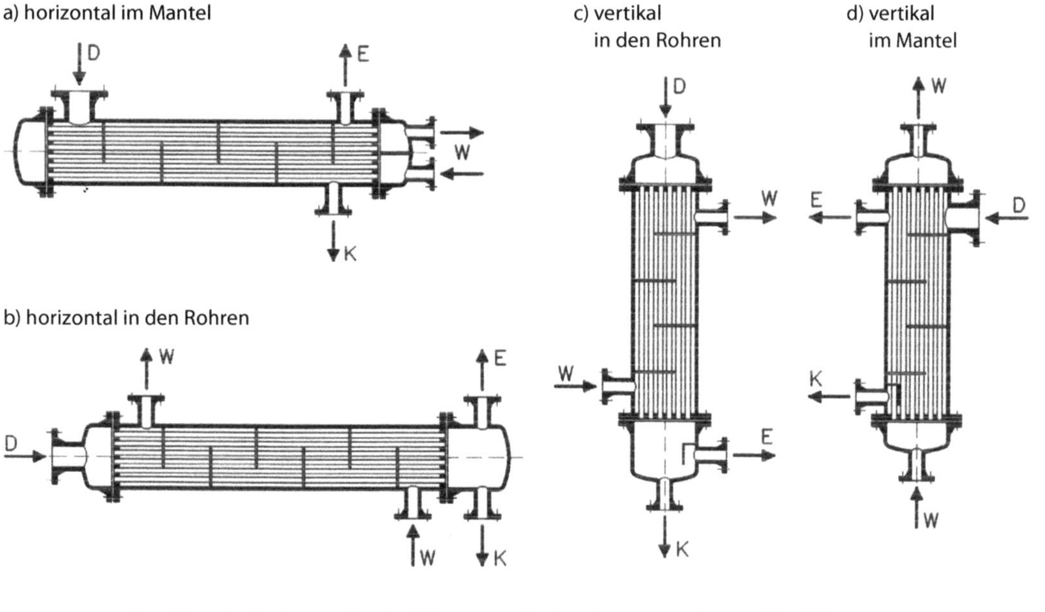

D = Dämpfeeintritt E = Entlüftung K = Kondensataustritt W = Kühlwasser

Bild 8.1: Kondensatoren

Aus Bild 8.2 geht hervor, wie sehr sich die Wärmeübergangszahlen in den verschiedenen Kondensatorbauarten bei der Kondensation von Ethanol und Cyclohexan unterscheiden und wie sich die Wärmeübergangskoeffizienten mit zunehmender Kondensatmenge ändern. Am besten sind die Wärmeübergangszahlen bei der horizontalen Kondensation.

Mit zunehmender Kondensatmenge bzw. zunehmender Kondensatfilmdicke nehmen die Wärmeübergangszahlen ab.

Bei der Kondensation in den Rohren wird der α-Wert bei höheren Dämpfebelastungen besser, weil der Kondensatfilm turbulent wird und die Dampfschubspannung den Wärmeübergang verbessert.

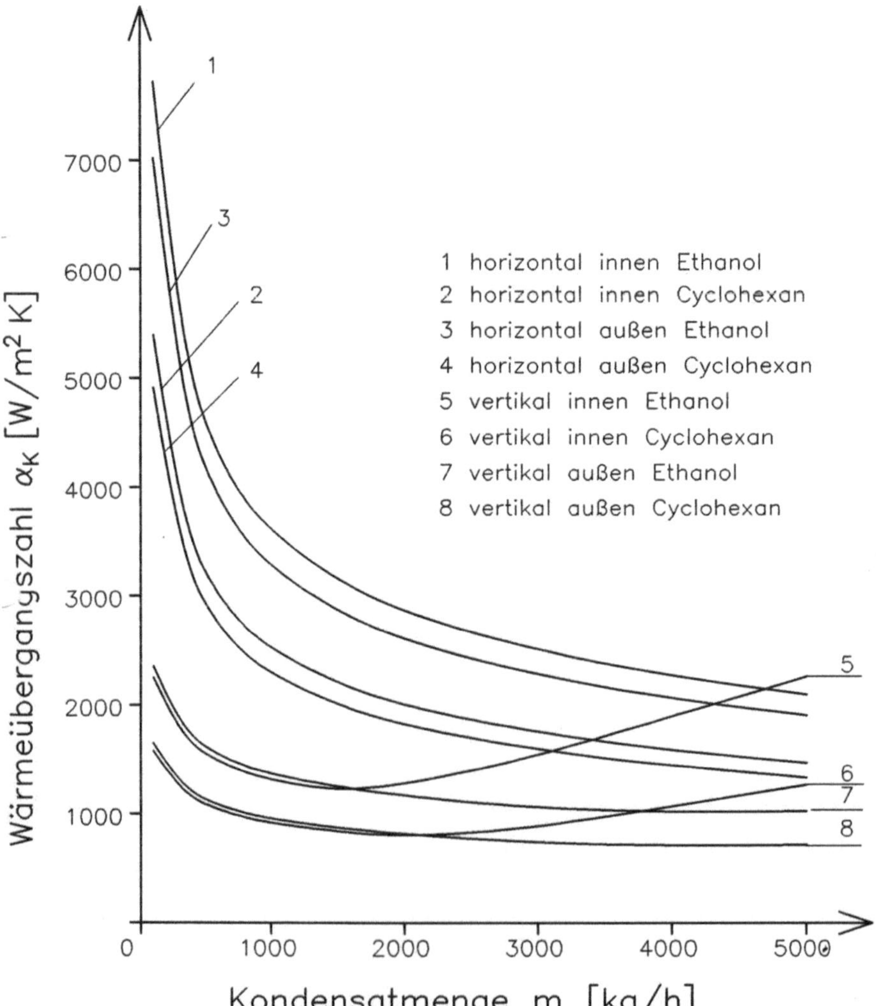

Bild 8.2: Wärmeübergangszahlen in verschiedenen Kondensatorbauarten als Funktion der Kondensatmenge

8.1 Bauarten von Kondensatoren

Im Folgenden wird die Wirkungsweise der verschiedenen in **Bild 8.1.1** dargestellten Kondensatorbauarten beschrieben.

1. Kondensation im Mantelraum am horizontalen Rohrbündel (Bild 8.1.1a)

Die Dämpfe treten von oben ein und umströmen ein horizontales Rohrbündel. Durch die Rohre strömt Kühlwasser. Die Dämpfe kondensieren an den kalten Rohren und das Kondensat läuft über die Rohre nach unten ab. Wegen der geringen Kondensatfilmdicke ergeben sich gute Wärmeübergangszahlen, die mit zunehmender Kondensatmenge abnehmen.

Vorteile:

- Geringe Unterkühlung und gut geeignet für die Kondensation im Vakuum, weil keine Schluckfähigkeitsbegrenzung durch eine plötzliche Querschnittsverengung gegeben ist.
- Rohrteilung und Umlenkblechabstände können dem Dämpfestrom angepasst werden.
- Geringer Druckverlust und einfache rohrseitige Reinigung.

Nachteile:

- Unkondensierbare Gase müssen abgeleitet werden, weil sonst ein Teil der Kühlfläche abgedeckt ist. Bei Gemischen mit weit auseinander liegenden Siedepunkten kommt es zur Differentialkondensation. Die Hochsieder werden zuerst auskondensiert, laufen ab und stehen für eine Gleichgewichtskondensation nicht mehr zur Verfügung. Dadurch wird die Kondensation der angereicherten Leichtsieder erschwert, z. B. bei der Kondensation eines Wasser-Ammoniak-Gemisches.
- Es kommt zum Kondensatstau, wenn in den Umlenkblechen unten keine Durchlauflöcher vorgesehen werden. Am besten sollten die Umlenkbleche seitlich installiert werden.

In Bild 8.1.2 ist ein druckverlustarmer Querstromkondensator für die Kondensation im Vakuum dargestellt.

2. Kondensation an wassergekühlten Rohren in einem Kopfkondensator (Bild 8.1.1b)

Die Dämpfe durchströmen den Mantelraum von unten nach oben und werden an den horizontalen kühlwasserdurchströmten Rohren kondensiert. Zur Vermeidung von Kurzschlussströmung muss ein Trennblech eingebaut werden. Das von den Rohren ablaufende Kondensat wird in einer Fangtasche gesammelt und als Rücklauf in die Kolonne zurückgeführt oder als Destillat abgenommen.

Vorteile:

- Geringes Hold-up im Destillatkreislauf und deshalb unbedingt erforderlich bei Blasendestillationen. Hochsieder werden von den später kondensierten Leichtsiedern zurückgespült.

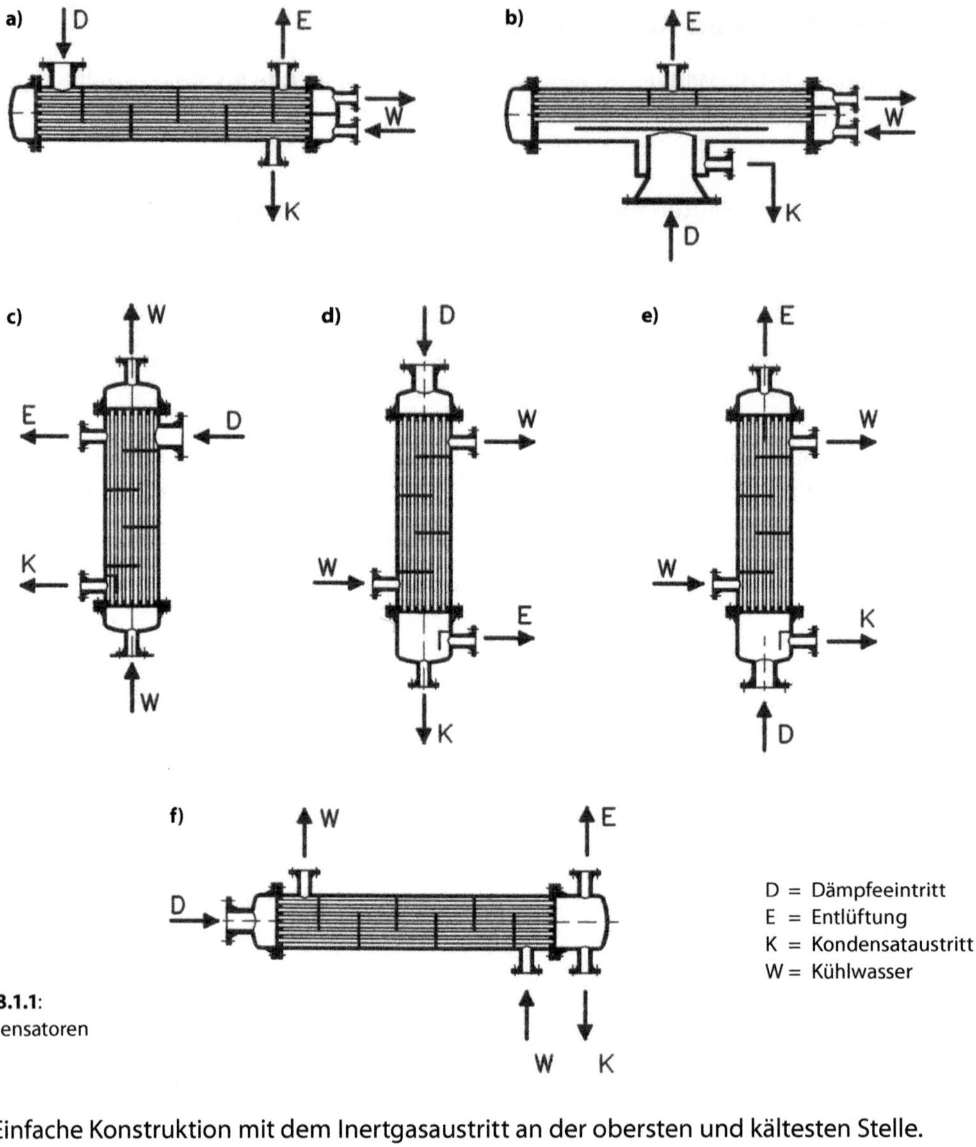

Bild 8.1.1:
Kondensatoren

- Einfache Konstruktion mit dem Inertgasaustritt an der obersten und kältesten Stelle.
- Dephlegmatoreffekt durch partielle Kondensation von Mehrstoffgemischen möglich.

Nachteile:

- Den aufwärts strömenden Dämpfen läuft die kondensierte Flüssigkeit entgegen, so dass es im unteren Bereich zum Verdampfen der Leichtsieder kommen kann.
- Die Leichtsieder reichern sich nach oben hin an und sind dann schwerer zu kondensieren, weil statt einer Gleichgewichts- eine Differentialkondensation stattfindet. Es muss tiefer abgekühlt werden. Bei hohen Dämpfegeschwindigkeiten können Flüssigkeitstropfen mitgerissen werden.

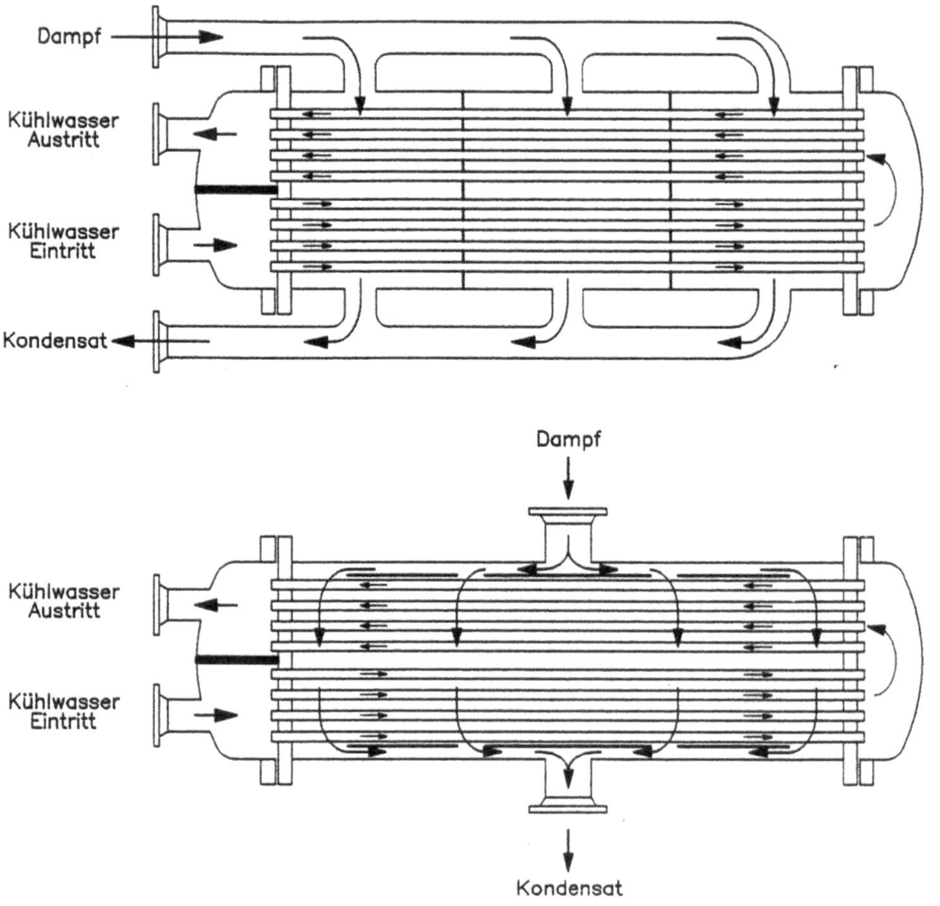

Bild 8.1.2: Druckverlustarmer Querstromkondensator für die Vakuumkondensation

3. Kondensation am vertikalen Bündel im Matelraum (Bild 8.1.1c)

Die Dämpfe werden mantelseitig an der Außenseite von vertikalen Rohren verflüssigt.

Vorteile:

- Diese Anordnung ist erforderlich für vertikale Thermosiphonverdampfer mit der Zweiphasenströmung in den Rohren und der Dampfbeheizung auf der Mantelseite.

Nachteile:

- Unkondensierbare Gase können schlecht entfernt werden und decken somit einen Teil der Wärmetauscherfläche ab. Bei dampfbeheizten Verdampfern verursacht dies CO_2-Korrosion.
- Segmentumlenkbleche verursachen Kondensatstau und bilden Fangtaschen für Inertgas. Besser geeignet sind Scheibenumlenkbleche.

4. Kondensation in vertikalen Rohren (Bild 8.1.1d)

Die Dämpfe und das gebildete Kondensat strömen im Gleichstrom von oben nach unten durch die Rohre, die mantelseitig im Gegenstrom gekühlt werden.

Vorteile:

- Gegenstromanordnung mit maximaler wirksamer Temperaturdifferenz.
- Gut geeignet zur Kondensatunterkühlung und optimal zur Vermeidung von Differentialkondensation von weitsiedenden Gemischen und inertgashaltigen Strömen.
- Die Dämpfe treten mit hoher Geschwindigkeit in die Rohre ein, so dass der Wärmeübergang durch die Schubspannung verbessert wird, aber das geht zu Lasten des Druckverlustes.
- Durch die Turbulenz im Kondensatfilm wird die Wärmeübergangszahl bei Reynoldszahlen über 1800 deutlich besser als bei der laminaren Filmkondensation nach Nusselt.
- Die unkondensierbaren Gase können sich nicht sammeln.

Nachteile:

- Als Vakuumkondensator ungeeignet wegen der begrenzten Schluckfähigkeit und als Kopfkondensator wegen der Bauhöhe für Schwerkraftrücklauf wenig geeignet.
- Die zwangsläufige Unterkühlung des Rücklaufs ist schlecht, weil dann die obersten Destillationsböden in der Kolonne als direkte Wärmetauscher arbeiten müssen.
- Auf der Mantelseite müssen genügend Umlenkbleche installiert werden, damit das Kühlwasser auf eine Geschwindigkeit von 0,8–1,2 m/s kommt.

5. Vertikale Gegenstromkondensation in Rücklaufkühlern auf Rührbehältern (Bild 8.1.1e)

Die Dämpfe strömen von unten nach oben durch die Rohre und das Kondensat läuft von oben nach unten zurück. Das Kühlwasser durchströmt den Mantelraum.

Vorteile:

- Gut geeignet als Rückflusskühler auf Rührbehältern.

Nachteile:

- Gefahr der Differentialkondensation, weil unten die Hochsieder auskondensiert werden.
- Es muss eine Kontrollberechnung durchgeführt werden, damit es nicht zum Fluten kommt, wenn das ablaufende Kondensat von den aufwärts strömenden Dämpfen blockiert wird.

6. Kondensation in horizontalen Rohren (Bild 8.1.1f)

Die Dämpfe werden beim Durchströmen der horizontalen Rohre kondensiert. Das Kühlwasser strömt mantelseitig im Gegenstrom.

Vorteile:

- Sehr gute Wärmeübergangszahlen wegen der geringen Kondensatfilmdicke und der Verbesserung durch die Schubspannung. Auch als Kopfkondensator oder Luftkühler geeignet.
- Integral- bzw. Gleichgewichtskondensation wegen des Gleichgewichts zwischen Dampf und Kondensat.

Nachteile:

- Wegen der begrenzten Schluckfähigkeit nicht geeignet für Vakuumkondensation.
- Unterkühlung des Kondensats nicht zu vermeiden. Das angesammelte Kondensat verringert die Kühlfläche. Bei plötzlichen Laständerungen kann es zum Fluten einiger Rohre kommen.
- Unkondensierbare Gase decken einen Teil der Rohroberfläche ab.
- Im Austrittssammler können die Inertgase Flüssigkeitstropfen mitreißen, wenn der Strömungsquerschnitt für das Gas zu gering bemessen ist.

8.2 Berechnung der Wärmeübergangszahlen bei isothermer Kondensation

Mit den in Tabelle 8.2.1 und 8.2.2 aufgelisteten Gleichungen lässt sich die Wärmeübergangszahl für die isotherme Kondensation einfach berechnen.

Da der Kondensatfilm mit zunehmender Kondensation dicker wird und die Wärmeübergangszahl mit zunehmender Kondensatfilmdicke abnimmt, sollte man einen Kondensator zonenweise berechnen. Üblich ist eine Aufteilung in 10 Zonen.

Für pauschale Berechnungen ergibt sich eine mittlere Kondensatfilmdicke, wenn man für die Kondensatbelastung **50 % der Gesamtkondensatmenge** einsetzt.

Die Anwendung der Berechnungsgleichungen wird in den Beispielen 8.2.3 bis 8.2.7 gezeigt.

Bei der **Kondensation in horizontalen Rohren** nimmt der gravitationsbestimmte Wärmeübergangskoeffizient mit zunehmender Dampfmenge ab, weil der Kondensatfilm dicker wird. Dagegen steigt die schubspannungsbestimmte Wärmeübergangszahl mit zunehmender Dampfmenge an. Das ist in **Bild 8.2.1** dargestellt.

Mit abnehmender Dampfmenge sinkt die schubspannungsbestimmte Wärmeübergangszahl. Mit zunehmender Kondensatmenge sinkt die gravitationsbestimmte Wärmeübergangszahl.

Bei zu hohen Kondensatbelastungen in horizontalen Rohren wird der Kondensator geflutet. Um das zu vermeiden, sollte die Kondensathöhe h im Rohr beim Austritt maximal ein Viertel des Rohrdurchmessers di erreichen.

Tabelle 8.2.1: Gleichungen zur Berechnung der Wärmeübergangszahlen bei der isothermen Kondensation nach der Nitsche-Methode

Gravitationsbestimmte Wärmeübergangszahl mit laminarem Kondensatfilm:

Gleichung 1.1: $\alpha_g = 1{,}47 \cdot \frac{\lambda}{L} \cdot \left(\frac{1}{Re_{fl}}\right)^{1/3} = 1{,}47 \cdot \lambda \cdot \left(\frac{g}{\nu^2} \cdot \frac{1}{Re_{fl}}\right)^{1/3}$

Reynoldszahl mit $M_{fl} = M_{ges}/2$ für pauschale Berechnungen:

Horizontal im Rohr

$$Re_{fl} = \frac{M_{fl} \cdot 4}{1800 \cdot n \cdot l_{Rohr} \cdot \eta_{fl}}$$

Horizontal am Rohrbündel

$$Re_{fl} = \frac{M_{fl} \cdot 4}{3600 \cdot n^{0,75} \cdot l_{Rohr} \cdot \eta_{fl}}$$

Vertikal im Rohr

$$Re_{fl} = \frac{M_{fl} \cdot 4}{3600 \cdot n \cdot pi \cdot d_i \cdot \eta_{fl}}$$

Vertikal am Rohrbündel

$$Re_{fl} = \frac{M_{fl} \cdot 4}{3600 \cdot n \cdot pi \cdot d_a \cdot \eta_{fl}}$$

Wärmeübergangszahl für die vertikale Kondensation mit welligem oder turbulentem Kondensatfilm:

Wellenbildung im Bereich 40 < Re >1600

Gleichung 1.2: $\alpha_w = 1{,}007 \cdot \frac{\lambda}{L} \cdot \left(\frac{1}{Re_{fl}}\right)^{\frac{2}{9}}$

Turbulenter Kondensatfilm ab Re=1600

Gleichung 1.3: $\alpha_t = 0{,}01725 \cdot \frac{\lambda}{L} \cdot \frac{Re_{fl}}{(Re_{fl}^{0,75} - 235) \cdot Pr^{-0,5} + 159}$

Wärmeübergangszahl für die schubspannungskontrollierte Kondensation in den Rohren

Horizontal in den Rohren:

Gleichung 1.4: $\alpha_\tau = 0{,}024 \cdot \frac{\lambda}{di} \cdot \left(\frac{G_{ges} \cdot d_i}{\eta_{fl}}\right)^{0,8} \cdot Pr^{0,43} \cdot \left(\frac{1 + \left(\frac{\rho_{fl}}{\rho_D}\right)^{0,5}}{2}\right)$

$G_{ges} = \frac{4 \cdot M_{ges}}{3600 \cdot n \cdot \pi \cdot d_i^2}$ [kg/m²s] Gewählt: $\frac{\alpha_\tau}{\alpha_g} \geq 1{,}5 \Rightarrow \alpha = \alpha_\tau$

Wenn der Quotient α_τ/α_g über 1,5 liegt, gilt α_τ für die Berechnung.

Vertikal in den Rohren:

Gleichung 1.5: $$\alpha_\tau = 0{,}0099 \cdot \frac{\lambda}{di} \cdot \left(\frac{G_m \cdot d_i}{\eta_{fl}}\right)^{0,9} \cdot Pr^{0,5} \cdot \left(\frac{\rho_{fl}}{\rho_D}\right)^{1/2} \cdot \left(\frac{\eta_d}{\eta_{fl}}\right)^{1/10}$$

$$G_m = \sqrt{\frac{{M_{ges}}^2}{3}} \cdot \frac{4}{3600 \cdot n \cdot \pi \cdot d_i^2} \quad [kg/m^2s]$$

Gewählt: $\alpha_\tau > \alpha_g \Rightarrow \alpha = \alpha_\tau$

Wenn α_τ größer ist als α_g, gilt α_τ für die Berechnung.

Tabelle 8.2.2: Kern-Gleichungen zur Berechnung der Wärmeübergangszahlen

Gravitationsbestimmte isotherme Kondensation:

Gleichung 2.1: $$\alpha = 0{,}925 \cdot \lambda \cdot \left(\frac{\rho^2 \cdot g}{\eta \cdot G}\right)^{1/3}$$

α = Wärmeübergangszahl [W/m²K]
ρ = Dichte [kg/m³]
η = Dynamische Viskosität [kg/ms]
λ = Wärmeleitfähigkeit [W/mK]
g = Erdbeschleunigung [m/s²]
G = Kondensatbelastung [kg/ms]

Vertikal in den Rohren

$$G_{vi} = \frac{W}{n \cdot \pi \cdot d_i \cdot 3600}$$

W = Kondensatmenge [kg/h]
n = Anzahl der Rohre
l = Rohrlänge [m]

Vertikal an Außenrohren

$$G_{va} = \frac{W}{n \cdot \pi \cdot d_a \cdot 3600}$$

d_a = Außendurchmesser [m]
d_i = Innendurchmesser [m]

Horizontal in den Rohren

$$G_{hi} = \frac{W}{0{,}5 \cdot n \cdot l \cdot 3600}$$

Horizontal am Rohrbündel

$$G_{ha} = \frac{W}{n^{0,66} \cdot l \cdot 3600}$$

Turbulenzkorrekturfaktor f_c für die vertikale Kondensation bei Re > 40

Gleichung 2.2: $f_C = 0{,}8 \cdot \left(\frac{Re}{4}\right)^{0{,}11} = 0{,}8 \cdot \left(\frac{G_v}{\eta}\right)^{0{,}11}$

Turbulente vertikale Kondensation bei Re > 2100

$$Re = \frac{4 \cdot G}{\eta}$$

Gleichung 2.3: $\alpha = 0{,}0076 \cdot \left(\frac{\lambda^3 \cdot \rho^2 \cdot g}{\eta^2}\right)^{1/3} \cdot \left(\frac{4 \cdot G_v}{\eta}\right)^{0{,}4}$

Kennzahlen:

Charakterische Länge

$$L = \left(\left(\frac{\eta_{fl}}{\rho_{fl}}\right)^2 \cdot \frac{1}{g}\right)^{1/3} = \left(\frac{\nu^2}{g}\right)^{1/3}$$

Prandtlzahl

$$Pr = \frac{c_p \cdot \eta_{fl}}{\lambda}$$

Schriftzeichen:

c_p = spezifische Wärmekapazität [J/kgK]
d_a = Rohraußendurchmesser [m]
d_i = Rohrdurchmesser [m]
g = Erdbeschleunigung [m/s²]
G_m = Mittlere Massenstromdichte [kg/m²s]
l_{Rohr} = Rohrlänge [m]
M_{fl} = Kondensatmassenstrom [kg/h]
M_{ges} = Gesamtmassenstrom [kg/h]
n = Rohranzahl [–]
Pr = Prandtlzahl [–]
Re_{fl} = Filmreynoldszahl [–]
α_g = gravitationskontroll. Wärmeübergangszahl [W/m²K]
α_τ = schubspannungskontr. Wärmeübergangszahl [W/m²K]
η_{fl} = dynamische Viskosität der Flüssigphase [Pas]
η_D = dynamische Viskosität der Dampfphase [Pas]
λ = Kondensatleitfähigkeit [W/mK]
ρ_{fl} = Dichte der Flüssigphase [kg/m³]
ρ_D = Dampfdichte [kg/m³]
L = charakteristische Länge [m]
ν_{fl} = kinematische Viskosität der Flüssigphase [m²/s]

Für die Bedingung $h/d_i = 0,25$ ermittelt man die zulässige Kondensatbelastung nach Kapitel 8.6.6 wie folgt:

$W_{zul} = 1570 \cdot n \cdot \rho \cdot d_i^{2,56}$ [kg/h]

Beispiel 8.2.1: Berechnung der zulässigen Kondensatbelastung in horizontalen Rohren

Dichte $\rho = 614,3\ kg/m^3$

Kondensator mit 186 Rohren 25 x 2: $d_i = 21$ mm $l = 4$ m $A = 58\ m^2$

$W_{zul} = 1570 \cdot 186 \cdot 614,3 \cdot 0,021^{2,56} = 9092$ kg/h

Kondensator mit 80 Rohren 57 x 3,5: $d_i = 50$ mm $l = 4$ m $A = 57,3\ m^2$

$W_{zul} = 1570 \cdot 80 \cdot 614,3 \cdot 0,05^{2,56}$ 36036 kg/h

Mit größeren Rohrdurchmessern kann die Kondensatkapazität erhöht werden.

In **vertikalen Rohren** wird der Wärmeübergang besser, wenn die Kondensatströmung wellig oder turbulent wird.

Bei hohen Dampfgeschwindigkeiten wird der Wärmeübergang durch die Schubspannung stark verbessert. Das ist in **Bild 8.2.2** dargestellt.

Mit zunehmender Dampfmenge sinkt die Wärmeübergangszahl wegen des dickeren Kondensatfilms. Bei welliger Strömung fällt die Wärmeübergangszahl weniger stark ab und bei turbulenter Kondensatströmung steigt der Wärmeübergangskoeffizient mit zunehmender Kondensatmenge an.

Sehr gute Wärmeübergangszahlen erhält man bei hohen Dampfgeschwindigkeiten durch die Schubspannung.

Als Kriterium für die Verbesserung des Wärmeübergangs durch die Scherkraft des strömenden Dampfes dient der Wallis-Faktor J.

$$J = \frac{m}{\sqrt{g \cdot d \cdot \rho_D \cdot (\rho_F - \rho_D)}}$$

Eine Verbesserung des Wärmeübergangs durch Scherspannung wird erreicht bei $J > 1,5$.

m = Massenstromdichte [kg/m²s] $= \rho_D \cdot w_D$
ρ_D = Dampfdichte [kg/m³]
ρ_F = Flüssigkeitsdichte [kg/m³]
d = Rohrdurchmesser [m]
w_D = Strömungsgeschwindigkeit des Dampfes [m/s]

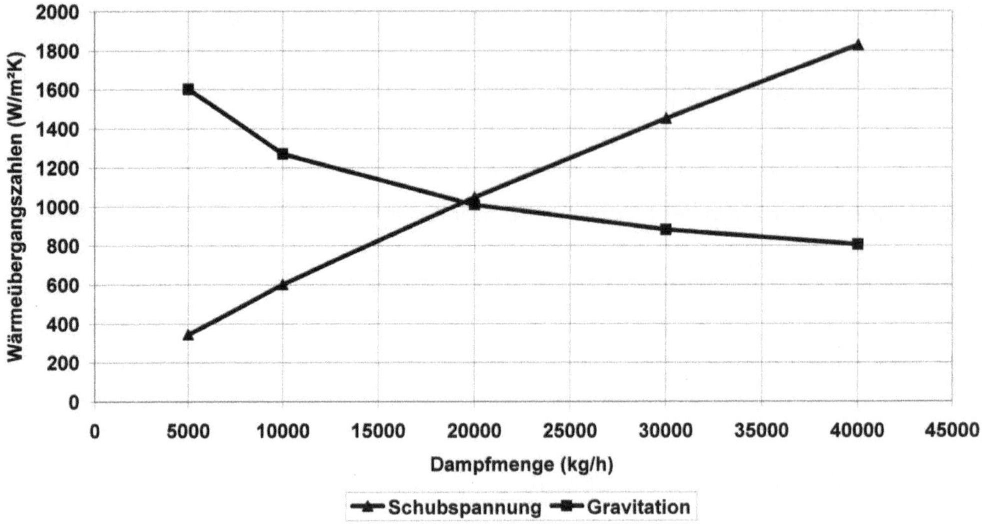

Bild 8.2.1: Schubspannungs- und gravitationsbestimmte Wärmeübergangszahlen in horizontalen Rohren als Funktion der Dampfmenge

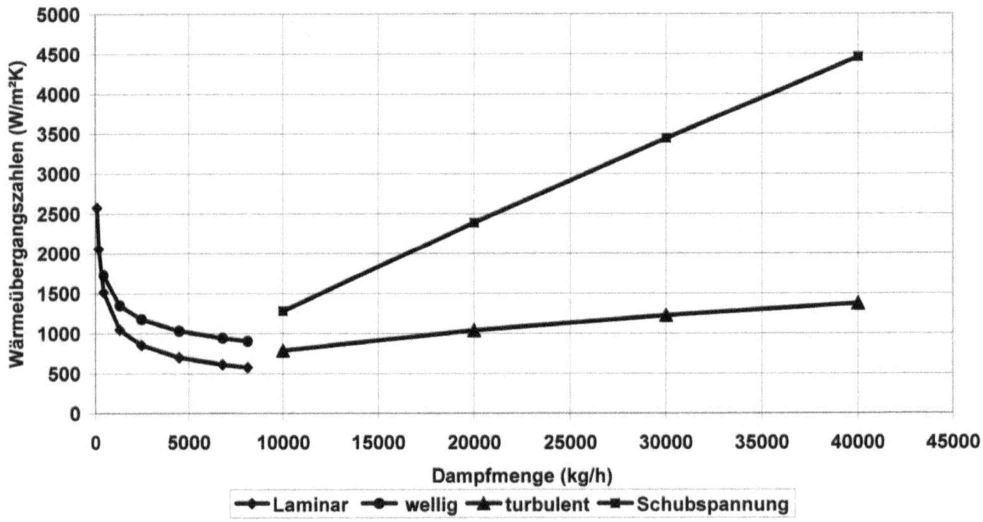

Bild 8.2.2: Wärmeübergangszahlen in vertikalen Rohren in Abhängigkeit von der Dampfmenge

Die Massenstromdichte m wird folgendermaßen berechnet:

In den Rohren:

$$m = \frac{W}{3600 \cdot n \cdot \pi / 4 \cdot d_i^2} = w_D \cdot \rho_D \quad [kg/m^2s]$$

Auf der Mantelseite:

$$m = \frac{W}{3600 \cdot B \cdot D_i \cdot (1 - \frac{da}{T})} = w_D \cdot \rho_D \quad [kg/m^2s]$$

B = Umlenkblechabstand [m]
D_i = Mantelinnendurchmesser [m]
d_i = Innendurchmesser [m]
d_a = Außendurchmesser [m]
n = Rohrzahl
W = Dämpfemenge [kg/h]

Die Kondensation auf der Mantelseite von horizontalen und vertikalen Rohrbündeln ist meistens gravitationsbestimmt.

Erst bei Massenstromdichten > 30 kg/m²s kommt es zu einer Verbesserung des Wärmeübergangs durch die Dampfschubspannung in den ersten Rohrreihen.

Beispiel 8.2.2: Berechnung der Massenstromdichte m und des Wallisfaktors J

Manteldurchmesser $D_i = 0{,}55$ m   186 Rohre 25 x 2 $L = 4$ m
Teilung $T = 32$ mm Dreieck   Umlenkblechabstand $B = 0{,}94$ m
$\rho_D = 3{,}19$ kg/m³ $\rho_F = 614$ kg/m³   Dämpfemenge $W = 10000$ kg/h

Mantelseitige Berechnung:

$$m = \frac{W}{3600 \cdot B \cdot D_i \cdot (1 - \frac{da}{T})} = \frac{10000}{3600 \cdot 0{,}94 \cdot 0{,}55 \cdot (1 - \frac{25}{32})} = 24{,}56 \text{ kg/m}^2\text{s}$$

$$f_q = B \cdot D_i \cdot (1 - \frac{da}{T}) = 0{,}94 \cdot 0{,}55 \cdot (1 - \frac{25}{32}) = 0{,}113 \text{ m}^2$$

$$w_D = \frac{W}{3600 \cdot \rho_D \cdot f_q} = \frac{10000}{3600 \cdot 3{,}19 \cdot 0{,}113} = 7{,}7 \text{ m/s}$$

$$m = w_D \cdot \rho_D = 7{,}7 \cdot 3{,}19 = 24{,}56 \text{ kg/m}^2\text{s}$$

$$J = \frac{m}{\sqrt{g \cdot d \cdot \rho_D \cdot (\rho_F - \rho_D)}} = \frac{24{,}56}{\sqrt{9{,}81 \cdot 0{,}025 \cdot 3{,}19 \cdot (614 - 3{,}19)}} = 1{,}12$$

Rohrseitige Berechnung:

$$m = \frac{W}{3600 \cdot n \cdot 0{,}785 \cdot d_i^2} = \frac{10000}{3600 \cdot 186 \cdot 0{,}785 \cdot 0{,}021^2} = 43{,}1 \text{ kg/m}^2\text{s}$$

$$f_R = n \cdot d_i^2 \cdot \frac{\pi}{4} = 186 \cdot 0{,}021^2 \cdot 0{,}785 = 0{,}06439 \text{ m}^2$$

$$w_D == \frac{10000}{3600 \cdot 3{,}19 \cdot 0{,}06439} = 13{,}52 \text{ m/s}$$

$$m = w_D \cdot \rho_D = 13{,}52 \cdot 3{,}19 = 43{,}1 \text{ kg/m}^2\text{s}$$

$$J = \frac{43{,}1}{\sqrt{9{,}81 \cdot 0{,}021 \cdot 3{,}19 \cdot (614 - 3{,}19)}} = 2{,}15$$

Beispiel 8.2.3: Berechnung der Wärmeübergangszahlen nach den in Tabelle 8.2.1 (Nitsche) und Tabelle 8.2.2 (Kern) aufgelisteten Gleichungen

Wärmetauscherdaten: $A = 11{,}7 \text{ m}^2$ $D = 0{,}28 \text{ m}$ 50 Rohre 25 x 2 $l_{Rohr} = 3 \text{ m}$

Stoffdaten:	Dampf	Kondensat
Dichte [kg/m³]	2,897	720
Dynam. Viskosität [Pas]	$8{,}28 \cdot 10^{-6}$	0,000415 (0,415 mPas)
Kinemat. Viskosität [m²/s]	$2{,}85 \cdot 10^{-6}$	$0{,}576 \cdot 10^{-6}$ (0,576 mm²/s)
Verdampfungsenthalpie [kJ/kg]	358,1	358,1
Wärmeleitfähigkeit [W/mK]	—	0,106
Spez. Wärme [kJ/kgK]	—	2,1567
Prandtlzahl	—	8,44
Chrakteristische Länge [m]	—	$32{,}35 \cdot 10^{-6}$

Dampfmenge $M_{ges} = 2000$ kg/h Cyclohexan

Eingesetzt für die mittlere Kondensatmenge $M_{fl} = 0{,}5 \cdot 2000 = 1000$ kg/h Kondensat

Hinweis: Die Beispiele werden nach der pauschalen Methode berechnet, also dem Mittelwert der Kondensatmenge. Zum Vergleich sind auch die Ergebnisse der Zonen-Berechnung im Ergebnisvergleich aufgelistet.

1. Horizontal am Rohrbündel

Gleichung 1.1: $M_{fl} = 0{,}5 \cdot 2000 = 1000\ \text{kg/h}$

$$Re_{fl} = \frac{1000 \cdot 4}{3600 \cdot 50^{0{,}75} \cdot 3 \cdot 0{,}415 \cdot 10^{-3}} = 47{,}46$$

$$\alpha_g = 1{,}47 \cdot \frac{0{,}106}{32{,}35 \cdot 10^{-6}} \cdot \left(\frac{1}{47{,}46}\right)^{1/3} = 1330\ \text{W/m}^2\text{K}$$

Gleichung 2.1 (Kern): $W = 0{,}5 \cdot 2000 = 1000\ \text{kg/h} = M_{fl}$

$$G_{ha} = \frac{1000}{50^{0{,}66} \cdot 3 \cdot 3600} = 0{,}007\ \text{kg/ms}$$

$$\alpha = 0{,}925 \cdot 0{,}106 \cdot \left(\frac{720^2 \cdot 9{,}81}{0{,}415 \cdot 10^{-3} \cdot 0{,}007}\right)^{1/3} = 1182\ \text{W/m}^2\text{K}$$

2. Vertikal am Rohrbündel

Gleichung 1.1: $M_{fl} = 1000\ \text{kg/h}$

$$Re_{fl} = \frac{1000 \cdot 4}{3600 \cdot 50 \cdot \pi \cdot 0{,}025 \cdot 0{,}415 \cdot 10^{-3}} = 681{,}8$$

$$\alpha = 1{,}47 \cdot \frac{0{,}106}{32{,}35 \cdot 10^{-6}} \cdot 681{,}8^{-1/3} = 547{,}5\ \text{W/m}^2\text{K}$$

Da die Reynoldszahl $Re_{fl} = 681$ über 40 liegt, muss mit Gleichung 1.2 für welligen Kondensatfilm gerechnet werden:

Gleichung 1.2: $\alpha_w = 1{,}007 \cdot \frac{0{,}106}{32{,}35 \cdot 10^{-6}} \cdot 681{,}8^{-2/9} = 774\ \text{W/m}^2\text{K}$

Die Wärmeübergangszahl nach Gleichung 1.2 für wellige Strömung ist höher.

Gleichung 2.1 (Kern): $W = 1000\ \text{kg/h} = M_{fl}$

$$G_{va} = \frac{1000}{50 \cdot \pi \cdot 0{,}025 \cdot 3600} = 0{,}0707\ \text{kg/ms}$$

$$Re = \frac{4 \cdot 0{,}0707}{0{,}415 \cdot 10^{-3}} = 681 > 40 \Rightarrow \text{Turbulenzkorrektur erforderlich}$$

$$\frac{Re}{4} = \frac{681}{4} = 170$$

$$\alpha_g = 0{,}925 \cdot 0{,}106 \cdot \left(\frac{720^2 \cdot 9{,}81}{0{,}415 \cdot 10^{-3} \cdot 0{,}0707}\right)^{1/3} = 547\ \text{W/m}^2\text{K}$$

Berechnung des Korrekturfaktors f_c für den welligen Kondensatfilm nach Gleichung 2.2:

$$f_c = 0{,}8 \cdot 170^{0{,}11} = 1{,}408$$

$$\alpha_w = 1{,}408 \cdot 547 = 770\ \text{W/m}^2\text{K}$$

3. Horizontal in den Rohren

Gleichung 1.1: $M_{fl} = 1000$ kg/h

$$Re_{fl} = \frac{1000 \cdot 4}{1800 \cdot 50 \cdot 3 \cdot 0{,}415 \cdot 10^{-3}} = 35{,}7$$

$$\alpha_g = 1{,}47 \cdot \frac{0{,}106}{32{,}35 \cdot 10^{-6}} \cdot \left(\frac{1}{35{,}7}\right)^{1/3} = 1463\ \text{W/m}^2\text{K}$$

$$\alpha_g = 1{,}47 \cdot 0{,}106 \cdot \left(\frac{9{,}81}{(0{,}576 \cdot 10^{-6})^2 \cdot 35{,}7}\right)^{1/3} = 1463\ \text{W/m}^2\text{K}$$

Berechnung nach Gleichung 1.4 mit Dampfschubspannung

$$\alpha_\tau = 0{,}024 \cdot \frac{0{,}106}{0{,}021} \cdot \left(\frac{32{,}08 \cdot 0{,}021}{0{,}415 \cdot 10^{-3}}\right)^{0{,}8} \cdot 8{,}44^{0{,}43} \cdot \left(\frac{1 + \left(\frac{720}{2{,}897}\right)^{0{,}5}}{2}\right) = 940\ \text{W/m}^2\text{K}$$

$$w_d = \frac{4 \cdot 1000}{3600 \cdot 2{,}897 \cdot \pi \cdot 50 \cdot 0{,}021^2} = 5{,}53\ \text{m/s}$$

$$G_{ges} = \frac{4 \cdot 2000}{3600 \cdot 50 \cdot \pi \cdot 0{,}021^2} = 32{,}08\ \text{kg/m}^2\text{s}$$

Es gilt der höhere Wert $\alpha_g = 1463$ W/m²K. Der Wallisfaktor liegt deutlich unter 1,5.

$$m = w_D \cdot \rho_D = 5{,}53 \cdot 2{,}897 = 16\ \text{kg/m}^2\text{s}$$

$$J = \frac{16}{9{,}81 \cdot 0{,}021 \cdot 2{,}897 \cdot (720 - 2{,}897)} = 0.77 < 1{,}5$$

Gleichung 2.1 (Kern): $W = 1000 \text{ kg/h} = M_{fl}$

$$G_{hi} = \frac{1000}{0{,}5 \cdot 50 \cdot 3 \cdot 3600} = 0{,}0037 \text{ kg/ms}$$

$$\alpha = 0{,}925 \cdot 0{,}106 \cdot \left(\frac{720^2 \cdot 9{,}81}{0{,}415 \cdot 10^{-3} \cdot 3{,}7 \cdot 10^{-3}} \right)^{1/3} = 1461 \text{ W/m}^2\text{K}$$

4. Vertikal in den Rohren

Gleichung 1.1: $M_{fl} = 1000 \text{ kg/h}$

$$Re_{fl} = \frac{1000 \cdot 4}{3600 \cdot 50 \cdot \pi \cdot 0{,}021 \cdot 0{,}415 \cdot 10^{-3}} = 811{,}6$$

$$\alpha_g = 1{,}47 \cdot \frac{0{,}106}{32{,}35 \cdot 10^{-6}} \cdot \left(\frac{1}{811{,}6} \right)^{1/3} = 516 \text{ W/m}^2\text{K}$$

Berechnung mit Gleichung 1.2 für Re > 40 (welliger Kondensatfilm)

$$\alpha_w = 1{,}007 \cdot \frac{0{,}106}{32{,}35 \cdot 10^{-6}} \cdot 811{,}6^{-2/9} = 744 \text{ W/m}^2\text{K}$$

Berechnung nach Gleichung 1.5 mit Schubspannung

$$\alpha_\tau = 0{,}0099 \cdot \frac{0{,}106}{0{,}021} \cdot \left(\frac{18{,}52 \cdot 0{,}021}{0{,}415 \cdot 10^{-3}} \right)^{0{,}9} \cdot 8{,}44^{0{,}5} \cdot \left(\frac{720}{2{,}897} \right)^{0{,}5} \left(\frac{8{,}28 \cdot 10^{-6}}{0{,}415 \cdot 10^{-3}} \right)^{0{,}1} = 940 \text{ W/m}^2\text{K}$$

$$G_m = \sqrt{\frac{2000^2}{3}} \cdot \frac{4}{3600 \cdot 50 \cdot \pi \cdot 0{,}021^2} = 18{,}52 \text{ kg/m}^2\text{s}$$

$$\alpha_\tau = 0{,}0099 \cdot 5{,}047 \cdot 472{,}77 \cdot 2{,}9 \cdot 15{,}76 \cdot 0{,}676 = 730 \text{ W/m}^2\text{K}$$

Es gilt $\alpha_w = 744 \text{ W/m}^2\text{K}$

Alternativberechnung für 4 t/h Dämpfe $M_{fl} = 2000$ kg/h

Berechnung nach Gleichung 1.3 für Re = 1623 (Turbulenter Kondensatfilm)

$$\alpha_g = 0{,}01725 \cdot \frac{0{,}106}{32{,}35 \cdot 10^{-6}} \cdot \frac{1623}{(1623^{0,75} - 235) \cdot 8{,}44^{-0,5} + 159} = 552 \text{ W/m}^2\text{K}$$

Berechnung nach Gleichung 1.5 mit Schubspannung

$w_D = 11{,}07$ m/s $\quad G_m = 37{,}042$ kg/m²s $\quad$ Wallisfaktor J = 1,79

$$\alpha_\tau = 0{,}0099 \cdot \frac{0{,}106}{0{,}021} \cdot 882{,}2 \cdot 2{,}9 \cdot 15{,}76 \cdot 0{,}676 = 1363 \text{ W/m}^2\text{K}$$

Es gilt der höhere Wert $\alpha = 1363$ W/m²K.

Kern-Gleichung 2.1 für die vertikale Kondensation in Rohren: $M_{fl} = 1000$ kg/h

$$G_{vi} = \frac{1000}{50 \cdot \pi \cdot 0{,}021 \cdot 3600} = 0{,}0842 \text{ kg/ms}$$

$$Re = \frac{4 \cdot 0{,}0842}{0{,}415 \cdot 10^{-3}} = 811{,}6$$

$$\frac{Re}{4} = 202{,}9$$

Berechnung für laminaren Kondensatfilm:

$$\alpha_g = 0{,}925 \cdot 0{,}106 \cdot \left(\frac{720^2 \cdot 9{,}81}{0{,}415 \cdot 10^{-3} \cdot 0{,}0842} \right)^{1/3} = 516 \text{ W/m}^2\text{K}$$

Mit Turbulenzkorrekturfaktor f_c nach Gleichung 2.2 für welligen Kondensatfilm:

$$f_c = 0{,}8 \cdot 202{,}9^{0,11} = 1{,}43$$

$$\alpha_w = 1{,}43 \cdot 516 = 740 \text{ W/m}^2\text{K}$$

Alternativberechnung nach Kern für 4 t/h Dämpfe

$M_{ges} = 4$ t/h $\Rightarrow$ $G_{vi} = 0{,}1684$ kg/ms $\Rightarrow$ Re = 1623

$\alpha_g = 409{,}3$ W/m²K

Turbulenzkorrektur $f_c = 0{,}8 \cdot (1623 / 4)^{0{,}11} = 1{,}55$

$\alpha_w = 1{,}55 \cdot 409{,}3 = 634$ W/m²K

Bei der Kern-Methode wird die Dampfschubspannung nicht berücksichtigt, so dass sich zu kleine Wärmeübergangskoeffizienten ergeben.

Ergebnisvergleich für 2 t/h Dämpfe nach der Nitsche- und der Kern-Methode:

		Pauschal	Zonen
Horizontal	Nitsche	$\alpha = 1330$ W/m²K	$\alpha = 1422$ W/m²K
am Rohrbündel	Kern	$\alpha = 1182$ W/m²K	$\alpha = 1205$ W/m²K
Vertikal	Nitsche	$\alpha = 774$ W/m²K	$\alpha = 815$ W/m²K
am Rohrbündel	Kern	$\alpha = 770$ W/m²K	$\alpha = 822$ W/m²K
Horizontal	Nitsche	$\alpha = 1463$ W/m²K	$\alpha = 1564$ W/m²K
in den Rohren	Kern	$\alpha = 1461$ W/m²K	$\alpha = 1490$ W/m²K
Vertikal	Nitsche	$\alpha = 744$ W/m²K	$\alpha = 794$ W/m²K
in den Rohren	Kern	$\alpha = 740$ W/m²K	$\alpha = 788$ W/m²K

Beispiel 8.2.4: Gravitations- und schubspannungsbestimmte Wärmeübergangszahlen beim Kondensieren in horizontalen Rohren

M = 4 t/h Kondensator mit 72 horizontalen Rohren 25 x 2, Länge = 4 m

$\eta = 0{,}472$ mPas $\nu = 0{,}655$ mm/s Flüssigkeitsdichte $\rho_{Fl} = 720$ kg/m³

Dampfdichte $\rho_D = 1{,}623$ kg/m³ $\lambda = 0{,}167$ W/m K

Berechnung der gravitationsbestimmte Wärmeübergangszahl α_g:

$$\alpha_g = 1{,}47 \cdot \lambda \cdot \left(\frac{g}{\nu^2 \cdot Re_{fl}}\right)^{1/3} \qquad Re_{fl} = \frac{M \cdot 4/2}{1800 \cdot n \cdot L \cdot \eta_{fl}}$$

$$Re_{fl} = \frac{2000 \cdot 4}{1800 \cdot 72 \cdot 4 \cdot 0{,}472 \cdot 10^{-3}} = 32{,}69$$

$$\alpha_g = 1{,}47 \cdot 0{,}167 \cdot \left(\frac{9{,}81}{(0{,}655 \cdot 10^{-6})^2 \cdot 32{,}69} \right)^{1/3} = 2179 \text{ W/m}^2\text{K}$$

Gravitationsbestimmte Wärmeübergangszahl α_g = 2179 W/m²K

Berechnung der schubspannungsbestimmten Wärmeübergangszahl α_τ in Abhängigkeit vom Dampfgehalt x mit dem Faktor F:

$$\alpha_\tau = \alpha_L \cdot F = \left(0{,}024 \cdot \frac{\lambda}{d} Re_L^{0,8} \cdot Pr_L^{0,43} \right) \cdot F$$

$$F = \left[1 + x \cdot \left(\frac{\rho_L}{\rho_g} - 1 \right) \right]^{1/2}$$

Re_L = Re für flüssige Phase
Pr_L = Prandtelzahl für flüssige Phase
λ = Wärmeleitzahl des Kondensats(W/mK)
α_L = Wärmeübergangszahl berechnet für flüssige Phase (W/m² K)
x = Dampfgehalt

M = 4 t/h = 5,55 m³/h Flüssigkeit
Strömungsquerschnitt f_R = 0,0249 m²
Strömungsgeschwindigkeit w_L = 0,062 m/s
Spezif. Wärmekapazität c = 3,226 kJ/kg K

$$Re_L = \frac{0{,}062 \cdot 0{,}021}{0{,}655 \cdot 10^{-6}} = 1987{,}8$$

$$Pr_L = \frac{0{,}472 \cdot 10^{-3} \cdot 3{,}226 \cdot 1000}{1800 \cdot 72 \cdot 4 \cdot 0{,}472 \cdot 10^{-3}} = 9{,}11$$

$$\alpha_L = 0{,}024 \cdot \frac{0{,}167}{0{,}021} \cdot 1987{,}8^{08} \cdot 9{,}11^{0,43} = 214{,}8 \text{ W/m}^2\text{K}$$

Dampfgehalt x = 0,95: $F = \sqrt{1 + 0{,}95 \cdot \left(\frac{720}{1{,}623} - 1 \right)} = 20{,}5$

Wärmeübergangszahl mit Schubspannung $\alpha_\tau = F \cdot \alpha_L = 20{,}5 \cdot 214{,}8 = 4404\ W/m^2K$

Da der Dampfgehalt x von 100 % am Kondensatoreintritt auf 0 % am Kondensatoraustritt abnimmt, verringern sich die Schubspannung und die schubspannungsbestimmte Wärmeübergangszahl im Verlauf des Kondensators.

Für die gravitationsbestimmte Wärmeübergangszahl gilt, dass mit abnehmender Dampfmenge bzw. zunehmender Kondensatmenge der Kondensatfilm dicker wird und die Wärmeübergangszahl mit zunehmender Kondensatfilmdicke abnimmt.

	x	F	α_τ	J	α_g
Dampfeintritt:	0,95	20,5	4404 W/m²K	2,73	4628 W/m²K
Im Kondensator:	0,8	18,84	4046 W/m²K	2,3	2929 W/m²K
Im Kondensator:	0,6	16,32	3505 W/m²K	1,72	2325 W/m²K
Im Kondensator:	0,4	13,34	2865 W/m²K	1,15	2032 W/m²K
Im Kondensator:	0,2	9,46	2032 W/m²K	0,57	1846 W/m²K
Im Kondensator:	0,1	6,72	1443 W/m²K	0,29	1775 W/m²K
Austritt:	0,05	4,8	1031 W/m²K	0,14	1743 W/m²K

Die Wärmeübergangszahlen sind in **Bild 8.2.3** in Abhängigkeit vom Dampfgehalt dargestellt.

Den **Mittelwert der schubspannungsbestimmten Wärmeübergangszahl $\alpha_{\tau m}$ im Kondensator** kann man wie folgt bestimmen:

$$\alpha_{\tau m} = \alpha_L \cdot \left(\frac{1 + \sqrt{\frac{\rho_L}{\rho_D}}}{2} \right) = 214{,}8 \cdot \left(\frac{1 + \sqrt{\frac{720}{1{,}623}}}{2} \right) = 2368\ W/m^2K$$

Die gravitationsbestimmte Wärmeübergangszahl beträgt 2179 W/m²K.

Berechnung des Wallisfaktors mit m = 44,6 kg/m²s für 4 t/h Dämpfe:

$$J = \frac{m}{\sqrt{g \cdot d_i \cdot \rho_D \cdot (\rho_F - \rho_D)}} = \frac{44{,}6}{\sqrt{9{,}81 \cdot 0{,}021 \cdot 1{,}623 \cdot (720 - 1{,}623)}} = 2{,}879$$

Kontrolle der maximal zulässigen Kondensatbelastung nach 8.6.6:

$$W_{zul} = 1570 \cdot n \cdot \rho \cdot d^{2{,}56} = 1570 \cdot 72 \cdot 720 \cdot 0{,}021^{2{,}56} = 4125\ kg/h$$

Die Kondensatbelastung von 4000 kg/h ist zulässig.

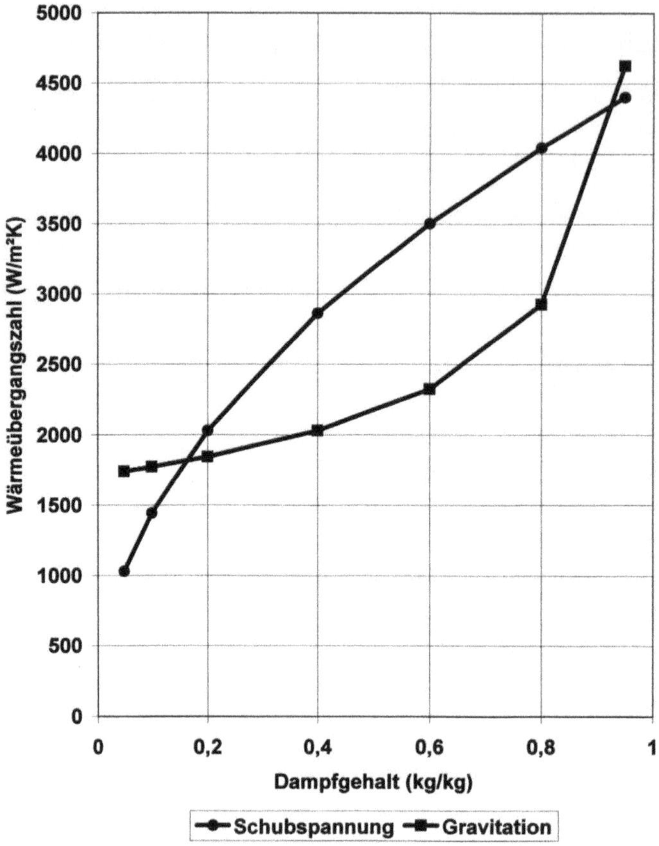

Bild 8.2.3: Gravitations- und schubspannungsbestimmte Wärmeübergangszahlen in Abhängigkeit vom Dampfgehalt

Beispiel 8.2.5: Kondensation in vertikalen Rohren

Beispiel 8.2.5.1: Berechnung für laminaren Kondensatfilm bis Re = 40

Nach Kern-Gleichung 2.1:

W = 10000 kg/h n = 186 Rohre 25 x 2 L = 4 m d_i = 21 mm

Kondensatdichte ρ = 614,3 kg/m³ λ = 0,107 W/mK η_F = 0,204 mPas

Dampfdichte ρ_D = 3,188 kg/m³ η_D = 0,008 mPas

$$\alpha_g = 0{,}925 \cdot \lambda \cdot \left(\frac{\rho^2 \cdot g}{\eta \cdot G_{Vl}}\right)^{1/3} \quad [\text{W/m}^2\text{K}] \qquad G_{Vl} = \frac{W}{3600 \cdot \pi \cdot n \cdot d_i} \quad [\text{kg/ms}]$$

$$G_{Vl} = \frac{5000/2}{3600 \cdot 186 \cdot \pi \cdot 0{,}021} = 0{,}0283 \text{ kg/ms}$$

$$\alpha_g = 0{,}925 \cdot 0{,}107 \cdot \left(\frac{614{,}3^2 \cdot 9{,}81}{0{,}204 \cdot 10^{-3} \cdot 0{,}0283}\right)^{1/3} = 853\ \text{W/m}^2\text{K}$$

Nach der Gleichung 1.1:

$$\alpha_g = 1{,}47 \cdot \lambda \cdot \left(\frac{g}{\nu^2} \cdot \frac{1}{Re_{Vl}}\right)^{1/3} = 1{,}47 \cdot \left(\frac{\lambda^3 \cdot \rho^2 \cdot g}{\eta^2}\right)^{1/3} \cdot Re_{Vl}{}^{1/3} \quad [\text{W/m}^2\text{K}]$$

$$Re_{Vl} = \frac{4 \cdot G_{Vl}}{\eta} = \frac{4 \cdot W}{3600 \cdot n \cdot d_i \cdot \pi \cdot \eta}$$

$$Re = \frac{4 \cdot 0{,}0283}{0{,}204 \cdot 10^{-3}} = 555$$

$$\alpha_g = 1{,}47 \cdot 0{,}107 \cdot \left(\frac{9{,}81}{0{,}000204^2 \cdot 555}\right)^{1/3} = 853\ \text{W/m}^2\text{K}$$

Berechnung mit der Kondensatfilmdicke δ und dem lokalen Wärmeübergangskoeffizienten α_{lok}

$$\delta = \left(\frac{3 \cdot G_{Vl} \cdot \eta}{g \cdot \rho^2}\right)^{1/3} \qquad \alpha_{lok} = \frac{\lambda}{\delta} \qquad \alpha_g = \frac{3}{4} \cdot \alpha_{lok}$$

$$\delta = \left(\frac{3 \cdot 0{,}0283 \cdot 0{,}204 \cdot 10^{-3}}{9{,}81 \cdot 614{,}3^2}\right)^{1/3} = 0{,}00017\ \text{m} \qquad \alpha_{lok} = \frac{0{,}107}{0{,}00017} = 639{,}7\ \text{W/m}^2\text{K}$$

$$\alpha_g = \frac{3}{4} \cdot \alpha_{lok} = \frac{3}{4} \cdot 639{,}7 = 853\ \text{W/m}^2\text{K}$$

Beispiel 8.2.5.2: Berechnungen für den welligen Kondensatfilm mit Re > 40

Im Bereich Re = 40 bis Re = 1600 wird die Wärmeübergangszahl α_W bei welliger Kondensatströmung mit der charakteristischen Länge l folgendermaßen bestimmt.

$$\alpha_W = 1{,}007 \cdot \frac{\lambda}{l} \cdot \left(\frac{1}{Re_{Vl}}\right)^{2/9} \quad [\text{W/m}^2\text{K}] \qquad l = \left(\frac{\nu^2}{g}\right)^{1/3}$$

Alternativ kann die Berechnung mit dem Turbulenzkorrekturfaktor f_c nach Gleichung 2.2 erfolgen.

$$f_c = 0{,}8 \cdot \left(\frac{Re_{Vl}}{4}\right)^{0{,}11} = 0{,}8 \cdot \left(\frac{G_{Vl}}{\eta}\right)^{0{,}11}$$

$$\alpha_w = f_c \cdot \alpha_g \quad [W/m^2K]$$

$Re = 555$ $\qquad G_{Vl} = 0{,}0283$ kg/sm

$$\alpha_w = 1{,}007 \cdot \frac{0{,}107}{22{,}3 \cdot 10^{-6}} \cdot \left(\frac{1}{555}\right)^{2/9} = 1186 \text{ W/m}^2\text{K}$$

$$f_c = 0{,}8 \cdot \left(\frac{555}{4}\right)^{0{,}11} = 1{,}37 \qquad f_c = 0{,}8 \cdot \left(\frac{0{,}0283}{0{,}204 \cdot 10^{-3}}\right)^{0{,}11} = 1{,}37$$

$$\alpha_w = 1{,}37 \cdot 853 = 1169 \text{ W/m}^2\text{K}$$

Beispiel 8.2.5.3: Berechnungen für turbulente Kondensatströmung mit Re > 1600 nach Gleichung 1.3

$$\alpha_{gt} = 0{,}01725 \cdot \frac{\lambda}{l} \cdot \frac{Re}{(Re^{0{,}75} - 235) \cdot Pr^{-0{,}5} + 159} \quad [W/m^2K]$$

$$\alpha_{gt} = 0{,}01725 \cdot \left(\frac{\lambda^3 \cdot \rho^2 \cdot g}{\eta^2}\right)^{1/3} \cdot \frac{Re}{(Re^{0{,}75} - 235) \cdot Pr^{-0{,}5} + 159} \quad [W/m^2K]$$

$Re = 2000$ $\qquad Pr = 4{,}69$ $\qquad$ Charakteristische Länge $l = 22{,}3 \cdot 10^{-6}$

$$\alpha_{gt} = 0{,}01725 \cdot \frac{0{,}107}{22{,}3 \cdot 10^{-6}} \cdot \frac{2000}{(2000^{0{,}75} - 235) \cdot 4{,}69^{-0{,}5} + 159} = 874 \text{ W/m}^2\text{K}$$

Berechnungen für turbulenten Kondensatfilm oberhalb Re = 2100 nach Gleichung 2.3:

Nach Kern gilt folgende Beziehung für α_t:

$$\alpha_t = 0{,}0076 \cdot \left(\frac{\lambda^3 \cdot \rho^2 \cdot g}{\eta^2}\right)^{1/3} \cdot Re^{0{,}4} \quad [W/m^2K] \qquad Re_{Vl} = \frac{4 \cdot G_{Vl}}{\eta}$$

$Re = 3000$

$$\alpha_t = 0{,}0076 \cdot \left(\frac{0{,}107^3 \cdot 614{,}3^2 \cdot 9{,}81}{(0{,}204 \cdot 10^{-3})^2}\right)^{1/3} \cdot 3000^{0{,}4} = 893 \text{ W/m}^2\text{K}$$

Beispiel 8.2.5.4: Berechnungen für die schubspannungsbestimmte Wärmeübergangszahl α_τ im vertikalen Rohr nach Gleichung 1.5

$$\alpha_\tau = 0{,}0099 \cdot \frac{\lambda}{d_i} \cdot \left(\frac{Gm \cdot d_i}{\eta}\right)^{0,9} \cdot Pr^{0,5} \cdot \sqrt{\frac{\rho}{\rho_D}} \cdot \left(\frac{\eta_D}{\eta_F}\right)^{0,1} \quad [W/m^2K]$$

$$Gm = \sqrt{\frac{W^2}{3}} \cdot \frac{4}{3600 \cdot n \cdot \pi \cdot d_i^2} \quad [kg/m^2s]$$

W = 10000 kg/h

$$Gm = \sqrt{\frac{10000^2}{3}} \cdot \frac{4}{3600 \cdot 186 \cdot \pi \cdot 0{,}021^2} \; 24{,}89 \; kg/m^2s$$

$$\alpha_\tau = 0{,}0099 \cdot \frac{0{,}107}{0{,}021} \cdot \left(\frac{24{,}89 \cdot 0{,}021}{0{,}204 \cdot 10^{-3}}\right)^{0,9} 4{,}69^{0,5} \cdot \sqrt{\frac{614{,}3}{3{,}188}} \cdot \left(\frac{0{,}008}{0{,}204}\right)^{0,1} = 1282 \; W/m^2K$$

Berechnung des Wallisfaktors mit m = 43,14 kg/m²s

$$J = \frac{43{,}14}{9{,}81 \cdot 0{,}021 \cdot 3{,}188 \cdot (614{,}3 - 3{,}188)} = 2{,}15$$

Druckverlustberechnungen in den Rohren

$$\Delta P = \left(\frac{w_D}{2}\right)^2 \cdot \frac{\rho_D}{2} \cdot \left(0{,}04 \cdot \frac{L}{d_i} + 2\right) \cdot \frac{1}{100} \quad [mbar] \qquad L = \text{Rohrlänge [m]}$$

Vergleich der Wärmeübergangszahlen bei verschiedenen Kondensatbelastungen

W kg/h	Re_g	α_g W/m²K	α_W W/m²K	α_τ W/m²K	J
90	20	2579			
180	40	2062			
450	100	1519	1731		
1350	300	1053	1355		
2500	555	858	1181		
4500	1000	705	1035	625	0,97
6766	1500	616	946	902	1.45
8110	1800	580	908	1061	1,74

W kg/h	Re_g W/m²K	α_t W/m²K	α_τ W/m²K	J	w_D (m/s)	ΔP (mbar)
10000	2219	791	1282	2,15	13,5	7
20000	4438	1044	2393	4,3	27,1	27,9
30000	6658	1228	3446	6,45	40,6	63,2
40000	8877	1378	4465	8,6	54,1	112

Die berechneten Wärmeübergangszahlen sind in Bild 8.2.2 in Abhängigkeit von der Dampfmenge dargestellt.

Beispiel 8.2.6: Kondensation in horizontalen Rohren

Daten: siehe Beispiel 8.2.5 186 Rohre 25 x 2 W = 10000 kg/h

Beispiel 8.2.6.1: Berechnung des gravitationsbestimmten Wärmeübergangskoeffizienten mit der Reynoldszahl Re_{fl} des Kondensats in den Rohren nach Gleichung 1.1

$$Re_{fl} = \frac{4 \cdot 10000 / 2}{1800 \cdot 186 \cdot 4 \cdot 0{,}204 \cdot 10^{-3}} = 73{,}2$$

$$\alpha_g = 1{,}47 \cdot 0{,}107 \cdot \left(\frac{9{,}81}{(0{,}33 \cdot 10^{-6})^2 \cdot 73{,}2} \right)^{1/3} = 1685 \text{ W/m}^2\text{K}$$

Beispiel 8.2.6.2: Schubspannungsbestimmte Wärmeübergangszahl α_τ mit Gleichung 1.4

$$\alpha_\tau = 0{,}024 \cdot \frac{\lambda}{d_i} \cdot \left(\frac{m \cdot d_i}{\eta} \right)^{0{,}8} \cdot Pr^{0{,}43} \cdot \frac{1 + \sqrt{\frac{\rho}{\rho_D}}}{2} \quad [\text{W/m}^2\text{K}]$$

$$m = \frac{W}{3600 \cdot n \cdot \pi / a \cdot d_i^2} \qquad Re = \frac{m \cdot d_i}{\eta}$$

Die Massenstromdichte m entspricht dem G_{ges}-Wert in Gleichung 1.4.

Hinweis: Die Reynoldszahlen beim gravitationsbestimmten und beim schubspannungsbestimmten Wärmeübergang sind verschieden definiert!

W = 10000 kg/h   186 Rohre mit d_i = 21 mm   Pr =4,69   λ =0,107 W/mK

$$m = \frac{4 \cdot 10000}{3600 \cdot 186 \cdot \pi \cdot 0{,}021^2}\ 43{,}118\ \text{kg/m}^2\text{s}$$

$$Re = \frac{m \cdot d_i}{\eta} = \frac{43{,}118 \cdot 0{,}021}{0{,}204 \cdot 10^{-3}} = 4438$$

$$G_{VI} = \frac{W}{3600 \cdot \pi \cdot n \cdot d_i} = \frac{10000}{3600 \cdot 186 \cdot \pi \cdot 0{,}021} = 0{,}226$$

$$Re = \frac{G_{VI} \cdot 4}{\eta} = \frac{4 \cdot 0{,}226}{0{,}000204} = 4438$$

$$\alpha_\tau = 0{,}024 \cdot \frac{0{,}107}{0{,}021} \cdot 4438^{0{,}8} \cdot 4{,}69^{0{,}43} \cdot \frac{1 + \sqrt{\frac{614}{3{,}18}}}{2}\ 1463\ \text{W/m}^2\text{K}$$

Im Folgenden sind die schubspannungs- und gravitationsbestimmten Wärmeübergangszahlen bei verschiedenen Massenstromdichten m und Reynoldszahlen Re aufgelistet.

W kg/h	m kg/m^2s	Re_τ	α_τ W/m^2K	Re_g	α_g W/m^2K
1000	4,31	443,7	231,8	7,3	3635
5000	21,6	2223	842	36,6	2124
10000	43,1	4436	1463	73,2	1685

Maximal zulässige Kondensatbelastung für 186 Rohre mit d_i = 21 mm:

$$W_{zul} = 1570 \cdot 186 \cdot 614{,}3 \cdot 0{,}021^{2{,}56} = 9092\ \text{kg/h}$$

Bis zur maximal zulässigen Kondensatbelastung von 10000 kg/h ist die gravitationsbestimmte Wärmeübergangszahl α_g besser.

Durch einen größeren Rohrdurchmesser kann die Kondensatbelastung vergrößert werden.

Gewählt: 80 Rohre 57 x 3,5 mit d_i = 50 mm

$$W_{zul} = 1570 \cdot 80 \cdot 614{,}3 \cdot 0{,}05^{2{,}56} = 36036\ \text{kg/h}$$

W kg/h	m kg/m²s	Re_τ	α_τ W/m²K	Re_g	α_g W/m²K	J
5000	8,85	2169	346,6	85,1	1603	0,29
10000	17,69	4336	603	170,2	1272	0,57
20000	35,38	8672	1050	340,4	1010	1,08
30000	53,07	13007	1453	510,6	882	1,7
40000	70,77	17345	1829	680,8	806	2,2

Bei der höheren zulässigen Kondensatbelastung in größeren Rohrdurchmessern kann man den Bereich der schubspannungsbestimmten besseren Wärmeübergangszahlen erreichen.

Den Druckverlust ermittelt man für die Rohrlänge L = 4 m wie folgt:

$$\Delta P = \left(\frac{w_D}{2}\right)^2 \cdot \frac{\rho_D}{2} \cdot \left(0{,}04 \cdot \frac{L}{d_i} + 2\right) \cdot \frac{1}{100} = \left(\frac{w_D}{2}\right)^2 \cdot \frac{3{,}18}{2} \cdot \left(0{,}04 \cdot \frac{4}{0{,}05} + 2\right) \cdot \frac{1}{100} \quad \text{[mbar]}$$

W kg/h	w_D m/s	ΔP mbar
5000	2,8	0,16
10000	5,6	0,64
20000	11,1	2,54
30000	16,7	5,8
40000	22,3	10,3

Beispiel 8.2.7: Berechnungen der Wärmeübergangszahlen nach verschiedenen Modellen für die mantelseitige Kondensation am horizontalen Bündel

Beispiel 8.2.7.1: Mit der Kondensatbelastung G_{HB} nach Kern mit $n^{0,66}$ zur Berücksichtigung des Kondensatablaufs über die Rohre (Gleichung 2.1)

$$\alpha_g = 0{,}925 \cdot \lambda \cdot \left(\frac{\rho^2 \cdot g}{\eta \cdot G_{HB}}\right)^{1/3} \quad \text{[W/m}^2\text{K]} \qquad G_{HB} = \frac{W}{3600 \cdot L \cdot n^{2/3}} \quad \text{[kg/ms]}$$

W = 10000 kg/h n = 186 Rohre 25 x 2 L = 4 m d_i = 21 mm

λ = 0,107 W/mK η = 0,204 mPas ρ_F = 614,3 kg/m³ ρ_D = 3,188 kg/m³

Pauschale Berechnung mit der **halben Kondensatmenge**:

$$G_{HB} = \frac{10000/2}{3600 \cdot 4 \cdot 186^{0,66}} = 0,011 \text{ kg/ms}$$

$$\alpha_g = 0,925 \cdot 0,107 \cdot \frac{614,3^2 \cdot 9,81}{0,204 \cdot 10^{-3} \cdot 0,011} = 1168 \text{ W/m}^2\text{K}$$

Die Berechnung mit der **gesamten Kondensatmenge W = 10000 kg/h** liefert schlechtere Wärmeübergangszahlen.

$$G_{HB} = \frac{10000}{3600 \cdot 4 \cdot 186^{0,66}} = 0,022 \text{ kg/ms}$$

$$\alpha_g = 0,925 \cdot 0,107 \cdot \frac{614,3^2 \cdot 9,81}{0,204 \cdot 10^{-3} \cdot 0,022} = 927 \text{ W/m}^2\text{K}$$

Beispiel 8.2.7.2: Mit der Reynoldszahl Re_{Fl} des Kondensats am horizontalen Rohrbündel mit $n^{0,75}$ zur Berücksichtigung des Kondensatablaufs über die Rohre (Gleichung 1.1)

$$\alpha_g = 1,47 \cdot \lambda \cdot \left(\frac{g}{\nu^2} \frac{1}{Re_{Fl}}\right)^{1/3} \quad [\text{W/m}^2\text{K}]$$

$$Re_{Fl} = \frac{4 \cdot W}{3600 \cdot n^{0,75} \cdot L \cdot \eta}$$

W = 10000 kg/h $\qquad \nu = 0,33 \text{ mm}^2/\text{s}$

$$Re_{Fl} = \frac{4 \cdot 10000/2}{3600 \cdot 4 \cdot 186^{0,75} \cdot 0,204 \cdot 10^{-3}} = 135,18$$

$$\alpha_g = 1,47 \cdot 0,107 \cdot \left(\frac{9,81}{(0,33 \cdot 10^{-6})^2} \cdot \frac{1}{135,18}\right)^{1/3} = 1374 \text{ W/m}^2\text{K}$$

Beispiel 8.2.7.3: Mit der Kondensatbelastung G_{HBG} nach Gilmour für z Rohrreihen

$$\alpha_g = 9,94 \cdot \lambda \cdot \left(\frac{\rho^2 \cdot g}{\eta \cdot G_{HBG}}\right)^{1/3} \quad [\text{W/m}^2\text{K}]$$

$$G_{HBG} = \frac{W}{3600 \cdot 2 \cdot L \cdot z} \quad [\text{kg/ms}] \qquad z = \frac{D}{T}$$

W = 10000 kg/h D = 550 mm T = 32 mm z = 17 Rohrreihen

$$G_{HBG} = \frac{10000/2}{3600 \cdot 17 \cdot 2 \cdot 4} = 0{,}0102 \text{ kg/ms}$$

$$\alpha_g = 0{,}925 \cdot 0{,}107 \cdot \frac{614{,}3^2 \cdot 9{,}81}{0{,}204 \cdot 10^{-3} \cdot 0{,}0102} = 1199 \text{ W/m}^2\text{K}$$

Beispiel 8.2.7.4: Mit der Temperaturdifferenz Δt zwischen Rohrwand und Taupunkt nach Gilmour

für das Rohrbündel mit z Rohrreihen. Die Temperaturdifferenz ermittelt man aus einem geschätzten k-Wert und einer geschätzten Wärmeübergangszahl α_g.

$$\alpha_g = 9{,}94 \cdot \left(\frac{\lambda^3 \cdot \rho^2 \cdot r}{z^{1/16} \cdot d_a \cdot \eta \cdot \Delta t}\right)^{0{,}25} \quad [\text{W/m}^2\text{K}] \qquad z = \frac{D}{T}$$

$$\Delta t = \frac{q}{\alpha_g} = \frac{k \cdot CMTD}{\alpha_g}$$

CMTD = 37,7 °C z = 17 Rohrreihen Verdampfungswärme r = 92,14 Wh/kg

Zunächst muss die Temperaturdifferenz Δt zwischen Rohrwand und Taupunkt ermittelt werden.

Dafür wird ein geschätzter k-Wert bestimmt, um die Wärmestromdichte zu ermitteln.

$$\frac{1}{k} = \frac{1}{\alpha_i} + \frac{1}{\alpha_a} + \frac{s}{\lambda_R} + f_i + f_a = \frac{1}{4000} + \frac{1}{1100} + \frac{0{,}002}{50} + 0{,}0001 + 0{,}0001$$

$$k = 715 \text{ W/m}^2\text{K} \qquad \Delta t = \frac{715 \cdot 37{,}7}{1100} = 24{,}5 \text{ °C}$$

$$\alpha_g = 9{,}94 \cdot \left(\frac{0{,}107^3 \cdot 614{,}3^2 \cdot 92{,}14}{17^{1/6} \cdot 0{,}025 \cdot 24{,}5 \cdot 0{,}204 \cdot 10^{-3}}\right)^{0{,}25} = 1200 \text{ W/m}^2\text{K}$$

Beispiel 8.2.7.5: Mit der Temperaturdifferenz Δt zwischen Rohrwand und Taupunkt für ein Einzelrohr nach Nusselt und der Korrektur für das Rohrbündel mit N Rohrreihen übereinander

N = z bei quadratischer Teilung N = z / 2 bei Dreieckteilung

$$\alpha_E = 0{,}725 \cdot \left(\frac{3600 \cdot \lambda^3 \cdot \rho^2 \cdot g \cdot r}{d_a \cdot \eta \cdot \Delta t}\right)^{0{,}25} \quad [\mathrm{W/m^2K}] \qquad \alpha_g = \frac{\alpha_E}{N^{0{,}05}}$$

$$\alpha_g = 0{,}725 \cdot \left(\frac{3600 \cdot 0{,}107^3 \cdot 614{,}3^2 \cdot 9{,}81 \cdot 92{,}14}{0{,}025 \cdot 0{,}204 \cdot 10^{-3} \cdot 24{,}5}\right)^{0{,}25} \cdot \frac{1}{8^{0{,}05}} = 1216\ \mathrm{W/m^2K}$$

Schriftzeichen:

G_{HB} = Kondensatbelastung am horizontalen Rohrbündel [kg/s m]
L = Rohrlänge [m]
n = Anzahl der Rohre im Bündel
N = Rohrreihen übereinander
z = Rohrreihen insgesamt
d_a = Rohraußendurchmesser [m]
q = Wärmestromdichte [W/m²]
f_i = Verschmutzung innen
f_a = Verschmutzung außen
D = Mantelinnendurchmesser [m]
T = Teilung [m]
W = Kondensatmenge [kg/h]
CMTD = wirksames Temperaturgefälle [°C]
r = Verdampfungswärme [Wh/kg]
g = Erdbeschleunigung [m²/s]
k = Wärmedurchgangszahl [W/m²K]
Pr = Prandtlzahl
s = Rohrwandstärke [m]
m = Massenstromdichte [kg/m²s]
λ_R = Wärmeleitzahl des Rohrs [W/mK]
λ = Wärmeleitzahl des Kondensats [W/m K]
α_i = Wärmeübergangszahl innen [W/m²K]
α_a = Wärmeübergangszahl außen [W/m²K]
η = Dynamische Viskosität [Pas]
ν = Kinematische Viskosität [m²/s]
ρ_D = Dampfdichte [kg/m³]
ρ = Kondensatdichte [kg/m³]

8.2.1 Einflussgrößen auf die Wärmeübergangszahlen

Der Wärmeübergang bei der Filmkondensation ist abhängig von der Kondensatfilmdicke, der Turbulenz im Kondensatfilm und der Dampfschubspannung. Im laminaren Bereich ist der Wärmeübergang nur abhängig von der Wärmeleitung durch die Filmdicke δ, und die gravitationsbestimmte Wärmeübergangszahl α_g ergibt sich wie folgt:

$$\alpha_g = \frac{\lambda}{\delta} \quad [\text{W/m}^2\text{K}]$$

Bei der Kondensation in horizontalen Rohren und am horizontalen Rohrbündel ergeben sich dünne Kondensatfilme, und deshalb sind die Wärmeübergangszahlen sehr hoch. Mit zunehmender Kondensatbelastung wird der Film dicker und die α-Werte sinken. In **Bild 8.2.1.1** wird gezeigt, dass die Wärmeübergangszahl in den einzelnen Zonen eines Kondensators absinkt, weil der Kondensatfilm mit zunehmender Kondensatmenge dicker wird.

Bei der Kondensation in vertikalen Rohren oder an vertikalen Flächen wird der Kondensatfilm nach unten hin immer dicker. Das verschlechtert den Wärmeübergang im laminaren Bereich,

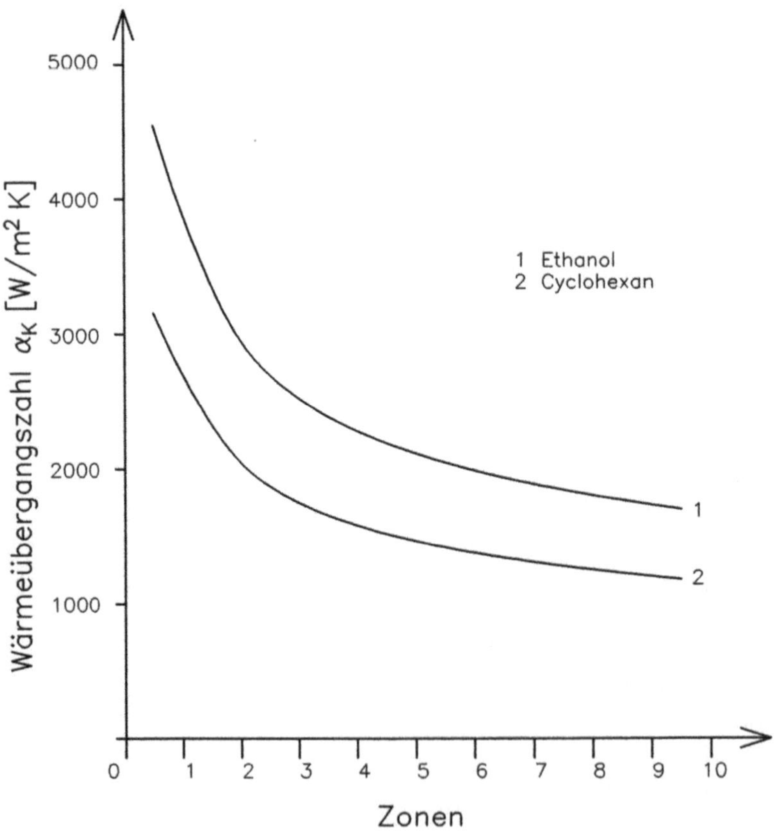

Bild 8.2.1.1: Wärmeübergangszahlen von Ethanol und Cyclohexan in den einzelnen Zonen eines Kondensators

Bild 8.2.1.2: Wärmeübergangszahlen von Ethanol und Cyclohexan bei der Kondensation in vertikalen Rohren

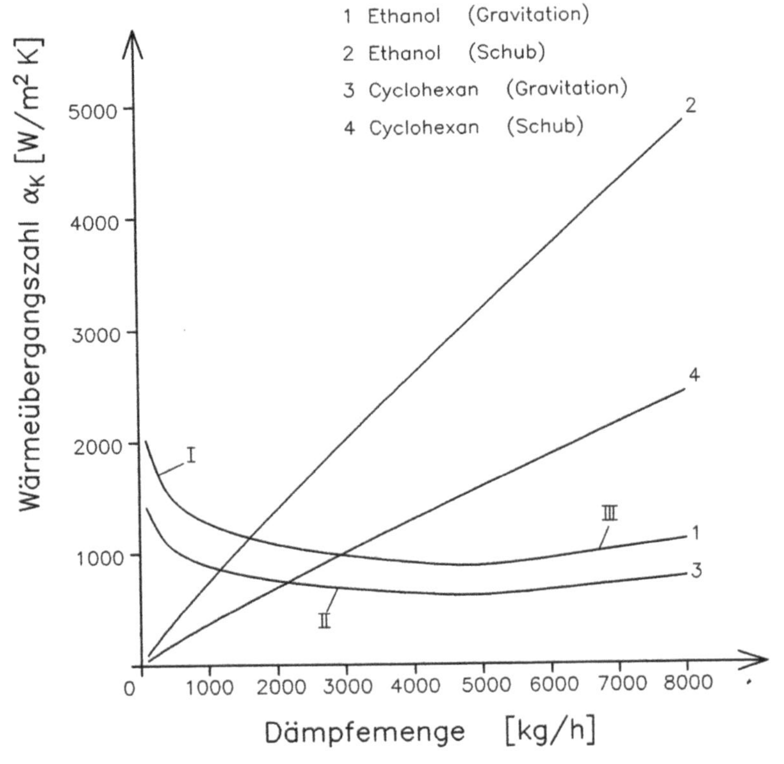

aber bei zunehmender Filmdicke bilden sich ab Re = 40 Wellen auf dem Kondensatfilm aus und verbessern den Wärmeübergang.

Die Wärmeübergangszahl sinkt mit zunehmender Kondensatbelastung weniger stark.

Ab einer Reynoldszahl Re = 1600 sind die Turbulenzen im Kondensatfilm so groß, dass der Wärmeübergangskoeffizient ansteigt.

Bei größeren Dämpfebelastungen des Kondensators bzw. höheren Reynoldszahlen des Kondensats wird der Wärmeübergang in horizontalen und vertikalen Rohren durch die Dampfschubspannung erheblich verbessert.

In **Bild 8.2.1.2** sind die Wärmeübergangszahlen von Ethanol und Cyclohexan in Abhängigkeit von der Dämpfemenge dargestellt.

Man unterscheidet zwischen dem schubspannungskontrollierten und dem schwerkraftbestimmten Wärmeübergang. Im Gravitationsbereich bilden sich in Abhängigkeit von der Kondensatreynoldszahl drei verschiedene Strömungsformen aus:

- Zone I bis Re = 40 mit laminarer Kondensatströmung ohne Wellen
- Zone II zwischen Re = 40 und Re = 1600 mit laminarer welliger Strömung
- Zone III ab Re = 1600 mit turbulenter Kondensatströmung.

In Zone I und II fällt die Wärmeübergangszahl mit zunehmender Dämpfemenge, weil der Kondensatfilm dicker wird. In Abschnitt II ist der Abfall der Wärmeübergangszahlen geringer als in Abschnitt I, weil der Wärmeübergang durch die Welligkeit des Kondensatfilms verbessert wird.

In Zone III steigt die Wärmeübergangszahl, weil der Wärmeübergangswiderstand durch die turbulente Kondensatströmung verringert wird.

Die Kurven 2 und 4 veranschaulichen die Verbesserung des Wärmeübergangs durch die Dampfschubspannung bei großen Dämpfemengen bzw. hohen Strömungsgeschwindigkeiten.

Auch bei der Kondensation in horizontalen Rohren kommt es bei hohen Dämpfebelastungen zu einer Verbesserung des Wärmeübergangs durch die Dampfschubspannung.

Die Kondensation auf der Mantelseite von horizontalen und vertikalen Rohrbündeln ist meistens gravitationsbestimmt. Erst bei Massenstromdichten m > 30 kg/m^{2}s kommt es zu einer Verbesserung des Wärmeübergangs durch Dampfschubspannung in den ersten Reihen.

8.3 Vergleich verschiedener Berechnungsmodelle

In einer technischen Studie wurden verschiedene Rechenmodelle zur Ermittlung der Wärmeübergangszahlen bei isothermer Kondensation für einen bestimmten wassergekühlten Kondensator angewendet. Die Ergebnisse sind in **Tabelle 8.3.1** aufgelistet.

Kondensatorabmessungen:
Manteldurchmesser 270 mm mit 50 Rohren 25 x 2, 6 m lang, A = 23,5 m^2
Kondensierter Stoff: Cyclohexan Kühlung: Kühlwasser 25/35 °C
Wärmewiderstand durch Verschmutzung und Wärmeleitung durch die Wand: 0,00035

In der Tabelle wird unterschieden zwischen der pauschalen und der zonenweisen Berechnung.

Bei der pauschalen Berechnung wird als Mittelwert für die Kondensatbelastung 50 % der Gesamtmenge für die Kondensatbelastung eingegeben, weil die Kondensatmenge von 0 am Eintritt auf 100 % im Austritt ansteigt. Eine mittlere Kondensatfilmdicke ergibt sich aus dem Mittelwert zwischen Ein- und Austritt, also bei 50 % der Gesamtdampfmenge.

Bei der zonenweisen Betrachtung wird der Kondensator in 10 Abschnitte unterteilt und für jede Zone die Wärmeübergangszahl für die Kondensat- und Dampfbelastung in diesem Abschnitt berechnet und die erforderliche Austauschfläche für die Zone ermittelt.

Die nach der pauschalen Methode ermittelten Wärmeübergangszahlen sind bei der gravitationsbestimmten Kondensation schlechter, weil der mittlere Kondensatfilm dicker ist als bei der Zonenberechnung.

Wenn aber die Schubspannung den Wärmeübergang bestimmt, kann sich bei der pauschalen Betrachtungsweise wegen der größeren Dampfmenge ein zu hoher Wert ergeben.

Tabelle 8.3.1: Wärmeübergangszahlen bei der isothermen Filmkondensation

Kondensat	α_K [W/m²K] Zonen					α_K [W/m²K] Pauschal					Wasser	
m [kg/h]	VDI	Kern	Colb	Huhn	GVWU	VDI	Kern	Colb	Huhn	GVWU	α_w	m [kg/h]
am horizontalen Rohrbündel												
100	5050	4360			4908	4721	4077			4589	603	852
500	2953	2549			2870	2761	2384			2684	606	4260
1000	2344	2023			2278	2191	1892			2130	879	8520
2000	1860	1606			1808	1739	1502			1690	1763	17040
3000	1625	1403			1579	1519	1312			1477	2612	25559
4000	1476	1274			1435	1380	1192			1342	3195	34079
5000	1370	1183			1332	1281	1106			1245	3735	42599
in horizontalen Rohren												
100	6527	5391			5397	6418	5041			5047	823	852
500	3817	3153			3156	3753	2948			2951	2005	4260
1000	3029	2502			2505	2979	2340			2342	2997	8520
2000	1898	1986			1988	2364	1857			1859	4429	17040
3000	1733	1735			1737	1836	1622			1624	5611	25559
4000	1582	1576			1578	1624	1474			1475	6642	34079
5000	1657	1463			1465	1896	1368			1369	7577	42599
in vertikalen Rohren												
100	1665	1510	24	1585	1574	1561	1412	46	1474	1414	823	852
500	1112	883	103	1045	1074	1035	825	199	986	1014	2005	4260
1000	1001	701	192	883	916	922	655	372	829	869	2997	8520
2000	993	556	359	805	789	905	520	695	730	745	4429	17040
3000	1061	505	517	798	863	958	454	1002	739	1006	5611	25559
4000	1185	513	670	806	1074	1035	412	1298	763	1304	6642	34079
5000	1338	544	819	819	1266	1422	383	1587	791	1594	7577	42599
am vertikalen Rohrbündel												
100	1747	1600		1661	1646	1639	1496		1540	1498	603	852
500	1143	936		1092	1118	1067	875		1030	1054	606	4260
1000	989	743		918	953	922	694		866	904	879	8520
2000	898	589		816	817	838	551		740	775	1763	17040
3000	874	515		798	731	820	481		731	708	2612	25559
4000	869	509		800	711	822	437		747	664	3195	34079
5000	873	509		809	720	833	406		769	543	3735	42599

Zu empfehlen ist eine Zonenberechnung für die Auslegung.

Die Ergebnisse der nach verschiedenen Modellen berechneten Wärmeübergangszahlen sind in den folgenden Abbildungen dargestellt:

Bild 8.3.1: Bei der Kondensation am horizontalen Rohrbündel sind die Ergebnisse nach allen vier Methoden fast identisch.

Bild 8.3.2: Bei der Kondensation in horizontalen Rohren weichen die Ergebnisse nach VDI-Wärmeatlas, Kern und GVWU = Nitsche nur wenig voneinander ab.

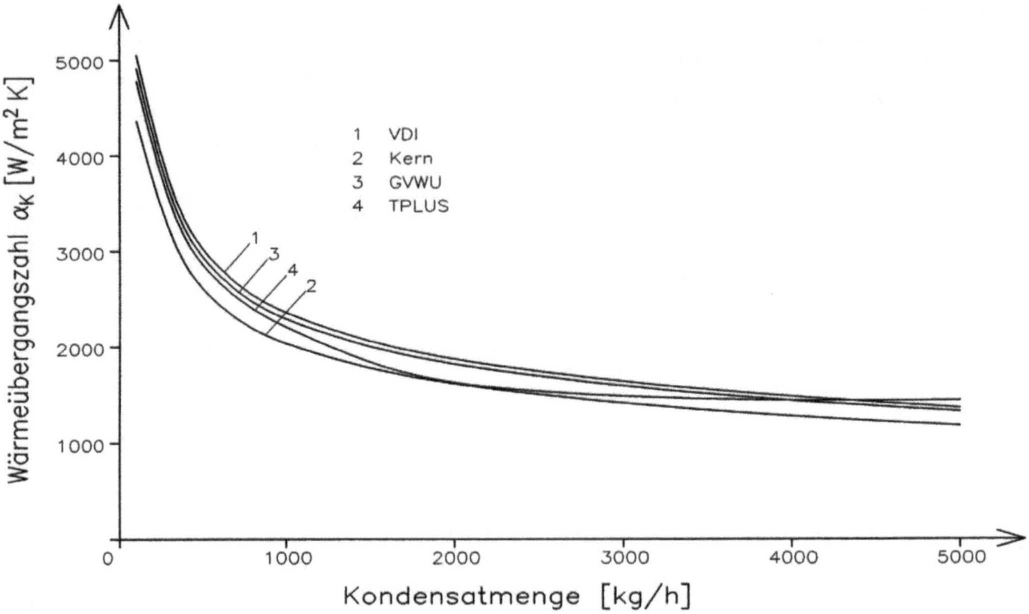

Bild 8.3.1: Wärmeübergangszahlen für die Kondensation am horizontalen Rohrbündel

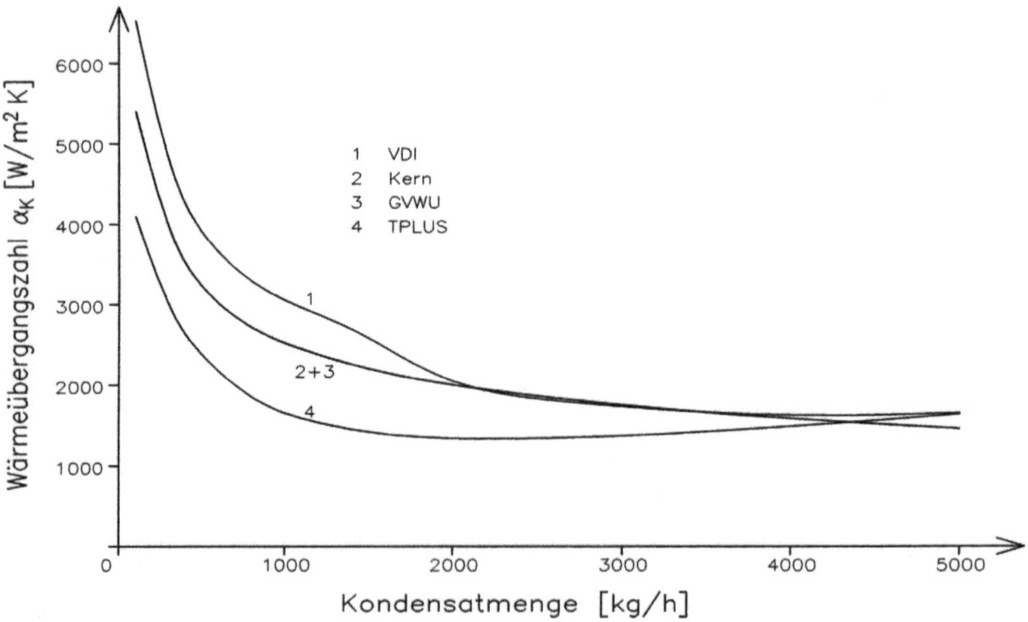

Bild 8.3.2: Wärmeübergangszahlen für die Kondensation in horizontalen Rohren

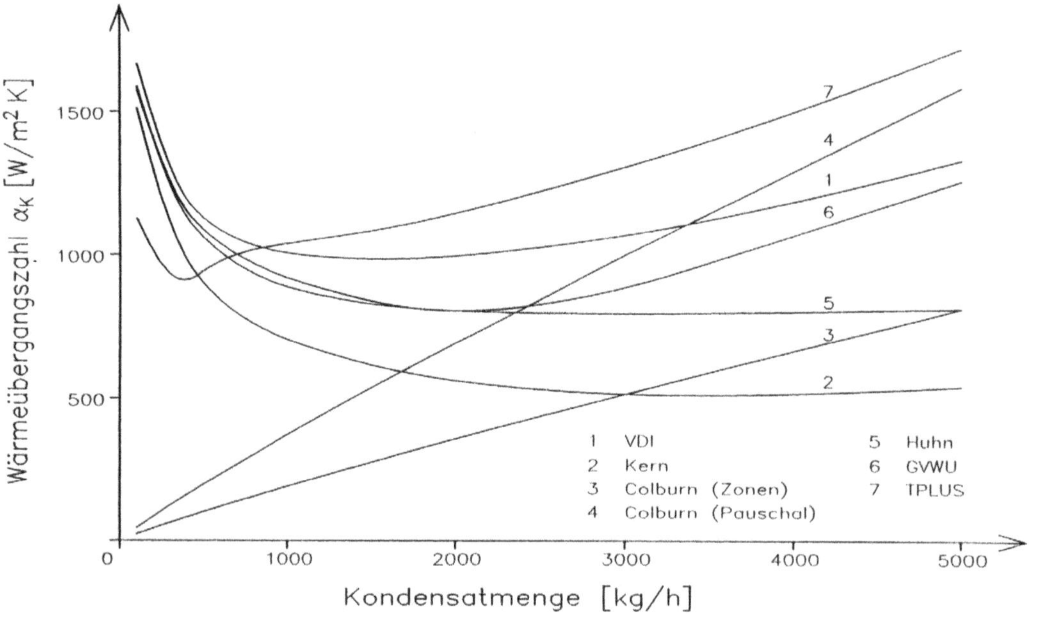

Bild 8.3.3: Wärmeübergangszahlen für die Kondensation in vertikalen Rohren

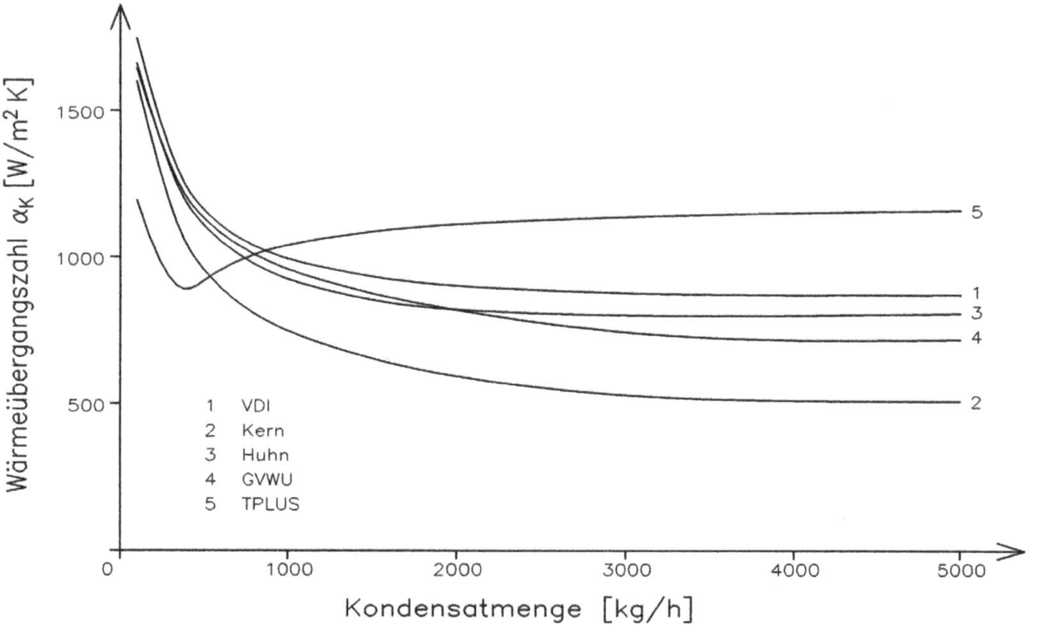

Bild 8.3.4: Wärmeübergangszahlen für die Kondensation am vertikalen Rohrbündel

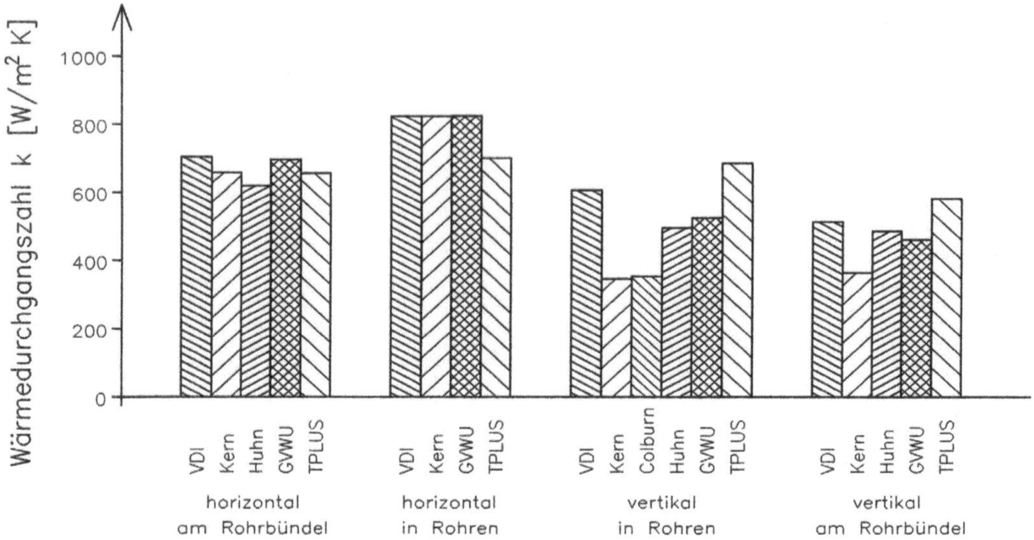

Bild 8.3.5: Wärmedurchgangszahlen für die verschiedenen Rechenmodelle

Bild 8.3.3: Bei der Kondensation in vertikalen Rohren sind die Methoden nach VDI und GVWU zu empfehlen, die beide die Verbesserung durch die Schubspannung berücksichtigen. Die Modelle nach Kern und Huhn liefern zu geringe Wärmeübergangszahlen. Das Verfahren nach Colburn sollte man vermeiden.

Bild 8.3.4: Die Rechenmethoden nach VDI, Huhn und GVWU liefern ähnliche Ergebnisse.

Bild 8.3.5: Bei der Berechnung der Wärmedurchgangszahl k werden die unterschiedlichen Werte der nach verschiedenen Modellen ermittelten Wärmeübergangszahlen weitgehend geglättet durch die Wärmeübergangszahl auf der Kühlwasserseite und die Verschmutzungsfaktoren.

Quellen:

Colburn: Applied Mechanics Reviews, Vol. 5 (1952), Rev. 247

GVWU: Rechenmethode von Dr. Nitsche

Huhn: Verfahrenstechnische Berechnungsmethoden Teil 1, VCA Verlag 1987

Kern: Process Heat Transfer, McGraw Hill 1950, N.Y.

VDI: VDI-Wärmeatlas 1994, Ja1–Ja19, VDI-Verlag

8.4 Kondensation mit Inertgas

Geringe Mengen nichtkondensierbarer Inertgase in den zu kondensierenden Dämpfen reduzieren die Wärmeübergangszahl für die Kondensation der Dämpfe drastisch, weil die zu kondensierenden Dämpfe durch das unkondensierbare Inertgas zur gekühlten Kondensationsoberfläche diffundieren müssen (Bild 8.4.1).

Das Inertgas reichert sich zur Kühlwand hin an, weil die Dämpfe auskondensieren, so dass sich ein Inertgasfilm an der Oberfläche ausbildet. Die Dämpfe müssen durch diesen Gasfilm zur kalten Kondensationsoberfläche diffundieren. Diese Transportbehinderung verschlechtert die Wärmeübergangszahl, z. B. bei Dampf in Anwesenheit von 1–10 Vol.-% Luft auf 10–30 % der Wärmeübergangszahl von Sattdampf ohne Inertgas.

Durch das Auskondensieren der Dämpfe nimmt der Inertgas-Partialdruck zur Kondensationsoberfläche hin zu und der Dämpfepartialdruck ab. Der abnehmende Dämpfepartialdruck hat zur Folge, dass die Tau- bzw. Kondensationstemperatur abgesenkt wird (Bild 8.4.1). Dadurch verringert sich die wirksame Temperaturdifferenz für die Kondensation und somit auch die Kondensationsleistung.

Das Inertgas dient als Träger für die Dämpfe und verschlechtert den Wirkungsgrad bei der Verflüssigung. Es muss wesentlich tiefer gekühlt werden, um die Dämpfe zu verflüssigen. Das wird in Bild 8.4.2 gezeigt.

Es gibt also drei Effekte, die bei Anwesenheit von Inertgasen die Kondensationsleistung verschlechtern:

1. Die Transportbehinderung durch den Gasfilm reduziert den α-Wert für die Kondensation.
2. Die Taupunktabsenkung verringert das wirksame Δt für den Wärmeübergang.

   Beispiel für die Absenkung des Wasserdampf-Taupunkts durch Inertgas
   Gesamtdruck: 950 mbar

Luftanteil [Vol.-%]	H_2O-Partialdruck [mbar]	Kondensationstemperatur [°C]
0	950	98,2
5,2	900	96,71
10,5	850	95,15
15,8	800	93,51
21,0	750	91,78

3. Es muss wesentlich tiefer gekühlt werden, um die Dämpfe auszukondensieren (Bild 8.4.2).

In Bild 8.4.1 wird gezeigt, wie der Dämpfepartialdruck und die Kondensationstemperatur zur gekühlten Wand hin abnehmen und wie sich durch die Zunahme des Inertgaspartialdrucks ein Gasfilm aufbaut.

Die Berechnungsmethode nach Colburn und Drew ist sehr aufwendig und wird normalerweise mit einem Computerprogramm durchgeführt.

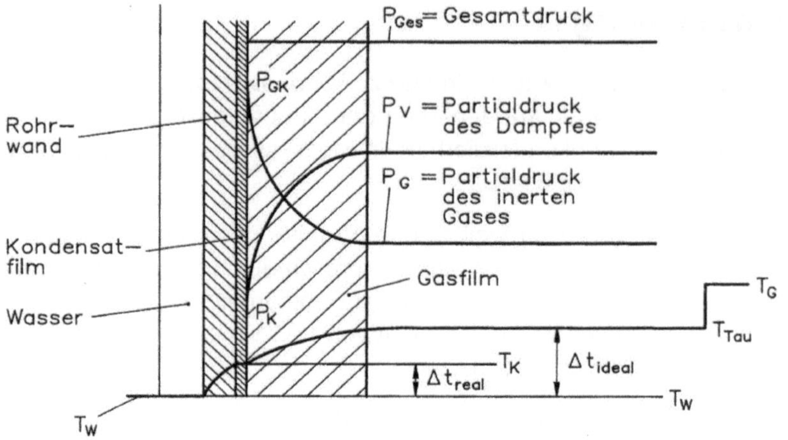

Bild 8.4.1: Kondensation mit Inertgas

$$\alpha_G = \cdot (T_G - T_K) + K \cdot M \cdot \lambda \cdot (P_V - P_K) = \alpha_A \cdot (T_K - T_W) = k \cdot (T_G - T_W)$$

α_A = wasserseitige Wärmeübergangszahl [W/m^2K]
α_G = gasseitige Wärmeübergangszahl [W/m^2K]
k = Wärmedurchgangszahl [W/m^2K]
K = Stoffübergangskoeffizient [$kmol/h\ m^2bar$]
M = Molgewicht
T_G = Gastemperatur [K]
T_{Tau} = Kondensationstemperatur [K]
T_K = Kondensatfilmtemperatur [K]
T_W = Kühlwassertemperatur [K]
λ = Verdampfungswärme [Wh/kmol]

Ein Beispiel für eine Handrechnung wird in Hewitt (5) gegeben.

Für Handrechnungen kann folgende sehr einfache Berechnungsmethode zur Bestimmung der Wärmeübergangszahl in Anwesenheit von Inertgas angewendet werden.

$$\alpha_{korr} = \frac{1}{\frac{Q_{Gas}}{Q_{ges} \cdot \alpha_{Gas}} + \frac{1}{\alpha_{Kond}}} \quad [W/m^2K]$$

Q_{gas} = Konvektive Wärmeleistung zur Gas- bzw. Dämpfekühlung
Q_{ges} = Gesamte Wärmeleistung für das Kühlen und Kondensieren
α_{Gas} = Wärmeübergangszahl für das konvektive Kühlen
α_{Kond} = Wärmeübergangszahl für die Kondensation

Zusätzlich zur Kondensation muss entlang der Taulinie konvektiv gekühlt werden und wegen der geringen Wärmeübergangszahlen für das Heizen und Kühlen von Gasen und Dämpfen wird die Wärmeübergangszahl für das Kondensieren drastisch reduziert.

Beispiel 8.4.1: Kondensation von 2000 kg/h Xyloldämpfen mit 40 kg/h Stickstoff

Die Kondensation von reinen Xylol-Dämpfen erfolgt am Taupunkt bei 143,9 °C. Die Wärmeübergangszahl beträgt $\alpha_{Kond} = 1680\ W/m^2K$ und die Wärmedurchgangszahl $k = 632\ W/m^2K$.

Bei einer Kühlung mit Kühlwasser von 25 °C auf 35 °C ergibt sich eine treibende Temperaturdifferenz von 113,8 °C. Daraus ermittelt man die erforderliche Wärmetauscherfläche A für Q = 195 kW:

$$A = \frac{Q}{k \cdot \Delta t} = \frac{195000}{632 \cdot 113{,}8} = 2{,}7\ m^2$$

Für ein Gemisch aus 2000 kg/h Xylol und 40 kg/h Stickstoff ergibt sich folgende Rechnung:

Das Gemisch muss auf 40 °C gekühlt werden, um die 2000 kg/h Xylol zu verflüssigen. Das reduziert die wirksame Temperaturdifferenz auf 71,7 °C.

Berechnung des korrigierten Wärmeübergangskoeffizienten α_{korr}

$Q_{gas} / Q_{ges} = 0{,}316$ $\alpha_{Gas} = 195\ W/m^2K$ $\alpha_{Kond} = 1680\ W/m^2K$

$$\alpha_{korr} = \frac{1}{\frac{0{,}316}{195} + \frac{1}{1680}} = 451\ W/m^2K$$

Berechnung der Wärmedurchgangszahl k mit $\alpha_{Kühlwasser} = 2956\ W/m^2K$

$$\frac{1}{k} = \frac{1}{2956} + \frac{1}{451} + 0{,}00034 \qquad k = 345\ W/m^2K$$

Erforderliche Wärmetauscherfläche A für Q = 312 kW: $A = \frac{312000}{71{,}7 \cdot 345} = 12{,}6\ m^2$

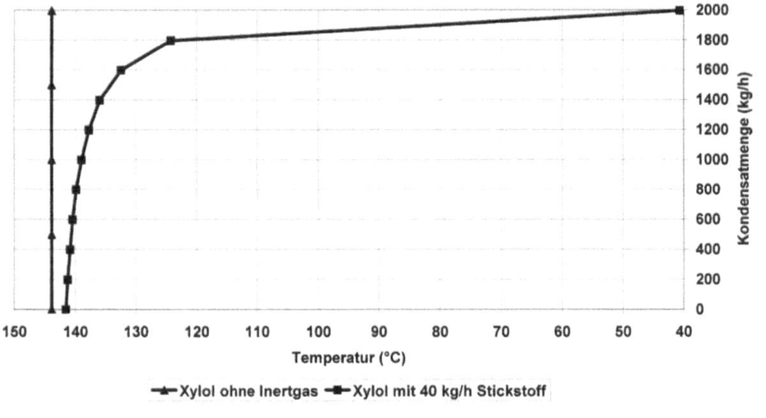

Bild 8.4.2: Kondensierte Xylolmenge in Abhängigkeit von der Temperatur

8.5 Kondensation von Mehrstoffgemischen

Für die Auslegung von Kondensatoren für Mehrstoffgemische benötigt man die Kondensationkurve zwischen Tau- und Siedepunkt. Die Kondensation verläuft nicht isotherm. Die Berechnung derartiger Kondensationskurven von Mehrstoffgemischen ist nicht einfach, insbesondere für unideale Gemische. Der Kondensationsverlauf wird in **Bild 8.5.1** für das Binärgemisch Benzol-Toluol gezeigt.

Die Dämpfe treten mit y_1 = 30 Mol-% Benzol in den Kondensator ein. Der Taupunkt liegt bei 104 °C. In der auskondensierten Flüssigkeit ist der Hochsieder Toluol angereichert und die Konzentration des leichteren Benzol sinkt von y_1 im Dampf auf x_1 im Kondensat.

Durch das bevorzugte Auskondensieren des Hochsieders Toluol steigt die Benzolkonzentration der Dämpfe an auf y_2 mit der Gleichgewichtskonzentration x_2 im Kondensat.

Nach der Kühlung auf den Siedepunkt bei 96 °C beträgt die Dämpfekonzentration y_3, und das austretende Kondensat hat die gleiche Zusammensetzung wie die Dämpfe beim Eintritt: $y_1 = x_3$.

Die Temperaturabsenkung vom Tau- auf den Siedepunkt beeinflusst die wirksame Temperaturdifferenz für den Wärmeübergang.

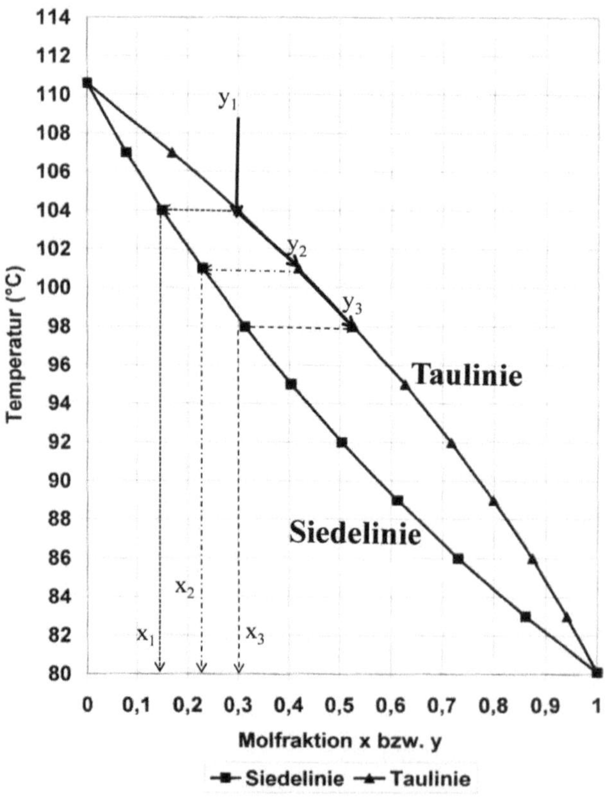

Bild 8.5.1: Siede- und Taulinie für das Gemisch Benzol-Toluol

Bei nichtgeradlinigem Verlauf der Temperatur im Temperatur-Wärmeleistung-Diagramm muss die mittlere gewogene Temperaturdifferenz WMTD bestimmt werden (siehe Beispiel 8.5.4).

Im Vergleich mit der isothermen Kondensation einzelner Komponenten sind die Wärmeübergangzahlen beim Kondensieren von Gemischen deutlich schlechter, weil die Leichtsieder an der Kühlfläche das Kondensieren der höher siedenden Komponenten behindern bzw. weil das Gemisch konvektiv vom Taupunkt auf den Siedepunkt gekühlt werden muss.

Die Verschlechterung der Wärmeübergangskoeffizienten wird in der folgenden Übersicht gezeigt.

Komponenten	**Benzol**	**Benzol + Toluol**	**Benzol + Toluol + Xylol**
Wärmeübergangszahl [W/m^{2}K]	1983	1662	1410
Komponenten	**Butan**	**Butan + Toluol**	**Butan + Toluol + Xylol**
Wärmeübergangszahl [W/m^{2}K]	2211	1405	1218

Die Wärmeübergangszahl für das konvektive Kühlen von Gasen oder Dämpfen ist sehr viel schlechter als der α-Wert für das Kondensieren. Deshalb ist der korrigierte α-Wert unter Berücksichtigung von konvektiver Kühlung und Kondensation geringer als die Wärmeübergangszahl für das reine Kondensieren.

Die Verschlechterung des Wärmeübergangskoeffizienten durch das konvektive Kühlen ist abhängig von der Wärmeleistung Q_{Gas} für die Gas- bzw. Dämpfekühlung.

Eine Verbesserung der konvektiven Wärmeübergangszahl für die Dämpfekühlung erreicht man durch eine höhere Strömungsgeschwindigkeit der Dämpfe.

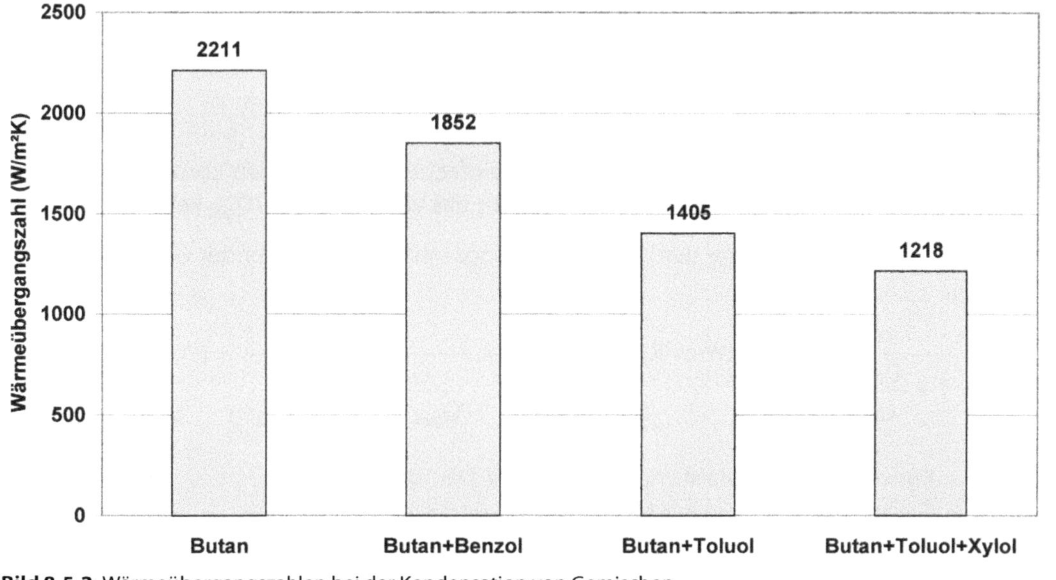

Bild 8.5.2: Wärmeübergangszahlen bei der Kondensation von Gemischen

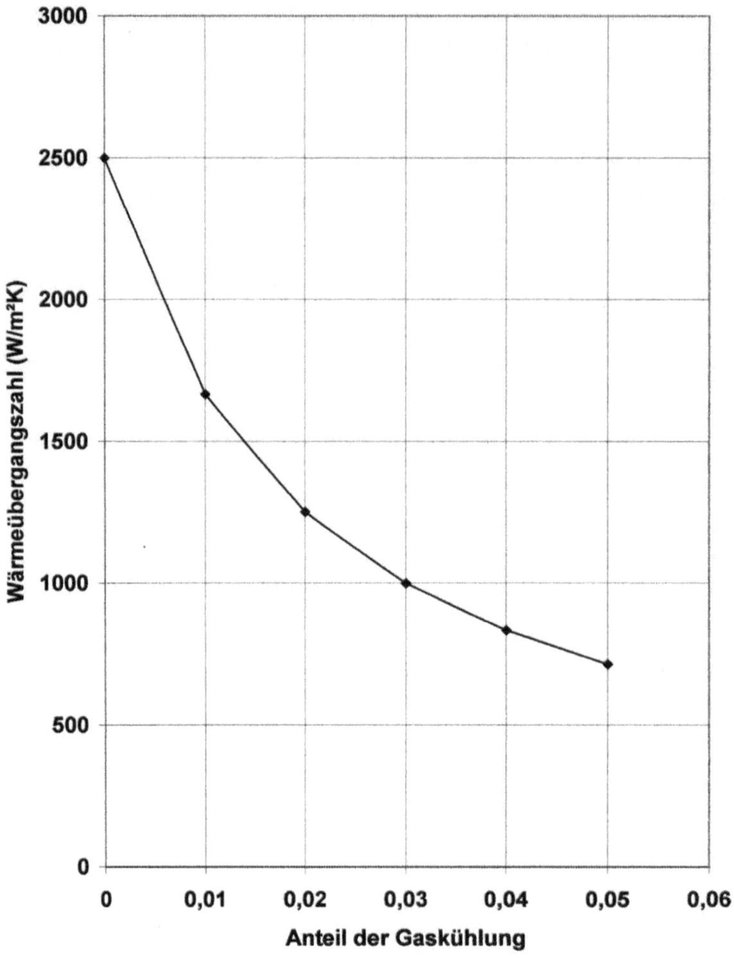

Bild 8.5.3: Wärmeübergangszahlen für die Kondensation als Funktion der anteiligen Gaskühlung

Im Folgenden wird gezeigt, wie man mit einer einfachen Methode den korrigierten α-Wert für die Kondensation abschätzen kann, wenn man das Verhältnis Q_{gas}/Q_{ges} kennt.

In **Bild 8.5.3** ist die Abnahme der Wärmeübergangszahl mit zunehmender Gaskühlung dargestellt.

$$\alpha_{korr} = \frac{\alpha_{Kond}}{1 + \dfrac{Q_{Gas} \cdot \alpha_{Kond}}{Q_{ges} \cdot \alpha_{Gas}}} \quad [\mathrm{W/m^2K}] \qquad \alpha_{korr} = \frac{1}{\dfrac{Q_{Gas}}{Q_{ges} \cdot \alpha_{Gas}} + \dfrac{1}{\alpha_{Kond}}} \quad [\mathrm{W/m^2K}]$$

Q_{gas} = Konvektive Wärmeleistung zur Gas- bzw. Dämpfekühlung
Q_{ges} = Gesamte Wärmeleistung für das Kühlen und Kondensieren
α_{Gas} = Wärmeübergangszahl für das konvektive Kühlen
α_{Kond} = Wärmeübergangszahl für die Kondensation

Beispiel 8.5.1: Kondensation eines Mehrstoffgemisches mit Berücksichtigung der Gaskühlung

$\alpha_{Gas} = 50\ W/m^2K$ $\alpha_{Kond} = 2500\ W/m^2K$ $Q_{gas} / Q_{ges} = 0{,}05$

$$\alpha_{korr} = \frac{1}{\frac{0{,}05}{50} + \frac{1}{2500}} = 714\ W/m^2K \qquad \alpha_{korr} = \frac{\alpha_{Kond}}{1 + \frac{0{,}05 \cdot 2500}{50}} = 714\ W/m^2K$$

Durch die Dämpfekühlung wird der hohe α-Wert von 2500 W/m²K für die Kondensation auf 714 W/m²K abgesenkt.

Beispiel 8.5.2: Kondensation eines Gemisches aus 1000 kg/h Benzol und 1000 kg/h Xylol

Taupunkt: 121,8 °C Siedepunkt: 96,1 °C

$Q_{gas} = 25{,}5\ kW$ $Q_{ges} = 238\ kW$ $Q_{gas} / Q_{ges} = 0{,}109$

$\alpha_{Kond} = 2000\ W/m^2K$ $\alpha_{Gas} = 238\ W/m^2K$

$$\alpha_{korr} = \frac{1}{\frac{0{,}109}{238} + \frac{1}{2000}} = 1041\ W/m^2K$$

Die konvektive Kühlung vom Taupunkt 121,8 °C auf den Siedepunkt 96,1 °C reduziert die Wärmeübergangszahl von 2000 W/m²K auf 1041 W/m²K.

Beispiel 8.5.3: Kondensation eines inertgashaltigen Gemisches

Stickstoff	50 kg/h
Pentan	1000 kg/h
Oktan	2000 kg/h
Nonan	3000 kg/h
Gesamt	6050 kg/h

Eintritt: 132 °C 6050 kg/h Dämpfe

Austritt: 30 °C

Kondensiert: 5968 kg/h

Gasaustritt: 82 kg/h

$Q_{gas} = 350{,}2\ kW$ $Q_{ges} = 881{,}2\ kW$ $Q_{gas}/Q_{ges} = 0{,}397$ $A = 66{,}6\ m^2$

$\alpha_{Gas} = 260\ W/m^2K$ $\alpha_{Kond} = 1500\ W/m^2K$ $WMTD = 45{,}26\ °C$

$$\alpha_{korr} = \frac{1}{\frac{0{,}397}{260} + \frac{1}{1500}} = 455{,}5\ W/m^2K$$

Kühlwasser: $\alpha = 2690\ W/m^2K$

$$\frac{1}{k} = \frac{1}{2690} + \frac{1}{455{,}5} + 0{,}00034 \qquad k = 344\ W/m^2K$$

$$Q = k \cdot A \cdot WMTD = 344 \cdot 66{,}6 \cdot 45{,}26 = 1036937\ W$$

Beispiel 8.5.4: Kondensation eines Gemisches aus 500 kg/h Pentan und 4000 kg/h Dekan

Taupunkt: 167,6 °C Siedepunkt: 96,1 °C Wärmeleistung $Q_{ges} = 588$ kW

Die Kondensationskurve zwischen Tau- und Siedepunkt ist in **Bild 8.5.4** dargestellt. Die Dampf- und Kondensatmengen als Funktion der Temperatur werden in **Bild 8.5.5** gezeigt.

Kühlwasser: $\alpha = 4900\ W/m^2K$

$\alpha_{Kond} = 1700\ W/m^2K$ $\alpha_{Gas} = 370\ W/m^2K$ $Q_{gas}/Q_{ges} = 0{,}366$ $A = 14\ m^2$

Berechnung der korrigierten Wärmeübergangszahl:

$$\alpha_{korr} = \frac{1}{\frac{0{,}366}{370} + \frac{1}{1700}} = 634\ W/m^2K$$

Durch das konvektive Kühlen der Dämpfe vom Tau- zum Siedepunkt verschlechtert sich die Wärmeübergangszahl von 1700 W/m²K auf 634 W/m²K.

Berechnung der Wärmedurchgangszahl:

$$\frac{1}{k} = \frac{1}{4900} + \frac{1}{634} + 0{,}00034 \qquad k = 471\ W/m^2K$$

Berechnung der mittleren gewogenen Temperaturdifferenz

Wegen des nichtgeradlinigen Verlaufs der Temperatur über der Wärmeleistung muss die gewogene mittlere Temperatur ermittelt werden (siehe Kapitel 2). Dazu wird die in **Bild 8.5.6** dargestellte Temperatur-Wärmeleistung-Kurve in 4 Zonen mit annähernd geradlinigem Verlauf unterteilt. Für jede Zone wird die Wärmeleistung und die korrigierte

Temperaturdifferenz CMTD ermittelt und dann die mittlere gewogene Temperaturdifferenz berechnet.

Berechnung der gewogenen Temperaturdifferenz WMTD:

$Q_1 = 81{,}3$ kW	$CMTD_1 = 136{,}5$ °C	$Q_1/CMTD_1 = 0{,}595$
$Q_2 = 120$ kW	$CMTD_2 = 132{,}2$ °C	$Q_2/CMTD_2 = 0{,}908$
$Q_3 = 106$ kW	$CMTD_3 = 123{,}1$ °C	$Q_3/CMTD_3 = 0{,}86$
$Q_4 = 274$ kW	$CMTD^4 = 89{,}35$ °C	$Q_4/CMTD_4 = 3{,}066$
$\Sigma Q = 588$ kW		$\Sigma Q/CMTD = 5{,}43$

$$WMTD = \frac{\Sigma Q}{\Sigma Q / CMTD} = \frac{588}{5{,}43} = 108{,}3\ °C$$

Unter der Annahme einer geradlinigen Temperaturkurve erhält man CMTD = 97,5 °C. Dieser Wert ist falsch!

Berechnung der Gesamtwärmeleistung:

$$Q = k \cdot A \cdot WMTD = 471 \cdot 14 \cdot 108{,}3 = 714130\ W$$

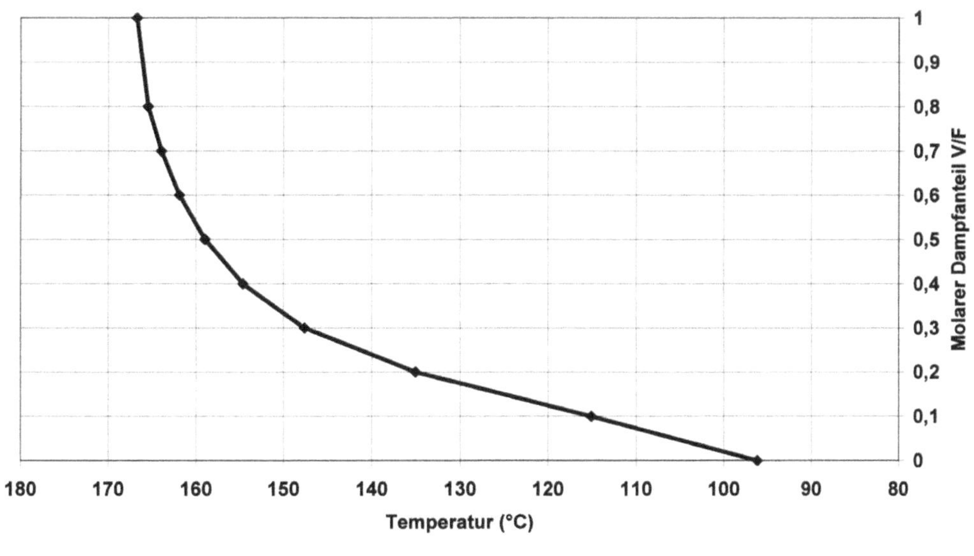

Bild 8.5.4: Kondensationskurve des Gemisches Pentan-Dekan

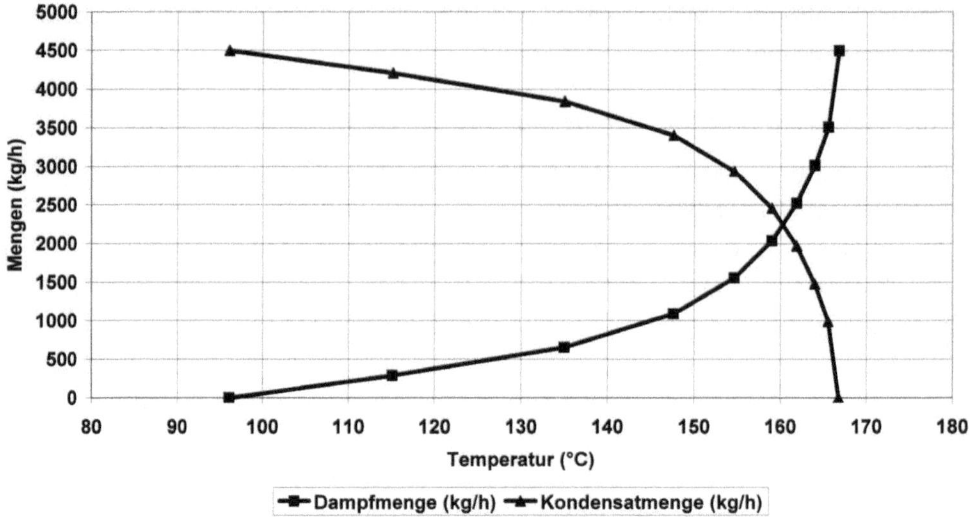

Bild 8.5.5: Dampf- und Kondensatmengen als Funktion der Temperatur für das Pentan-Dekan-Gemisch

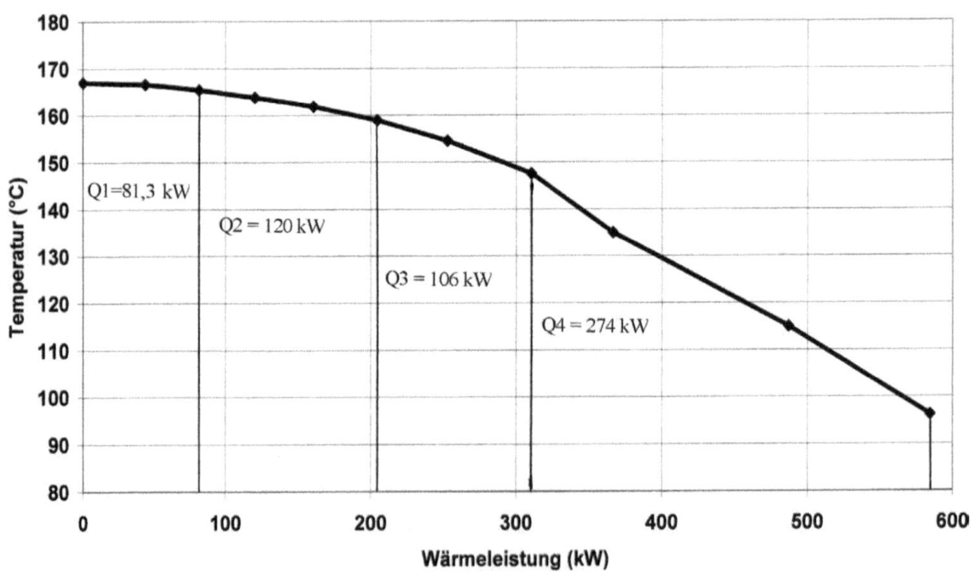

Bild 8.5.6: Temperatur-Wärmeleistung-Kurve für das Pentan-Dekan-Gemisch

Differential- und Integralkondensation

Bei der Kondensation am horizontalen Rohrbündel handelt es sich nicht um eine Gleichgewichts- bzw. Integralkondensation, bei der Dampf und Flüssigkeit im Gleichgewicht stehen. Die am Eintritt des Kondensators auskondensierten Hochsieder laufen von den Rohren ab auf den Boden des Wärmetauschers und nehmen nicht mehr am Gleichgewicht teil.

Für diese Differential- oder Ungleichgewichtskondensation gelten schlechtere Kondensationsbedingungen. Die Leichtsieder reichern sich im Verlauf der Kondensation an und erniedrigen den Taupunkt. Die wirksame Temperaturdifferenz wird kleiner und es muss tiefer gekühlt werden. Das wirkt sich besonders stark aus bei der Kondensation von Komponenten mit weit auseinander liegenden Siedepunkten, z. B. Ammoniak-Wasser.

In **Bild 8.5.7** wird ein Gleichgewichtskondensator mit der Kondensation in vertikalen Rohren und ein Differentialkondensator mit Stufenkondensation am horizontalen Rohrbündel gezeigt.

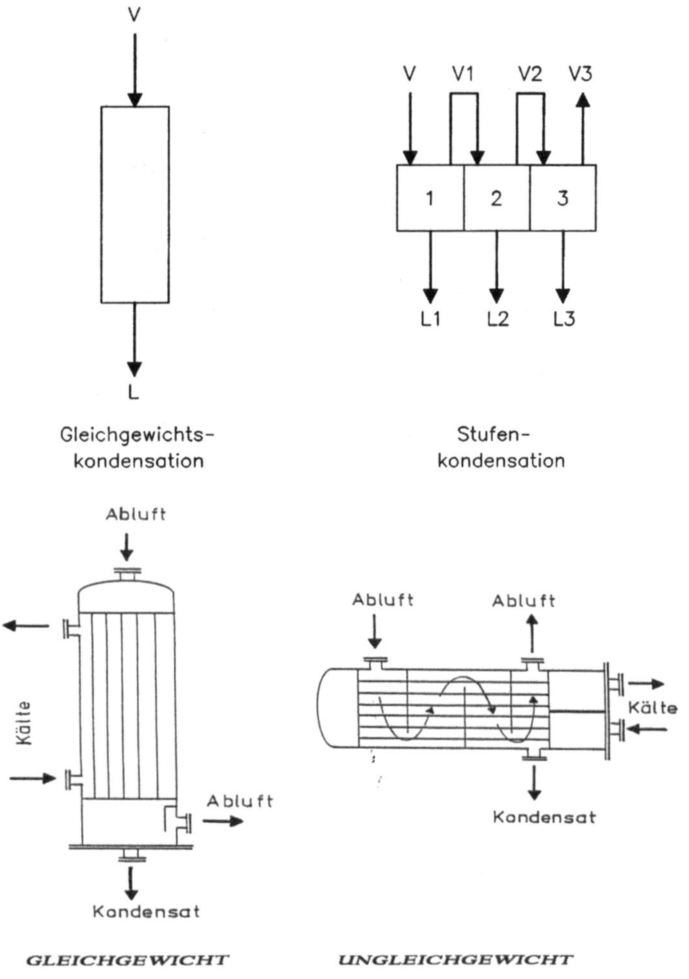

Bild 8.5.7: Integral- und Differentialkondensator

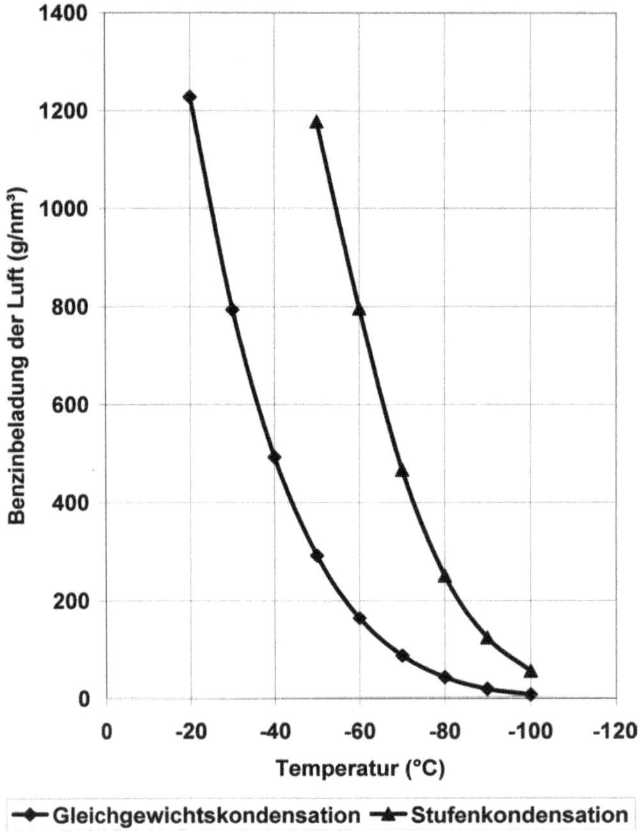

Bild 8.5.8: Kondensationsverlauf für die integrale und die differentielle Kondensation eines Benzindampfgemisches in Abluft

In **Bild 8.5.8** ist der Kondensationsverlauf für ein Gemisch aus den leichten Kohlenwasserstoffen Propan, Butan und Pentan in Luft bei integraler und Stufenkondensation dargestellt.

Bei der Stufenkondensation muss viel tiefer gekühlt werden, um die Benzindämpfe zu verflüssigen.

8.6 Verschiedenes

Im Folgenden werden einige Probleme bei der Auswahl und Auslegung von Kondensatoren behandelt.

8.6.1 Druckverlust im Kondensator

Tau- und Siedepunkt von Mehrkomponentengemischen werden bestimmt von der Dämpfezusammensetzung und dem Druck. Durch einen Druckverlust im Kondensator sinkt der Druck im System. Dadurch werden Tau- und Siedepunkt erniedrigt. Das reduziert die wirksame Temperaturdifferenz für die Kondensation.

Beispiel 8.6.1.1: Kondensation von 2 t/h Benzol und 2 t/h Toluol mit Kühlwasser 25/35 °C bei verschiedenen Drücken

Druck = 1 bar:	Taupunkt = 97,48 °C	Siedepunkt = 90,94 °C	CMTD = 64,02 °C
Druck = 0,95 bar:	Taupunkt = 95,68 °C	Siedepunkt = 89,12 °C	CMTD = 62,2 °C
Druck = 0,5 Bar:	Taupunkt = 74,56 °C	Siedepunkt = 67,76 °C	CMTD = 40,9 °C

8.6.2 Kondensatablaufrohr

Die Ablaufströmung aus dem Kondensator zum Kondensatsammler sollte selbstentlüftend sein. Das wird erreicht mit einer Froudezahl Fr < 0,31.

$$Fr = \frac{w}{\sqrt{g \cdot d}} = 2{,}4 \cdot \left(\frac{H}{d}\right)^{1{,}5} < 0{,}31$$

Den erforderlichen Stutzendurchmesser d für eine Kondensatauslaufmenge V [m³/h] ermittelt man folgendermassen.

$$d = 0{,}0422 \cdot V^{0{,}4} \quad [m]$$

Dabei beträgt das Verhältnis Flüssigkeitshöhe H über dem Stutzen zum Stutzendurchmesser H / d = 0,25.

Zur Vermeidung von Nachverdampfung durch den statischen Unterdruck im Ablaufrohr ist eine Flüssigkeitshöhe H_{erf} über dem Ablaufstutzen erforderlich.

$$H_{erf} = \frac{2 \cdot w^2}{g} \quad [m]$$

Beispiel 8.6.2.1: Kondensatablaufrohr für V = 4 m³/h

$d = 0{,}0422 \cdot 4^{0{,}4} = 0{,}0735\ m = 73{,}5\ mm$ $\qquad H = 0{,}25 \cdot 0{,}0735 = 0{,}018\ m = 18{,}4\ mm$

$$\text{Strömungsgeschwindigkeit } w = \frac{4 / 3600}{0{,}0735^2 \cdot \pi / 4} = 0{,}263\ m/s$$

$$Fr = \frac{0{,}263}{\sqrt{9{,}81 \cdot 0{,}0735}} = 0{,}31 = 2{,}4 \cdot \left(\frac{18{,}4}{73{,}5}\right)^{1{,}5} = 0{,}3 < 0{,}31$$

$$H_{erf} = 2 \cdot \frac{0{,}263^2}{9{,}81} = 0{,}014\ m = 14\ mm$$

8.6.3 Schluckfähigkeit

Bei der Kondensation in vertikalen oder horizontalen Rohren muss die Schluckfähigkeit G beim Eintritt aus einem großen Dämpferohr in die vielen kleinen Rohre des Kondensators überprüft werden.

Die Schluckfähigkeit wird mit der adiabaten Ausflussgleichung für Düsen berechnet.

$$G = \varepsilon \cdot F \cdot \psi \cdot \sqrt{2 \cdot P_1 \cdot \rho_1} \quad [kg/s]$$

$$\psi = \sqrt{\frac{\kappa}{\kappa - 1} \cdot \left[\left(\frac{P_2}{P_1}\right)^{2/\kappa} - \left(\frac{P_2}{P_1}\right)^{\frac{\kappa+1}{\kappa}}\right]}$$

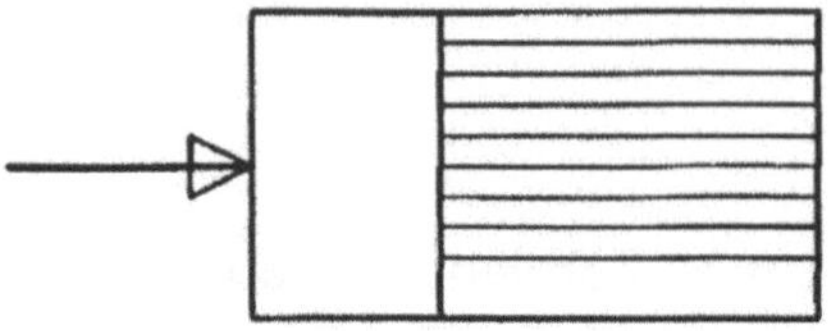

F = Strömungsquerschnitt [m^2]
G = Schluckfähigkeit [kg/s]
P_1 = Druck vor dem Eintritt in die Rohre [Pa]
P_2 = Druck beim Austritt aus den Rohren [Pa]
ε = Strahlkontraktion (0,5–0,8)
κ = Adiabatenexponent
ψ = Durchflussfunktion

Insbesondere bei der Kondensation im Vakuum wird die Kondensationsleistung durch die Schluckfähigkeit beschränkt.

Beispiel 8.6.3: Schluckvermögen eines Kondensators DN 700 mit 364 Rohren 25 x 2

Molgewicht M = 200 Gasdichte $\rho_1 = 0{,}129$ kg/m³ $\kappa = 1{,}4$

$P_1 = 2000$ Pa $P_2 = 1500$ Pa $P_2 / P_1 = 0{,}75$

$\psi = 0{,}4279$ $\varepsilon = 0{,}8$

Berechnung des Schluckvermögens:

$$G = 0{,}8 \cdot 0{,}000346 \cdot 0{,}4279 \cdot \sqrt{2 \cdot 2000 \cdot 0{,}129} = 0{,}00269 \text{ kg/s pro Rohr} = 9{,}68 \text{ kg/h}$$

Maximaler Gesamtdurchsatz in 364 Rohren: 3525 kg/h

Berechnung der Kondensationsleistung M (kg/h):

A = 114,3 m^2 Fläche im Kondensator (L = 4 m)

k = 600 W/m²K LMTD = 25 °C Verdampfungswärme r = 150 Wh/kg

$$Q = k \cdot A \cdot LMTD = 600 \cdot 114{,}3 \cdot 25 = 1714500 \text{ W}$$

$$M = \frac{Q}{r} = \frac{1714500}{150} = 11430 \text{ kg/h}$$

Wärmetechnisch können 11430 kg/h kondensiert werden, aber durch die Schluckfähigkeit ist der Durchsatz auf 3525 kg/h begrenzt.

8.6.4 Kopfkondensatoren auf Kolonnen

Die Anordnung von Kondensatoren am Kopf von Destillationskolonnen hat einige Vorteile:

- Das Pumpen des Rücklaufs zum Kolonnenkopf entfällt:
  - Keine Pumpen erforderlich und keine Rohrleitungen und kein Stahlgerüst für den Kondensator und den Sammler.
  - Es wird keine Energie für die Rücklaufpumpen benötigt.
- Durch den Wegfall der langen Dämpfeleitung wird der Druckverlust verringert. Das ist insbesondere bei Vakuumdestillationen ein großer Vorteil.
- Der geringe „hold up" im Kondensator erleichtert die Trennung bei diskontinuierlichen Blasendestillationen.

Entscheidend für die ordnungsgemäße Funktion eines Kopfkondensators ist die richtige hydraulische Auslegung der Rücklaufleitung. Es handelt sich um den Schwerkraftablauf einer siedenden Flüssigkeit vom Kondensator zur Kolonne.

Die treibende Höhe H muss größer sein als der Druckverlust zwischen den Punkten A und B. H ist ist die Höhendifferenz zwischen dem Kondensatoraustrittsstutzen und dem Kolonneneintrittsstutzen. Die Dampfdichte ρ_2 wird vernachlässigt.

$$H \cdot \rho_1 \cdot g = \Delta P_{Kond} + \Delta P_R + \Delta P_M + \Delta P_{RV}$$

ΔP_{Kon} = Druckverlust im Kondensator [Pa]
ΔP_R = Druckverlust in der Rücklaufleitung [Pa]
ΔP_M = Druckverlust einer Durchflussmessung [Pa]
ΔP_R = Druckverlust einer Regelarmatur [Pa]

Um große Zusatzhöhen zur Vergrößerung der Höhendifferenz H zu vermeiden, werden die Druckverluste in der Rücklaufleitung minimiert. Es werden Durchflussmessgeräte mit geringem Druckverlust eingesetzt und nur in Sonderfällen wird ein Regelventil installiert. Die Rücklaufleitung wird für selbstentlüftende Strömung dimensioniert.

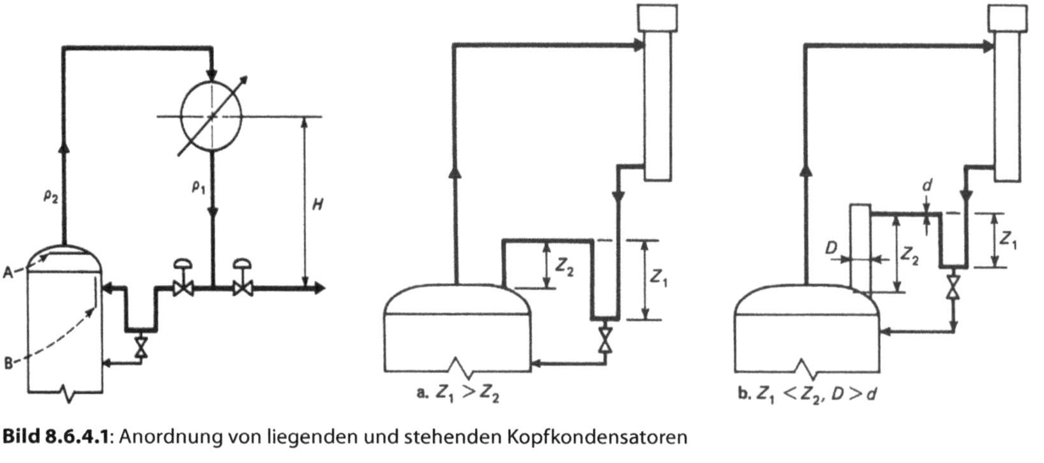

Bild 8.6.4.1: Anordnung von liegenden und stehenden Kopfkondensatoren

Beispiel 8.6.4.1: Auslegung einer Rücklaufleitung für V = 28,26 m³/h

Berechnung des Durchmessers für selbstentlüftende Strömung:

$d = 0{,}0422 \cdot 28{,}26^{0{,}4} = 0{,}160\ \text{m} = 160\ \text{mm}$

Berechnung des Druckverlustes für den Rücklauf:

Strömungsgeschwindigkeit $w = 0{,}39$ m/s

Rohrleitungslänge $L = 10$ m Flüssigkeitsdichte $\rho = 800\ \text{kg/m}^3$

$$\Delta P_R = \left(0{,}04 \cdot \frac{10}{0{,}16}\right) \cdot \frac{0{,}39^2 \cdot 800}{2} = 152\ \text{Pa}$$

Druckverlust im Kondensator und im Durchflussmessgerät:

$\Delta P_{Kond} = 200$ Pa $\Delta P_M = 6000$ Pa

Gesamtdruckverlust $\sum \Delta P = 200 + 152 + 6000 = 6352$ Pa

Benötigte Höhendifferenz H:

$$H_{ben} = \frac{\sum \Delta P}{g \cdot \rho} = \frac{6352}{9{,}81 \cdot 800} = 0{,}81\ \text{m}$$

Gewählt: $H = 1{,}5$ m

Durch Belastungsänderungen in der Kolonne kann es zu Störungen im hydraulischen Gleichgewicht und Rücklaufschwankungen kommen. Das verschlechtert den Wirkungsgrad der Fraktionierung.

Durch die Installation einer Regelarmatur in die Rücklaufleitung können die Rücklaufschwankungen unterbunden werden, aber es muss genügend Höhe H für den zusätzlichen Druckverlust im Regelventil zur Verfügung stehen.

Beispiel 8.6.4.2: Rücklaufleitung mit Regelventil

Daten von Beispiel 8.6.4.1

Zusätzlicher Druckverlust im Regelventil $\Delta P_{RV} = 0{,}2\ \text{bar} = 20000$ Pa

$$\sum \Delta P = \Delta P_{Kon} + \Delta P_R + \Delta P_M + \Delta P_{RV} = 200 + 152 + 6000 + 20000 = 26352\ \text{Pa}$$

$$H_{ben} = \frac{26352}{9{,}81 \cdot 800} = 3{,}36\ \text{m}$$

Um die benötigte Höhe H zu reduzieren, wird ein Durchflussmesser und ein Regelventil mit geringem Druckverlust eingesetzt.

$\Delta P_M = 1000$ Pa $\qquad \Delta P_{RV} = 5000$ Pa

$\sum \Delta P = \Delta P_{Kon} + \Delta P_R + \Delta P_M + \Delta P_{RV} = 200 + 152 + 1000 + 5000 = 6352$ Pa

Gewählt: H = 1,5 m

Bei der Auslegung sollte die treibende Höhe H immer deutlich oberhalb der berechneten benötigten Höhe H_{ben} liegen.

Vor dem Einlauf des Rücklaufs in die Kolonne in die Kolonne wird ein Verschluss-Siphon installiert, um einen Dämpfekurzschluss zu vermeiden. Um ein Aushebern des Siphons zu vermeiden, muss die Höhe Z_1 größer sein als Z_2 oder der Durchmesser D von Z_2 muss größer sein als der Durchmesser d des Siphons.

Dieser Verschluss kann Probleme bereiten, wenn nach dem Kondensieren zwei flüssige Phasen mit stark unterschiedlicher Dichte auftreten.

Es kommt zu Siphonumlaufstörungen, wenn die beiden Siphonschenkel mit unterschiedlich schweren Flüssigkeiten befüllt sind. Deswegen müssen Entleerungsmöglichkeiten vorgesehen werden.

Schrifttum:

Kern, R.: How to design overhead condensing systems. Chem. Eng. (1975) Sept.

8.6.5 Berechnung des Druckverlustes beim Kondensieren in den Rohren

Den Reibungsdruckverlust ΔP_R berechnet man wie folgt:

$$\Delta P_R = \frac{w_m^2 \cdot \rho}{2} \cdot \left(f \cdot \frac{L}{d} + 1{,}5\right) \quad [\text{Pa}]$$

$$w_m = \frac{w_{ein} + w_{aus}}{2} \quad [\text{m/s}]$$

d = Rohrdurchmesser [m]
f = Reibungsbeiwert
L = Rohrlänge [m]
w_m = mittlere Strömungsgeschwindigkeit [m/s]
w_{ein} = Eintrittsgeschwindigkeit [m/s]
w_{aus} = Austrittsgeschwindigkeit [m/s]
ρ = Gasdichte [kg/m^3]

Wegen der Kondensation der Dämpfe hat man einen Druckrückgewinn durch die negative Beschleunigung. Die Dämpfegeschwindigkeit wird von der Eintrittsströmungsgeschwindigkeit auf 0 reduziert.

Den Druckrückgewinn durch negative Beschleunigung bestimmt man wie folgt:

$$\Delta P_B = m \cdot (w_{aus} - w_{ein})$$

$$m = \frac{M}{3600 \cdot d^2 \cdot \pi / 4 \cdot n} = w_{ein} \cdot \rho \quad [kg/m^2s]$$

M = Dämpfeeintrittsmenge [kg/h]

m = Massenstromdichte [kg/m²s]

n = Rohrzahl

Beispiel 8.6.5.1: Druckverlustberechnung in einem Kondensator

M = Dämpfeeintrittsmenge zum Kondensator = 4 t/h

Horizontaler Kondensator mit 72 Rohren 25 x 2, 4 m lang $f_{Rohr} = 0{,}0249\ m^2$

$\rho_L = 720\ kg/m^3$ $\rho_G = 1{,}623\ kg/m^3$ Reibungsbeiwert f = 0,04

G = Dämpfemenge am Eintritt = 4000/1,623 = 2464,5 m³/h

$$w_{ein} = \frac{G}{3600 \cdot f_{Rohr}} = \frac{2464{,}5}{3600 \cdot 0{,}0249} = 27{,}5\ m/s$$

$$w_m = \frac{27{,}5 + 0}{2}\ 13{,}75\ m/s$$

Berechnung des Reibungsdruckverlustes ΔP_R:

$$\Delta P_R = \frac{13{,}75^2 \cdot 1{,}623}{2} \cdot \left(0{,}04 \cdot \frac{4}{0{,}021} + 1{,}5\right) = 1399\ Pa = 14\ mbar$$

Berechnung des Druckrückgewinns ΔP_B:

$$m = 27{,}5 \cdot 1{,}623 = 44{,}6\ kg/m^2s$$

$$\Delta P_B = 44{,}6 \cdot (0 - 27{,}5) = 1226\ Pa = 12{,}3\ mbar$$

Effektiver Druckverlust $\Delta p_{eff} = \Delta P_R - \Delta P_B = 14 - 12{,}3 = 1{,}7\ mbar$

8.6.6 Maximale Kondensatbelastung in horizontalen Rohren

Bei zu hohen Kondensatbelastungen in horizontalen Rohren wird der Kondensator geflutet. Um das zu vermeiden sollte die Kondensathöhe h im Rohr beim Austritt maximal ein Viertel des Rohrdurchmessers d_i erreichen.

Für die Bedingung $h / d_i = 0{,}25$ ermittelt man die zulässige Kondensatbelastung W_{zul} wie folgt:

$$W_{zul} = 1570 \cdot n \cdot \rho \cdot d_i^{2{,}56} \quad [\mathrm{kg/h}]$$

n = Anzahl der Rohre
ρ = Kondensatdichte (kg/m³)

Beispiel 8.6.6.1: Zulässige Kondensatbelastung in horizontalen Rohren

Kondensatdichte $\rho = 614{,}3\ \mathrm{kg/m^3}$

Kondensator mit 186 Rohren 25 x 2 $d_i = 21$ mm $L = 4$ m $A = 58\ \mathrm{m^2}$

$W_{zul} = 1570 \cdot 186 \cdot 614{,}3 \cdot 0{,}021^{2{,}56} = 9092$ kg/h

Massenstromdichte $m = 39{,}2\ \mathrm{kg/m^2s}$

Kondensator mit 80 Rohren 57 x 3,5 $d_i = 50$ mm $L = 4$ m $A = 57{,}3\ \mathrm{m^2}$

$W_{zul} = 1570 \cdot 80 \cdot 614{,}3 \cdot 0{,}05^{2{,}56} = 36036$ kg/h

Massenstromdichte $m = 408\ \mathrm{kg/m^2s}$

Durch die Wahl von größeren Rohrleitungsdurchmessern kann die Kapazität beim Kondensieren in horizontalen Rohren vergrößert werden.

8.6.7 Flutbelastung in Rückflusskondensatoren

Bei den für das Kochen am Rückfluss auf Rührbehältern installierten vertikalen Rückflusskondensatoren muss neben der wärmetechnischen Auslegung eine Kontrolle der zulässigen Flutbelastung durchgeführt werden.

In diesen Apparaten strömen die Dämpfe aufwärts und das Kondensat läuft abwärts den Dämpfen entgegen. Bei zu hoher Dämpfegeschwindigkeit kommt es zum Stau des Kondensats.

Die zulässige Dämpfebelastung G wird nach English und anderen folgendermaßen berechnet:

$$G = 246 \cdot \frac{d_i^{0{,}3} \cdot \rho_F^{0{,}46} \cdot \sigma^{0{,}09} \cdot \rho_D^{0{,}5}}{\eta_F^{0{,}14} \cdot \cos\delta^{0{,}32} \cdot (K / D)^{0{,}7}} \quad [\mathrm{kg/m^2h}]$$

$G_K = G \cdot F$ [kg/h]

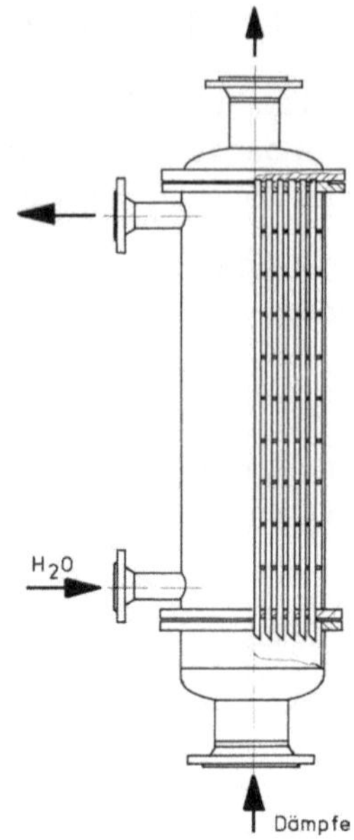

Für die zulässige Dämpfebelastung des Rücklaufstutzens auf dem Rührbehälter gilt:

$$G_{St} = G \cdot \frac{d_{St}^{0,3}}{d_i^{0,3}} \quad [\text{kg/m}^2\text{h}]$$

d_i = Innenrohrdurchmesser [mm]
d_{St} = Rücklaufstutzendurchmesser [mm]
D = Dämpfemenge /kg/h)
F = Strömungsquerschnittsfläche der Rohre [m²]
G = zulässige Dämpfebelastung für die Innenrohre [kg/m²h]
G_K = zulässige Dämpfebelastung des Kondensators [kg/h]
G_{st} = zulässige Stutzenbelastung [kg/m²h]
K = Kondensatmenge [kg/h]
ρ_D = Dampfdichte [kg/m³]
ρ_F = Flüssigkeitsdichte [kg/m³]
η_F = Flüssigkeitsviskosität [mPas]
σ = Oberflächenspannung [N/m]
δ = Stutzenabschrägungswinkel [°]

Hinweis: Die zulässige Flutbelastung kann erhöht werden, wenn die Innenrohre des Kondensators durch den Rohrboden durchgesteckt und abgeschrägt werden. Das gleiche gilt für den Rücklaufstutzen.

Beispiel 8.6.7.1: Berechnung der zulässigen Dämpfebelastung für durchgesteckte und abgeschrägte Rohre

Rücklaufkondensator mit 110 Rohren 20 x 2, $d_i = 16$ mm, Abschrägungswinkel $\delta = 75°$
$\rho_F = 958$ kg/m³ $\rho_D = 0,58$ kg/m³ $\sigma = 5,8$ N/m $\eta_F = 0,28$ mPas $K/D = 1$

$$G = \frac{16^{0,3} \cdot 958^{0,46} \cdot 5,8^{0,09} \cdot 0,58^{0,5}}{0,28^{0,14} \cdot 0,259^{0,32} \cdot 1^{0,7}} = 22185 \text{ kg/m}^2\text{h}$$

Rohrquerschnitt $F = 110 \cdot 0,0162^2 \cdot 0,785 = 0,022$ m²

$G_K = G \cdot F = 22185 \cdot 0,022 = 490$ kg/h

Zulässige Stutzenbelastung für einen abgeschrägten Stutzen DN 100:

$$G_{St} = 22185 \cdot \frac{100^{0,3}}{16^{0,3}} = 38443 \text{ kg/m}^2\text{h}$$

$$F_{Stutzen} = 0,1^2 \cdot 0,785 = 0,00785 \text{ m}^2$$

$$G_{St100} = G_{St} \cdot F_{Stutzen} = 38443 \cdot 0,00785 = 301 \text{ kg/h}$$

Zulässige Stutzenbelastung für einen abgeschrägten Stutzen DN 150:

$$G_{St} = 22185 \cdot \frac{150^{0,3}}{16^{0,3}} = 43415 \text{ kg/m}^2\text{h}$$

$$F_{Stutzen} = 0,15^2 \cdot 0,785 = 0,0177 \text{ m}^2$$

$$G_{St100} = G_{St} \cdot F_{Stutzen} = 43415 \cdot 0,0177 = 766 \text{ kg/h}$$

Ohne abgeschrägte Rohre und Stutzen ergeben sich folgende zulässige Belastungen:

Abschrägwinkel $\delta = 0$	$\cos\delta = 1$
$G = 14398$ kg/m²h	$G_K = 14398 \cdot 0,022 = 317$ kg/h
$G_{st} = 28177$ kg/m²h für DN 150	$G_{St150} = 28177 \cdot 0,0177 = 498$ kg/h
$G_{st} = 24950$ kg/m²h	$G_{St100} = 196$ kg/h

Schrifttum:

English, K. G. et al.: Chem. Engng. Progr. 59 (1963) Nr. 7

Feind, K.: Verfahrenstechnik 5 (1971) Nr. 10

Zenz, F. A.; Lavin, R. E.: Hydrocarbon Processing 44 (1965) Nr. 3

9 Auslegung von Verdampfern

9.1 Verdampfungsprozess

Bei der Verdampfung können in Abhängigkeit von der Differenz zwischen der Heizwand und der Siedetemperatur, den Stoffeigenschaften sowie den Strömungsbedingungen drei verschiedene Formen des Siedens auftreten:

- Behältersieden,
- Strömungssieden und
- Entspannungsverdampfung.

9.1.1 Behältersieden

Die Verdampfung einer ruhenden Flüssigkeit in einem von unten beheizten Behälter bezeichnet man als Behältersieden.

Bei geringen Temperaturdifferenzen zwischen der Heizwand T_W und dem siedenden Medium T_S ist die Flüssigphase fast isotherm und es herrscht überall Siedetemperatur. Die Verdampfung erfolgt von der Oberfläche. Für diese „Oberflächenverdampfung" ermittelt man die Wärmeübergangskoeffizienten mit den Beziehungen für freie Konvektion.

Die Wärmeübergangszahlen sind klein im Vergleich zur Blasenverdampfung.

Bei höheren Temperaturdifferenzen $T_W - T_S$ bilden sich an der Heizfläche Blasen, die ab einer bestimmten Größe abreißen und nach oben strömen. Durch eine weitere Erhöhung der Temperaturdifferenz bzw. der Wärmestromdichte entsteht eine größere Turbulenz in der Flüssigkeit und der Wärmeübergang steigt an. Diesen Zustand nennt man Blasensieden.

In technischen Apparaten arbeitet man im Bereich des Behältersiedens bei Temperaturdifferenzen $T_W - T_S$ von 10–30 °C. Die Wärmübergangskoeffizienten liegen im Bereich von 1000–3000 W/m^2 K für organische Medien und bei 6000–12000 W/m^{2}K für Wasser bei einem Druck von 1 bar.

Bei einer zu großen Temperaturdifferenz zwischen Wand und siedendem Medium entsteht eine zusammenhängende Dampfschicht auf der Heizfläche. Wegen der schlechten Wärmeleitzahlen von Dämpfen verglichen mit Flüssigkeiten verschlechtern sich die Wärmeübergangskoeffizienten deutlich. Diesen Mechanismus bezeichnet man als Filmverdampfung.

Bei der instabilen Filmverdampfung wird der Dampffilm an einigen Stellen von der Flüssigkeit durchbrochen. Die stabile Filmverdampfung ist erreicht, wenn sich ein ununterbrochener Dampffilm ausgebreitet hat. Man nennt diese Erscheinung das Leidenfrost'sche Phänomen. Um dieser Bereich in technischen Anlagen zu vermeiden, darf die kritische Wärmestromdichte nicht überschritten werden.

9.1.2 Strömungssieden

Beim Strömungssieden erfolgt die Verdampfung während der Durchströmung von Rohren oder Kanälen. Diese Anwendung kommt in technischen Anlagen sehr häufig vor. Durch die partielle Verdampfung kommt es zu einer Zweiphasenströmung mit niedrigerer Dichte und die Strömungsgeschwindigkeit in den Kanälen erhöht sich sehr stark. Dadurch werden die Wärmeübergangszahlen verbessert.

Durch die Wärmezufuhr entstehen Blasen an der Heizfläche, die sich ablösen und in den Kernströmungsbereich gelangen. Die Strömungsform der Zweiphasenströmung ändert sich mit zunehmendem Dampfgehalt von der Blasenströmung (5 % Dampf) zur Pfropfenströmung und zur Ringströmung. Anzustreben im Verdampfer sind Pfropfen- und Ringströmung mit hoher Strömungsgeschwindigkeit und einem Flüssigkeitsfilm an der beheizten Wand.

Bei weiter zunehmender Verdampfung verschwindet der Flüssigkeitsfilm an der Wand und es entsteht Spritzerströmung. In diesem Bereich sinkt die Wärmeübergangszahl drastisch ab, weil der Wärmetransport durch die schlecht leitende Dampfschicht an der Wand erfolgen muss.

Den Bereich der Spritzerströmung kann man vermeiden, wenn man den kritischen Dampfgehalt bestimmt, bei dem der Übergang von Ringströmung in Spritzerströmung erfolgt. Bei Dampfgehalten unter 30 % im Verdampferaustritt tritt keine Spritzerströmung auf.

Eine besondere Form des Strömungssiedens ist die Fallstromverdampfung, bei der die Verdampfung aus einem dünnen Flüssigkeitsfilm an der Wand erfolgt. Diese Verdampfungsart ist hervorragend geeignet bei Vakuumverdampfungen, weil der Siedepunkt nicht durch die statische Höhe einer Flüssigkeit oder eines Zweiphasengemisches erhöht wird.

9.1.3 Entspannungsverdampfung

Bei der Entspannungsverdampfung wird die Flüssigkeit im Verdampfer nicht verdampft, sondern unter Druck auf eine Temperatur oberhalb des Siedepunkts aufgeheizt. Der Verdampfungsvorgang erfolgt anschließend bei der Druckentlastung in einem Druckhalteventil.

Es wird aus der überhitzten Flüssigkeit hinter dem Ventil verdampft. Die Verdampfungswärme wird der überhitzten Flüssigkeit entzogen. Diese Art Verdampfung ist gut geeignet beim Verdampfen von verschmutzten Produkten mit hohen Strömungsgeschwindigkeiten, um die Verschmutzung der Heizfläche zu reduzieren.

9.2 Verdampferbauarten

Die industriell am häufigsten eingesetzte Trennoperation für fluide Stoffgemische ist die Destillation oder Rektifikation. Bei diesen Trennverfahren wird die erforderliche Wärme durch Verdampfer am Sumpf der Fraktionierkolonnen aufgebracht. Diese Verdampfer im Sumpf von Destillationskolonnen bezeichnet man als Reboiler.

Im Gegensatz zu den Reboilern werden in Verdampfern zur Eindampfung Lösungen aufkonzentriert. Dabei kann sowohl das Konzentrat der Lösung, z. B. Zucker, das gewünschte Produkt sein als auch die abgedampften Brüden, z. B. Wasser aus Meerwasser.

Reboilertypen

Im Folgenden werden die verschiedenen Reboiler-Bauarten behandelt:

- Vertikale Thermosiphonverdampfer
- Horizontale Thermosiphonverdampfer
- Zwangsumlaufverdampfer
- Entspannungsverdampfer
- Rohrbündelverdampfer
- Interne Verdampfer
- Fallstromverdampfer

9.2.1 Thermosiphonverdampfer

Das Prozessfluid durchströmt den Verdampfer von unten nach oben. Infolge der partiellen Verdampfung entsteht im Verdampfer ein Zweiphasengemisch mit geringerer Dichte und es kommt wegen der Differenz der statischen Höhen zu einem Naturumlauf. Das treibende Druckgefälle muss größer sein als der Druckverlust im Thermosiphonumlauf. Es stellt sich ein Gleichgewicht ein zwischen treibender Höhe und der Thermosiphonumlaufmenge.

Ein Thermosiphonumlauf funktioniert nicht,

- wenn die treibende Höhe für den Thermosiphonumlauf zu klein ist
- wenn das treibende Temperaturgefälle für eine ausreichende Verdampfung zu gering ist
- wenn zu wenig Leichtsieder im Gemisch vorhanden sind
- wenn ein großer Flächenanteil des Verdampfers für die Produktaufheizung bis zum Siedepunkt benötigt wird.

Wärmestromdichte $q \approx 20000–30000\ W/m^2$

Verdampfungsrate: 10–20 % vom Umlauf bei Atmosphärendruck
30–50 % vom Umlauf bei Vakuumverdampfung

Wärmeübergangszahl bei Atmosphärendruck $\alpha \approx 1500–2500\ W/m^2K$
Wärmeübergangszahl bei Vakuumverdampfung $\alpha \approx 1000–1500\ W/m^2K$

Auslegung: siehe Kapitel 10 „Auslegung von Thermosiphonverdampfern".

9.2.1.1 Vertikaler Thermosiphonumlaufverdampfer

Die Verdampfung erfolgt beim Durchströmen vertikaler von aussen beheizter Rohre von unten nach oben.

Rohrlängen: 2 m (Vakuum) bis 4 m, normal 2,5 bis 3 m
Rohrdurchmesser: 25 mm bis 50 mm (Vakuum)
Downcomerquerschnitt: 50 % des Strömungsquerschnitts im Verdampfer
Riserquerschnitt: 100 % des Strömungsquerschnitts im Verdampfer
Flüssigkeitsstand bei Atmosphärendruck: Oberer Rohrboden
Flüssigkeitsstand bei Vakuumverdampfung: 1 m unter oberem Rohrboden

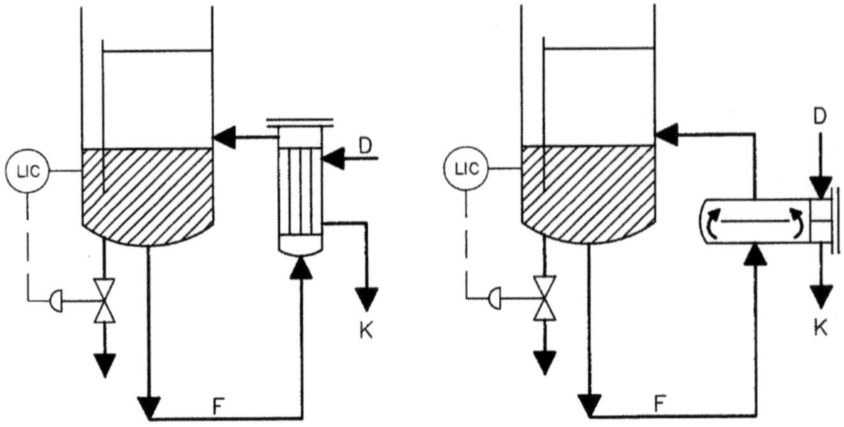

Bild 9.2.1.1: Vertikaler (links) und horizontaler Thermosiphonumlaufverdampfer

Vorteile
- einfacher Apparat und gut zu reinigen
- kurze Verweilzeit an der Heizfläche

Nachteile
- Siedepunkterhöhung wegen der statischen Höhe über der Verdampferfläche
- die Wärmetauschfläche ist konstruktiv beschränkt
- weniger geeignet für Vakuumverdampfung
- ungeeignet für Produkte mit höheren Viskositäten und verschmutzte Medien sowie Gemische mit großen Siedebereichen, die nur wenig Leichtsieder enthalten
- pulsierende Strömung bei Strömungsgeschwindigkeiten im Riser unter 5 m/s.

9.2.1.2 Horizontaler Thermosiphonumlaufverdampfer

Gute Verteilung der Umlauf-Flüssigkeit über mehrere Eintrittsstutzen, ausreichende Strömungsgeschwindigkeit > 1 m/s, Regelventil im Zulauf zur Vermeidung von Überflutung, TEMA-Bauarten: AJL, AHL, AEL

Vorteile
- geringere Siedepunktserhöhung als beim vertikalen Apparat, weil die Flüssigkeitshöhe über der Verdampferfläche geringer ist als bei der vertikalen Bauform
- keine konstruktive Größenbeschränkung der Wärmetauscherfläche
- weniger sensibel hinsichtlich Umlauf bei Prozessänderungen
- geeignet für viskosere Medien bis 20 mPas

Nachteile
- ziehbares Bündel mit quadratischer Teilung für die Reinigung erforderlich
- schwierige Reinigung

9.2.1.3 Thermosiphondurchlaufverdampfer

Beim Durchlaufverdampfer strömt der Flüssigkeitssumpfablauf vom untersten Boden direkt in den Verdampfer und die leichten Anteile müssen spezifikationsgerecht in einem Verdampferdurchlauf abgedampft werden. Das ist schwieriger für die Produktion als mit einem Umlaufverdampfer, wo die Sumpfmenge mehrfach umgewälzt wird und durch das große Puffervolumen viel einfacher die Produktspezifikation des Sumpfablaufs eingehalten werden kann.

Vorteile

- eine zusätzliche theoretische Stufe für die Trennung
- geringe thermische Schädigung, weil das Produkt nur einmal den Verdampfer durchströmt und sich nur kurz in der heißen Zone befindet
- keine Siedepunkterhöhung durch die Hochsieder im Sumpf

Nachteile

- schwierige Produkteinstellung ohne mehrfache Zirkulation

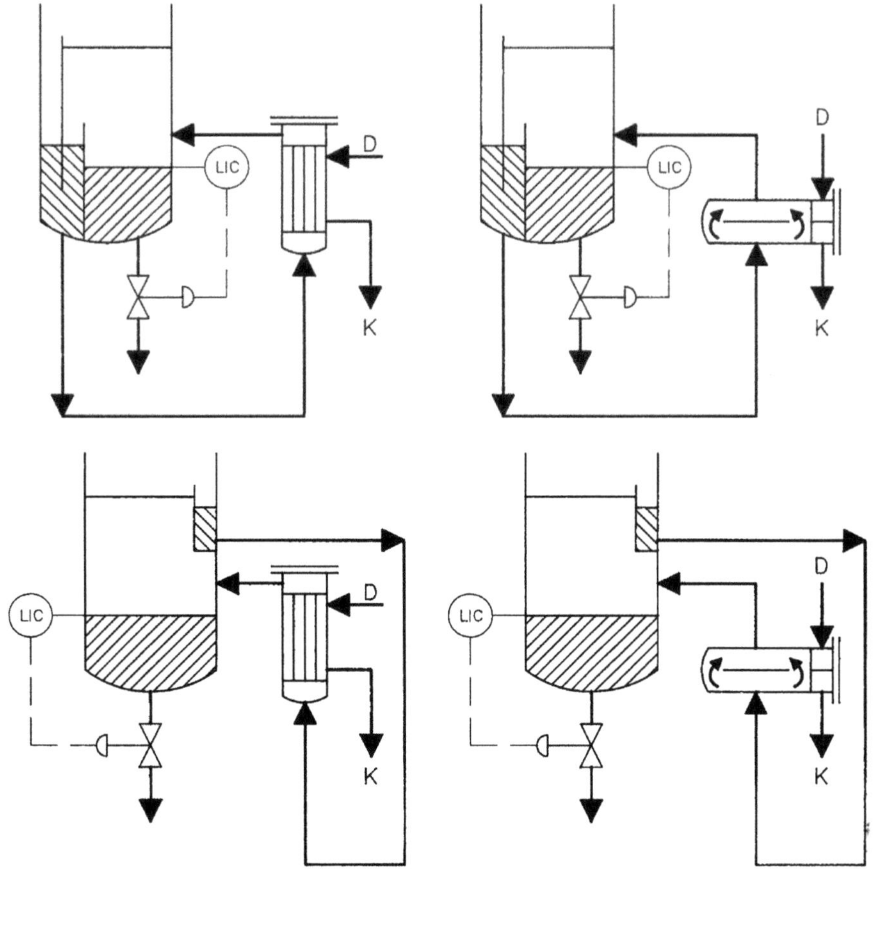

Bild 9.2.1.2: Vertikaler (jeweils links) und horizontaler Thermosiphondurchlaufverdampfer

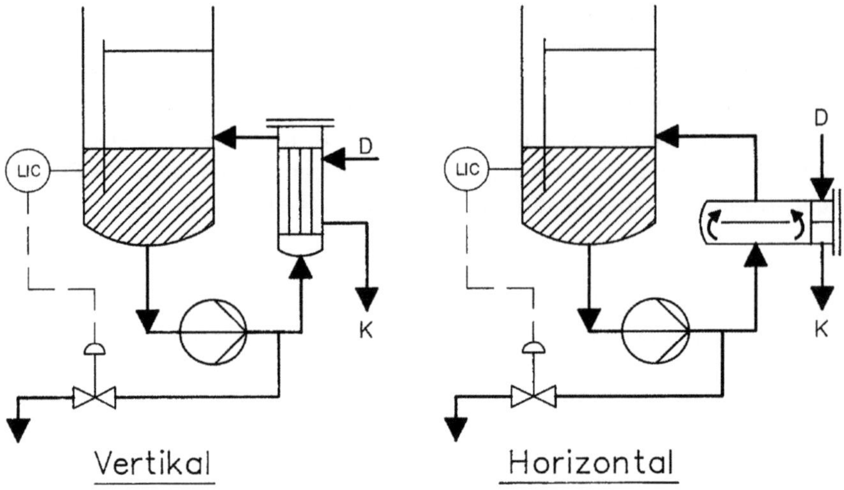

Bild 9.2.2.1: Vertikaler (links) und horizontaler Zwangsumlaufverdampfer

9.2.2 Zwangsumlaufverdampfer

Das Produkt wird mit einer Pumpe durch den Verdampfer gefördert. Dieser Zwangsumlauf ist nötig, wenn kein Thermosiphonumlauf möglich ist, weil das Produkt zähflüssig ist oder nur wenig verdampfbare Anteile im Produkt enthalten sind.

Wärmestromdichte $q \approx 30000$ bis $50000\ W/m^2$
Verdampfungsrate: 1–5 % vom Umlauf
Ermittlung der α-Werte nach den Gleichungen für den konvektiven Wärmeübergang für die entsprechende Strömungsgeschwindigkeit

Vorteile

- geeignet für hohe Wärmestromdichten und verschmutzte Stoffe
- Umwälzmenge und Verdampfungsrate können getrennt eingestellt werden
- geeignet für geringe Verdampfungsraten

Nachteile

- hohe Umwälzmenge erforderlich (Energiekosten)
- Umwälzpumpe benötigt mit ausreichendem NPSH-Wert für siedende Produkte
- aufwendige Verrohrung und Leckagegefahr an der Pumpe

9.2.3 Entspannungsverdampfer

Die Flüssigkeit wird im Verdampfer unter Druck aufgeheizt. Die Verdampfung erfolgt nach der Entspannung auf einen geringeren Druck. Es sind große Umwälzleistungen erforderlich.

Beispiel 9.2.3.1: Berechnung der Dampfmenge G, die bei der Entspannung der umgewälzten aufgeheizten Flüssigkeitsmenge F freigesetzt wird

F = Umwälzmenge = 10000 kg/h c = Spezifische Wärmekapazität = 2 kJ/kgK

r = Verdampfungswärme = 250 kJ/kg

Δt = Temperaturdifferenz beim Aufheizen = 20 K

$$G = \frac{F \cdot c \cdot \Delta t}{r} = \frac{10000 \cdot 2 \cdot 20}{250} = 1600 \text{ kg/h Dämpfe}$$

Empfohlene Strömungsgeschwindigkeit: 1,5–2,5 m/s
Der α-Wert wird mit den Gleichungen für den konvektiven Wärmeübergang bestimmt.

Vorteile

- gut geeignet für polymerisierende oder verschmutzte Produkte, weil durch hohe Strömungsgeschwindigkeiten die Verschmutzungsgefahr reduziert werden kann

Nachteile

- Pumpe mit ausreichendem NPSH-Wert erforderlich

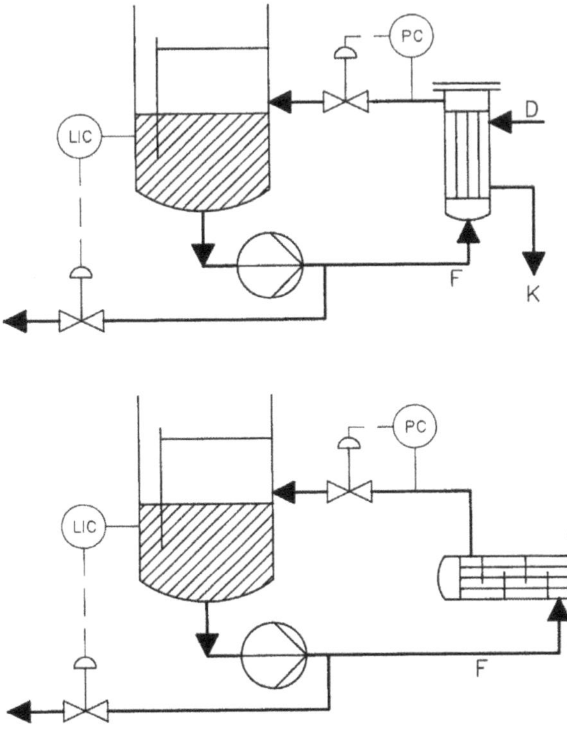

Bild 9.2.3.1: Vertikaler (oben) und horizontaler Entspannungsverdampfer

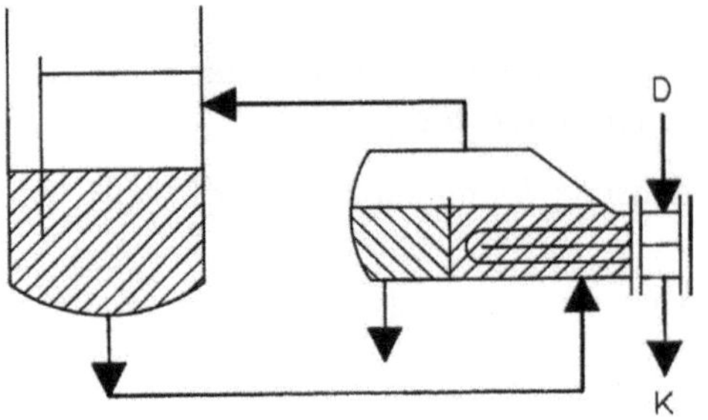

Bild 9.2.3.1: Rohrbündelverdampfer (Kettle)

9.2.4 Rohrbündelverdampfer (Kettle-Verdampfer)

Dieser Verdampfer besteht aus einem liegenden Behälter mit eingebautem Rohrbündel und einem Überlaufwehr, damit die Rohre ständig mit Flüssigkeit bedeckt sind. Es strömen reine Dämpfe zurück in die Kolonne, kein Zweiphasengemisch. Die Flüssigkeit läuft über das Wehr ab und wird unten abgezogen Die Zulaufhöhe zum Verdampfer muss groß genug sein.

Wärmestromdichte $q \approx 20000$ bis $30000\ W/m^2$
Auslegung: siehe Kapitel 9.3.2 „Auslegung von Kettle-Verdampfern"
Behälterdurchmesser ≈ 1,5- bis 2-facher Heizbündeldurchmesser
Dämpfegeschwindigkeit über Rohrbündel < 0,5 m/s
Nur Dämpfe im Dämpferohr, keine Zweiphasenströmung

Vorteile
- kein empfindlicher Thermosiphonumlauf
- einfache Auslegung mit einer zusätzlichen theoretischen Stufe

Nachteile
- starke Verschmutzung und Hochsiederanreicherung
- lange Verweilzeiten mit Zersetzuung und schwierige Reinigung
- Spülstutzen zur Entschmutzung erforderlich

9.2.5 Interne Verdampfer

Bei dieser Bauformwird das Heizbündel aus Rohren oder Platten direkt in den Sumpf der Kolonne eingebaut.

Vorteile
- kostengünstig, weil Behälter und Verrohrung entfallen
- geringere Verschmutzungsanfälligkeit als im Kettle-Verdampfer

Nachteile
- Kolonnendurchmesser bestimmt die Heizbündellänge und beschränkt die mögliche Verdampferfläche
- für Reinigung oder Reparatur muss die Kolonne abgestellt, entleert und gasfrei gemacht werden

9.2.6 Fallfilmverdampfer

Das flüssige Produkt wird als herabrieselnder Film auf der Innenseite der Rohre aufgegeben. Eine gute Verteilung ist wichtig. Zur Vermeidung von Trockenstellen muss eine Mindestberieselungsrate von 1–2 m^3/h und m Rohrumfang aufgegeben werden. Die Flüssigkeit verdampft nicht an der Heizfläche, sondern an der Flüssigkeitsoberfläche. Es steht keine Flüssigkeitssäule über der Verdampferfläche und somit entfällt die Siedepunkterhöhung durch eine statische Höhe. Deshalb ist der Fallfilmverdampfer gut geeignet für die Verdampfung im Vakuum.

Rohrdurchmesser: 40–80 mm, um den Druckverlust zu minimieren

Vorteile

- keine Siedepunkterhöhung und kurze Verweilzeiten

Nachteile

- aufwendige Konstruktion mit Verteilern und Umwälzpumpe erforderlich
- Verschmutzungen durch Crackrückstände verschlechtern die Flüssigkeitsverteilung

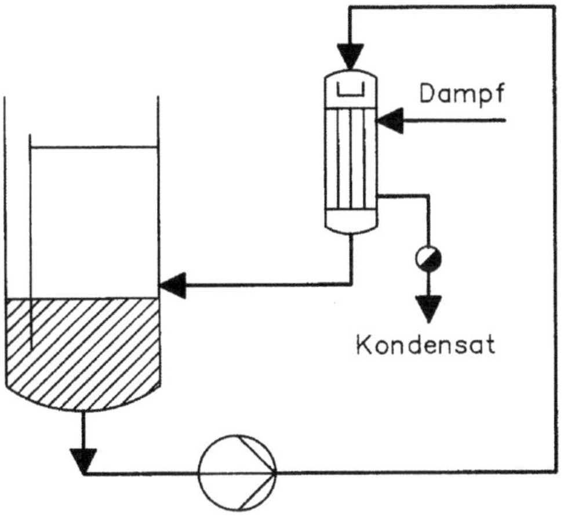

Bild 9.2.6.1: Gleichstrom-Fallstromverdampfer

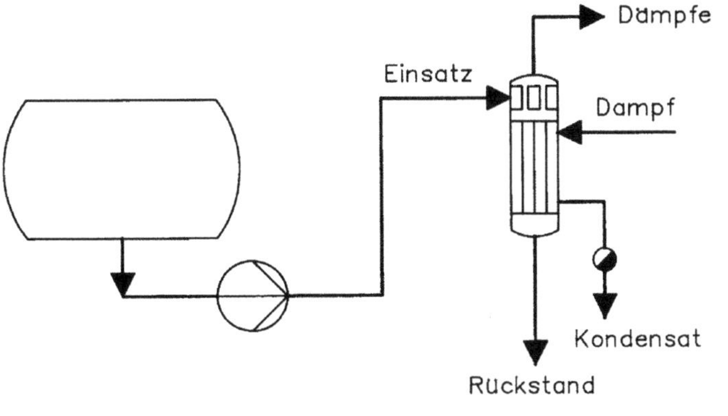

Bild 9.2.6.2: Gegenstrom-Fallstromverdampfer

9.3 Auslegung von Verdampfern für Blasensieden

In **Bild 9.3.1** ist die **Wärmestromdichte q** von beheiztem Wasser in Abhängigkeit von der Temperaturdifferenz $T_W - T_S$ zwischen der beheizten Wand und der siedenden Flüssigkeit dargestellt. Man unterscheidet folgende Zonen:

Bei geringen Temperaturdifferenzen erfolgt keine Verdampfung, sondern nur ein Aufheizen der Flüssigkeit durch Eigenkonvektion. Das ist der Bereich bis zum Punkt A. Die Wärmeübergangszahlen sind klein und liegen im Bereich von 250–350 W/m^{2}K.

Der normale Bereich des Blasensiedens liegt zwischen den Punkten A und B. Mit zunehmender Temperaturdifferenz $T_W - T_S$ steigt die Wärmestromdichte stark an. Die Wärmeübergangszahlen für organische Medien liegen für im Bereich 2000–3000 W/m^{2}K. Einige Wärmeübergangszahlen sind in **Bild 9.3.2** dargestellt.

Bei den großen Temperaturdifferenzen im Bereich C bis E kommt es zu dem unproduktiven Filmsieden. Die Wärmeübergangszahlen sind schlecht und durch die hohen Wandtemperaturen werden organische Stoffe zersetzt.

Die **Wärmeübergangszahlen** für die Verdampfung sind abhängig von der Temperaturdifferenz $T_W - T_S$ und den physikalischen Eigenschaften des verdampften Mediums. In Bild 9.3.2 sind die Wärmeübergangszahlen einiger Stoffe für das Blasensieden als Funktion der Temperaturdifferenz zwischen Heizwand und siedendem Medium dargestellt.

Die Kurven gelten für das Sieden von Einzelkomponenten bei Normaldruck. Bei der Verdampfung im **Vakuum** sind die Wärmeübergangszahlen deutlich geringer, weil die Dampfblasen größer sind und mehr Heizfläche bedecken.

Die **Wärmeübergangszahlen von Gemischen** sind kleiner, weil die schwerer siedenden Komponenten an der Heizfläche den Siedepunkt erhöhen. Das Gemisch muss beim Verdampfen vom Siedepunkt bis auf den Taupunkt aufgeheizt werden.

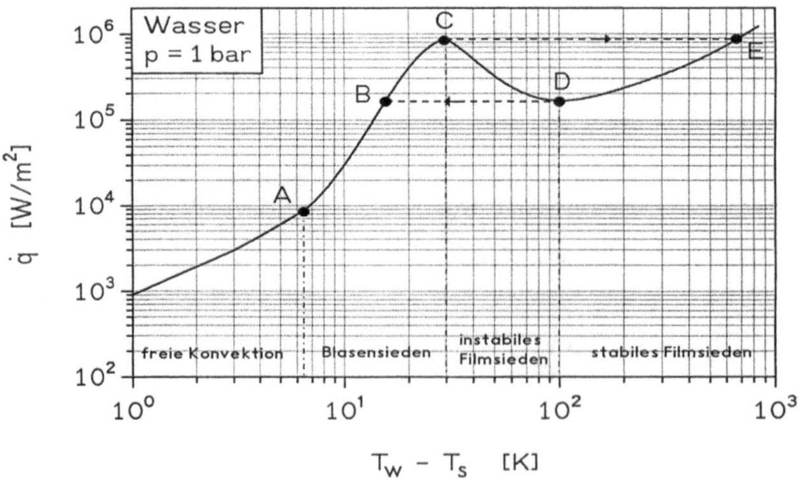

Bild 9.3.1: Wärmestromdichte von Wasser in Abhängigkeit von der Temperaturdifferenz zwischen Heizwand und dem siedenden Medium

Bild 9.3.2: Wärmeübergangszahl für das Blasensieden als Funktion der Temperaturdifferenz zwischen Heizwand und siedendem Medium

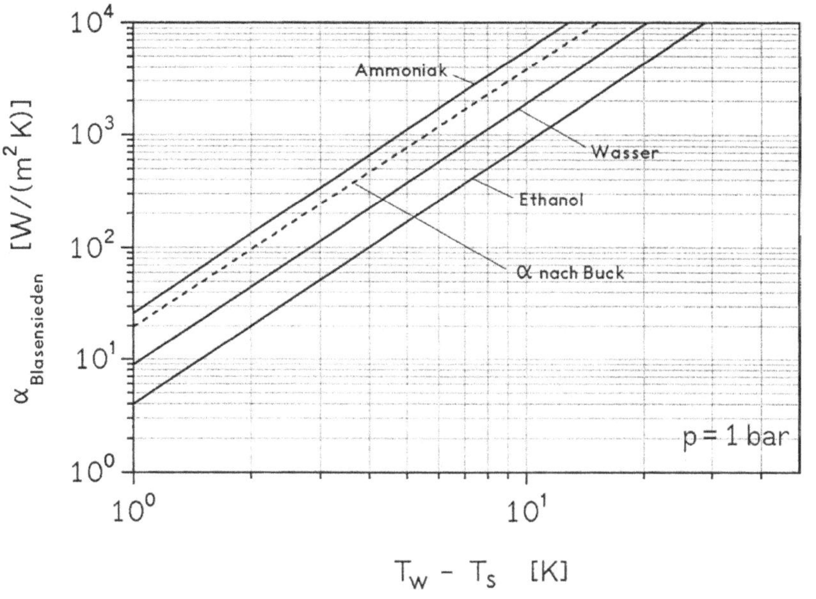

In der Gleichung von Mostinski werden die verschiedenen Einflüsse auf die **Wärmeübergangszahl beim Blasensieden am Einzelrohr α_{BSE}** erfasst:

$$\alpha_{BSE} = 35{,}5 \cdot 10^{-6} \cdot P_c^{0{,}69}\,[\text{Pa}] \cdot q^{0{,}7} \cdot A \cdot B$$

$$\alpha_{BSE} = 0{,}00417 \cdot P_c^{0{,}69}\,[\text{kPa}] \cdot q^{0{,}7} \cdot A \cdot B$$

q = Wärmestromdichte [W/m²]
P_c = kritischer Druck [Pa oder kPa]
A = Korrekturfaktor für den Siededruck
B = Korrekturfaktor für Gemische (B = 1 für Einzelkomponenten)

Berechnung des Korrekturfaktors A für den Druck und B für Gemische mit einem Siedebereich SB:

$$A = 1{,}8 \cdot P_R^{0{,}17} + 4 \cdot P_R^{1{,}2}$$

$$B = \frac{1}{1 + 0{,}027 \cdot q^{0{,}1} \cdot SB^{0{,}7}}$$

$$P_R = \frac{P}{P_c} = \text{reduzierter Druck}$$

P_c = kritischer Druck [bar]
SB = Siedebereich = $T_T - T_{Siede}$ = Taupunkt – Siedepunkt

Beispiel 9.3.1: Berechnung der Wärmeübergangszahl von siedendem Benzol am Einzelrohr bei verschiedenen Drücken

$P_c = 48{,}9$ bar $\quad q = 30000$ W/m^2 $\quad B = 1$ (Einzelkomponente)

$$\alpha_{BSE} = 0{,}00417 \cdot 4890^{0{,}69} \cdot 30000^{0{,}7} \cdot A = 1994 \cdot A$$

P = 1 bar

$$P_R = \frac{1}{48{,}9} = 0{,}0204$$

$$A = 1{,}8 \cdot 0{,}0204^{0{,}17} + 4 \cdot 0{,}0204^{1{,}2} = 0{,}967$$

$$\alpha_{BSE} = 0{,}987 \cdot 1994 = \mathbf{1927\ W/m2K}$$

P = 0,1 bar

$$P_R = \frac{0{,}1}{48{,}9} = 0{,}00204$$

$$A = 1{,}8 \cdot 0{,}00204^{0{,}17} + 4 \cdot 0{,}00204^{1{,}2} = 0{,}63$$

$$\alpha_{BSE} = 0{,}63 \cdot 1994 = \mathbf{1257\ W/m2K}$$

Im Vakuum bei 100 mbar ist die Wärmeübergangszahl deutlich geringer als bei 1 bar.

Beispiel 9.3.2: Berechnung der Wärmeübergangszahl von siedendem Ethanol am Einzelrohr bei 1 bar und verschiedenen Wärmestromdichten

$P_c = 63{,}8$ bar $= 6380$ kPa $\quad P_R = 1/\,63{,}8 = 0{,}0157$ $\quad A = 0{,}915$ $\quad B = 1$

q = 10000 W/m²

$$\alpha_{BSE} = 0{,}00417 \cdot 6380^{0{,}69} \cdot 10000^{0{,}7} \cdot 0{,}915 = 1016\ \text{W/m}^2\text{K}$$

q = 20000 W/m²

$$\alpha_{BSE} = 0{,}00417 \cdot 6380^{0{,}69} \cdot 20000^{0{,}7} \cdot 0{,}915 = 1650\ \text{W/m}^2\text{K}$$

q = 30000 W/m2

$$\alpha_{BSE} = 1{,}6102 \cdot 30000^{0{,}7} = 2192\ \text{W/m}^2\text{K}$$

q = 60000 W/m2

$$\alpha_{BSE} = 1{,}6102 \cdot 60000^{0{,}7} = 3561\ \text{W/m}^2\text{K}$$

Die Wärmeübergangszahl wird mit zunehmender Wärmestromdichte größer.

Beispiel 9.3.3: Berechnung der Wärmeübergangszahl für ein Benzol-Toluol-Gemisch mit einem Siedebereich SB = 10 °C

$\alpha_{BSE} = 1927\ W/m^2K$ aus Beispiel 9.3.1 für Benzol

$$B = \frac{1}{1 + 0{,}027 \cdot 30000^{0,1} \cdot 10^{0,7}} = 0{,}725$$

$\alpha_{BSE} = 0{,}725 \cdot 1927 = 1397\ W/m^2K$

Die Wärmeübergangszahl für das Gemisch ist kleiner als der Wert für die Einzelkomponente.

Wärmeübergangszahl α_{BS} im Rohrbündel

Die Wärmeübergangszahl α_{BS} im Rohrbündel ist wegen der größeren Turbulenz deutlich besser als die Wärmeübergangszahl am Einzelrohr α_{BSE}. Mit dem Korrekturfaktor $F_B = 1{,}5$ für das Rohrbündel ergibt sich folgende Gleichung:

$$\alpha_{BS} \approx 1{,}5 \cdot \alpha_{BSE} = 0{,}00626 \cdot P_c^{0,69} \cdot q^{0,7} \cdot A \cdot B\ [W/m^2K]$$

Beispiel 9.3.4: Berechnung der Wärmeübergangszahl des siedenden Benzol-Toluol-Gemisches von Beispiel 9.3.3 in einem Rohrbündel

$\alpha_{BS} = 1{,}5 \cdot 1397 = 2095\ W/m^2K$

Maximal zulässige Wärmestromdichte im Rohrbündel

Die maximal zulässige Wärmestromdichte für einen Rohrbündelverdampfer ergibt sich aus der zulässigen Dämpfegeschwindigkeit über der projizierten Bündeloberfläche A_B.

Bei zu hohen Blasenaufstiegsgeschwindigkeiten kommt es zu einem Dampfblasenstau im Bündel. Dann behindert ein Dampfblasenfilm den Wärmeübergang. Es kommt zum Filmsieden mit schlechten Wärmeübergangszahlen.

Für die zulässige **Dämpfe-Aufstiegsgeschwindigkeit** w_{zul} über einem Rohrbündel- bzw. Kettle-Verdampfer zur Vermeidung eines Blasenstaus zwischen den Rohren gilt:

$$w_{zul} = 0{,}18 \cdot \left(\frac{(\rho_{Fl} - \rho_D) \cdot \sigma \cdot 9{,}81}{\rho_D^2} \right)^{0,25} \quad [m/s]$$

w_{zul} = Strömungsgeschwindigkeit bezogen auf die Projektion des Bündels [m/s]
ρ_D = Dampfdichte [kg/m³]
ρ_{Fl} = Flüssigkeitsdichte [kg/m³]
σ = Oberflächenspannung [N/m]

Aus der zulässigen Dampfströmungsgeschwindigkeit w_{zul} kann die praktisch zulässige Wärmestromdichte ohne Dampfblasenstau zwischen den Rohren berechnet werden.

$$q_{zul} = \frac{w_{zul} \cdot A_B \cdot 3600 \cdot \rho_D \cdot r}{A} \quad [W/m^2]$$

A = Wärmetauscher-Austauschfläche [m^2]
A_B = $d_B \cdot L$ = Projizierte Bündeloberfläche [m^2]
d_B = Bündelbreite [m]
L = Bündellänge [m]
r = Verdampfungswärme [Wh/kg]

Beispiel 9.3.5: Ermittlung der zulässigen Dämpfegeschwindigkeit über dem Bündel und der zulässigen Wärmestromdichte zur Vermeidung von Blasenstau

Bündeldurchmesser $d_B = 0{,}325$ m Bündellänge $L = 4$ m

$A_B = 0{,}325 \cdot 4 = 1{,}3\ m^2$ $A = 21{,}2\ m^2$

$\sigma = 0{,}0155$ N/m $r = 234$ Wh/kg $\rho_D = 1{,}57\ kg/m^3$ $\rho_{Fl} = 719\ kg/m^3$

$$w_{Proj} = 0{,}18 \cdot \left(\frac{(719 - 1{,}57) \cdot 0{,}0155 \cdot 9{,}81}{1{,}57^2} \right)^{0{,}25} = 0{,}46\ m/s$$

$$q_{zul} = \frac{0{,}46 \cdot 1{,}3 \cdot 3600 \cdot 1{,}57 \cdot 234}{21{,}2} = 37652\ W/m^2$$

9.3.1 Praktische Auslegung mit Beispielen

Sehr einfach ist die Ermittlung der Wärmeübergangszahlen mit Hilfe des in **Bild 9.3.1.1** dargestellten Diagramm nach Kern. In Abhängigkeit von der Temperaturdifferenz sind die Wärmeübergangszahlen für das **Blasensieden** und das **Aufheizen durch Eigenkonvektion** dargestellt.

Zur Minimierung der Produktschädigung im Verdampfer und zur Vermeidung von Dampfblasenstau wird in der Praxis die **Wärmestromdichte q limitiert.**

$$q = \frac{Q}{A} \quad [W/m^2]$$

Q = Wärmeleistung [W]
A = Heizfläche [m^2]

Empfehlung für wässrige Lösungen:

$q_{max} \approx 90000$ bis $120000\ W/m^2$

$\alpha_{BS} \approx 5500$ bis $11000\ W/m^2K$

Empfehlung für organische Medien:

Zwangsumlauf: $q_{max} \approx 60000$ bis $95000\ W/m^2$

Naturumlauf : $q_{max} \approx 30000$ bis $50000\ W/m^2$

$\alpha_{BS} \approx 1700$ bis $2500\ W/m^2K$

Häufig muss das Produkt vor der eigentlichen Verdampfung zunächst auf die Siedetemperatur aufgeheizt werden. Das gilt insbesondere für Produktgemische mit einem Siedebereich. In solchen Fällen arbeitet man mit einer **mittleren gewogenen Wärmeübergangszahl α_m** für die Zufuhr fühlbarer Wärme durch Eigenkonvektion und das Verdampfen. Diese mittlere Wärmeübergangszahl wird wie folgt ermittelt:

$$\alpha_m = \frac{Q_{ges}}{\frac{Q_H}{\alpha_H} + \frac{Q_V}{\alpha_{BS}}}$$

Q_H = Wärmeleistung für das Aufheizen [W]
Q_V = Wärmeleistung für das Verdampfen [W]
Q_{ges} = $Q_H + Q_V$ [W]
α_{BS} = Wärmeübergangszahl für das Verdampfen [W/m²K]
α_H = Wärmeübergangszahl für das Aufheizen durch Eigenkonvektion [W/m²K]

Beispiel 9.3.6: Aufheizung und Verdampfung von Benzin

Zulauf zum Verdampfer: 17500 kg/h Verdampfte Menge: 13000 kg/h

Aufheizung im Verdampfer von 157 °C auf 168 °C

Temperaturdifferenz $\Delta t = 41{,}5$ °C

Verdampfung: $\alpha_{BS} = 1700\ W/m^2K$ (angenommen)

Aufheizung: $\alpha_H = 335\ W/m^2K$ für $\Delta t = 41{,}5$ °C aus Bild 9.3.1.1.

Verdampfungsleistung $Q_V = 1060$ kW Aufheizleistung $Q_H = 150$ kW

$$\alpha_m = \frac{Q_{ges}}{\frac{Q_H}{\alpha_H} + \frac{Q_V}{\alpha_{BS}}} = \frac{150 + 1060}{\frac{150}{335} + \frac{1060}{1700}} = 1130\ W/m^2K$$

Dieses Beispiel verdeutlicht, wie stark die Wärmeübergangszahl für das Blasensieden durch den Aufheizvorgang reduziert wird.

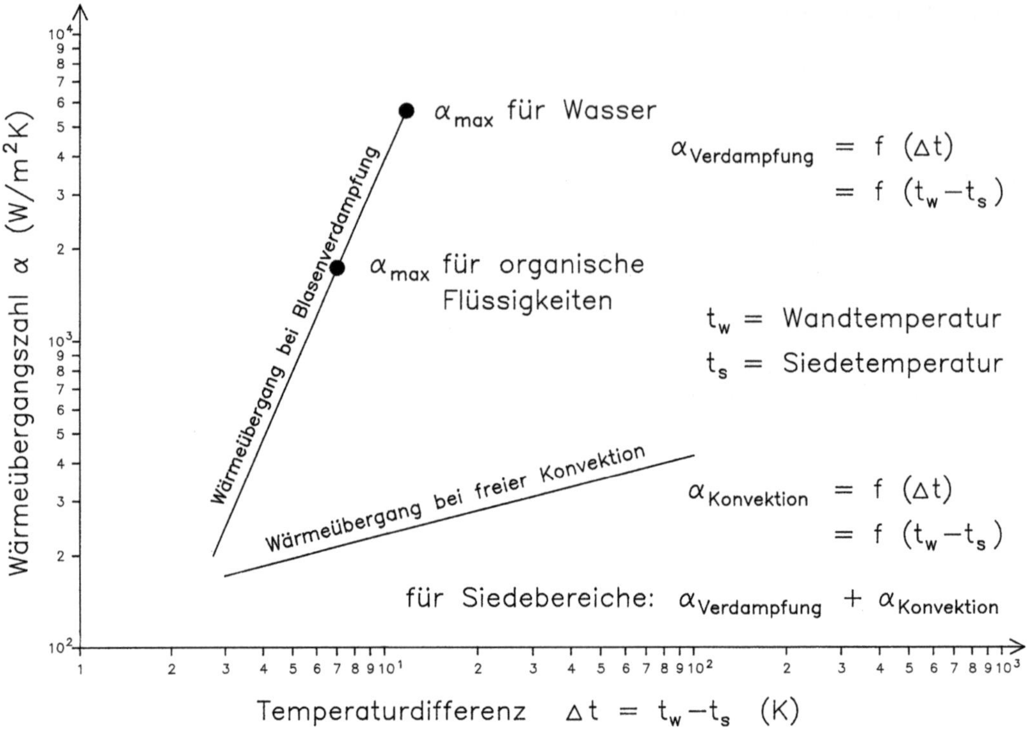

Bild 9.3.1.1: Wärmeübergangszahlen beim Blasensieden und Aufheizen

Richtwerte für die Wärmedurchgangszahlen von dampfbeheizten Reboilern:

Leichte Kohlenwasserstoffe: $k \approx 900–1200\ W/m^2K$

Schwere Kohlenwasserstoffe: $k \approx 550–900\ W/m^2K$

Wasser und wässrige Lösungen: $k \approx 1250–2000\ W/m^2K$

Richtwerte für thermalölbeheizte Reboiler:

$k \approx 400–600\ W/m^2K$

Die **Wärmedurchgangszahl k** von Verdampfern wird in hohem Maße von der Verschmutzung der Heizflächen bestimmt.

Beispiel 9.3.7: Dampfbeheizter Rohrbündelverdampfer

$\alpha_{ia} = 5000\ W/m^2K$ für die Dampfkondensation in den Rohren

Verschmutzungsbeiwert für beide Seiten $f = 0{,}0004$

$\alpha_{BS} = 1000\ W/m^2K$ für die Verdampfung

$$\frac{1}{k} = \frac{1}{5000} + \frac{1}{1000} + 0{,}0004$$

$k = 625\ W/m^2K$

$\alpha_{BS} = 2000\ W/m^2K$ für die Verdampfung

$$\frac{1}{k} = \frac{1}{5000} + \frac{1}{2000} + 0{,}0004$$

$k = 909\ W/m^2K$

Beispiel 9.3.8: Auslegung eines Rohrbündels zur Beheizung einer Destillierblase

Ermittlung der benötigten Heizfläche für ein Rohrbündel aus Rohr 25x2

Erforderliche Wärmeleistung $Q = 850000\ W$ für die Destillation

Siedetemperatur $T_S = 107\ °C$ Heizdampftemperatur $T_{Dampf} = 140\ °C$

$\Delta t = 140 - 107 = 33\ °C$

Berechnung der Wärmedurchgangszahl k:

$\alpha_i = 6000\ W/m^2K$ für die Beheizung mit kondensierenden Dampf in den Rohren 25 x 2

$$\alpha_{ia} = \frac{\alpha_i \cdot d_i}{d_a} = 6000 \cdot \frac{21}{25} = 5040\ W/m^2K \text{ (bezogen auf } d_a)$$

$$\alpha_{iaf} = \frac{1}{\frac{1}{5040} + 0{,}0001} = 3351\ W/m^2K \text{ (mit Verschmutzung } f = 0{,}0001)$$

Schätzwert für den Wärmeübergang durch Blasensieden:

$\alpha_{BS} = 1700\ W/m^2K$ auf der Rohraußenseite.

Für die Bestimmung von α_{BS} aus Bild 9.3.1.1 benötigt man die Differenz zwischen Wand- und Siedetemperatur $T_W - T_S$:

$$T_W = T_S + \frac{\alpha_{iaf}}{\alpha_{iaf} + \alpha_{BS}} \cdot (T_{Dampf} - T_S)$$

$$T_W = 107 + \frac{3351}{3351 + 1700} \cdot (140 - 107) = 107 + 21{,}9 = 128{,}9\ °C$$

$$T_W - T_S = 128{,}9 - 107 = 21{,}9\ °C$$

Aus Bild 9.3.1.1 ergibt sich für $T_W - T_S$ ein deutlich höherer Wert als der empfohlene Maximalwert von $\alpha_{BS} \approx 2500\ W/m^2K$.

Gewählt: $\alpha = 2000\ W/m^2K$

Die Wärmedurchgangszahl k ermittelt man wie folgt:

$$\frac{1}{k} = \frac{1}{\alpha_{iaf}} + \frac{1}{\alpha_{BS}} + \frac{s}{\lambda} + f_{Verd}$$

α_{iaf} = Wärmeübergangszahl im Rohr mit Verschmutzung = 3351 [W/m²K]
α_{BS} = Wärmeübergangszahl für das Sieden = 2000 [W/m²K]
s = Rohrwandstärke = 0,002 [m]
λ = Wärmeleitzahl des Rohrwerkstoffs = 14 [W/mK]
f_{Verd} = Verschmutzungsfaktor auf der Verdampfungsseite = 0,0002 [m²K/W]

$$\frac{1}{k} = \frac{1}{3351} + \frac{1}{2000} + \frac{0{,}002}{14} + 0{,}0002 = \frac{1}{876}$$

$k = 876\ W/m^2K$

Daraus ergibt sich folgende benötigte Heizfläche A:

$$A_{erf} = \frac{Q}{k \cdot \Delta t} = \frac{850000}{876 \cdot 33} = 29{,}4\ m^2$$

Die Wärmestromdichte beträgt: $q = k \cdot \Delta t = 876 \cdot 33 = 28908\ W/m^2$

Die für die verschiedenen Verdampfertypen empfohlenen Wärmestromdichten sollten möglichst eingehalten werden, um das Produkt nicht thermisch zu schädigen.

Die Temperaturdifferenz $T_{Wand} - T_{Siede}$ zwischen der Heizwand und der siedenden Flüssigkeit sollte ca. 20 °C betragen

Beispiel 9.3.9: Butanverdampfung bei 20 bar in einem Verdampfer mit 33 m² Fläche

151 Rohre 15,6/19 mm Durchmesser, 3,66 m lang

Verdampfte Butanmenge W = 18523 kg/h

$t_S = 117\ °C$	$t_{Dampf} = 157\ °C$	$P = 20$ bar	$P_C = 37{,}6$ bar
$\rho_{Fl} = 433\ kg/m^3$	$\rho_D = 36{,}4\ kg/m^3$	$c = 0{,}73$ Wh/kgK	
$\sigma = 0{,}003$ N/m	$\lambda = 0{,}09$ W/mK	$\eta = 0{,}1$ mPas	$r = 62$ Wh/kg

Wärmeleistung Q und Wärmestromdichte q

$$Q = 18523 \cdot 62 = 1148426\ W$$

$$q = \frac{1\,148426}{33} = 34800\ W/m^2$$

Berechnung der Wärmeübergangszahl α_{BS} nach Mostinski für ein Heizbündel mit Druckkorrekturfaktor A

$$\alpha_{BS} = 0{,}00626 \cdot 3760^{0{,}69} \cdot 34800^{0{,}7} \cdot A = 2767{,}5 \cdot A$$

$$A = 1{,}8 \cdot \left(\frac{20}{37{,}6}\right)^{0{,}17} + 4 \cdot \left(\frac{20}{37{,}6}\right)^{1{,}2} = 3{,}49$$

$$\alpha_{BS} = 3{,}49 \cdot 2767{,}5 = 9658{,}6\ W/m^2K$$

Kontrolle der maximal zulässigen Wärmestromdichte q_{zul}

$$w_{zul} = 0{,}18 \cdot \left(\frac{(\rho_{Fl} - \rho_D) \cdot \sigma \cdot 9{,}81}{\rho_D^{\,2}}\right)^{0{,}25} = 0{,}18 \cdot \left(\frac{(433 - 36{,}4) \cdot 0{,}003 \cdot 9{,}81}{36{,}4^2}\right)^{0{,}25} = 0{,}055\ m/s$$

Projizierte Bündeloberfläche A_B

$$A_B = d_B \cdot L = 0{,}4 \cdot 3{,}66 = 1{,}46\ m^2$$

Maximal zulässige Wärmestromdichte q_{zul}

$$q_{zul} = \frac{w_{zul} \cdot A_B \cdot 3600 \cdot \rho_D \cdot r}{A} = \frac{0{,}055 \cdot 1{,}46 \cdot 3600 \cdot 36{,}4 \cdot 62}{33} = 19876\ W/m^2$$

Zulässige Butanverdampfung W_{zul}

$$W_{zul} = q_{zul} \cdot \frac{A}{r} = 19876 \cdot \frac{33}{62} = 10579\ kg/h$$

9.3.2 Dimensionierung von Kettle-Reboilern

9.3.2.1 Hydraulische Auslegung

Für das Betreiben eines Kettle-Reboilers muss die erforderliche Höhe ΔH zwischen der Flüssigkeitshöhe in der Kolonne und dem Überlaufwehr im Reboiler gegeben sein. Wenn die Höhe ΔH nicht ausreichend bemessen ist, steigt die Flüssigkeitshöhe im Kolonnensumpf bis maximal auf die Höhe des Dämpferückführstutzens an, und die Funktion des Kettle-Reboilers ist blockiert. Die erforderliche Höhe ΔH ergibt sich aus den Druckverlusten.

Berechnung der erforderlichen Höhe ΔH mit dem Sicherheitsfaktor 2

$$\Delta H = \frac{2 \cdot (\Delta P_{Fl} + \Delta P_D + \Delta P_B)}{g \cdot \rho_{Fl}} \quad [\text{m FS}]$$

$$\Delta P_{Fl} = \left(f \cdot \frac{L}{d} + K \right) \cdot \frac{w_{Fl}^2 \cdot \rho_{Fl}}{2} \quad [\text{Pa}]$$

$$\Delta P_D = \left(f \cdot \frac{L}{d} + K \right) \cdot \frac{w_D^2 \cdot \rho_D}{2} \quad [\text{Pa}]$$

$$\Delta P_B = \frac{m_D^2}{\rho_D} - \frac{m_{Fl}^2}{\rho_{Fl}} \approx \frac{m_D^2}{\rho_D} \quad [\text{Pa}]$$

$$m_D = w_D \cdot \rho_D \quad [\text{kg/m}^2\text{s}]$$

$$m_{Fl} = w_{Reb} \cdot \rho_{Fl} \quad [\text{kg/m}^2\text{s}]$$

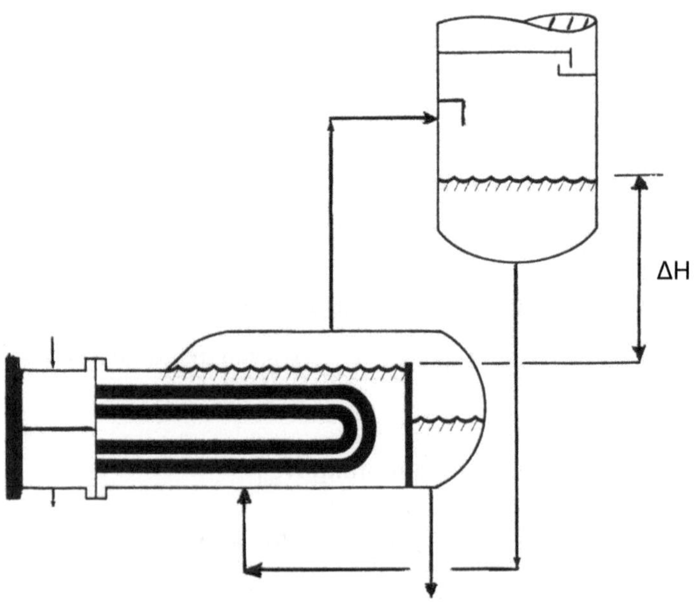

Bild 9.3.2.1: Erforderliche Höhendifferenz ΔH für Kettle-Reboiler

ΔH = Erforderliche Höhendifferenz [m FS]
ΔP_{Fl} = Druckverlust in der Flüssigkeitsleitung von der Kolonne zum Reboiler [Pa]
ΔP_D = Druckverlust in der Dämpfeleitung vom Reboiler zur Kolonne [Pa]
ΔP_B = Beschleunigungsdruckverlust im Reboiler [Pa]
G_D = Dämpfemenge zur Kolonne [kg/h]
G_{Fl} = Gesamte Flüssigkeitsmenge zum Reboiler [kg/h]
G_S = Flüssigkeitsablaufmenge aus dem Reboiler [kg/h]
m_D = Massenstromdichte der Dämpfe im Dämpferohr [kg/m²s]
m_{Fl} = Massenstromdichte der Flüssigkeit im Reboiler [kg/m²s]
f = Reibungsbeiwert der Rohrleitung
L = Rohrleitungslänge [m]
K = Widerstandsbeiwerte der Formstücke
w_D = Strömungsgeschwindigkeit im Dämpferohr [m/s]
w_{Fl} = Flüssigkeitsgeschwindigkeit in der Rohrleitung zum Reboiler [m/s]
w_{Reb} = Flüssigkeitsgeschwindigkeit im Reboiler [m/s]
ρ_D = Dampfdichte [kg/m³]
ρ_{Fl} = Flüssigkeitsdichte [kg/m³]

Beispiel 9.3.2.1: Berechnung der erforderlichen Höhendifferenz

$G_{Fl} = 20$ t/h	$G_D = 15$ t/h	$G_S = 5$ t/h		
$\rho_{Fl} = 750$ kg/m³	$V_{Fl} = 26{,}7$ m³/h	$d = 0{,}1$ m	$w_{Fl} = 0{,}94$ m/s	$L = 10$ m
$\rho_D = 5$ kg/m³	$V_D = 3000$ m³/h	$d = 0{,}25$ m	$w_D = 17$ m/s	$L = 10$ m
$w_{Reb} = 0{,}01$ m/s				

$$\Delta P_{Fl} = \left(0{,}04 \cdot \frac{10}{0{,}1} + 3\right) \cdot \frac{0{,}94 \cdot 750}{2} = 2319 \text{ Pa}$$

$$\Delta P_D = \left(0{,}04 \cdot \frac{10}{0{,}25} + 2\right) \cdot \frac{17^2 \cdot 5}{2} = 2610 \text{ Pa}$$

$$m_D = 17 \cdot 5 = 85 \text{ kg/m}^2\text{s}$$

$$m_{Fl} = 0{,}01 \cdot 750 = 7{,}5 \text{ kg/m}^2\text{s}$$

$$\Delta P_B = \frac{85^2}{5} = 1445 \text{ Pa}$$

$$\Delta H = \frac{2 \cdot (2319 + 2610 + 1445)}{9{,}81 \cdot 750} = 1{,}73 \text{ m}$$

Was ist zu beachten?

1. Die Höhe des Dampfraums über der Flüssigkeit sollte mindestens 0,5 m betragen, damit möglichst wenig Tropfen mitgerissen werden. Die mitgerissenen Tropfen erhöhen die Dampfdichte und den Druckverlust in der Dämpfeleitung ΔP_D.
2. Die Wehrüberlaufhöhe muss bei der Festlegung der Dampfhöhe berücksichtigt werden, weil dadurch die freie Höhe über der Flüssigkeit verringert wird.
3. Eine gute Verteilung der unten in den Reboiler eintretenden Flüssigkeitsmenge ohne Widerstände beim Eintritt in den Reboiler, z. B. an Verengungen durch das Auflager für das Rohrbündel, die den Flüssigkeitsdruckverlust ΔP_{Fl} vergrößern.
4. Die Flüssigkeit sollte über 2 oder 3 Eintrittsstutzen eingegeben werden, um eine möglichst gleichmäßige Verdampfung zu erreichen.

9.3.2.2 Wärmetechnische Auslegung

Zunächst wird die Wärmeübergangszahl α_{BS} für das Blasensieden besimmt.

Berechnung der **Wärmeübergangszahl α_{BS} nach Mostinski** für Blasensieden oder Pool Boiling im Rohrbündel mit den Korrekturfaktoren F_P für den Druck und F_M für den Siedebereich bei Produktgemischen:

$$\alpha_{BS} = 0{,}00626 \cdot F_P \cdot F_M \cdot P_c^{0{,}69} \cdot q^{0{,}7} \quad [\mathrm{W/m^2K}]$$

Berechnung des Druckkorrekturfaktors F_P

$$F_P = \text{Druckfaktor} = 1{,}8 \cdot P_R^{0{,}17} + 4 \cdot P_R^{1{,}2}$$

$$P_R = \frac{P}{P_c} = \text{reduzierter Druck}$$

Berechnung des Korrekturfaktors F_M für Gemische mit dem Siedebereich SB [°C]

$$F_M = \exp(-0{,}027 \cdot SB)$$

P_c = kritischer Druck [kPa]
q = Wärmestromdichte [W/m²]

Beispiel 9.3.2.2: Berechnung eines dampfbeheizten Kettle-Verdampfers

$q = 33000\ \mathrm{W/m^2}$ $P_c = 3900\ \mathrm{kPa}$ $P = 1\ \mathrm{bar}$ $SB = 10\ °\mathrm{C}$

$$F_M = \exp(-0{,}027 \cdot 10) = 0{,}76$$

$$P_R = \frac{100}{3900} = 0{,}0256$$

$$\alpha_{BS} = 0{,}00626 \cdot 1 \cdot 0{,}76 \cdot 3900^{0{,}69} \cdot 33000^{0{,}7} = 2080 \text{ W/m}^2\text{K} \qquad F_P = 1$$

Berechnung der Wärmedurchgangszahl

$\alpha_{ia} = 8000 \text{ W/m}^2\text{K}$ für kondensierenden Wasserdampf

$s = 2 \text{ mm}$ $\lambda_W = 50 \text{ W/mK}$ Verschmutzungsbeiwert $f = 0{,}0002$

$$\frac{1}{k} = \frac{1}{2080} + \frac{1}{8000} + \frac{0{,}002}{50} + 0{,}0002 \qquad k = 1182 \text{ W/m}^2\text{K}$$

$Q = 0{,}486 \text{ MW}$ $\text{LMTD} = 13\ °\text{C}$

$$A = \frac{Q}{k \cdot \text{LMTD}} = \frac{486000}{1182 \cdot 13} = 31{,}6 \text{ m}^2$$

9.3.2.3 Zulässige Blasenaufstiegsgeschwindigkeit

Bei einer zu hohen Wärmestromdichte kommt es zu einem Dampfblasenstau zwischen den Rohren des Kettle-Verdampfers. Es kommt zur unerwünschten Filmverdampfung, weil Dampfblasen die Heizfläche blockieren. Durch eine quadratische Rohranordnung mit großer Teilung kann die Gefahr eines Dampfblasenstaus reduziert werden.

Bei der Auslegung eines Kettle-Verdampfers sollte daher die maximal zulässige Aufstiegsgeschwindigkeit w_{zul} der verdampften Dämpfe über der projizierten Fläche des Verdampferbündels F_B nicht überschritten werden.

$F_B = B \cdot L = \text{Bündelbreite} \cdot \text{Bündellänge}$

Die zulässige Dämpfeaufstiegsgeschwindigkeit w_{zul} über der projizierten Fläche F_B ermittelt man folgendermaßen:

$$w_{proj} = 0{,}18 \cdot \left(\frac{(\rho_{Fl} - \rho_D) \cdot \sigma \cdot 9{,}81}{\rho_D^{\,2}} \right)^{0{,}25} \qquad [\text{m/s}]$$

ρ_{Fl} = Flüssigkeitsdichte [kg/m³]
ρ_D = Dampfdichte [kg/m³]
σ = Oberflächenspannung [N/m]

9.3.2.4 *Zulässige Wärmestromdichte im Kettleverdampfer*

Die zulässige Blasenaufstiegsgeschwindigkeit beschränkt die zulässige Wärmestromdichte der Verdampferoberfläche A wie folgt:

$$q_{zul} = \frac{w_{zul} \cdot F_B \cdot 3600 \cdot \rho_D \cdot r}{A} \quad [\mathrm{W/m^2}]$$

r = Verdampfungswärme (Wh/kg)

Beispiel 9.3.2.3: Berechnung der zulässigen Blasenaufstiegsgeschwindigkeit und Wärmestromdichte für den Kettle-Verdampfer von Beispiel 9.3.2.2

ρ_{Fl} = Flüssigkeitsdichte = 775 kg/m³ ρ_D = Dampfdichte = 3 kg/m³

σ = Oberflächenspannung = 0,18 N/m r = 120 Wh/kg

$$w_{zul} = 0{,}18 \cdot \left(\frac{(\rho_{Fl} - \rho_D) \cdot \sigma \cdot 9{,}81}{\rho_D^2} \right)^{0{,}25} = 0{,}18 \cdot \left(\frac{(775 - 3) \cdot 0{,}018 \cdot 9{,}81}{3^2} \right)^{0{,}25} = 0{,}355 \text{ m/s}$$

Projizierte Fläche $F_B = d_B \cdot L = 0{,}45 \cdot 3 = 1{,}35 \text{ m}^2$

Dämpfemenge $V = 1350 \text{ m}^3/\text{h}$

Aufstiegsgeschwindigkeit $w_{auf} = \frac{1350}{3600 \cdot 1{,}35} = 0{,}277 \text{ m/s}$

Die reale Aufstiegsgeschwindigkeit der Dampfblasen liegt mit 0,277 m/s unter der maximal zulässigen Blasenaufstiegsgeschwindigkeit von 0,355 m/s.

Zulässige Wärmestromdichte wegen der Blasenaufstiegsgeschwindigkeit

$$q_{zul} = \frac{w_{zul} \cdot F_B \cdot 3600 \cdot \rho_D \cdot r}{A} = \frac{0{,}355 \cdot 1{,}35 \cdot 3600 \cdot 3 \cdot 86{,}4}{31{,}6} = 19655 \text{ W/m}^2$$

Berechnung der realen Wärmestromdichte q:

$$q = \frac{486000}{31{,}6} = 15380 \text{ W/m}^2$$

Die vorhandene Wärmestromdichte von $q = 15380 \text{ W/m}^2$ ist kleiner als die zulässige Wärmestromdichte $q_{zul} = 19655 \text{ W/m}^2$.

Beispiel 9.3.2.4: Ethanolverdampfung in einem Kettleverdampfer

$A = 31{,}6\ m^2$ $F_B = 2{,}7\ m^2$ $\rho_F = 757\ kg/m^3$ $\rho_D = 1{,}435\ kg/m^3$

$r = 267\ Wh/kg$ $\sigma = 17{,}7\ mN/m$ $P_c = 6390\ kPa$ $q = 30000\ W/m^2$

Berechnung der Wärmeübergangszahl:

$\alpha_{BS} = 0{,}00626 \cdot 6390^{0{,}69} \cdot 30000^{0{,}7} = 3600\ W/m^2K$

Berechnung der Wärmedurchgangszahl:

$$\frac{1}{k} = \frac{1}{3600} + \frac{1}{8000} + \frac{0{,}002}{50} + 0{,}0003 \qquad k = 1346\ W/m^2K$$

Wärmestromdichte $q = k \cdot LMTD = 1346 \cdot 22 = 29620\ W/m^2$

Wärmeleistung $Q = q \cdot A = 29620 \cdot 31{,}6 = 935988\ W$

Dämpfevolumenstrom $V = \dfrac{Q}{r \cdot \rho_D} = \dfrac{935998}{267 \cdot 1{,}435} = 2442{,}9\ m^3/h$

Blasenaufstiegsgeschwindigkeit $w_{auf} = \dfrac{2442{,}9}{2{,}7 \cdot 3600} = 0{,}25\ m/s$

Berechnung der zulässigen Dämpfeaufstiegsgeschwindigkeit w_{zul}

$$w_{zul} = 0{,}18 \cdot \left(\frac{(757 - 1{,}435) \cdot 0{,}0177 \cdot 9{,}81}{1{,}435^2}\right)^{0{,}25} = 0{,}51\ m/s > w_{auf} = 0{,}25\ m/s$$

Berechnung der zulässigen Wärmestromdichte q_{zul}

$$q_{zul} = \frac{0{,}51 \cdot 2{,}7 \cdot 3600 \cdot 1{,}435 \cdot 267}{31{,}6} = 59933\ W/m^2 > q = 29620\ W/m^2$$

Beispiel 9.3.2.5: Wasserverdampfung in einem Kettleverdampfer

$\rho_F = 958\ kg/m^3$ $\rho_D = 0{,}597\ kg/m^3$ $r = 626{,}9\ Wh/kg$

$\sigma = 58{,}9\ mN/m$ $P_c = 22129\ kPa$ $q = 40000\ W/m^2$

$\alpha_{BS} = 0{,}00626 \cdot 22129^{0{,}69} \cdot 40000^{0{,}7} = 10376\ W/m^2K$

$$\frac{1}{k} = \frac{1}{10376} + \frac{1}{8000} + \frac{0{,}002}{50} + 0{,}0003 \qquad k = 1781\ \text{W/m}^2\text{K}$$

$$q = k \cdot \text{LMTD} = 1781 \cdot 22 = 39289\ \text{W/m}^2$$

$$Q = q \cdot A = 39189 \cdot 31{,}6 = 1{,}238\ \text{MW}$$

$$V = \frac{1{,}238 \cdot 10^6}{626{,}9 \cdot 0{,}597} = 3308{,}9\ \text{m}^3/\text{h}$$

$$w_{auf} = \frac{3308{,}9}{2{,}7 \cdot 3600} = 0{,}34\ \text{m/s}$$

Berechnung der zulässigen Blasenaufstiegsgeschwindigkeit und der zulässigen Wärmestromdichte:

$$w_{zul} = 0{,}18 \cdot \left(\frac{(958 - 0{,}597) \cdot 0{,}0589 \cdot 9{,}81}{0{,}597^2} \right)^{0{,}25} = 1{,}13\ \text{m/s} > w_{auf} = 0{,}34\ \text{m/s}$$

$$q_{zul} = \frac{1{,}13 \cdot 2{,}7 \cdot 3600 \cdot 0{,}597 \cdot 626{,}9}{31{,}6} = 130086\ \text{W/m}^2 > q = 39189\ \text{W/m}^2$$

9.3.2.5 Tropfen-Mitreißen

Um zu vermeiden, dass die aufsteigenden Dämpfe zu viele Tropfen mitreißen, ist der Manteldurchmesser D_M des Kettleverdampfers um den Faktor 1,5 bis 2 größer als der Heizbündeldurchmesser d_B.

$$D_M \approx 1{,}5 \cdot d_B$$

Den erforderlichen Strömungsquerschnitt F_{erf} über der siedenden Flüssigkeit zur Vermeidung des Tropfen-Mitreißens ermittelt man aus der zulässigen Dämpfegeschwindigkeit w_{zul}.

$$w_{zul} = 0{,}04 \cdot \sqrt{\frac{\rho_{Fl}}{\rho_D} - 1} \quad [\text{m/s}] \qquad F_{erf} = \frac{V_D}{w_{zul}} \quad [\text{m}^2] \qquad L_{erf} = \frac{F_{erf}}{D_M} \quad [\text{m}]$$

V_D = Dampfmenge [m³/s]
L_{erf} = erforderliche Mantelbehälterlänge [m]
ρ_{Fl} = Flüssigkeitsdichte [kg/m³]
ρ_D = Dampfdichte [kg/m³]

Beispiel 9.3.2.5.1: Berechnung des erforderlichen Strömungsquerschnitts gegen Tropfen-Mitreißen

$V_D = 3000\ m^3/h$ $\rho_{Fl} = 580\ kg/m^3$ $\rho_D = 6\ kg/m^3$

$d_B = 0{,}4\ m$ $D_M = 0{,}8\ m$

$$w_{zul} = 0{,}04 \cdot \sqrt{\frac{580}{6} - 1} = 0{,}39\ m/s$$

$$F_{erf} = \frac{3000}{3600 \cdot 0{,}39} = 2{,}13\ m^2$$

$$L_{erf} = \frac{2{,}13}{0{,}8} = 2{,}66\ m$$

9.4 Auslegung von Fallfilmverdampfern

Bei der Verdampfung im Vakuum werden Fallfilmverdampfer eingesetzt, weil bei diesen Apparaten nicht der Siedepunkt durch eine übergelagerte statische Flüssigkeitshöhe erhöht wird.

Für eine vorgegebene Wärmeleistung Q wird zunächst die benötigte Verdampferfläche A mit einer geschätzten Wärmedurchgangszahl k für die wirksame Temperaturdifferenz Δt ermittelt.

$$A = \frac{Q}{k \cdot \Delta t} \quad [m^2]$$

Dann wird für eine gewählte Rohrabmessung die Anzahl n der benötigten Rohre bestimmt und die maximale Dämpfegeschwindigkeit w_D im Rohraustritt berechnet.

$$n = \frac{A}{d_a \cdot \pi \cdot L}$$

$$w_D = \frac{Q}{r \cdot f_R \cdot \rho_D \cdot 3600} \quad [m/s]$$

$$f_R = n \cdot d_i^2 \cdot \pi / 4 \quad [m^2]$$

d_a = Rohraußendurchmesser [m]
d_i = Rohrinnendurchmesser [m]
L = Rohrlänge [m]
f_R = Strömungsquerschnitt der Rohre [m²]
ρ_D = Dampfdichte [kg/m³]
r = Verdampfungswärme [W h/kg]

Der Druckverlust in den Rohren sollte bei der Vakuumverdampfung möglichst gering sein, um eine Siedepunktserhöhung durch den höheren Druck im Verdampfer zu vermeiden.

Bei der Berechnung der Druckverluste für die Zweiphasenströmung im Verdampfer muss der mit der Rohrlänge zunehmende Dampfanteil des Zweiphasengemisches berücksichtigt werden.

Der gesamte Druckverlust im Verdampfer setzt sich aus drei Anteilen zusammen,

- dem Reibungsdruckverlust ΔP_R , der mit der Rohrlänge ansteigt,
- dem Beschleunigungsdruckverlust ΔP_B, der mit der Verdampferlänge zunimmt
- und dem negativen hydrostatischen Druck ΔP_H, der zum Rohrende hin ansteigt.

$$\Delta p_{ges} = \Delta P_R + \Delta P_B - \Delta P_H$$

In **Bild 9.4.1** ist der Verlauf der Druckverlustanteile in einem Fallstromverdampfer für Hexadekan bei einem Druck von 33 mbar dargestellt.

Aus **Bild 9.4.2** ist zu abzuleiten,

- dass der Druckverlust mit zunehmender Dampfmenge stark ansteigt,
- dass bei einem niedrigeren Druck die Druckverluste größer sind,
- dass eine größere Flüssigkeitsaufgabe den Druckverlust erhöht.

Aus **Bild 9.4.3** geht hervor, dass der Druckverlust bei der Toluolverdampfung im Vakuum mit zunehmender Dampfmenge steil ansteigt und dass eine höhere Flüssigkeitsbeaufschlagung einen höheren Druckverlust bewirkt.

Zur Vermeidung größerer Druckverluste sollte die Massenstromdichte m in den Verdampferrohren maximal 15–18 kg/m²s betragen.

$$m = w_D \cdot \rho_D \quad [kg/m^2s]$$

w_D = Strömungsgeschwindigkeit in den Rohren [m/s]

ρ_D = Dampfdichte [kg/m³]

Außerdem sollte die Strömungsgeschwindigkeit w_D am Rohrende maximal 50 % der Schallgeschwindigkeit w_{Schall} betragen.

$$w_{Schall} = \sqrt{\kappa \cdot \frac{R}{M} \cdot T} \quad [m/s]$$

R = Gaskonstante = 8314 [N/m²] [m³] / [kMol] [K]

T = Temperatur [K]

κ = Adiabatenexponent

M = Molgewicht

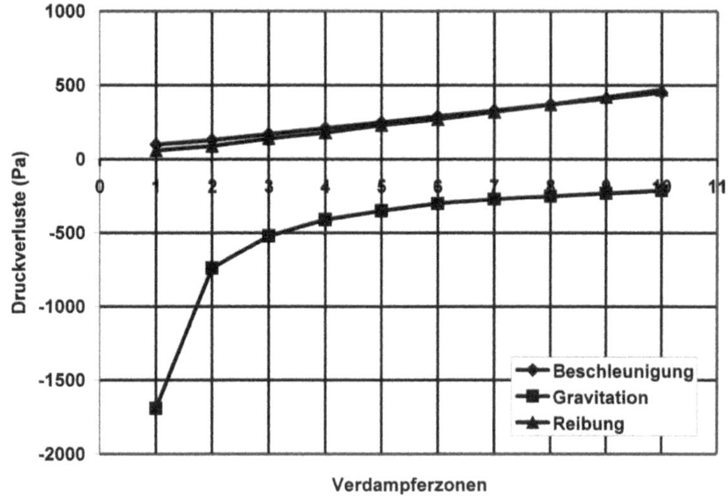

Bild 9.4.1: Druckverlustanteile in den verschiedenen Zonen eines Fallfilmverdampfers

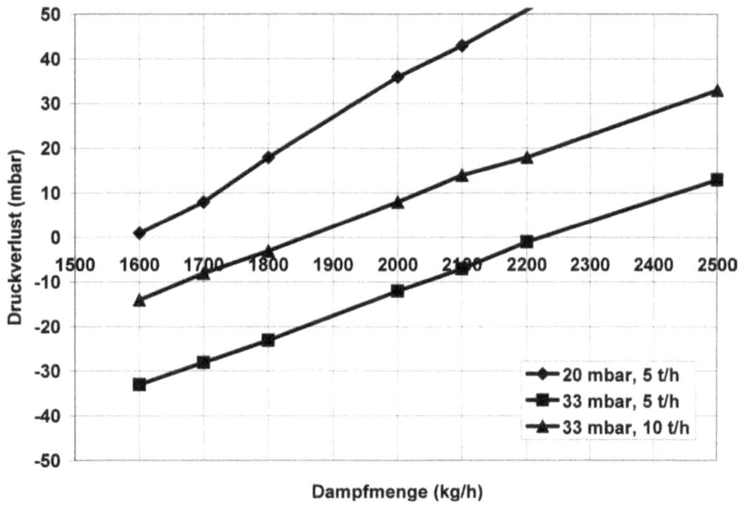

Bild 9.4.2: Druckverlust in einem Fallfilmverdampfer für Hexadekan bei unterschiedlichen Drücken und Flüssigkeitsaufgaben als Funktion der Dampfmenge

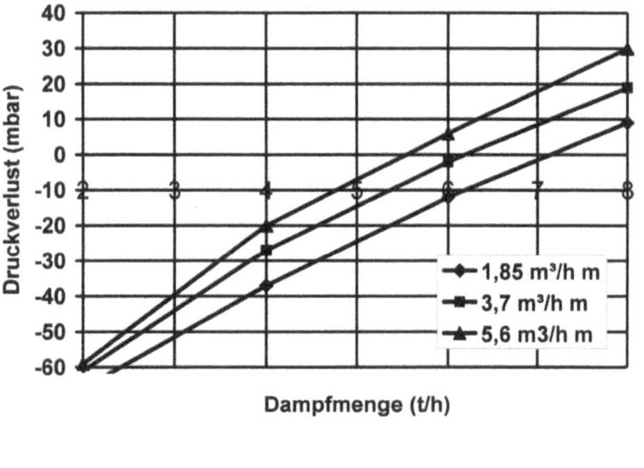

Bild 9.4.3: Druckverluste als Funktion der Dampfmenge bei verschiedenen Flüssigkeitsbeaufschlagungen

Die Wärmeübergangszahl im turbulenten Rieselfilm kann nach folgenden Gleichungen berechnet werden:

Numrich $\alpha = 0{,}0055 \cdot \frac{\lambda}{l} \cdot Re^{0{,}44} \cdot Pr^{0{,}4}$ [W/m²K]

Scholl $\alpha = 0{,}0054 \cdot \frac{\lambda}{l} \cdot Re^{0{,}38} \cdot Pr^{0{,}57}$ [W/m²K]

Hadley $\alpha = 0{,}00454 \cdot \frac{\lambda}{l} \cdot Re^{0{,}44} \cdot Pr^{0{,}48}$ [W/m²K]

$$l = \left(\frac{v^2}{g}\right)^{1/3} \qquad Re = \frac{V_U}{3600 \cdot v}$$

$$V_U = \frac{V_{Fl}}{U} \; [m^3/hm] \qquad U = n \cdot \pi \cdot d_i \; [m]$$

Re = Reynoldszahl
Pr = Prandtlzahl
U = Umfangslänge der Rohre [m]
V_{Fl} = Flüssigkeitsaufgabe [m³/h]
V_U = Flüssigkeitsbeaufschlagung [m³/h m]
λ = Wärmeleitzahl des Produkts [W/m K]
v = Kinemat. Viskosität des Produkts [m²/s]

In **Bild 9.4.4** sind die nach verschiedenen Modellen berechneten Wärmeübergangskoeffizienten als Funktion der Reynoldszahl dargestellt. Mit zunehmender Reynoldszahl bzw. zunehmender Flüssigkeitsbeaufschlagung V_U wird die Wärmeübergangszahl größer.

Auslegungsempfehlung: V_U = 2–4 m³/h m Rohrumfang.

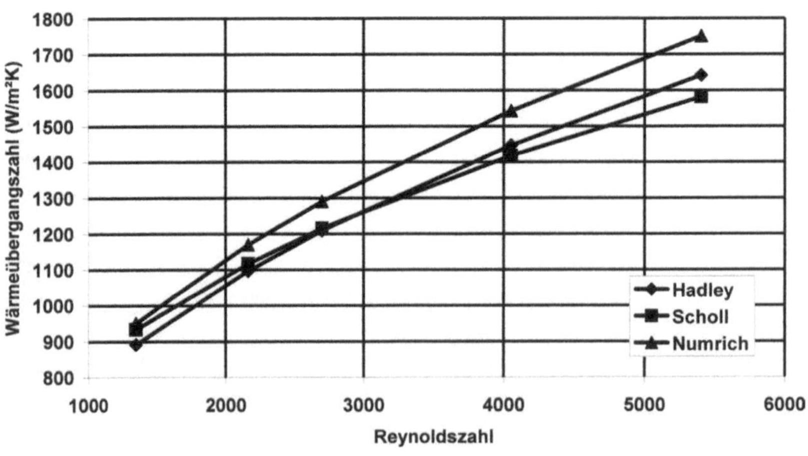

Bild 9.4.4: Nach verschiedenen Modellen berechnete Wärmeübergangszahlen als Funktion der Reynoldszahl im Rieselfilm

Bild 9.4.5: Wärmeübergangszahlen als Funktion der Dämpfeströmungsgeschwindigkeit bei verschiedenen Flüssigkeitsbeaufschlagungen

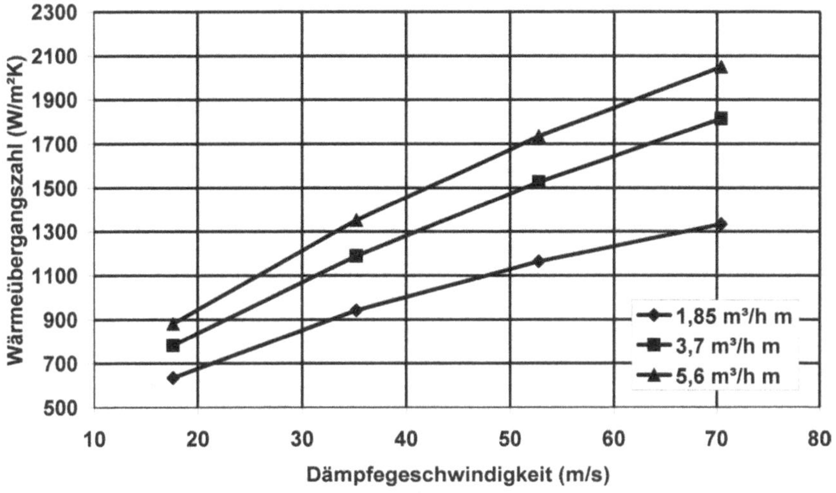

Aus **Bild 9.4.5** geht hervor, dass die Wärmeübergangszahl mit zunehmender Dämpfegeschwindigkeit und höherer Flüssigkeitsbeaufschlagung besser werden.

Im Hinblick auf die thermische Schädigung von organischen Produkten ist die Verweilzeit t_V im Verdampfer wichtig. Die Verweilzeit t_V im Rieselfilm mit der Filmdicke δ wird wie folgt bestimmt.

$$t_V = \frac{n \cdot d_i \cdot \pi \cdot L \cdot \delta}{V_{Fl} / 3600} \quad [s] \qquad \delta = 0{,}3035 \cdot Re^{0{,}583} \cdot l \quad [m]$$

Für eine gleichmäßige Flüssigkeitsverteilung auf die einzelnen Rohre des Verdampfers wird über dem oberen Rohrboden ein Flüssigkeitsverteiler installiert. Der Verteiler hat außen eine Aufkantung von ca. 100 mm und mindestens so viele Ablauftüllen wie Verdampferrohre. Bei großen Durchmessern wird zusätzlich ein Vorverteiler installiert.

Die Dimensionierung des Flüssigkeitsverteilers erfolgt nach der Gleichung für den Behälterauslauf:

$$V = \alpha \cdot n_T \cdot d_T{}^2 \cdot \pi / 4 \cdot \sqrt{2 \cdot g \cdot H} \quad [m^3/s]$$

α = Ausflussbeiwert = 0,6–0,8
d_T = Durchmesser der Ablauftüllen [m]
H = Flüssigkeitsstand im Verteiler [m]
n_T = Anzahl der Ablauftüllen

Für einen Durchmesser d_T = 15 mm für die Ablaufrohre und eine Ablaufgeschwindigkeit von w_T = 0,6 m/s in den Ablauftüllen kann die Anzahl der Ablaufrohre n_T des Verteilers und die Flüssigkeitshöhe H im Verteiler wie folgt ermittelt werden.

$$n_T = \frac{V_{Fl}}{w_T \cdot d_T{}^2 \cdot \pi / 4 \cdot 3600} = \frac{V_{Fl}}{0{,}6 \cdot 0{,}000175 \cdot 3600} = \frac{V_{Fl}}{0{,}378}$$

$$H = \frac{w_T{}^2}{2 \cdot g \cdot \alpha^2} = \frac{w_T{}^2}{2 \cdot 9{,}81 \cdot 0{,}6^2} = \frac{w_T{}^2}{7{,}06} \quad [m]$$

Beispiel 9.4.1: Auslegung eines Fallfilmverdampfers für Hexadekan

P = 33 mbar	t = 170,35 °C	Q = 100 kW	M = 226
r = 75 Wh/kg	Δt = 20 °C	ρ_D = 0,203 kg/m³	ρ_{Fl} = 662 kg/m³
Pr = 12,73	λ = 0,094 W/m K	ν = 0,672 mm²/s	Rohre 50 x 2
Rohrlänge L = 5 m			

Abschätzung des Flächenbedarfs und der erforderlichen Anzahl von Rohren für einen geschätzten k-Wert k = 600 W/m²K:

$$A = \frac{Q}{k \cdot \Delta t} = \frac{100000}{600 \cdot 20} = 8{,}3\ m^2$$

$$n = \frac{A}{d_a \cdot \pi \cdot L} = \frac{8{,}3}{0{,}05 \cdot \pi \cdot 5} = 11 \text{ Rohre } 50 \times 2$$

Gewählt:

16 Rohre 50 x 2 mit der Rohrlänge L = 5 m

Wärmetauscheroberfläche $A = n \cdot L \cdot \pi = 16 \cdot 5 \cdot \pi = 12{,}6\ m^2$

Strömungsquerschnitt in den Rohren $f_R = n \cdot d_i{}^2 \cdot \pi/4 = 16 \cdot 0{,}046^2 \cdot 0{,}785 = 0{,}0266\ m^2$

Berechnung der Dämpfeströmungsgeschwindigkeit w_D:

Dampfdichte $\rho_D = \frac{M}{22{,}4} \cdot \frac{P}{1011} \cdot \frac{273}{273 + t} = \frac{226 \cdot 33 \cdot 273}{22{,}4 \cdot 1011 \cdot (273 + 170)}\ 0{,}203\ kg/m^3$

Dampfgeschwindigkeit $w_D = \frac{Q}{r \cdot f_R \cdot \rho_D \cdot 3600} = \frac{100000}{75 \cdot 0{,}0266 \cdot 0{,}203 \cdot 3600} = 68{,}6\ m/s$

Alternative Berechnung der Dampfströmungsgeschwindigkeit:

Verdampfte Menge $G = \frac{Q}{r} = \frac{100000}{75} = 1333\ kg/h$

Dampfvolumen $V_D = \frac{g}{\rho_D} = \frac{1333}{0{,}203} = 65{,}66\ m^3/h$

Dampfgeschwindigkeit $w_D = \frac{V_D}{3600 \cdot f_R} = \frac{65{,}66}{3600 \cdot 0{,}0266} = 68{,}6$ m/s

Berechnung der Schallgeschwindigkeit für Hexadekandämpfe:

$$w_{Schall} = \sqrt{\kappa \cdot \frac{R}{M} \cdot T} = \sqrt{1{,}0164 \cdot \frac{8314}{226} \cdot 443} = 128{,}7 \text{ m/s}$$

Empfehlung: $w_D \approx 0{,}5 \cdot w_{Schall} = 0{,}5 \cdot 128{,}7 = 64{,}4$ m/s

Empfohlene Maximalgeschwindigkeit der Dämpfe mit der Massenstromdichte $m = 15$ kg/m²s:

$$w_{max} = \frac{m_{max}}{\rho_D} = \frac{15}{0{,}203} = 73{,}9 \text{ m/s}$$

Die Dämpfegeschwindigkeit $w_D = 68{,}6$ m/s liegt im Bereich der zulässigen maximalen Strömungsgeschwindigkeit.

Berechnung der erforderlichen Flüssigkeitsaufgabe V_{Fl} für eine Flüssigkeitsbeaufschlagung von $V_U = 3$ m³/(h · (m Umfang)):

$$V_{Fl} = V_U \cdot U = V_U \cdot (n \cdot d_i \cdot \pi) = 3 \cdot 16 \cdot 0{,}046 \cdot \pi = 6{,}93 \text{ m}^3/\text{h} = 4{,}6 \text{ t/h}$$

Gewählt:

$G = 8$ t/h $\qquad V_{Fl} = 12{,}08$ m³/h $\qquad V_U = 5{,}23$ m³/hm

Berechnung der Wärmeübergangszahl für $V_U = 5{,}23$ m³/hm:

$$Re = \frac{V_U}{3600 \cdot \nu} = \frac{5{,}23}{3600 \cdot 0{,}672 \cdot 10^{-6}} = 2161$$

$$l = \left(\frac{\nu^2}{g}\right)^{1/3} = \left(\frac{(0{,}672 \cdot 10^{-6})^2}{9{,}81}\right)^{1/3} = 36 \cdot 10^{-6}$$

$$\alpha = 0{,}0055 \cdot \frac{0{,}094}{36 \cdot 10^{-6}} \cdot 2161^{0{,}44} \cdot 12{,}73^{0{,}4} = 1165 \text{ W/m}^2\text{K}$$

Berechnung der Wärmedurchgangszahl und der Wärmeleistung:

Wärmeübergangszahl für die Beheizung auf der Mantelseite $\alpha_A = 6000$ W/m²K

Verschmutzungsbeiwert $f = 0{,}0003$

Wärmeleitzahl der Rohrwand $\lambda_{Rohr} = 14$ W/m K

$$\frac{1}{k} = \frac{1}{1165 \cdot 46/50} + \frac{1}{6000} + \frac{0{,}002}{14} + 0{,}0003 \qquad k = 648\ \text{W/m}^2\text{K}$$

$$Q = k \cdot A \cdot \Delta t = 648 \cdot 12{,}6 \cdot 20 = 163296\ \text{W}$$

Berechnung der Filmdicke δ, der Verweilzeit t_V und der Rieselfilmgeschwindigkeit w_{Riesel}:

$$\delta = 0{,}3035 \cdot Re^{0{,}583} \cdot l = 0{,}3035 \cdot 2161^{0{,}583} \cdot 36 \cdot 10^{-6} = 0{,}00096\ \text{m} = 0{,}96\ \text{mm}$$

$$t_V = \frac{U \cdot \delta \cdot L}{V_{Fl}/3600} = \frac{2{,}31 \cdot 0{,}00096 \cdot 5}{12{,}08/3600} = 3{,}3\ \text{s}$$

$$w_{Riesel} = \frac{L}{t_V} = \frac{5}{3{,}3} = 1{,}5\ \text{m/s}$$

Auslegung des Flüssigkeitsverteilers für 12 m³/h Flüssigkeitsaufgabe:

Zahl der benötigten Ablaufrohre n_T des Verteilers:

$$n_T = \frac{V_{Fl}}{0{,}378} = \frac{12}{0{,}378} = 32\ \text{Ablauftüllen}$$

Flüssigkeitsstand H im Verteiler:

$$H = \frac{w_T^2}{7{,}06} = \frac{0{,}6^2}{7{,}06} = 0{,}05\ \text{m} = 50\ \text{mm}$$

Kontrollrechnung:

$$V_{Fl} = \alpha \cdot n_T \cdot d_T^2 \cdot 0{,}785 \cdot \sqrt{2 \cdot g \cdot H} = 0{,}6 \cdot 32 \cdot 0{,}015^2 \cdot 0{,}785 \cdot \sqrt{2 \cdot 9{,}81 \cdot 0{,}05} = 0{,}00336\ \text{m}^3\text{/s}$$

$$V_{Fl} = 3600 \cdot 0{,}00336 = 12{,}08\ \text{m}^3\text{/h}$$

$$w_T = \alpha \cdot \sqrt{2 \cdot g \cdot H} = 0{,}6 \cdot \sqrt{2 \cdot 9{,}81 \cdot 0{,}05} = 0{,}6\ \text{m/s}$$

Schrifttum:

Numrich, R.: Simulation eines industriellen Fallfilmverdampfers zur Verdampfung von Mehrstoffgemischen. Chemie Ingenieur Technik 68 (1996) Nr. 11, S. 1466–1469

Scholl, S.: Verdampfung und Kondensation. In: Fluid-Verfahrenstechnik, Band 2. Wiley-VCH-Verlag, Weinheim, 2006

Hadley, M.: VDI-Fortschrittsberichte Reihe 3, Nr. 468, VDI-Verlag, 1997

10 Auslegung von Thermosiphonverdampfern

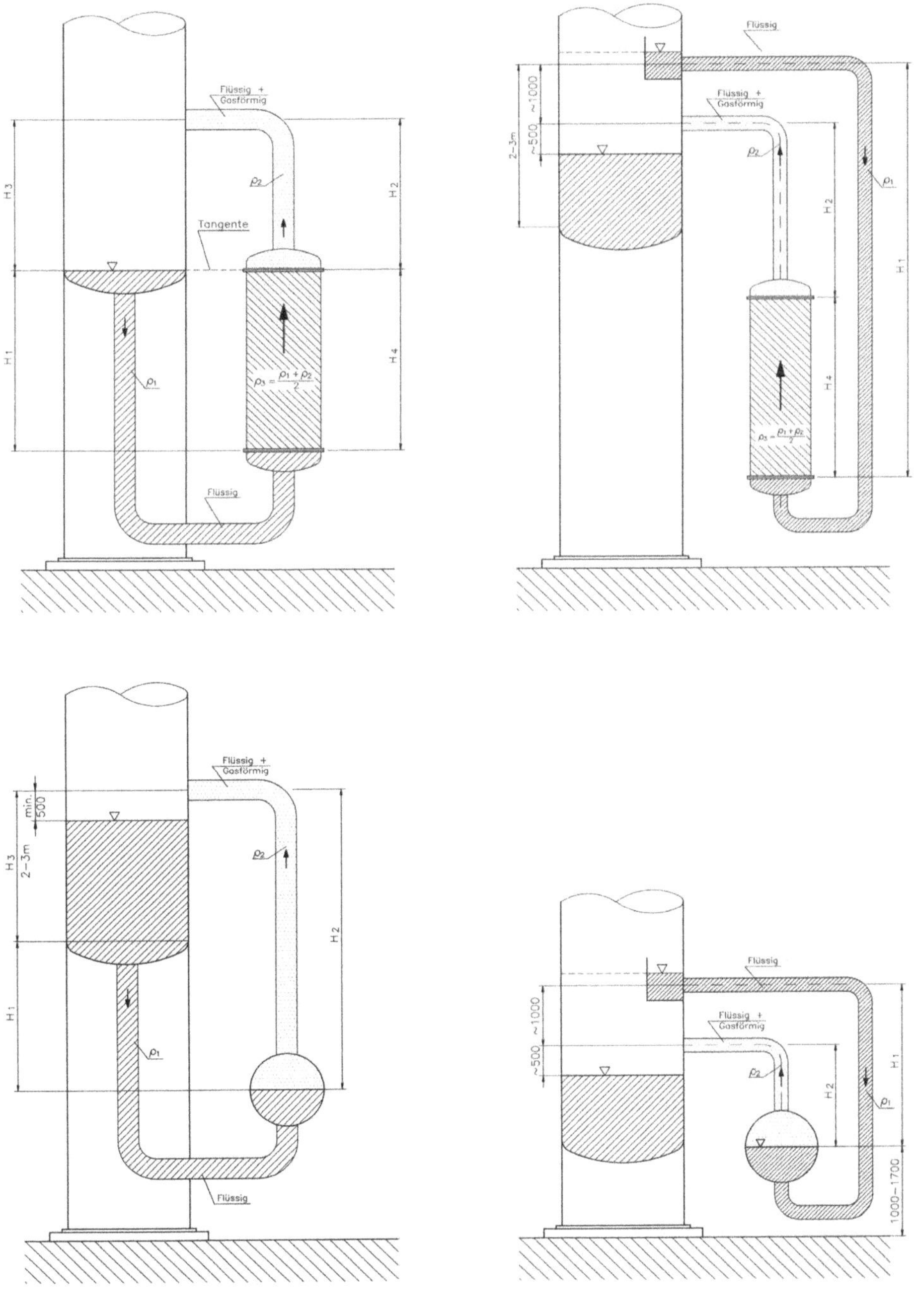

Bild 10.1: Vertikale und Horizontale Thermosiphonverdampfer

10.1 Wärmetechnische Berechnungen

10.1.1 Erforderliche Umlaufmenge W im Thermosiphonkreislauf

Zunächst wird für die vorliegende Aufgabenstellung die Wärmeleistung Q ermittelt und dann die erforderliche Umlaufmenge W des Thermosiphonumlaufs für die gewählte Verdampfungsrate x ermittelt.

Wärmeleistung $\mathbf{Q} = W \cdot c \cdot \Delta t_{Heiz} + W \cdot x \cdot r \quad [W]$

Dampfmenge $\mathbf{D} = x \cdot W \quad [kg/h]$

Erforderliche Thermosiphonumlaufmenge W für die gewählte Verdampfungsrate x:

$$W = \frac{Q}{c \cdot \Delta t_{Heiz} + x \cdot r} \quad [kg/h]$$

Q = Wärmeleistung [W]
W = Flüssigkeitseintrittsmenge in den Umlaufverdampfer [kg/h]
c = Spezif. Wärmekapazität [Wh/kg K]
Δt_{Heiz} = Erforderliche Aufheizung zum Siedepunkt [K]
r = Verdampfungswärme [Wh/kg]
x = Dampfanteil im 2-Phasen-Gemisch [kg/kg]

Beispiel 10.1.1: Berechnung der Umlauf- und der Dampfmenge im Thermosiphonverdampfer

$Q = 600$ kW $r = 150$ Wh/kg $x = 0{,}2$ $c = 0{,}6$ Wh/kgK $\Delta t = 4$ °C

$$W = \frac{600000}{0{,}6 \cdot 4 + 0{,}2 \cdot 150} = 18518 \text{ kg/h}$$

Verdampfte Menge $D = x \cdot W = 0{,}2 \cdot 18518 = 3704$ kg/h

Kontrolle mit Wärmebilanz

$Q = W \cdot c \cdot \Delta t_{Heiz} + W \cdot x \cdot r = 18518 \cdot 0{,}6 \cdot 4 + 18518 \cdot 0{,}2 \cdot 150 = 600000$ W

10.1.2 Abschätzung der benötigten Reboilerfläche A

Mit einem geschätzten k-Wert für den Wärmedurchgang wird die erforderliche Fläche A für die geforderte Wärmeleistung Q ermittelt.

$$A = \frac{Q}{k \cdot \Delta t} \quad [m^2]$$

k = geschätzte Wärmedurchgangszahl [W/m²K]

Beispiel 10.1.2: Ermittlung der Reboilerfläche und der Abmessungen

$Q = 600\ kW \qquad k = 1200\ W/m^2K \qquad \Delta t = 20\ °C$

$$A = \frac{Q}{k \cdot \Delta t} = \frac{600000}{1200 \cdot 20} = 25\ m^2$$

Berechnung der erforderlichen Rohrzahl n für L = 3 m Rohrlänge

$$n = \frac{A}{\pi \cdot d_i \cdot L} = \frac{25}{\pi \cdot 0{,}025 \cdot 3} = 106 \text{ Rohre } 25 \times 2$$

Gewählt: n = 127 Rohre 25 x 2 mit Dreieckteilung 32 mm

Daraus ergibt sich der Mantelinnendurchmesser D_i = 384 mm

10.1.3 Berechnung der Wärmeübergangszahl für die Verdampfung

Die Gesamtwärmeübergangszahl α_{Verd} setzt sich zusammen aus der konvektiven Wärmeübergangszahl α_{kon} für das konvektive Sieden bei der erhöhten Strömungsgeschwindigkeit des 2-Phasen-Gemisches und α_{Sied} für das korrigierte Blasensieden.

$$\alpha_{Verd} = \alpha_{kon} + \alpha_{Sied}$$

10.1.3.1 Berechnung der Wärmeübergangszahl α_{kon} für das konvektive Sieden bei der durch die Verdampfung erhöhten Strömungsgeschwindigkeit des 2-Phasen-Gemisches

Zunächst wird der α_{Fl}-Wert für den konvektiven Wärmeübergang der strömenden Flüssigkeit ermittelt. Die Wärmeübergangszahl für die anteilige Flüssigkeitsströmung α_{Fl} wird mit dem Multiplikator F für die 2-Phasen-Strömungsgeschwindigkeit multipliziert.

$$\alpha_{kon} = F \cdot \alpha_{Fl}$$

Berechnung der Wärmeübergangszahl für die strömende Flüssigkeit

Für den Bereich 2300 < Re < 8000 gilt: $Nu = 0{,}037 \cdot (Re^{0{,}75} - 6{,}66) \cdot Pr^{0{,}42}$

Für den Bereich Re > 8000 gilt: $Nu = 0{,}023 \cdot Re^{0{,}8} \cdot Pr^{0{,}33}$

$$\alpha_{Fl} = \frac{Nu \cdot \lambda}{d_i} \qquad Re = \frac{w_F \cdot d_i}{\nu_F}$$

Re = Reynoldszahl
Pr = Prandtlzahl
Nu = Nusseltzahl
λ = Wärmeleitzahl [W/m K]
d_i = Rohrinnendurchmesser
ν_F = Kinematische Viskosität [m^2/s]
w = Strömungsgeschwindigkeit der Flüssigkeit [m/s]

Den Multiplikator F zur Umrechnung von α_{Fl} auf α_{kon} bei der 2-Phasen-Strömung berechnet man wie folgt:

$$F = 2{,}5 \left(\frac{1}{X_{tt}}\right)^{0{,}7}$$

$$X_{tt} = \left(\frac{1-x}{x}\right)^{0{,}9} \cdot \left(\frac{\rho_G}{\rho_F}\right)^{0{,}5} \cdot \left(\frac{\eta_F}{\eta_G}\right)^{0{,}1}$$

$$X_{tt} = \left(\frac{G_F}{G_G}\right)^{0{,}9} \cdot \left(\frac{\rho_G}{\rho_F}\right)^{0{,}5} \cdot \left(\frac{\eta_F}{\eta_G}\right)^{0{,}1}$$

X_{tt} = Lockhart-Martinelli-Parameter für turbulente Strömung
x = Dampfgewichtsanteil der 2-Phasen-Strömung
ρ_G = Dampfdichte [kg/m³]
ρ_F = Flüssigkeitsdichte [kg/m³]
η_F = Dynamische Flüssigkeitsviskosität [mPas]
η_G = Dynamische Dampfviskosität [mPas]
G_F = Flüssigkeitsmenge [kg/h]
G_G = Dampfmenge [kg/h]

10.1.3.2 Berechnung der Wärmeübergangszahl α_{Sied} für das Blasensieden nach Mostinski mit dem Korrekturfaktor S für unterdrücktes Blasensieden

Zunächst ermittelt man die Wärmeübergangszahl α_{BS} für das Blasensieden und korrigiert diesen Wert mit dem Korrekturfaktor S nach Chen für das unterdrückte Blasensieden bei der 2-Phasen-Strömung.

$$\alpha_{BS} = 0{,}00626 \cdot P_c^{0{,}69} \cdot q^{0{,}7}$$

$$\alpha_{Sied} = S \cdot \alpha_{BS}$$

$$S = \frac{1}{1 + (2{,}53 \cdot 10^{-6} \cdot Re_{2ph}^{1{,}17})}$$

$$Re_{2ph} = Re_{Fl} \cdot F^{1{,}25}$$

q = Wärmestromdichte [W/m²]
P_c = Kritischer Druck [kPa]
S = Korrekturfaktor für das unterdrückte Blasensieden nach Chen
Re_{2Ph} = Reynoldszahl bei 2-Phasen-Strömung nach Chen

Beispiel 10.1.3.1: Berechnung der Wärmeübergangszahl für einen vertikalen Thermosiphonverdampfer mit 120 Rohren 25 x 2, 3,5 m lang, für Toluol

Umlaufmenge W = 40 t/h   x = 0,4 = 40 % Verdampfung im Austritt = 16 t/h

Am Reboilereintritt ist der Dampfgehalt x = 0 und am Reboileraustritt ist x = 0,4. Gerechnet wird mit dem mittleren Dampfgehalt x_m und der mittleren Dampfmenge G_{Gm} und der mittleren Flüssigkeitsmenge G_{Flm}.

Mittlerer Dampfgehalt über die Rohrlänge $x_m = 0,2$

Mittlere Flüssigkeitsmenge $G_{Flm} = 32$ t/h = 41 m³/h

Mittlere Dampfmenge $G_{Gm} = 8$ t/h

$\rho_G = 3$ kg/m³ $\rho_F = 781$ kg/m³

$\eta_G = 0{,}009$ mPas $\eta_F = 0{,}244$ mPas

$\lambda = 0{,}116$ W/mK   Pr = 4,12 $d_i = 21$ mm $\nu_F = 0{,}3073$ mm²/s

Berechnung von α_{Fl}

Strömungsquerschnitt $f_R = n \cdot d_i^2 \cdot \frac{\pi}{4} = 120 \cdot 0{,}021^2 \cdot 0{,}785 = 0{,}04154\ \text{m}^2$

Strömungsgeschwindigkeit $w = \frac{41}{3600 \cdot 0{,}04154} = 0{,}274\ \text{m/s}$

$$Re = \frac{w \cdot d_i}{\nu} = \frac{0{,}274 \cdot 0{,}021}{0{,}3073 \cdot 10^{-6}} = 18723 \qquad Pr = 4{,}12$$

$$Nu = 0{,}023 \cdot Re^{0,8} \cdot Pr^{0,33} = 0{,}023 \cdot 18723^{0,8} \cdot 4{,}12^{0,33} = 96{,}06$$

$$\alpha_{Fl} = \frac{Nu \cdot \lambda}{d_i} = \frac{96{,}06 \cdot 0{,}116}{0{,}021} = 530\ \text{W/m}^2\text{K}$$

Berechnung von α_{Kon}

$$X_{tt} = \left(\frac{32}{8}\right)^{0,9} \cdot \left(\frac{3}{781}\right)^{0,5} \cdot \left(\frac{0{,}244}{0{,}009}\right)^{0,1} = 0{,}3$$

$$F = 2{,}5 \cdot \left(\frac{1}{0{,}3}\right)^{0,7} = 5{,}8$$

$$\alpha_{Kon} = F \cdot \alpha_{Fl} = 5{,}8 \cdot 530 = 3074\ \text{W/m}^2\text{K}$$

Berechnung von α_{Sied}

$P_c = 4100$ kPa $q = 25000$ W/m²

$$\alpha_{BS} = 0{,}00626 \cdot 4100^{0{,}69} \cdot 25000^{0{,}7} = 2333 \text{ W/m}^2\text{K}$$

$$Re_{2ph} = 18723 \cdot 5{,}8^{1{,}25} = 168523$$

$$S = \frac{1}{1 + 2{,}53 \cdot 10^{-6} \cdot 168523^{1{,}17}} = 0{,}23$$

$$\alpha_{Sied} = 2333 \cdot 0{,}23 = 536 \text{ W/m}^2\text{K}$$

Die Gesamtwärmeübergangszahl für die Verdampfung im vertikalen Thermosiphonverdampfer ist die Summe aus der Wärmeübergangszahl für den konvektiven Wärmeübergang der 2-Phasen-Strömung und der korrigierten Wärmeübergangszahl für das durch die Strömung behinderte Blasensieden:

$$\alpha_{Verd} = 3074 + 536 = 3610 \text{ W/m}^2\text{K}$$

10.1.3.3 Berechnungen für einen vertikalen Thermosiphonverdampfer

- Ermittlung des Strömungsquerschnitts in den Rohren f_R
- Bestimmung der Strömungsgeschwindigkeit für die Flüssigkeitsmenge
- Berechnung der Reynoldszahl
- Ermitlung der Wärmeübergangszahl für die in den Rohren strömende Flüssigkeit

Beispiel 10.1.3.2: Wärmetechnische Auslegung eines dampfbeheizten vertikalen Thermosiphonverdampfers Typ AEM mit Verdampfung in den Rohren

Mittlere Flüssigkeitsmenge $V = 85$ m³/h

Verdampfer DN 700 mit 394 Rohren 25 x 2, 2,5 m lang

Strömungsquerschnitt $f_R = 0{,}136$ m²

$Pr = 4{,}33$ $\lambda = 0{,}117$ W/mK $\nu = 0{,}318$ mm²/s

Berechnung der Wärmeübergangszahl für das konvektive Sieden

$$w = \frac{85}{3600 \cdot 0{,}136} = 0{,}173 \text{ m/s}$$

$$Re = \frac{0{,}173 \cdot 0{,}021}{0{,}318 \cdot 10^{-6}} = 11431$$

$$\alpha_{Fl} = 0{,}023 \cdot Re^{0,8} \cdot Pr^{0,33} \cdot \frac{\lambda}{d_i} = 0{,}023 \cdot 11\,431^{0,8} \cdot 4{,}33^{0,33}\ \frac{0{,}117}{0{,}021} = 366\ \text{W/m}^2\text{K}$$

Zweiphasenmultiplikator $F = 4$

$$\alpha_{Kon} = 4 \cdot 366 = 1466\ \text{W/m}^2\text{K}$$

Berechnung der Wärmeübergangszahl für das Blasensieden

$P_c = 4100$ kPa $\qquad q = 25000\ \text{W/m}^2$

$$\alpha_{BS} = 0{,}00626 \cdot P_c^{0,69} \cdot q^{0,7} = 0{,}00626 \cdot 4100^{0,69} \cdot 25000^{0,7} = 2333\ \text{W/m}^2\text{K}$$

$S = 0{,}48$

$$\alpha_{Sied} = 0{,}48 \cdot 2333 = 1120\ \text{W/m}^2\text{K}$$

Gesamtwärmeübergangszahl $\alpha_{Verd} = \alpha_{kon} + \alpha_{Sied} = 1466 + 1120 = 2586\ \text{W/m}^2\text{K}$

Berechnung der Wärmedurchgangszahl k

$$\alpha_{ia} = 2586 \cdot \frac{21}{25} = 2172\ \text{W/m}^2\text{K} \qquad \alpha_a = 8000\ \text{W/m}^2\text{K}$$

$$\frac{1}{k} = \frac{1}{2172} + \frac{1}{8000} + \frac{0{,}002}{14} + 0{,}0003 \qquad k = 972\ \text{W/m}^2\text{K}$$

Berechnung der Wärmeleistung Q mit LMTD = 20 °C

$$A = 394 \cdot 0{,}025 \cdot \pi \cdot 2{,}5 = 77\ \text{m}^2$$

$$Q = k \cdot A \cdot LMTD = 972 \cdot 77 \cdot 20 = 1{,}496\ \text{MW}$$

Aus **Bild 10.1.3.1** geht hervor, dass die Wärmeübergangszahl α_{Verd} mit zunehmender Verdampfung größer wird, weil die Wärmeübergangszahl α für das konvektive Sieden des 2-Phasen-Gemisches stark ansteigt.

Im Folgenden sind einige Abhängigkeiten vom Dampfgehalt x aufgelistet:

- Die Zweiphasendichte verringert sich mit zunehmender Verdampfung und die Strömungsgeschwindigkeit des Zweiphasengemisches nimmt zu. Die höhere Strömungsgeschwindigkeit verbessert die Wärmeübergangszahl für das konvektive Sieden.
- Die Wärmedurchgangszahl steigt bei größeren Verdampfungsraten an, weil der α-Wert für das konvektive Sieden mit zunehmender Dampfmenge zunimmt.

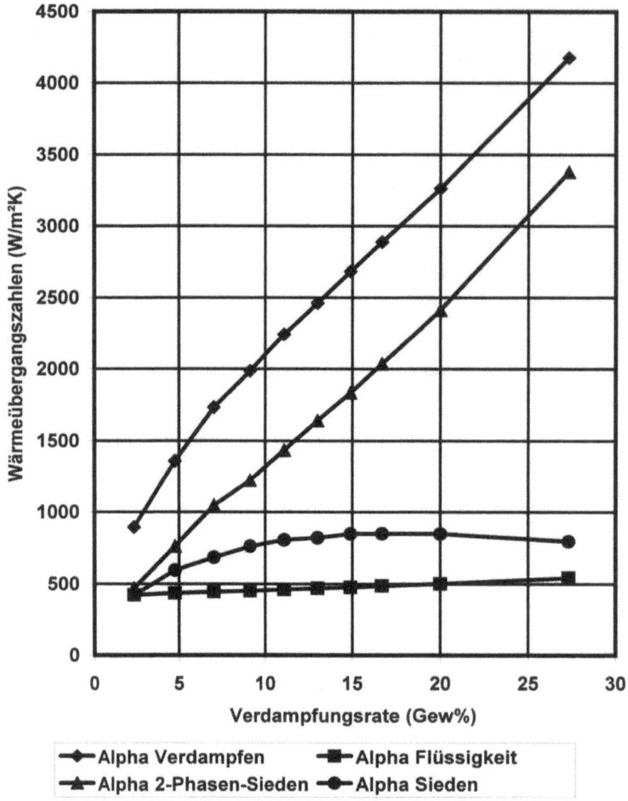

Bild 10.1.3.1: Wärmeübergangszahlen in einem vertikalen Thermosiphonverdampfer in Abhängigkeit von der Verdampfungsrate

- Die wirksame Temperaturdifferenz LMTD steigt bei größeren Verdampfungsraten, weil durch die geringere Dichte im Reboiler bei höheren Dampfgehalten der Siededruck und damit die Siedetemperatur herabgesetzt werden.

10.1.3.4 Berechnungen für einen horizontalen Thermosiphonverdampfer Typ AJL oder AHL mit der Querströmung zwischen den Rohren von unten nach oben

- Ermittlung des Strömungsquerschnitts für die Querströmung um die Rohre f_q
- Bestimmung der Strömungsgeschwindigkeit w_q für die Flüssigkeitsmenge
- Berechnung der Reynoldszahl
- Ermittlung der Wärmeübergangszahl für die um die Rohre strömende Flüssigkeit α_{Fl}

$$\alpha_{Fl} = 0{,}158 \cdot Re^{0,6} \cdot Pr^{0,33} \cdot \frac{\lambda}{d_a} \quad [W/m^2K]$$

$$\alpha_{Kon} = F + \alpha_{Fl} \quad [W/m^2K]$$

$$\alpha_{Verd} = \alpha_{Kon} \cdot \alpha_{Sied} \quad [W/m^2K]$$

Beispiel 10.1.3.3: Wärmetechnische Auslegung eines horizontalen Thermosiphonverdampfers Typ AJL bzw. AHL mit Querstrom von unten nach oben um die Rohre des Rohrbündels DN 450

Rohrbündel mit 132 Rohren 25 x 2, 6 m lang, Teilung 32 mm quadratisch

Physikalische Daten von Beispiel 10.1.3.2.

Berechnung der Wärmeübergangszahl für das konvektive Sieden

$$n_q = \frac{D_i}{T} = \frac{450}{32} = 14$$

$f_q = D_i - n_q \cdot d_a = 0{,}45 - 14 \cdot 0{,}025 = 0{,}1\ m^2$ (Strömungsquerschnitt)

$$w_q = \frac{85}{3600 \cdot 0{,}1} = 0{,}236\ m/s$$

$$Re = \frac{0{,}236 \cdot 0{,}025}{0{,}318 \cdot 10^{-6}} = 18562$$

$$\alpha_{Fl} = 0{,}158 \cdot Re^{0{,}6} \cdot Pr^{0{,}33} \cdot \frac{\lambda}{d_a} = 0{,}158 \cdot 18562^{0{,}6} \cdot 4{,}33^{0{,}33} \cdot \frac{0{,}117}{0{,}025} = 436{,}6\ W/m^2K$$

Zweiphasenmultiplikator F = 4

$\alpha_{Kon} = 4 \cdot 436{,}6 = 1746\ W/m^2K$

Berechnung der Wärmeübergangszahl für das Blasensieden

P = 4100 kPa $q = 25000\ W/m^2$ S = 0,48

$\alpha_{BS} = 0{,}00626 \cdot P_c^{0{,}69} \cdot q^{0{,}7} = 0{,}00626 \cdot 4100^{0{,}69} \cdot 25000^{0{,}7} = 2333\ W/m^2K$

$\alpha_{Sied} = 0{,}48 \cdot 2333 = 1120\ W/m^2K$

Gesamtwärmeübergangszahl $\alpha_{Verd} = \alpha_{kon} + \alpha_{Sied} = 1746 + 1120 = 2866\ W/m^2K$

Berechnung der Wärmedurchgangszahl k

$$\alpha_{ia} = 8000 \cdot \frac{21}{25} = 6720\ W/m^2K \qquad \alpha_i = 8000\ W/m^2K$$

$$\frac{1}{k} = \frac{1}{2866} + \frac{1}{6720} + \frac{0{,}002}{14} + 0{,}0003 \qquad k = 1063\ W/m^2K$$

Berechnung der Wärmeleistung Q mit LMTD = 22 °C

Reboilerfläche $A = 132 \cdot 0{,}025 \cdot \pi \cdot 6 = 62\ m^2$

$Q = k \cdot A \cdot LMTD = 1116 \cdot 62 \cdot 22 = 1{,}522\ MW$

Wärmestromdichte $q = k \cdot LMTD = 1116 \cdot 22 = 24552\ W/m^2$

10.1.3.5 Berechnungen für einen horizontalen Thermosiphonverdampfer Typ AEL mit der Längsströmung um die Rohre ohne Umlenkbleche

- Ermittlung des Strömungsquerschnitts für die Längsströmung um die Rohre f_L
- Bestimmung der Strömungsgeschwindigkeit w_L für die Flüssigkeitsmenge
- Ermittlung des hydraulischen Durchmessers d_H
- Berechnung der Reynoldszahl
- Ermittlung der Wärmeübergangszahl für die um die Rohre strömende Flüssigkeit α_{Fl}

$$f_L = \frac{\pi}{4} \cdot (D_i^2 - n \cdot d_a^2) \quad [m^2]$$

$$d_H = \frac{D_i^2 - n \cdot d_a^2}{n \cdot d_a} \quad [m]$$

$$\alpha_{Fl} = 0{,}023 \cdot Re^{0,8} \cdot Pr^{0,33} \cdot \frac{\lambda}{d_a} = \quad [W/m^2K]$$

$$\alpha_{Kon} = F \cdot \alpha_{Fl} \quad [W/m^2K]$$

$$\alpha_{Verd} = \alpha_{Kon} + \alpha_{Sied} \quad [W/m^2K]$$

Beispiel 10.1.3.5: Wärmetechnische Auslegung eines horizontalen Thermosiphonverdampfers Typ AEL mit Längsstrom durch den Mantel ohne Umlenkbleche DN 450

mit 132 Rohren 25 x 2, 6 m lang, Teilung 32 mm quadratisch

Berechnung der Wärmeübergangszahl für das konvektive Sieden

$$f_L = \frac{\pi}{4} \cdot (D_i^2 - n \cdot d_a^2) = 0{,}785 \cdot (0{,}45^2 - 132 \cdot 0{,}025^2) = 0{,}094\ m^2$$

$$w_L = \frac{85}{3600 \cdot 0{,}094} = 0{,}25 \text{ m/s}$$

$$d_H = \frac{D_i^2 - n \cdot d_a^2}{n \cdot d_a} = \frac{0{,}45^2 - 132 \cdot 0{,}025^2}{132 \cdot 0{,}025} = 0{,}036 \text{ m}$$

$$Re = \frac{w_L \cdot d_H}{\nu} = \frac{0{,}25 \cdot 0{,}036}{0{,}318 \cdot 10^{-6}} = 28301$$

$$\alpha_{Fl} = 0{,}023 \cdot Re^{0{,}8} \cdot Pr^{0{,}33} \cdot \frac{\lambda}{d_H} = 0{,}023 \cdot 28301^{0{,}8} \cdot 4{,}33^{0{,}33} \cdot \frac{0{,}117}{0{,}036} = 441{,}7 \text{ W/m}^2\text{K}$$

Multiplikator für Zweiphasenströmung $F = 4$

$\alpha_{2Ph} = 4 \cdot 441{,}7 = 1767 \text{ W/m}^2\text{K}$

Berechnung der Wärmeübergangszahl für das Blasensieden

$P = 4100 \text{ kPa}$ $q = 25000 \text{ W/m}^2$ $S = 0{,}48$

$\alpha_{BS} = 0{,}00626 \cdot P_c^{0{,}69} \cdot q^{0{,}7} = 0{,}00626 \cdot 4100^{0{,}69} \cdot 25000^{0{,}7} = 2333 \text{ W/m}^2\text{K}$

$\alpha_{Sied} = 0{,}48 \cdot 2333 = 1120 \text{ W/m}^2\text{K}$

Gesamtwärmeübergangszahl $\alpha_{Verd} = \alpha_{kon} + \alpha_{Sied} = 1767 + 1120 = 2887 \text{ W/m}^2\text{K}$

Berechnung der Wärmedurchgangszahl k

$\alpha_{ia} = 8000 \cdot \frac{21}{25} = 6720 \text{ W/m}^2\text{K}$ $\alpha_i = 8000 \text{ W/m}^2\text{K}$

$\frac{1}{k} = \frac{1}{2887} + \frac{1}{6720} + \frac{0{,}002}{14} + 0{,}0003$ $k = 1066 \text{ W/m}^2\text{K}$

Berechnung der Wärmeleistung Q mit LMTD = 22 °C

Reboilerfläche $A = 132 \cdot 0{,}025 \cdot \pi \cdot 6 = 62 \text{ m}^2$

$Q = k \cdot A \cdot LMTD = 1066 \cdot 62 \cdot 22 = 1{,}45 \text{ MW}$

Wärmestromdichte $q = k \cdot LMTD = 1066 \cdot 22 = 23452 \text{ W/m}^2$

10.2 Berechnung der Strömungsgeschwindigkeit w im Verdampfer

$$w = \frac{G}{\rho \cdot A \cdot 3600} \quad [m/s]$$

A = Strömungsquerschnitt [m²]
G = Mengendurchsatz durch den Verdampfer [kg/h]
ρ = Dichte des 2-Phasen-Gemisches [kg/m³] oder der Flüssigkeit oder der mittleren Dichte im Reboiler

Beispiel 10.2.1: Berechnung der Strömungsgeschwindigkeit im vertikalen Reboiler

Eintritt in den Verdampfer: 20 t/h
Dichte der Flüssigkeit: 750 kg/m³
Strömungsquerschnitt = 0,06474 m² für 187 Rohre 25 x 2
Strömungsgeschwindigkeit für die eintretende Flüssigkeitsmenge: 0,114 m/s
Austritt aus dem Verdampfer: 20 t/h mit 20 Gew.-% Dampf
Dampfdichte $\rho_G = 5$ kg/m³
Dichte des 2-Phasen-Gemisches $\rho_{2Ph} = 24{,}35$ kg/m³ am Verdampferaustritt
Strömungsgeschwindigkeit für das austretende 2-Phasen-Gemisch: 3,52 m/s

Logarithmisch gemittelte Geschwindigkeit in den 3 m langen Verdampferrohren:

$$w_m = \frac{w_{aus} - w_{ein}}{\ln \dfrac{w_{aus}}{w_{ein}}} = \frac{3{,}52 - 0{,}114}{\ln \dfrac{3{,}52}{0{,}114}} = 1 \text{ m/s}$$

Mittlere Dichte ρ_3 im Reboiler:

$$\rho_3 = \frac{1}{\dfrac{1}{24{,}35} - \dfrac{1}{750}} \cdot \ln \frac{\dfrac{1}{24{,}35} - \dfrac{1}{750}}{\dfrac{1}{750}} = 85{,}43 \text{ kg/m}^3$$

Daraus ergibt sich die mittlere Strömungsgeschwindigkeit im Reboiler:

$$w_m = \frac{20000}{85{,}43 \cdot 0{,}06474 \cdot 3600} = 1 \text{ m/s}$$

Alternativberechnung für die Dampfdichte $\rho_G = 0{,}68$ kg/m³
2-Phasen-Dichte am Verdampferaustritt für x = 0,2: 3,388kg/m³
Strömungsgeschwindigkeit am Verdampferaustritt: 25,32 m/s
Mittlere Strömungsgeschwindigkeit im Reboiler: $w_m = 4{,}67$ m/s
Mittlere Dichte im Reboiler $\rho_3 = 18{,}36$kg/m³

$$w_m = \frac{20000}{18{,}36 \cdot 0{,}06474 \cdot 3600} = 4{,}67 \text{ m/s}$$

10.3 Berechnung der 2-Phasen-Dichte und der mittleren Dichte im Reboiler

10.3.1 Berechnung der 2-Phasen-Dichte ρ eines Dampf-Flüssigkeit-Gemisches:

$$\rho_{2\,Ph} = \frac{1}{\dfrac{x}{\rho_G} - \dfrac{1-x}{\rho_F}} \quad [\mathrm{kg/m^3}]$$

ρ_G = Dampfdichte [kg/m³]

ρ_F = Flüssigkeitsdichte [kg/m³]

10.3.2 Berechnung der mittleren Dichte ρ_3 im Reboiler aus der Dichte der Flüssigkeit ρ_F und der Dichte des 2-Phasen-Gemisches $\rho_{2\,Ph}$

$$\rho_3 = \frac{1}{\dfrac{1}{\rho_{2\,Ph}} - \dfrac{1}{\rho_F}} \cdot \ln\left[\frac{\dfrac{1}{\rho_{2\,Ph}} - \dfrac{1}{\rho_F}}{\dfrac{1}{\rho_F}}\right] \quad [\mathrm{kg/m^3}]$$

Berechnung der mittleren Dichte ρ_3 im Reboiler aus der Gasdichte ρ_G und der Flüssigkeitsdichte ρ_F und dem Dampfanteil x:

$$\rho_3 = \frac{1}{x \cdot \left(\dfrac{1}{\rho_G} - \dfrac{1}{\rho_F}\right)} \cdot \ln\left[\frac{x \cdot \left(\dfrac{1}{\rho_G} - \dfrac{1}{\rho_F}\right)}{\dfrac{1}{\rho_F}}\right] \quad [\mathrm{kg/m^3}]$$

Beispiel 10.3.1: Berechnung der 2-Phasendichte und der mittleren Dichte im Reboiler

$x = 0{,}136$ Dampfdichte $\rho_G = 0{,}68\ \mathrm{kg/m^3}$ Flüssigkeitsdichte $\rho_F = 750\ \mathrm{kg/m^3}$

Berechnung der 2-Phasen-Dichte des Gemisches:

$$\rho_{2\,Ph} = \frac{1}{\dfrac{0{,}136}{0{,}68} + \dfrac{0{,}864}{750}} = 4{,}97\ \mathrm{kg/m^3}$$

Berechnung der mittleren Dichte im Reboiler:

$$\rho_3 = \frac{1}{\frac{1}{4{,}97} - \frac{1}{750}} \cdot \ln\left[\frac{\frac{1}{4{,}97} - \frac{1}{750}}{\frac{1}{750}}\right] = 25{,}07\ \mathrm{kg/m^3}$$

$$\rho_3 = \frac{1}{0{,}136 \cdot \left(\frac{1}{0{,}68} - \frac{1}{750}\right)} \cdot \ln\left[\frac{0{,}136 \cdot \left(\frac{1}{0{,}68} - \frac{1}{750}\right)}{\frac{1}{750}}\right] = 25{,}07\ \mathrm{kg/m^3}$$

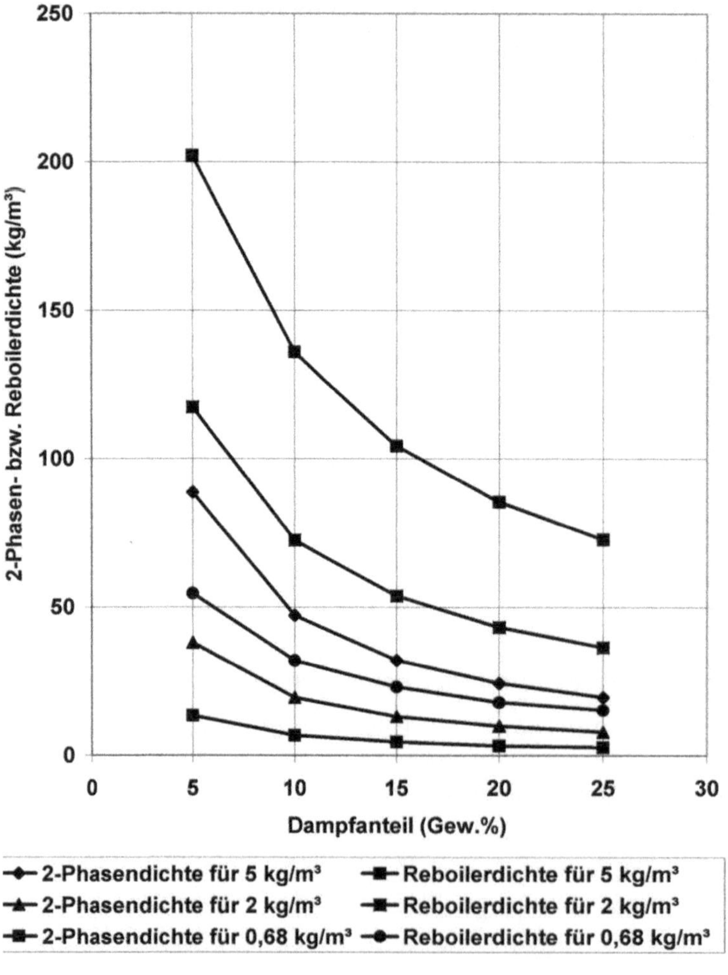

Bild 10.3.1: Dichte des 2-Phasen-Gemisches am Verdampferaustritt und mittlere Reboilerdichte im Verdampfer in Abhängigkeit vom Dampfanteil im 2-Phasen-Gemisch für 3 unterschiedliche Dampfdichten

10.4 Ermittlung der erforderlichen Höhe H1 für den Thermosiphonumlauf bzw. des maximal zulässigen Druckverlustes ΔP im Thermosiphonumlauf

10.4.1 Berechnung der erforderlichen Höhe H1 zur Überwindung des Druckverlustes ΔP mit dem Sicherheitsfaktor S

$$H1 = \frac{S \cdot \Delta P + g \cdot (H2 \cdot \rho_2 + H4 \cdot \rho_3)}{g \cdot \rho_1} \quad \text{[m Flüssigkeitshöhe]}$$

Berechnung des erforderlichen treibenden Drucks ΔP für den Thermosiphonumlauf

$$\Delta P_{erf} = \rho_1 \cdot g \cdot H1 = S \cdot \Delta P + g \cdot (\rho_2 \cdot H2 + \rho_3 \cdot H4) \quad \text{[Pa]}$$

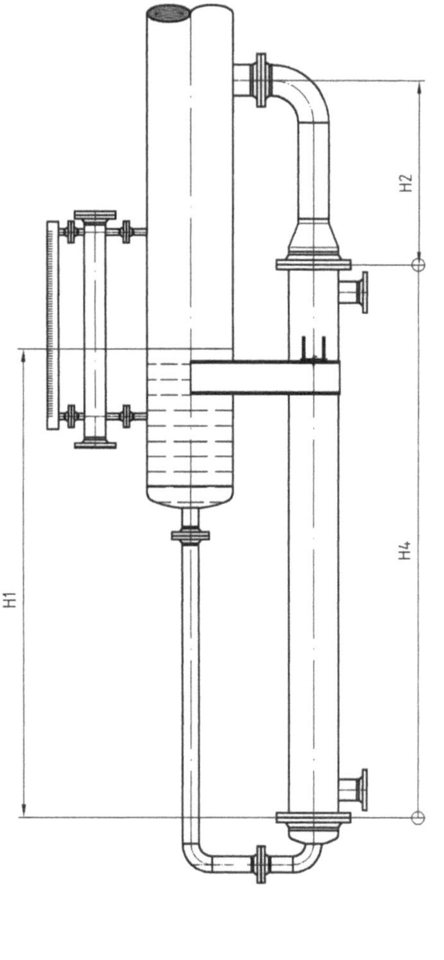

Bild 10.4.1: Thermosiphonverdampfer mit den Höhen H1 + H2 + H4 zur Ermittlung des treibenden Drucks für den Thermosiphonumlauf

10.4.2 Berechnung des maximal zulässigen Druckverlustes ΔP_{max} im Thermosiphonumlauf bei vorgegebenen Höhen H1 und H2 und H4

$\Delta P_{max} = g \cdot (H1 \cdot \rho_1 - H2 \cdot \rho_2 - H4 \cdot \rho_3)$ [Pa]

ΔP = Druckverlust im Thermosiphonumlauf [Pa]
H1 = Treibende Flüssigkeitshöhe (siehe **Bild 10.4.1**)
H2 = Höhe der 2-Phasen-Mischung im Riser [m]
H4 = Höhe des Reboilers
ρ_1 = Flüssigkeitsdichte
ρ_2 = 2-Phasen-Dichte ρ_{2Ph}
ρ_3 = Mittlere Dichte im Reboiler
S = Sicherheitsfaktor = 2

Beispiel 10.4.2.1: Berechnung der erforderlichen Höhe H1

$\Delta P = 69{,}2$ mbar = 6920 Pa $\quad \rho_1 = \rho_F = 750\ \text{kg/m}^3$
H2 = 2 m $\quad \rho_2 = \rho_{2Ph} = 4{,}97\ \text{kg/m}^3$ $\quad$ H4 = 3 m
$\rho_3 = 25{,}07\ \text{kg/m}^3$ $\quad$ Sicherheitsfaktor S = 2

Berechnung der erforderlichen Höhe H1 für $\Delta P = 69{,}2$ mbar:

$$H1 = \frac{2 \cdot 6920 + 9{,}81 \cdot (2 \cdot 4{,}97 + 3 \cdot 25{,}07)}{9{,}81 \cdot 750} = 1{,}99 \text{ m mit Sicherheitsfaktor 2}$$

Berechnung des maximal zulässigen Druckverlustes bei H1 = 1,99 m mit S = 2:

$$\Delta P_{max} = 9{,}81 \cdot (1{,}99 \cdot 750 - 2 \cdot 4{,}97 - 3 \cdot 25{,}07) = 13840 \text{ Pa}$$

Ohne den Sicherheitsfaktor S = 2 beträgt der zulässige Druckverlust im Thermosiphonumlauf 6920 Pa bzw. 69,2 mbar.

Hinweis: Falls ein Teil der Rohrlänge zum Aufheizen auf Siedetemperatur benötigt wird, muss diese Länge bei der Ermittlung von $H1_{netto}$ berücksichtigt werden.

$H1_{netto} = H1 - H_{Heiz}$

H_{Heiz} = Aufheizlänge [m]

Beispiel 10.4.2.2: Berechnung des verfügbaren treibenden Drucks Δp_{verf} für den Thermosiphonumlauf

Die Berechnung wird für die beiden Höhen H1 = 2,5 m und H1 = 3,5 m durchgeführt.

H2 = 1,83 m

$\rho_2 = 24{,}3\ kg/m^3$

H4 = 3 m

$\rho_3 = 85{,}3\ kg/m^3$

$\rho_1 = 750\ kg/m^3$

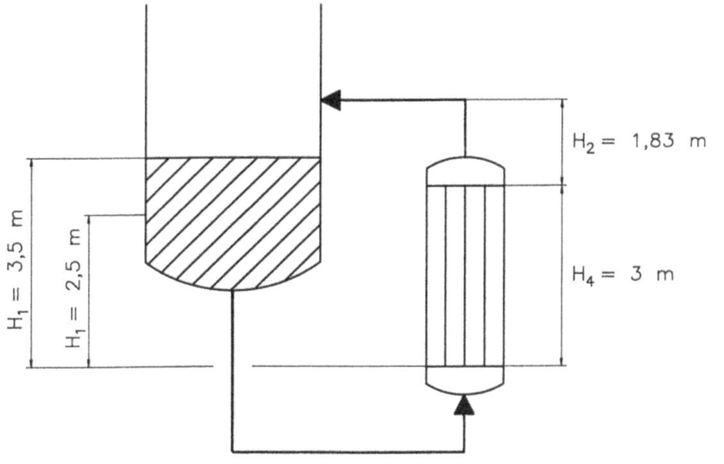

Bild 10.4.2.1:

$$\Delta p_{verf} = g \cdot (H1 \cdot \rho_1 - H2 \cdot \rho_2 - H4 \cdot \rho_3)$$

H1 = 2,5m

$$\Delta p_{verf} = 9{,}81 \cdot (2{,}5 \cdot 750 - 1{,}83 \cdot 24{,}3 - 3 \cdot 85{,}3) = 15447\ Pa = 154\ mbar$$

H1 = 3,5m

$$\Delta p_{verf} = 9{,}81 \cdot (3{,}5 \cdot 750 - 1{,}83 \cdot 24{,}3 - 3 \cdot 85{,}3) = 22805\ Pa = 228\ mbar$$

10.4.3 Auswirkungen der Höhe H1 auf Umlaufmenge, Druckverlust, Temperaturdifferenz und Wärmeleistung von Thermosiphonverdampfern

In den folgenden **Bildern 10.4.3.1 bis 10.4.3.6** wird gezeigt, wie sich die treibende Höhe H1 auswirkt auf

- die Umlaufmenge W durch den Thermosiphonverdampfer,
- den Druckverlust durch den Thermosiphonumlauf,
- die wirksame Temperaturdifferenz LMTD und die Wärmeleistung

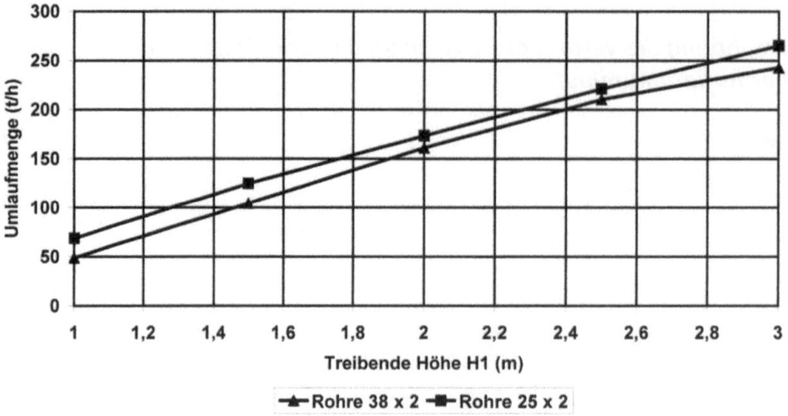

Bild 10.4.3.1: Mit zunehmender treibender Höhe H1 steigt die Umlaufmenge W durch einen vertikalen Thermosiphonverdampfer

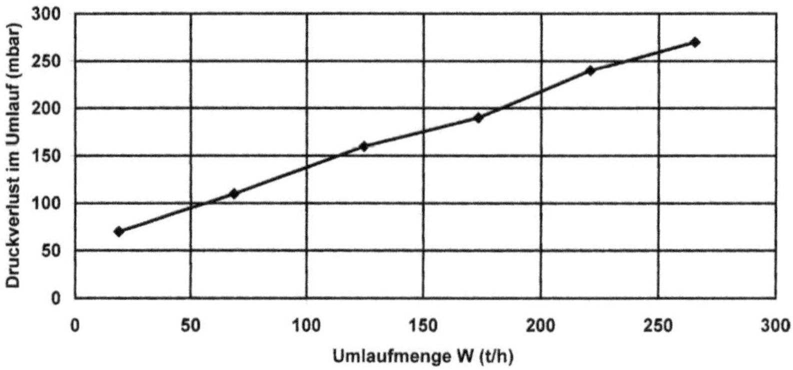

Bild 10.4.3.2: Der Druckverlust im Verdampferumlauf steigt mit zunehmender Umlaufmenge bzw. zunehmender treibender Höhe H1 bei der Verdampfung von 15,5 t/h Toluol-Xylol

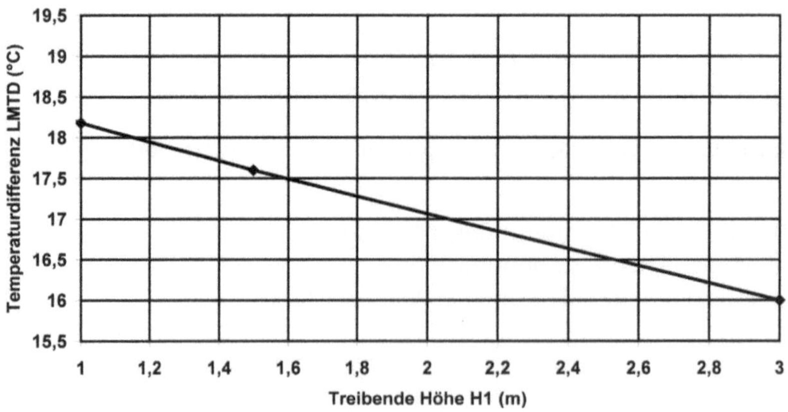

Bild 10.4.3.3: Die wirksame Temperaturdifferenz LMTD eines dampfbeheizten vertikalen Thermosiphonverdampfers nimmt ab mit zunehmender treibender Höhe H1, weil der größere hydrostatische Druck den Siededruck erhöht

Bild 10.4.3.4: Die Wärmeleistung eines vertikalen Thermosiphonverdampfers nimmt ab mit zunehmender Höhe H1, weil die wirksame Temperaturdifferenz LMTD wegen des höheren Siededrucks abnimmt

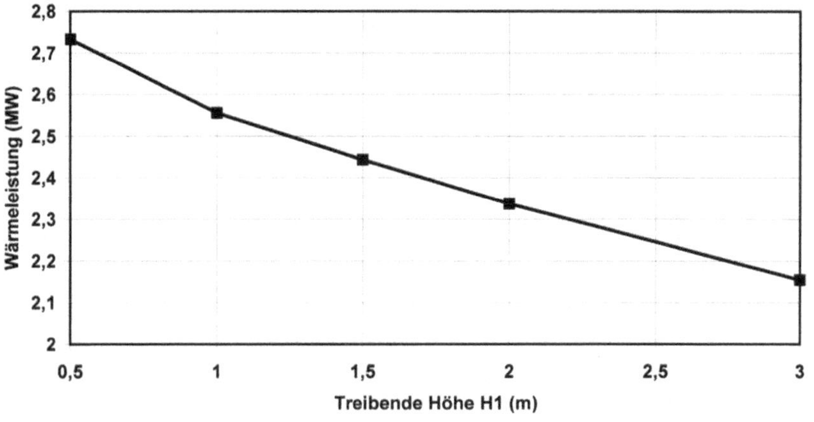

Bild 10.4.3.5: Treibende Höhe H1 bei einem horizontalen Thermosiphonverdampfer

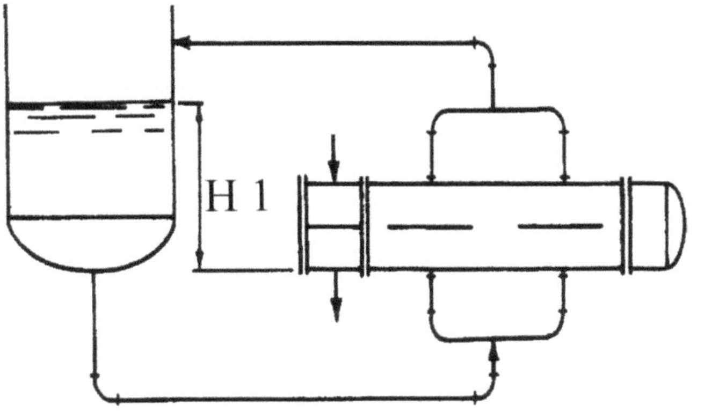

Bild 10.4.3.6: Umlaufmengen in horizontalen Thermosiphonverdampfern als Funktion der treibenden Höhe H1 für die Verdampfertypen AJL, AHL und AEL Wegen des großen Druckverlustes im Verdampfertyp AEL benötigt man eine höhere treibende Höhe H1

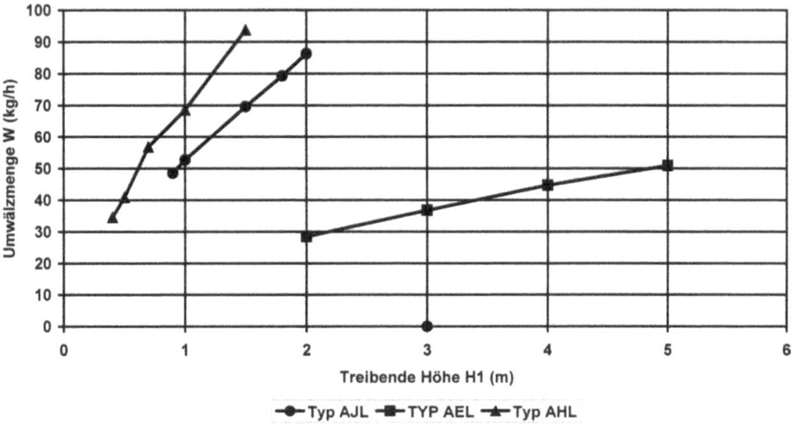

10.4.4 Auslegung von Riser- und Downcomerdurchmesser

Empfohlener Riserdurchmesser D_R für einen vertikalen Thermosiphonverdampfer:

$$D_R = d_i \cdot \sqrt{n} \quad [m]$$

Empfohlene Mindestströmungsgeschwindigkeit der 2-Phasen-Strömung im Riser zur Vermeidung von pulsierender Kolbenströmung mit Druckschwankungen in der Kolonne:

$$w_{min} = \sqrt{\frac{100}{\rho_D}} \quad [m/s]$$

Empfohlene maximale Strömungsgeschwindigkeit der 2-Phasenströmung im Riser:

$$w_{max} = \sqrt{\frac{6000}{\rho_{2Ph}}} \quad [m/s]$$

Empfohlener Durchmesser D_D für die in den Reboiler eintretende Flüssigkeit:

$$D_D = \frac{1}{2} \cdot D_R \quad [m]$$

Empfohlene Strömungsgeschwindigkeiten: 0,5 – 1 m/s

d_i = Verdampferrohrinnendurchmesser [m]
n = Zahl der Verdampferrohre
ρ_D = Dampfdichte [kg/m³]
ρ_{2Ph} = Dichte des 2-Phasen-Gemisches [kg/m³]

Beispiel 10.4.4.1: Bemessung von Downcomer-Riser

$n = 211$ Rohre $d_i = 21$ mm Umlaufmenge $W = 40$ t/h
$\rho_{Fl} = 750$ kg/m³ $\rho_{2Ph} = 24{,}3$ kg/m³ $\rho_D = 5$ kg/m³ $x = 0{,}2$
$V_{Fl} = 53{,}3$ m³/h $V_{2Ph} = 1664$ m³/h

$$D_R = d_i \cdot \sqrt{n} = 0{,}021 \cdot \sqrt{211} = 0{,}305 \text{ m} \qquad w_{2Ph} = 6{,}3 \text{ m/s}$$

$$D_D = \frac{1}{2} \cdot D_R = 0{,}5 \cdot 305 = 0{,}15 \text{ m} \qquad w_{Fl} = 0{,}84 \text{ m/s}$$

$$w_{min} = \sqrt{\frac{100}{\rho_D}} = \sqrt{\frac{100}{5}} = 4{,}5 \text{ m/s}$$

$$w_{max} = \sqrt{\frac{6000}{\rho_{2Ph}}} = \sqrt{\frac{6000}{24{,}3}} = 15{,}7 \text{ m/s}$$

Empfohlener Stutzenabstand in der Kolonne:

Höhe zwischen Flüssigkeitsstand in der Kolonne und Zweiphaseneintrittsstutzen: ca. 0,5 m

Höhe zwischen unterstem Boden in der Kolonne und Zweiphaseneintrittsstutzen: 0,5 – 0,8 m

Flüssigkeitshöhe im Kolonnensumpf: 1 – 1,5 m

10.5 Berechnung der Druckverluste im Thermosiphonumlauf

Der Gesamtdruckverlust in einem Thermosiphonumlauf setzt sich wie folgt zusammen:

- Druckverlust im Downcomer für den Flüssigkeitszulauf
- Reibungsdruckverlust für die 2-Phasen-Strömung in den Verdampferrohren
- Beschleunigungsdruckverlust in den Verdampferrohren
- Reibungsdruckverlust im Riser für die 2-Phasen-Strömung

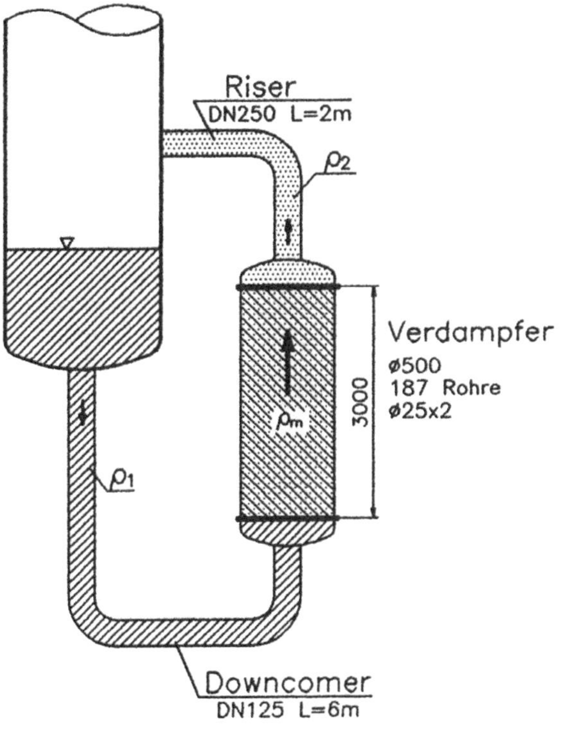

Bild 10.5.1: Thermosiphonumlauf mit Downcomer, Riser und Verdampfer

10.5.1 Berechnung des Druckverlustes im Downcomer

$$\Delta P_{Downc} = f \cdot \frac{L}{d} \cdot \frac{w_F^2 \cdot \rho_F}{2} \quad [Pa]$$

f = Reibungsbeiwert = $\frac{0{,}216}{Re^{0{,}2}}$

L = Downcomerlänge [m]

d = Durchmesser [m]

w_F = Strömungsgeschwindigkeit im Downcomer

ρ_F = Flüssigkeitsdichte

Beispiel 10.5.1.1: Berechnung des Druckverlustes im Downcomer

Downcomerlänge L = 25 m

Mengenstrom = 30 m^3/h

Kinematische Viskosität ν = 0,4 mm^2/s

Reibungsbeiwert f = 0,0185

Downcomerdurchmesser = 0,125 m

Strömungsgeschwindigkeit w_F = 0,68 m/s

Reynoldszahl Re = 212314

Flüssigkeitsdichte ρ_F = 750 kg/m^3

$$\Delta P_{Downc} = 0{,}0185 \cdot \frac{25}{0{,}125} \cdot \frac{0{,}68^2 \cdot 750}{2} = 641\ Pa = 6{,}4\ mbar$$

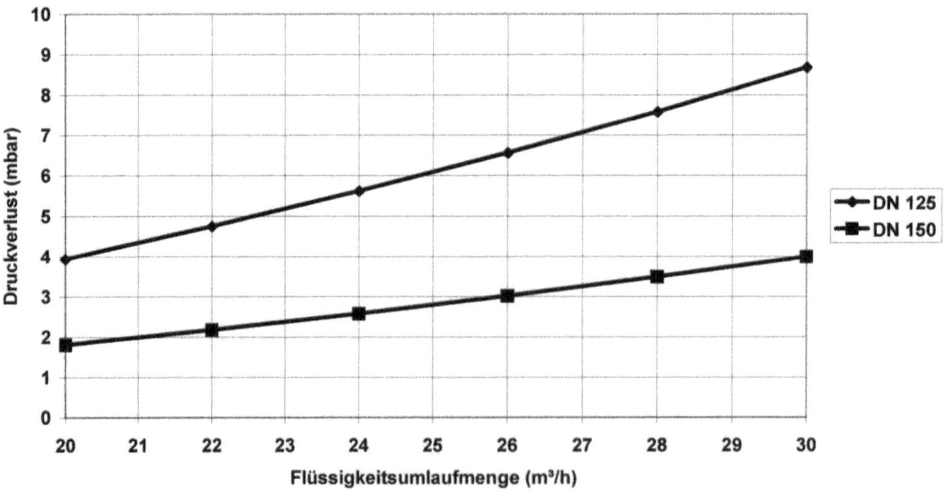

Bild 10.5.1.1: Druckverlust im Downcomer für zwei Nennweiten als Funktion der Umwälzmenge

10.5.2 Berechnung des Reibungsdruckverlustes für 2-Phasen-Strömung $\Delta P_{2\,Ph}$ im Verdampfer

Nach Lockhart-Martinelli wird der Druckverlust der anteiligen Einphasenströmung von Gas oder Flüssigkeit mit den Korrekturfaktoren $\Phi^2{}_G$ bzw. $\Phi^2{}_F$ umgerechnet in den Druckverlust der 2-Phasen-Strömung.

$$\Delta P_{2\,Ph} = \Phi^2{}_G \cdot \Delta P_G = \Phi^2{}_F \cdot \Delta P_F$$

ΔP_G = Druckverlust für anteilige Dampfströmung
ΔP_F = Druckverlust für anteilige Flüssigkeitsströmung

$$X = \sqrt{\frac{\Delta P_F}{\Delta P_G}}$$

Für die Korrekturfaktoren $\Phi^2{}_G$ und $\Phi^2{}_F$ gilt:

$$\Phi^2{}_F = 1 + \frac{C}{X} + \frac{1}{X^2} \qquad \Phi^2{}_G = 1 + C \cdot X + X^2$$

Turbulente Flüssigkeits- und Gasströmung: $C = 20$
Laminare Flüssigkeits- und turbulente Gasströmung: $C = 12$
Turbulente Flüssigkeits- und laminare Gasströmung: $C = 10$
Laminare Flüssigkeits- und Gasströmung: $C = 5$

10.5.3 Berechnung des Beschleunigungsdruckverlustes im Verdampfer

Durch die Verdampfung wird das Volumen größer und die Strömung in den Verdampferrohren beschleunigt. Der dadurch verursachte Druckverlust wird wie folgt berechnet:

$$\Delta P_{Beschl} = m^2 \cdot \left(\frac{1}{\rho_{2\,Ph}} - \frac{1}{\rho_F}\right) = m \cdot (w_{aus} - w_{ein})$$

m = Massenstromdichte [kg/m² s]
$\rho_{2\,Ph}$ = Dichte des 2-Phasen-Gemisches
ρ_F = Flüssigkeitsdichte
w_{ein} = Eintrittsströmungsgeschwindigkeit der Flüssigkeit
w_{aus} = Austrittsströmungsgeschwindigkeit des 2-Phasen-Gemisches

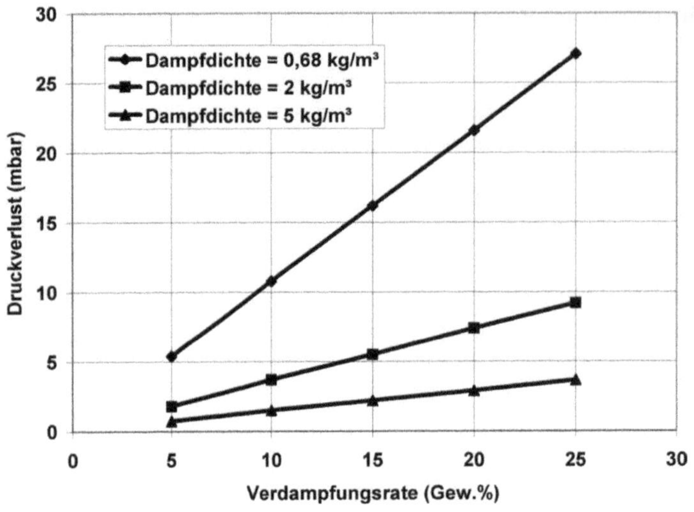

Bild 10.5.3.1: Beschleunigungsverluste im Thermosiphonverdampfer als Funktion der Verdampfungsrate für unterschiedliche Dampfdichten

Beispiel 10.5.3.1: Berechnung des Beschleunigungsdruckverlustes

Eintretende Flüssigkeitsmenge: 22 t/h in 187 Rohre 25 x 2

$\rho_F = 750\ kg/m^3$ $\rho_{2Ph} = 4{,}97\ kg/m^3$ $w_{ein} = 0{,}125\ m/s$ $w_{aus} = 18{,}99\ m/s$

$$m = \frac{22000}{3600 \cdot 0{,}021^2 \cdot 0{,}785 \cdot 187} = 94{,}39\ kg/m^2 s$$

$$\Delta P_{Beschl} = 94{,}39^2 \cdot \left(\frac{1}{4{,}97} - \frac{1}{750}\right) = 1781\ Pa = 17{,}8\ mbar$$

$$\Delta P_{Beschl} = 94{,}39 \cdot (18{,}99 - 0{,}125) = 1780\ Pa = 17{,}8\ mbar$$

10.5.4 Reibungsdruckverlust im Riser für die 2-Phasen-Strömung

Nach Lockhart-Martinelli wird der Druckverlust der anteiligen Einphasenströmung von Gas oder Flüssigkeit mit den Korrekturfaktoren Φ^2_G bzw. Φ^2_F umgerechnet in den Druckverlust der 2-Phasen-Strömung.

$$\Delta P_{2Ph} = \Phi^2_G \cdot \Delta P_G = \Phi^2_F \cdot \Delta P_F$$

ΔP_G = Druckverlust für anteilige Dampfströmung

ΔP_F = Druckverlust für anteilige Flüssigkeitsströmung

$$X = \sqrt{\frac{\Delta P_F}{\Delta P_G}}$$

Für die Korrekturfaktoren $\Phi^2{}_G$ und $\Phi^2{}_F$ gilt:

$$\Phi^2{}_F = 1 + \frac{C}{X} + \frac{1}{X^2} \qquad \Phi^2{}_G = 1 + C \cdot X + X^2$$

Beispiel 10.5.4.1: Berechnung des 2-Phasen-Druckverlustes im Riser

Riserdurchmesser: 250 mm

äquivalente Länge mit Bogen und Reduzierungen: 30 m

Das 2-Phasen-Gemisch besteht aus 5 t/h Dampf und 15 t/h Flüssigkeit.

5 t/h Dampf	$\rho_G = 2\ kg/m^3$	$w = 14{,}15\ m/s$	$\nu = 0{,}085\ mm^2/s$
15 t/h Flüssigkeit	$\rho_F = 750\ kg/m^3$	$w = 0{,}113\ m/s$	$\nu = 0{,}85\ mm^2/s$

Zunächst werden die Druckverluste für die Flüssigkeits- und Dampfströmung ermittelt.

$$Re_{Fl} = \frac{w \cdot d}{\nu} = \frac{0{,}113 \cdot 0{,}25}{0{,}85 \cdot 10^{-6}} = 33235 \qquad \text{Reibungsbeiwert } f = \frac{0{,}216}{33235^{0,2}} = 0{,}027$$

$$\Delta P_F = 0{,}027 \cdot \frac{30}{0{,}25} \cdot \frac{0{,}113^2 \cdot 750}{2} = 15{,}4\ Pa$$

$$Re_G = \frac{14{,}15 \cdot 0{,}25}{0{,}085 \cdot 10^{-6}} = 41\,617 \qquad \text{Reibungsbeiwert } f = \frac{0{,}216}{41\,617^{0,2}} = 0{,}0257$$

$$\Delta P_G = 0{,}0257 \cdot \frac{30}{0{,}25} \cdot \frac{14{,}15^2 \cdot 2}{2} = 617{,}5\ Pa$$

$$X = \sqrt{\frac{15{,}4}{617{,}5}} = 0{,}158$$

Für turbulente Gas- und Flüssigkeitsströmung ist $C = 20$.

$$\Phi^2{}_G = 1 + 20 \cdot 0{,}158 + 0{,}158^2 = 4{,}18 \qquad \Phi^2{}_F = 1 + \frac{20}{0{,}158} + \frac{1}{0{,}158^2} = 167{,}6$$

$$\Delta P_{2Ph} = 4{,}18 \cdot 617{,}5 = 167{,}6 \cdot 15{,}4 = 2581\ Pa$$

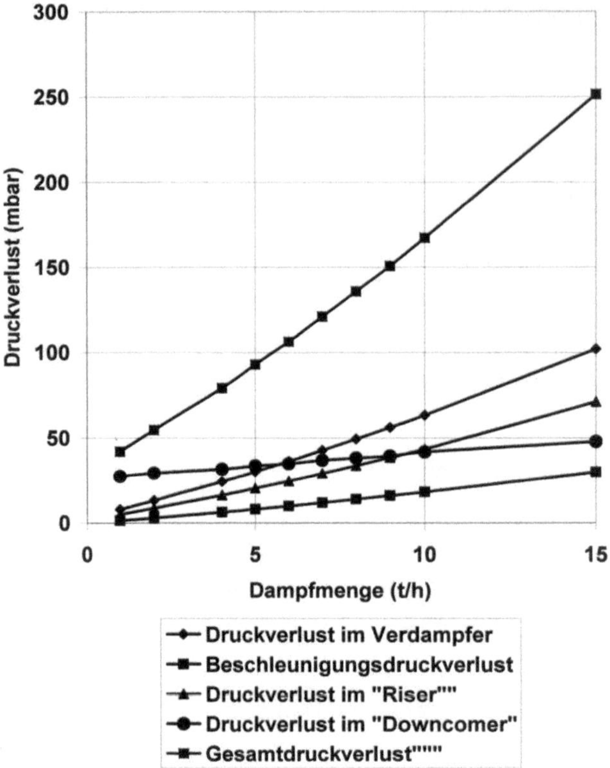

Bild 10.5.4.1: Druckverluste im Thermosiphonumlauf bei einer Dampfdichte von 5 kg/m³ in Abhängigkeit von der Verdampfungsrate bei 20 t/h Flüssigkeitsumlauf

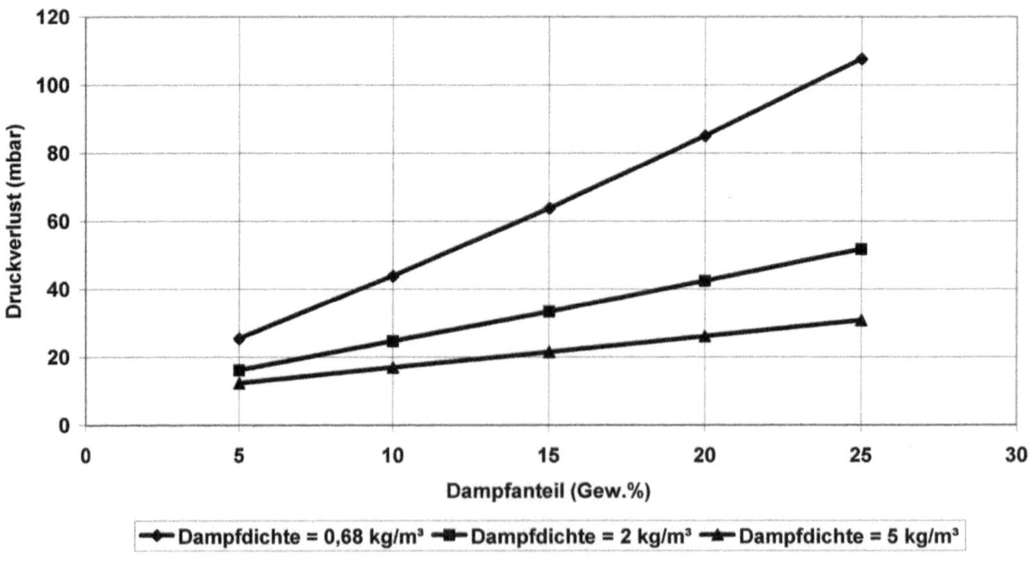

Bild 10.5.4.2: Druckverluste im Thermosiphonumlauf für verschiedene Dampfdichten

Aus **Bild 10.5.4.1** geht hervor, dass mit zunehmender Dampfmenge der Druckverlust im Thermosiphonumlauf ansteigt, weil durch den größer werdenden Dampfanteil die Strömungsgeschwindigkeit in den Verdampferrohren zunimmt.

In **Bild 10.5.4.2** wird gezeigt, dass der Druckverlust bei kleineren Dampfdichten deutlich größer ist als bei höheren Dampfdichten, weil bei kleinen Dampfdichten der Volumenanteil des Dampfes größer ist und somit auch die Strömungsgeschwindigkeit der 2-Phasen-Strömung.

10.5.5 Reboiler-Kennlinien

Für die Auslegung eines Thermosiphonumlaufs ist es empfehlenswert, die sogenannten „Reboiler-Kennlinien" zu erstellen. Darin wird der berechnete Druckverlust im Thermosiphon-

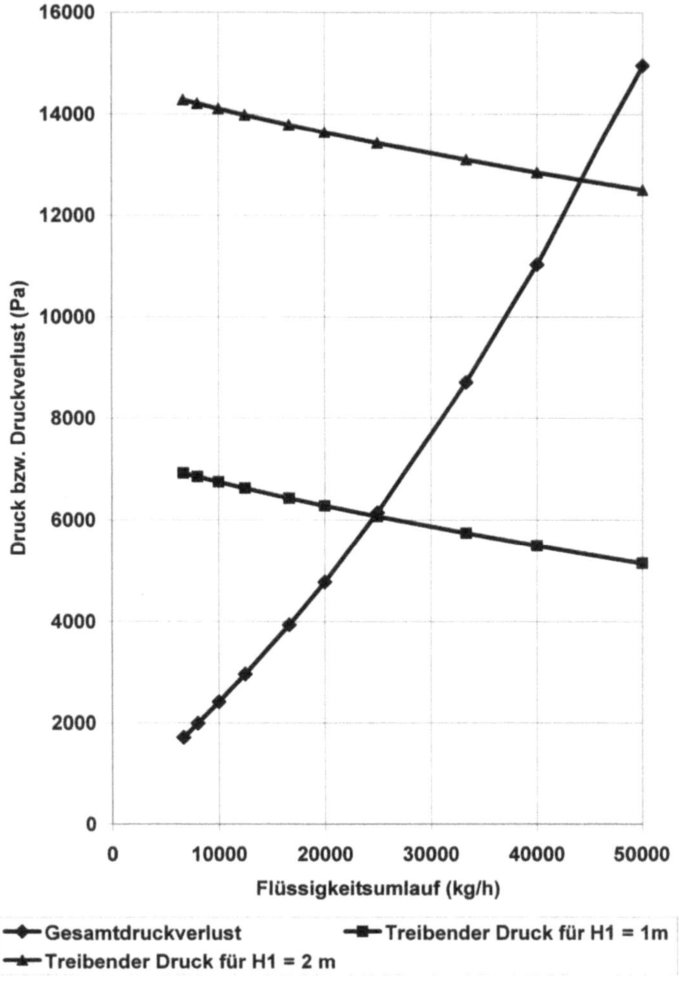

Bild 10.5.5.1: Reboilerkennlinien für die Verdampfung von 2 t/h Dampf

umlauf in Abhängigkeit vom Flüssigkeitsumlauf aufgetragen. In dem gleichen Diagramm wird das verfügbare Druckpotential für den Flüssigkeitsumlauf bei verschiedenen treibenden Höhen H1 dargestellt. Aus den Reboilerkennlinien kann man ablesen, welche Zulaufhöhe H1 für einen bestimmten Flüssigkeitsumlauf benötigt wird.

10.6 Berechnung der benötigten Reboilerlänge bzw. -fläche für die Aufheizung auf Siedetemperatur und für die Verdampfung in vertikalen Thermosiphonverdampfern

In Bild 10.6.1 wird gezeigt, dass im Thermosiphonverdampfer zwei Vorgänge stattfinden: Aufheizen der Flüssigkeit auf die Siedetemperatur beim Druck im Verdampfer und anschließend die eigentliche Verdampfung. Von Punkt B nach Punkt C wird die Flüssigkeit auf Siedetemperatur aufgeheizt. Die Temperatur steigt und der Druck nimmt ab, weil der statische Druck durch die überlagerte Flüssigkeitshöhe bei C geringer ist. Bei Punkt C beginnt die Verdampfung. Von Punkt C nach Punkt D sinkt der statische Druck und die Siedetemperatur nimmt ab.

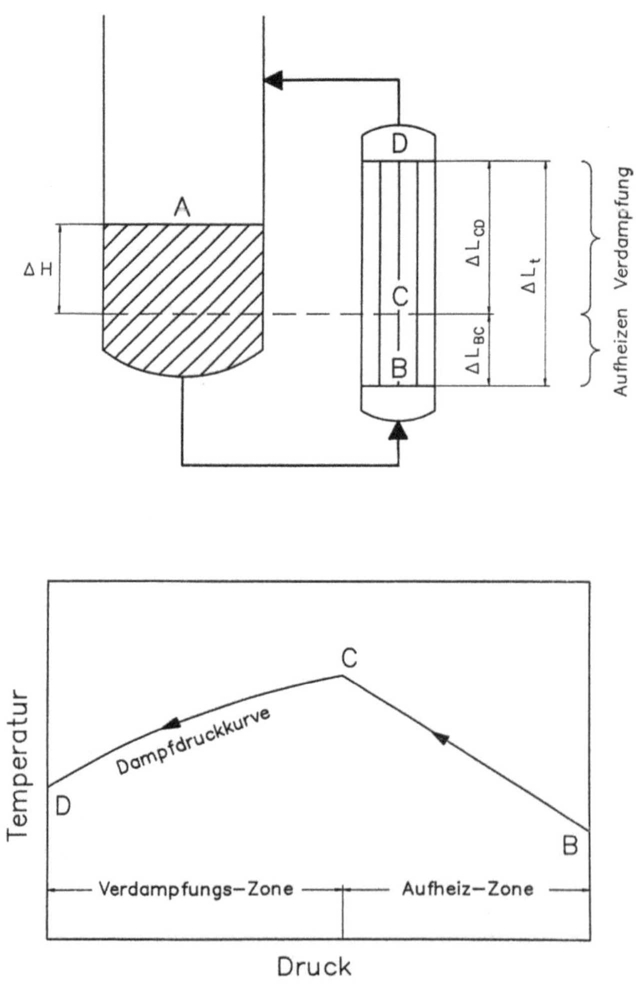

Bild 10.6.1: Aufheiz- und Verdampfungszone im vertikalen Thermosiphonverdampfer mit Druck- und Temperaturverlauf

10.6.1 Berechnung der Rohrhöhe L_{Heiz} bzw. der Austauschfläche A_{Heiz} zur konvektiven Aufheizung des Produkts bis zur Siedetemperatur

$$L_{Heiz} = \frac{G_F \cdot c_F \cdot \Delta t_{Heiz}}{n \cdot d \cdot \pi \cdot k_{Heiz} \cdot LMTD_{Heiz}} \quad [m]$$

$$A_{Heiz} = \frac{Q_{Heiz}}{k_{Heiz} \cdot LMTD_{Heiz}} \quad [m^2]$$

G_F = Flüssigkeitseintritt in den Verdampfer [kg/h]
c_F = Spezif. Wärmekapazität der Flüssigkeit [Wh/kg K]
Δt_{Heiz} = Erforderliche Aufheiztemperatur bis zum Siedepunkt [°C]
n = Anzahl der Rohre
d = Rohrdurchmesser
k_{Heiz} = Wärmedurchgangszahl für die konvektive Aufheizung [W/m² K]
$LMTD_{Heiz}$ = Temperaturdifferenz für das Aufheizen [°C]
Q_{Heiz} = Wärmeleistung zum Aufheizen [W]

Die erforderliche Temperaturdifferenz zum Aufheizen auf Siedetemperatur wird zunächst abgeschätzt, z. B. 3–6 °C. Die Wärmedurchgangszahl für das Aufheizen wird aus den Wärmeübergangszahlen α_i für das Aufheizen des flüssigen Produkts und α_{Heiz} für kondensierenden Dampf (α = 5000 W/m² K) ermittelt:

$$\frac{1}{k_{Heiz}} = \frac{1}{\alpha_{ia}} + \frac{1}{\alpha_{Heiz}} + \sum f$$

Die Wärmeübergangszahl α_i für das Aufheizen des Produkts im Rohr wird mit den Formeln für den konvektiven Wärmeübergang im Rohr ermittelt. Wegen der geringen Strömungsgeschwindigkeit beim Einströmen der Flüssigkeit in den Verdampfer (w = 0,1–0,25 m/s) sind die α_i-Werte sehr niedrig.

w = 0,1 m/s	Re = 5250	Pr = 5,4	Nu = 32,81	α_i = 187,5 W/m² K
w = 0,15 m/s	Re = 7875	Pr = 5,4	Nu = 49,28	α_i = 281 W/m² K
w = 0,2 m/s	Re = 10500	Pr = 5,4	Nu = 66,13	α_i = 377,9 W/m² K
w = 0,25 m/s	Re = 13125	Pr = 5,4	Nu = 79,05	α_i = 451,7 W/m² K

Außerdem muss α_i auf die äußere Oberfläche umgerechnet werden:

$$\alpha_{ia} = \alpha_i \cdot \frac{d_i}{d_a} \quad [W/m^2 K]$$

10.6.2 Ermittlung der Rohrhöhe L_{Verd} bzw. der Austauschfläche A_{Verd} für das Verdampfen

$$L_{Verd} = \frac{G_D \cdot r}{n \cdot d \cdot \pi \cdot k_{Verd} \cdot LMTD_{Verd}} \quad [m]$$

$$A_{Verd} = \frac{G_D \cdot r}{k_{Verd} \cdot LMTD_{Verd}} \quad [m^2]$$

G_D = Verdampfte Menge [kg/h]
r = Verdampfungswärme [Wh/kg]
k_{Verd} = Wärmedurchgangszahl für die Verdampfung [W/m²K]
$LMTD_{Verd}$ = Temperaturdifferenz für die Verdampfung [K]

Beispiel 10.6.2.1: Berechnung der erforderlichen Rohrlänge für das Aufheizen

$G_F = 20000$ kg/h $c_F = 0{,}6$ Wh/kg K $n = 187$ Rohre $d = 0{,}025$ m
$\alpha_{ia} = 350$ W/m²K Heizdampftemperatur $t_{Dampf} = 165$ °C
Siedetemperatur = 155 °C Produkteintrittstemperatur = 150 °C
$\alpha_{Dampf} = 5000$ W/m²K
Erforderliche Aufheizung $\Delta t_{Heiz} = 155 - 150$ °C = 5 °C

Produkttemperatur: 150 → 155
Dampftemperatur: 165 → 165
Differenzen: 15 → 10

$$LMTD_{Heiz} = \frac{15 - 10}{\ln \frac{15}{10}} = 12{,}3\ °C$$

$$\frac{1}{k} = \frac{1}{350} + \frac{1}{5000} + 0{,}00025 \qquad k = 302\ W/m^2K \qquad \text{Gewählt: } k = 300\ W/m^2K$$

$$L_{Heiz} = \frac{20000 \cdot 0{,}6 \cdot (155 - 150)}{187 \cdot 0{,}025 \cdot \pi \cdot 300 \cdot 12{,}3} = 1{,}11\ m$$

$$A_{Heiz} = \frac{20000 \cdot 0{,}6 \cdot 5}{300 \cdot 12{,}3} = 16{,}3\ m^2$$

Kontrolle: $A_{Heiz} = 1{,}11 \cdot 187 \cdot 0{,}025 \cdot \pi = 16{,}3\ m^2$

Beispiel 10.6.2.2: Berechnung der erforderlichen Rohrlänge für das Verdampfen bei 155 °C

$G_D = 3000$ kg/h $r = 80$ Wh/kg $k_{Verd} = 1000$ W/m²K

Heizdampftemperatur: 165 → 165 °C

Siedetemperatur : 155 → 155 °C

LMTD = 10 °C

$$L_{Verd} = \frac{G_D \cdot r}{n \cdot d \cdot \pi \cdot k_{Verd} \cdot LMTD_{Verd}} = \frac{3000 \cdot 80}{187 \cdot 0{,}025 \cdot \pi \cdot 1000 \cdot 10} = 1{,}63\ \text{m}$$

$$A_{Verd} = \frac{G_D \cdot r}{k_{Verd} \cdot LMTD_{Verd}} = \frac{3000 \cdot 80}{1000 \cdot 10} = 24\ \text{m}^2$$

Kontrolle: $A_{Verd} = 1{,}63 \cdot 187 \cdot 0{,}025 \cdot \pi = 24\ \text{m}^2$

Alternativberechnung für $k_{Heiz} = 180$ W/m²K und $k_{Verd} = 800$ W/m²K

$L_{Heiz} = 1{,}84$ m $A_{Heiz} = 27{,}1$ m²

$L_{Verd} = 2{,}04$ m $A_{Verd} = 30$ m²

Der Flächenanteil für das Aufheizen beträgt fast 50 %!

10.6.3 Benötigte Heizlänge für vertikale Thermosiphonverdampfer nach Fair

Den für die Aufheizung benötigten Anteil X_{Heiz} der Rohrlänge berechnet man wie folgt:

$$\frac{P_B - P}{P_B - P_A} = X_{Heiz} = \frac{\Delta t / \Delta P}{\dfrac{\Delta t / \Delta L}{\Delta P / \Delta L} + \Delta t / \Delta P}$$

$$\Delta P / \Delta L = \frac{\rho_F \cdot g}{L} \quad \text{[mbar/m]}$$

$$\Delta t / \Delta L = \frac{n \cdot d \cdot \pi \cdot k_{Heiz} \cdot LMTD_{Heiz}}{G_F \cdot c_F} \quad \text{[°C/m]}$$

$\Delta t / \Delta L$ = Aufheizungsgradient des Produkts pro m Rohrlänge L [°C / m]

$\Delta P / \Delta L$ = Druckerhöhung durch die Flüssigkeitshöhe im Rohr [mbar /m]

$\Delta t / \Delta P$ = Temperaturgradient der Dampfdruckkurve [°C / mbar]

Der Wert $\Delta t/\Delta P$ muss aus den Dampfdruckwerten ermittelt werden. In **Tabelle 10.6.1** sind die Temperaturgradienten für einige Produkte aufgelistet.

Tabelle 10.6.1: Temperaturgradienten der Dampfdruckkurve

Produkt	Temperaturbereich [°C]	Temperaturgradient [°C/mbar]
Benzol	50/70	0,054
	80/100	0,025
	94/104	0,021
Hexan	60/68	0,035
	70/80	0,027
	82/92	0,021
Toluol	90/100	0,05
	110/120	0,031
	126/136	0,022
Heptan	68/80	0,069
	90/100	0,036
	103/123	0,024
Oktan	70/100	0,097
	120/130	0,036
	132/152	0,025

Mit zunehmender Temperatur bzw. bei höheren Drücken verringert sich der Temperaturgradient. Im Vakuum wird der Temperaturgradient größer und es wird eine größere Heizfläche zum Aufheizen auf Siedetemperatur benötigt.

Beispiel 10.6.3.1: Berechnung der anteiligen Rohrlänge für das Aufheizen

n = 187 Rohre	d = 0,025 m	LMTD = 12,3 °C	$k_{Heiz} = 300\ W/m^2 K$
G = 20000 kg/h	c = 0,6 Wh/kg K	$\rho = 750\ kg/m^3$	L = 3 m

$$\Delta t / \Delta L = \frac{187 \cdot 0{,}025 \cdot \pi \cdot 12{,}3 \cdot 300}{20000 \cdot 0{,}6} = 4{,}51\ °C/m$$

$$\Delta P / \Delta L = \frac{750 \cdot 9{,}81}{1} = 73{,}57\ mbar/m$$

$\Delta t / \Delta P = 0{,}03$ °C/mbar aus der Dampfdruckkurve

$$X_{Heiz} = \frac{0{,}03}{\frac{4{,}51}{73{,}57} + 0{,}03} = 0{,}328$$

Erforderliche Rohrlänge für das Aufheizen: $L_{Heiz} = X_{Heiz} \cdot L_{ges} = 0{,}328 \cdot 3 = 0{,}98$ m

Die anteilige Länge für das Aufheizen wird kürzer, wenn die Aufheizrate Δt / ΔL [°C/m Rohr] vergrößert wird, zum Beispiel durch mehr Rohre oder eine bessere Wärmedurchgangszahl für das Aufheizen oder mehr Aufheizfläche durch strukturierte Oberflächen (Rippen) oder durch den Einbau von Turbulatoren.

Beispiele:

$\Delta t / \Delta L = 4{,}5\ °C/m \quad \rightarrow \quad L_{Heiz} = 0{,}98\ m$

$\Delta t / \Delta L = 12\ °C/m \quad \rightarrow \quad L_{Heiz} = 0{,}47\ m$

Der Temperaturgradient Δt / ΔP ist besonders groß im niedrigen Druckbereich. Deshalb ist bei Vakuumverdampfern die erforderliche Länge für das Aufheizen besonders groß.

In **Bild 10.6.3.1** ist der X_{Heiz}-Wert in Abhängigkeit von dem Aufheizgradienten für verschiedene Temperaturgradienten der Dampfdruckkurve dargestellt.

Mit steigendem Temperaturgradienten der Dampfdruckkurve erhöht sich der X_{Heiz}-Wert, weil mehr aufgeheizt werden muss. Durch eine bessere Aufheizleistung wird die erforderliche Heizfläche reduziert.

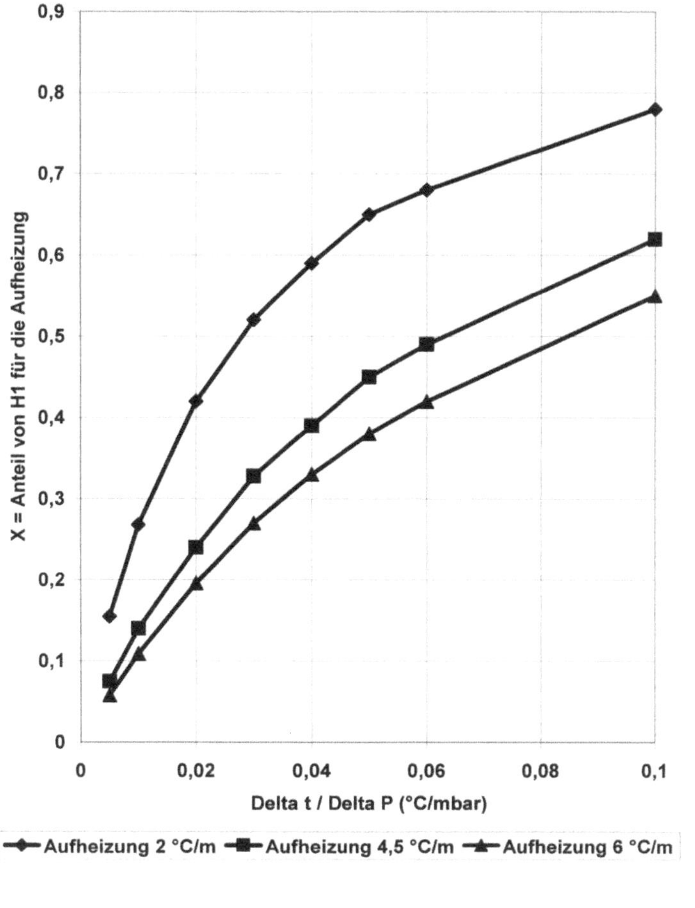

Bild 10.6.3.1: Anteilige Heizrohrlänge in Abhängigkeit vom Temperaturgradienten des Dampfdrucks

Beispiel 10.6.3.2: Ermittlung der Heizlänge für unterschiedliche Aufheizgradienten

Reboilerhöhe H4 = 3 m

Temperaturgradient der Dampfdruckkurve $\Delta t/\Delta P = 2{,}2$ °C/m FS

$\Delta t / \Delta L = 2$ °C/m	$X_{Heiz} = 0{,}52$	$H_{Heiz} = 1{,}57$ m
$\Delta t / \Delta L = 4$ °C/m	$X_{Heiz} = 0{,}35$	$H_{Heiz} = 1{,}06$ m
$\Delta t / \Delta L = 6$ °C/m	$X_{Heiz} = 0{,}27$	$H_{Heiz} = 0{,}8$ m

10.6.4 Berechnung der Druck- und Siedepunkterhöhung im Verdampfer durch die treibende Höhe H1

Durch die erforderliche treibende Höhe H1 für den Thermosiphonumlauf und die benötigte Heizhöhe zum Aufheizen auf Siedetemperatur wird der Druck im Verdampfer erhöht.

In **Bild 10.6.4.1** wird gezeigt, wie der Druck im Reboiler mit zunehmender Flüssigkeitshöhe ansteigt. Durch den größeren Druck über der Verdampfungsfläche wird der Siedepunkt erhöht und die wirksame Temperaturdifferenz für den Wärmeübergang reduziert.

Für die eigentliche Funktion des Reboilers, das Verdampfen, muss die Heizwandtemperatur oberhalb des Siedepunktes liegen.

Bei Mehrstoffgemischen muss zusätzlich der Temperaturanstieg vom Siedepunkt zum Taupunkt berücksichtigt werden. Der Flüssigkeitsumlauf durch den Thermosiphonverdampfer muss daher entsprechend der Siedepunktserhöhung aufgeheizt werden.

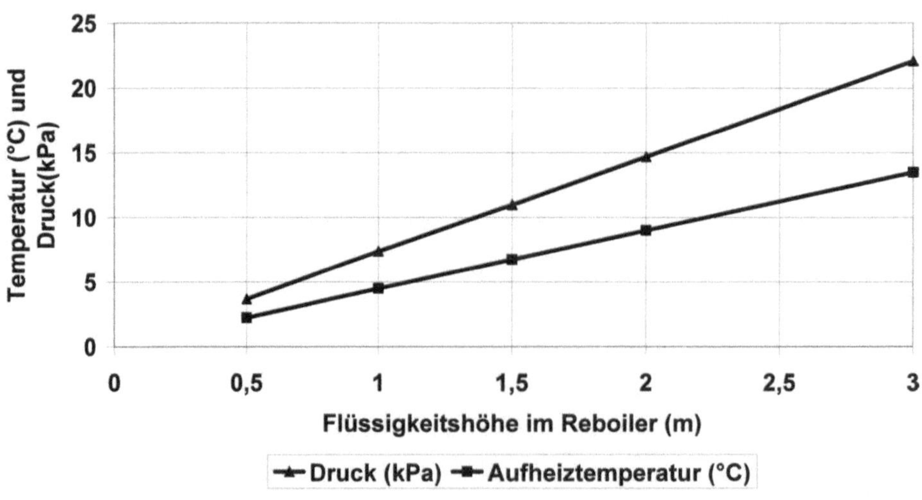

Bild 10.6.4.1:Druckanstieg und Siedepunktserhöhung sowie Aufheiztemperatur in einem Thermosiphonverdampfer bei unterschiedlichen Flüssigkeitshöhen im Reboiler

Die Berechnungen werden folgendermaßen durchgeführt:

Zunächst wird der Druck am Punkt C berechnet und die Druckerhöhung zwischen Punkt A und C ermittelt. Für diese Druckerhöhung wird dann die erforderliche Siedepunktserhöhung bestimmt.

Die erforderliche Heizlänge ergibt sich aus dem Quotienten ‚Siedepunkterhöhung geteilt durch den Temperaturanstieg durch Heizen pro m Rohr'.

$P_B = P_A + H1 \cdot \rho_1 \cdot 9{,}81 \quad [Pa]$

$P_C = P_A + \Delta_P + 9{,}81 \cdot \left[H2 \cdot \rho_2 + (H4 - H_{Heiz}) \cdot \rho_3\right] \quad [Pa]$

$\Delta P_{AC} = P_C - P_A \quad [Pa]$

P_A = Druck über der Flüssigkeit im Kolonnensumpf [Pa oder mbar]
P_B = Druck unten im Verdampfer
P_C = Druck oberhalb des Flüssigkeitsstands im Reboiler
ΔP = Druckverlust [Pa]
ρ_1 = Flüssigkeitsdichte [kg/m³]
ρ_2 = Zweiphasendichte [kg/m³]
ρ_3 = Reboilerdichte [kg/m³]

Siedepunktserhöhung $\Delta t_{AC} = \Delta P_{AC} \cdot \Delta t / \Delta P$ [°C]

Erforderliche Heizlänge $H_{Heiz} = \Delta t_{AC} / (\Delta t / \Delta L)$ [m]

Im Normalfall bei atmosphärischer Verdampfung ist H1 = H4. Der Flüssigkeitsstand in der Kolonne ist auf dem Niveau des oberen Rohrbodens des Verdampfers.

$H1_{netto} = H1 - H_{Heiz} = H1 \cdot (1 - X_{Heiz})$

$H4 = H_{Heiz} + H_{Verd}$

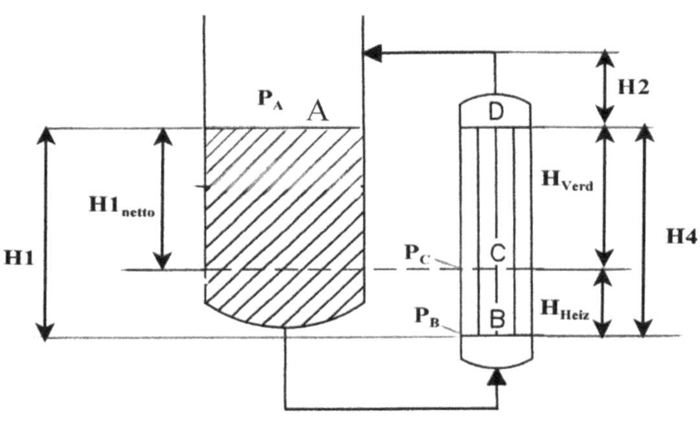

Bild 10.6.4.2: Drücke im Reboilerumlaufsystem

Beispiel 10.6.4.1: Berechnung der Druck- und Siedepunktserhöhung

$P_A = 1$ bar H1 = 3 m H2 = 2 m H4 = 4 m $H_{Heiz} = 1$ m

$\rho_1 = 750$ kg/m $\rho_2 = 47{,}1$ kg/m $\rho_3 = 135{,}8$ kg/m $\Delta P = 9800$ Pa

$P_B = 100000 + 3 \cdot 750 \cdot 9{,}81 = 122072$ Pa

$P_C = 122072 - 9{,}81 \cdot (1 \cdot 750) = 114715$ Pa

$P_C = 100000 + 9800 + 9{,}81 \cdot (2 \cdot 47{,}1 + 3 \cdot 135{,}8) = 114720$ Pa

Druckerhöhung zwischen A und C = $\Delta P_{AC} = 114720 - 100000 = 14720$ Pa = 147,2 mbar

Temperaturerhöhung bei Druckanstieg $\Delta t / \Delta P = 0{,}03$ °C/mbar

Siedetemperaturerhöhung zwischen A und C = $\Delta t_{AC} = 0{,}03 \cdot 147{,}2 = 4{,}41$ °C

Erforderliche Heizlänge für $\Delta t / \Delta L = 4{,}5$ °C/m Rohr

$H_{Heiz} = 4{,}41 / 4{,}5 = 0{,}98$ m Rohrlänge

Tabelle 10.6.4.1: Siedepunktserhöhung bei unterschiedlichen H1-Werten (Basisdaten: $X_{Heiz} = 0{,}328$; $\Delta t / \Delta P = 0{,}03$ °C/mbar; $\Delta t / \Delta L = 4{,}5$ °C/m Rohr)

H1 [m]	H_{Heiz} [m]	P_B [mbar]	ΔP_{BC} [mbar]	P_C [mbar]	ΔP_{AC} [mbar]	Δt_{AC} [°C]
2	0,65	1147	47,8	1099	99	2,97
3	0,98	1220	72	1148	148	4,44
4	1,31	1294	96,3	1198	198	5,94

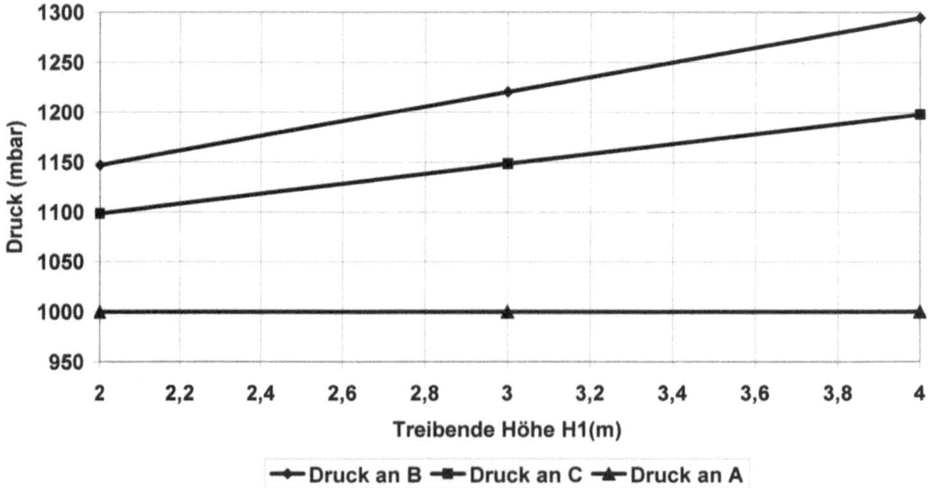

Bild 10.6.4.3: Druckverlauf an den Punkten A, B und C als Funktion der treibenden Höhe H1

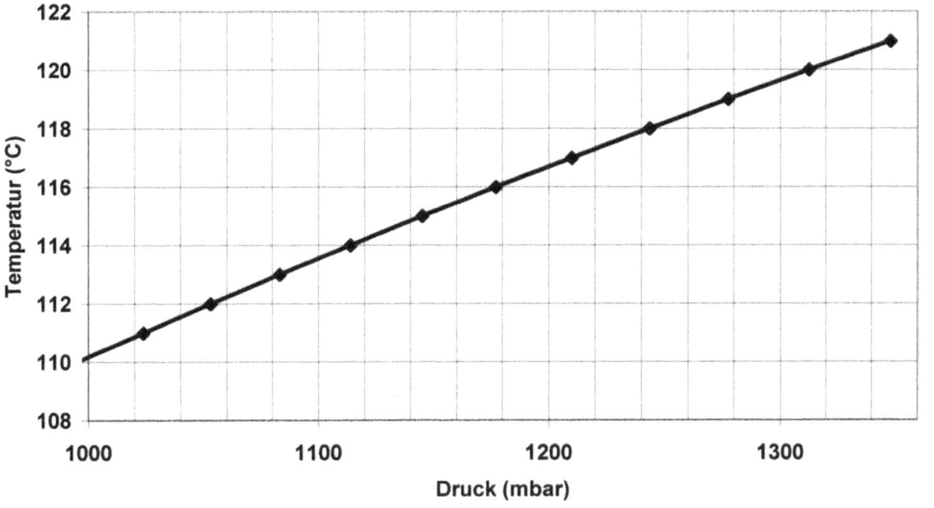

Bild 10.6.4.4: Erforderliche Siedetemperatur von Toluol als Funktion des Drucks

In **Tabelle 10.6.4.1** wird gezeigt, dass eine größere Zulaufhöhe H1 den Druck im Verdampfer und damit auch den Siedepunkt erhöht. Die Drücke an den Punkten A, B und C sind in **Bild 10.6.4.3** als Funktion der treibenden Höhe H1 dargestellt.

Bei Verdampfungen im Vakuum wird die treibende Höhe H1 auf 50 % der Reboilerhöhe H4 reduziert, um den Druckanstieg im Verdampfer und die erforderliche Heizhöhe zu verringern. Der Flüssigkeitsstand in der Kolonne liegt auf halber Reboilerhöhe. Das wird durch Beispiel 10.6.4.2 verdeutlicht.

Beispiel 10.6.4.2: Siedepunktserhöhung und Heizlängen bei der Vakuumverdampfung

Aufheizgradient $\Delta t / \Delta L = 0{,}054$ °C/mbar = 4 °C/m Rohrlänge

Temperaturgradient der Dampfdruckkurve $\Delta t / \Delta P = 0{,}06796$ °C/mbar = 5 °C pro m FS

$$X_{Heiz} = \frac{5}{4+5} = 0{,}555$$

Fall 1

$H1 = 3$ m $\quad H4 = 3$ m $\quad H_{Heiz} = X_{Heiz} \cdot H4 = 0{,}555 \cdot 3 = 1{,}67$ m

$\rho_1 = 750$ kg/m^3 $\quad \rho_2 = 25{,}07$ kg/m^3

$P_A = 100 \text{ mbar} = 10000 \text{ Pa}$

$P_B = 10000 + 9{,}81 \cdot 3 \cdot 750 = 32072 \text{ Pa}$

$P_C = 32072 - 9{,}81 \cdot 1{,}67 \cdot 750 = 19785 \text{ Pa}$

$$\Delta P = 19785 - 10000 = 9785 \text{ Pa} = \frac{9785}{750 \cdot 9{,}81} = 1{,}33 \text{ m FS} = 97{,}85 \text{ mbar}$$

Temperaturerhöhung durch die Druckerhöhung um 97,85 mbar:

$\Delta t_{AC} = 0{,}06796 \cdot 97{,}85 = 6{,}65\ °C$

$\Delta t_{AC} = 5 \cdot 1{,}33 = 6{,}65\ °C$

$$H_{Heiz} = \frac{\Delta t_{AC}}{\Delta t / \Delta L} = \frac{6{,}65}{4} = 1{,}66 \text{ m}$$

Fall 2

$H1 = 1{,}5 \text{ m}$ $\quad H_{Heiz} = X_{Heiz} \cdot H1 = 0{,}555 \cdot 1{,}5 = 0{,}83 \text{ m}$

$P_B = 10000 + 9{,}81 \cdot 1{,}5 \cdot 750 = 21036 \text{ Pa}$

$P_C = 21036 - 9{,}81 \cdot 0{,}83 \cdot 750 = 14930 \text{ Pa}$

$\Delta P_{AC} = 14930 - 10000 = 4930 \text{ Pa} = 49{,}3 \text{ mbar} = 0{,}67 \text{ m FS}$

Temperaturerhöhung durch die Druckerhöhung um 49,3 mbar:

$\Delta t_{AC} = 0{,}06796 \cdot 49{,}3 = 3{,}35\ °C$

$\Delta t_{AC} = 5 \cdot 0{,}67 = 3{,}35\ °C$

$$H_{Heiz} = \frac{\Delta t_{AC}}{\Delta t / \Delta L} = \frac{3{,}35}{4} = 0{,}83 \text{ m}$$

10.6.5 Mittlere Wärmedurchgangszahl für Aufheizen und Verdampfen

Für die Berechnung einer mittleren Wärmedurchgangszahl k_m gilt mit X_{Heiz}:

$$k_m = X_{Heiz} \cdot k_{Heiz} + (1 - X_{Heiz}) \cdot k_{Verd} \quad [\text{W/m}^2 \text{K}]$$

Da die treibenden Temperaturdifferenzen für das Aufheizen und das Verdampfen unterschiedlich sind, ist die Berechnung einer mittleren Wärmedurchgangszahl nicht ganz korrekt.

Beispiel 10.6.5.1: Berechnung der mittleren Wärmedurchgangszahl k_m

$X_{Heiz} = 0{,}4$ $k_{Heiz} = 300\ W/m^2 K$ $k_{Verd} = 1000\ W/m^2 K$

$$k_m = X_{Heiz} \cdot k_{Heiz} + (1 - X_{Heiz}) \cdot k_{Verd} = 0{,}4 \cdot 300 + 0{,}6 \cdot 1000 = 720\ W/m^2 K$$

Durch das Aufheizen wird der gute k-Wert für die Verdampfung erheblich verschlechtert.

10.7 Berechnung des Dampfanteils x des Zweiphasengemisches im vertikalen Verdampfer

Die verdampfte Produktmenge ändert sich über die Höhe des Verdampfers. Beim Eintritt der Flüssigkeit in den Verdampfer beträgt der Dampfanteil $x = 0$.

Die Berechnung des Dampfanteils in verschiedenen Höhen L wird folgendermaßen durchgeführt:

$$x = \frac{q \cdot L \cdot n \cdot d \cdot \pi}{r \cdot W}$$

$$G_G = x \cdot W \quad [kg/h]$$

$$G_G = \frac{q \cdot A}{r} = \frac{q \cdot (n \cdot d \cdot \pi \cdot L)}{r} \quad [kg/h]$$

W = Umlaufmenge durch den Thermosiphonverdampfer [kg/h]
G_G = Dampfmenge [kg/h]
q = Wärmestromdichte $[W/m^2] = k \cdot \Delta t$
r = Verdampfungswärme [Wh/kg]
x = Dampfanteil im Zweiphasengemisch [Fraktion]
n = Rohrzahl
d = Rohrdurchmesser [m]
L = Rohrlänge für die Verdampfung [m]

Die x-Werte in verschiedenen Höhen benötigt man, wenn man die Wärmeübergangszahlen und die Druckverluste in verschiedenen Zonen des Verdampfers ermittelt.

Man sollte die Berechnung in mehrere Zonen aufteilen, weil sich die Bedingungen durch den unterschiedlichen Dampfanteil x im Zweiphasengemisch über der Höhe stark ändern.

Beispiel 10.7.1: Berechnung des Dampfanteils für verschiedene Verdampfungslängen

$q = 10000\ W/m^2$ $\quad n = 187$ Rohre $\quad d = 0{,}025\ m$ $\quad r = 80\ Wh/kg$

$L = 1{,}63\ m$ $\quad W = 20000\ kg/h$

$$x = \frac{10000 \cdot 1{,}63 \cdot 187 \cdot 0{,}025 \cdot \pi}{80 \cdot 20000} = 0{,}15$$

$$G_G = 0{,}15 \cdot 20000 = 3000\ kg/h$$

$$G_G = \frac{10000 \cdot 1{,}63 \cdot 187 \cdot 0{,}025 \cdot \pi}{80} = 3000\ kg/h$$

Mit diesen Gleichungen kann man den Dampfanteil x in den verschiedenen Höhen des Verdampfers oberhalb der Aufheizlänge bestimmen:

$L = 0{,}5\ m$	$x = 0{,}0458$	916 kg/h Dampf
$L = 1{,}0\ m$	$x = 0{,}0918$	1836 kg/h Dampf
$L = 1{,}4\ m$	$x = 0{,}128$	2560 kg/h Dampf
$L = 1{,}63\ m$	$x = 0{,}150$	3000 kg/h Dampf

In **Bild 10.7.1** ist dargestellt, wie sich die Zweiphasendichte und die Strömungsgeschwindigkeit des Zweiphasengemisches mit zunehmender Verdampfung ändert.

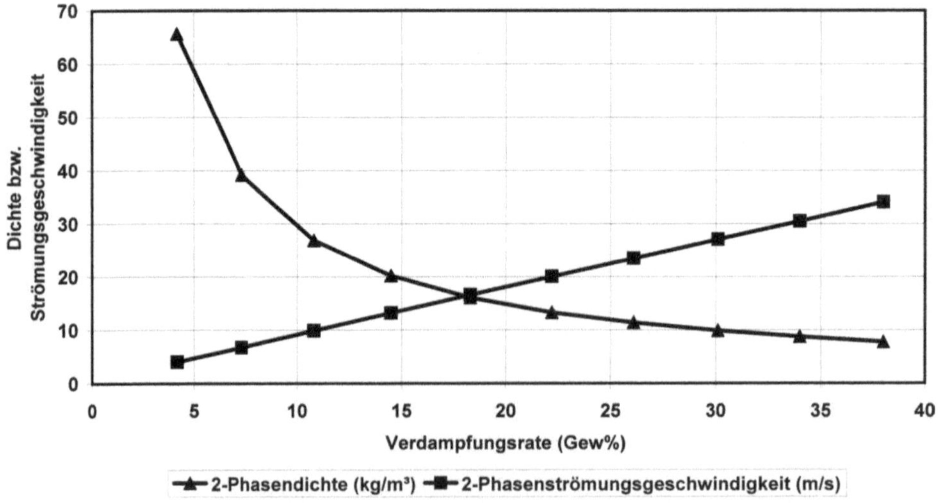

Bild 10.7.1: Zweiphasendichte und -strömungsgeschwindigkeit als Funktion der Verdampfungsrate

10.8 Vollständiges Beispiel für die Auslegung eines Thermosiphonverdampfers

Wärmeleistung Q = 600 kW r = 150 Wh/kg c = 0,6 Wh/kg °C

Erforderliche Aufheizung Δt = 4 °C x = 0,2 kg/kg Dampfanteil

Dampfdichte ρ = 5 kg/m³ Flüssigdichte ρ = 750 kg/m³

Berechnung der Umlaufmenge für x = 0,2

$$W = \frac{600000}{0{,}6 \cdot 4 + 0{,}2 \cdot 150} = 18518 \text{ kg/h}$$

$D = 0{,}2 \cdot 18518 = 3704$ kg/h

Thermosiphonumlauf W = 18518 kg/h

Verdampfungsmenge D = 3704 kg/h Dämpfe

Umlaufmengen bei anderen Verdampfungsraten x:

x = 0,1	W = 34483 kg/h	D = 3448 kg/h
x = 0,15	W = 24096 kg/h	D = 3614 kg/h
x = 0,2	W = 18518 kg/h	D = 3704 kg/h
x = 0,25	W = 15038 kg/h	D = 3759 kg/h
x = 0,3	W = 12658 kg/h	D = 3797 kg/h

Abschätzung der Reboilerfläche A

$k_{Schätz} = 700$ W/m²K Δt = 15 °C L = 3,5 m Rohre 25 x 2

$$A = \frac{600000}{700 \cdot 15} = 57{,}1 \text{ m}^2$$

$$n = \frac{57{,}1}{\pi \cdot 0{,}025 \cdot 3{,}5} = 207 \text{ Rohre } 25 \times 2$$

Gewählt: 211 Rohre mit Dreieckteilung 32 mm

Mantelinnendurchmesser $D_i = 483{,}2$ mm für 211 Rohre mit Teilung 32 mm

Reboilerfläche $A = n \cdot d_a \cdot \pi \cdot L = 211 \cdot 0{,}025 \cdot \pi \cdot 3{,}5 = 58 \text{m}^2$

Berechnung der 2-Phasen-Dichte und der Reboilerdichte und der Strömungsgeschwindigkeiten im Reboiler

$$\rho_{2Ph} = \frac{1}{\dfrac{x}{\rho_G} - \dfrac{1-x}{\rho_F}} = \frac{1}{\dfrac{0{,}1}{5} - \dfrac{0{,}9}{750}} = 47{,}1\ \text{kg/m}^3$$

$$\rho_3 = \frac{1}{\dfrac{1}{47{,}1} - \dfrac{1}{750}} \cdot \ln \frac{\dfrac{1}{47{,}1} - \dfrac{1}{750}}{\dfrac{1}{750}} = 135{,}8\ \text{kg/m}^3$$

Zweiphasen- und Reboilerdichten für andere x-Werte:

x [kg/kg]	ρ_{2Ph} [kg/m³]	ρ_3 [kg/m³]
0,1	47,1	135,8
0,15	32,1	104,2
0,2	24,3	85,3
0,25	19,6	72,8
0,3	16,4	63,7

Strömungsgeschwindigkeit in den 211 Rohren für W = 34483 kg/h und x = 0,1:

Strömungsquerschnitt $f_R = 211 \cdot 0{,}021^2 \cdot \pi / 4 = 0{,}07308\ \text{m}^2$

Flüssigkeitsgeschwindigkeit beim Eintritt:

$$w_{Flüss} = \frac{34483}{750 \cdot 0{,}07308 \cdot 3600} = 0{,}175\ \text{m/s}$$

Zweiphasenströmungsgeschwindigkeit am Austritt:

$$w_{2Ph} = \frac{34483}{47{,}1 \cdot 0{,}07308 \cdot 3600} = 2{,}78\ \text{m/s}$$

Mittlere Strömungsgeschwindigkeit im Reboiler:

$$w_m = \frac{34483}{135{,}8 \cdot 0{,}07308 \cdot 3600} = 0{,}96\ \text{m/s}$$

Berechnung der Wärmeübergangs- und Wärmedurchgangszahl

$w_{Fl} = 0{,}175$ m/s Re = 9187 Pr = 5,4

$$Nu = 0{,}023 \cdot Re^{0{,}8} \cdot Pr^{0{,}33} = 0{,}023 \cdot 9187^{0{,}8} \cdot 5{,}4^{0{,}33} = 59{,}42$$

$$\alpha = \frac{Nu \cdot \lambda}{d_i} = \frac{59{,}42 \cdot 0{,}12}{0{,}021} = 339{,}57$$

$$X_{tt} = \left(\frac{1-0{,}1}{0{,}1}\right)^{0{,}9} \cdot \left(\frac{5}{750}\right)^{0{,}5} \cdot \left(\frac{0{,}3}{0{,}012}\right)^{0{,}1} = 0{,}8139$$

$$F = 2{,}5 \cdot \left(\frac{1}{0{,}8139}\right)^{0{,}7} = 2{,}88$$

$$\alpha_{kon} = 2{,}88 \cdot 339{,}6 = 980{,}6\ W/m^2 K$$

Wärmeübergangszahl für das Sieden von Gemischen nach Mostinski $\alpha_{Sied} = 822\ W/m^2 K$

$$Re_{2\,Ph} = 9187 \cdot 2{,}88^{1{,}25} = 34468$$

$$S = \frac{1}{1 + (2{,}52 \cdot 10^{-6} \cdot 34468^{1{,}17})} = 0{,}66$$

$$\alpha_{Sied} = 0{,}66 \cdot 822 = 542{,}7\ W/m^2 K$$

Gesamtwärmeübergangszahl für das Verdampfen:

$$\alpha_{Verd} = 980{,}6 + 542{,}7 = 1523\ W/m^2 K$$

Umrechnung von α auf die Außenrohroberfläche:

$$\alpha_{ia} = \alpha_i \cdot \frac{d_i}{d_a} = 1523 \cdot \frac{21}{25} = 1279\ W/m^2 K$$

Berechnung der Wärmedurchgangszahl k für Dampfbeheizung mit $\alpha_{Heiz} = 7000\ W/m^2 K$:

$\alpha_{ia} = \alpha_{Verd} = 1279\ W/m^2 K$ $\alpha_{Heiz} = 7000\ W/m^2 K$ $\Sigma f = 0{,}0002$

$$\frac{1}{k} = \frac{1}{\alpha_{Verd}} + \frac{1}{\alpha_{Heiz}} + \sum f = \frac{1}{1279} + \frac{1}{7000} + 0{,}0002$$

$k = 889\ W/m^2\,K$

Die ermittelte **Wärmedurchgangszahl k = 889 W/m² K** für die Verdampfung ist größer als der geschätzte k-Wert $k_{Schätz} = 700\ W/m^2\,K$, aber es muss auch aufgeheizt werden.

Kontrolle der Wärmeleistung Q:

$Q = k \cdot A \cdot \Delta t = 889 \cdot 58 \cdot 15 = 773452\ W$ Reserve = 29 %

Aufheizleistung $Q_{Heiz} = 34483 \cdot 0{,}6 \cdot 4 = 82759\ W$

Erforderliche **Aufheizfläche A_{Heiz}** für $k_{Heiz} = 304\ W/m^2\,K$:

$$A_{Heiz} = \frac{82759}{304 \cdot 19} = 14{,}3\ m^2$$

Verdampfungsleistung Q_{Verd} $= 3448 \cdot 150 = 517200\ W$:

$$A_{Verd} = \frac{517200}{889 \cdot 15} = 38{,}8\ m^2$$

Gesamter Flächenbedarf $A_{erf} = 14{,}3 + 38{,}8 = 53{,}1\ m^2 < 58\ m^2$ 9 % Reserve!

Empfehlung: Flächenvergrößerung durch längere Rohre, um die Reserve zu verbessern.

L = 4 m Länge $A = 66{,}3\ m^2$ 25 % Reserve!

Berechnung der erforderlichen treibenden Höhe H1 für einen angenommenen Druckverlust ΔP = 40 mbar im Thermosiphonumlauf durch Downcomer, Verdampfer und Riser

Riserhöhe H2 = 2 m Verdampferhöhe H4 = 4 m

$$H1 = \frac{2 \cdot 4000 + 9{,}81 \cdot (2 \cdot 47{,}1 + 4 \cdot 135{,}8)}{9{,}81 \cdot 750} = 1{,}94\ m$$

Gewählt: H1 = 2 m

Zulässiger Druckverlust ΔP_{zul}:

$\Delta P_{zul} = 9{,}81 \cdot (2 \cdot 750 - 2 \cdot 47{,}1 - 4 \cdot 135{,}8) = 8462\ Pa = 84{,}6\ mbar$

Unter Berücksichtigung der Heizhöhe H_{Heiz} im Reboiler:

Wenn ein Teil der Rohrlänge im Verdampfer zum Aufheizen benötigt wird, muss die Aufheizlänge H_{Heiz} bei der Ermittlung von H1 berücksichtigt werden.

$H4 = 4\ m$ $\qquad H2 = 2\ m$ $\qquad H_{Heiz} = 0{,}5\ m$

$$H1 = \frac{S \cdot \Delta P + g \cdot \left(H2 \cdot \rho_2 + \rho_3 \cdot (H4 - H_{Heiz})\right) + H_{Heiz} \cdot \rho_1}{g \cdot \rho_1} \quad \text{[m Flüssigkeitshöhe]}$$

$$H1 = \frac{2 \cdot 4000 + 9{,}81 \cdot (2 \cdot 47{,}1 + 135{,}8 \cdot 3{,}5) + 0{,}5 \cdot 750}{9{,}81 \cdot 750} = 2{,}35\ m$$

Die erforderliche Höhe H1 wird größer.

Kontrolle des zulässigen Druckverlustes

$$\Delta P_{zul} = g \cdot \left(H1 \cdot \rho_1 - H2 \cdot \rho_2 - (H4 - H_{Heiz}) \cdot \rho_3 - H_{Heiz} \cdot \rho_1\right)$$

$$\Delta P_{zul} = 9{,}81 \cdot (2{,}35 \cdot 750 - 2 \cdot 47{,}1 - 3{,}5 \cdot 135{,}8 - 0{,}5 \cdot 750) = 8025\ Pa = 80{,}2\ mbar$$

Berechnung der Durchmesser für Downcomer und Riser für W = 34483 kg/h

$D_R = 0{,}21 \cdot 211 = 0{,}3\ m$ $\qquad$ Gewählt: DN 250 $\qquad D_D = 0{,}5 \cdot 0{,}3 = 0{,}15\ m$

$$w_R = \frac{732}{3600 \cdot 0{,}25^2 \cdot 0{,}785} = 4{,}14\ m/s$$

$$w_D = \frac{46}{3600 \cdot 0{,}15^2 \cdot 0{,}785} = 0{,}72\ m/s$$

$$w_{min\,R} = \sqrt{\frac{100}{5}} = 4{,}47\ m/s$$

$$w_{max\,R} = \sqrt{\frac{6000}{47{,}1}} = 11{,}3\ m/s$$

11 Doppelrohr-, Schlangenrohr- und Querstromwärmetauscher

11.1 Berechnung von Doppelrohr- und Multirohrwärmetauschern

Die Berechnungen der Wärmeübergangszahl erfolgen nach den Gleichungen für den Wärmeübergang in Rohren. Zu beachten sind auf der Mantelseite die unterschiedlichen hydraulischen Durchmesser für die Ermittlung der Wärmeübergangszahl d_h und des Druckverlustes d_h'.

Doppelrohrwärmetauscher werden eingesetzt für geringe Wärmeleistungen, kleine Volumenströme und hohe Drücke. Multirohrwärmetauscher mit einem Mantelrohr und mehreren Innenrohren ohne Umlenkbleche haben etwas mehr Austauschfläche als die Doppelrohrapparate.

Die Berechnungen erfolgen nach den Gleichungen für den Wärmeübergang im Rohr.

Laminar: Re < 2300

$$Nu = 1{,}86 \cdot Re^{0{,}33} \cdot Pr^{0{,}33} \cdot \left(\frac{d_i}{L}\right)^{0{,}33}$$

Übergangsgebiet: 2300 < Re < 8000

$$Nu = (0{,}037 \cdot Re^{0{,}75} - 6{,}66) \cdot Pr^{0{,}42}$$

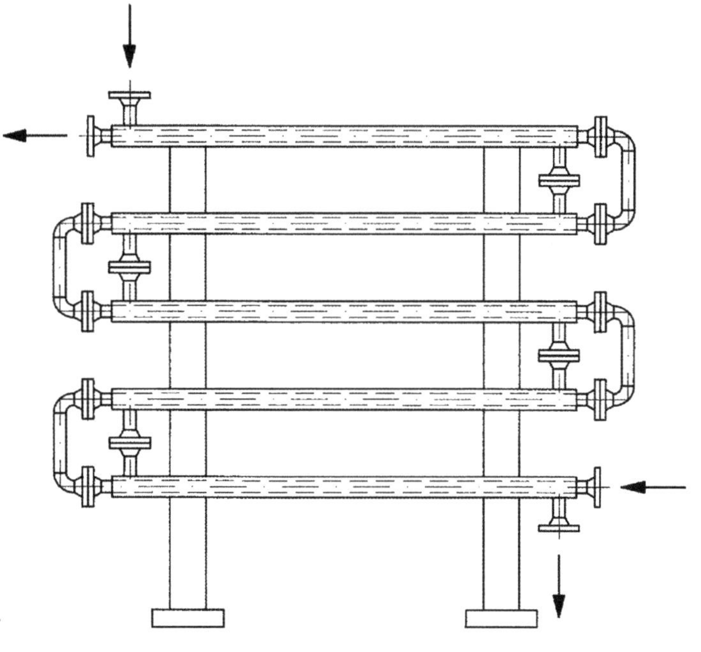

Bild 11.1: Doppelrohrwärmetauscher

Turbulent: $Re > 8000$

$$Nu = 0{,}023 \cdot Re^{0{,}8} \cdot Pr^{0{,}33}$$

$$Pr = \frac{\nu \cdot c \cdot \rho \cdot 3600}{\lambda}$$

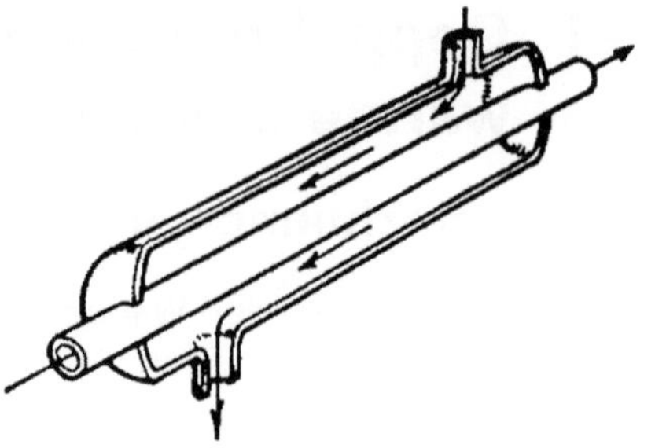

Bild 11.1.1: Doppelrohrwärmetauscher

Strömungsgeschwindigkeit und Reynoldszahl im Rohr

$$w_R = \frac{V_R}{n \cdot d_i^2 \cdot \frac{\pi}{4}} \quad [m/s]$$

$$Re = \frac{w_R \cdot d_i}{\nu}$$

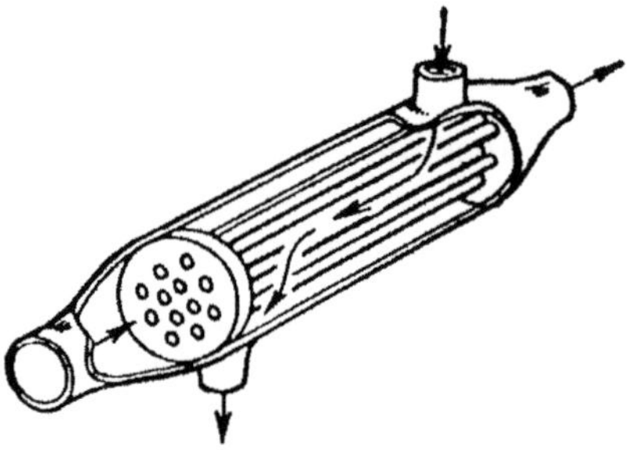

Bild 11.1.2: Multirohrwärmetauscher

Strömungsquerschnitt f_M und Strömungsgeschwindigkeit w_M mantelseitig

$$f_M = \frac{\pi}{4} \cdot (D_i^2 - n \cdot d_a^2) \quad [m^2]$$

$$w_M = \frac{V_M}{f_M \cdot 3600} \quad [m/s]$$

Für die Berechnung der Wärmeübergangszahl und des Druckverlustes benötigt man die **hydraulischen Durchmesser d_h und d_h'.**

Reynoldszahl für den Wärmeübergang mit d_h: $$Re = \frac{w_M \cdot d_h}{\nu}$$

Doppelrohrwärmetauscher: $$d_h = \frac{D_i^2 - d_a^2}{d_a}$$

Multirohrwärmetauscher: $$d_h = \frac{D_i^2 - n \cdot d_a^2}{n \cdot d_a}$$

Reynoldszahl für den Druckverlust mit d_h': $$Re' = \frac{w_M \cdot d_h'}{\nu}$$

Doppelrohrwärmetauscher: $$d_h' = D_i - d_a$$

Multirohrwärmetauscher: $$d_h' = \frac{D_i^2 - n \cdot d_a^2}{D_i + n \cdot d_a}$$

Druckverlustberechnung

Stutzendruckverlust: $$\Delta p_{St} = 1{,}5 \cdot \frac{w_{St}^2 \cdot \rho}{2}$$

Rohrleitungsdruckverlust: $$\Delta p_R = \left(f \cdot \frac{L}{d} + z\right) \cdot \frac{w_R^2 \cdot \rho}{2}$$

Manteldruckverlust: $$\Delta p_M = f \cdot \frac{L}{d_h'} \cdot \frac{w_M^2 \cdot \rho}{2}$$

Berechnung von Wärmedurchgangszahl k, treibendem Temperaturgefälle LMTD und erforderlicher Oberfläche A

$$\frac{1}{k} = \frac{1}{\alpha_{ia}} + \frac{1}{\alpha_M} + \frac{s}{\lambda} + f_1 + f_2$$

$$\text{LMTD} = \frac{\Delta t_{gr} - \Delta t_M}{\ln \frac{\Delta t_{gr}}{\Delta t_M}}$$

$$A_{erf} = \frac{Q}{k \cdot \text{LMTD}} \quad [m^2]$$

Alternative Berechnung der mantelseitigen Wärmeübergangszahl von Multirohrwärmetauschern ohne Umlenkbleche nach Donohue

Mantelseite: $$Nu = C \cdot Re^{0,6} \cdot Pr^{0,33}$$

$$Re = \frac{w \cdot d_a}{\nu}$$

$$C = 1{,}16 \cdot (d_h')^{0,6}$$

$$d_h' = \frac{D_i^2 - n \cdot d_a^2}{D_i + n \cdot d_a}$$

Formelzeichen:

α_{ia} = Wärmeübergangszahl Rohrseite bezogen auf die Rohraußenoberfläche [W/m² K]
α_M = Wärmeübergangszahl Mantelseite [W/m² K]
α_R = Wärmeübergangszahl Rohrseite [W/m² K]
η = Dynamische Viskosität [mPas]
λ = Wärmeleitfähigkeit [W/m K]
ν = Kinematische Viskosität [m²/s]

ρ = Dichte [kg/m³]
A_{erf} = Erforderliche Wärmeaustauschfläche [m²]
c = Spezifische Wärmekapazität [Wh/kg K]
d_a = Rohraußendurchmesser [m]
d_h = Hydraulischer Durchmesser [m]
D_i = Mantelinnendurchmesser [m]
d_i = Rohrinnendurchmesser [m]
f = Reibungsbeiwert [–]
f_1, f_2 = Verschmutzungsbeiwerte Rohr- und Mantelseite [m² K/W]
f_M = Strömungsquerschnitt im Mantel [m²]
k = Wärmedurchgangskoeffizient [W/m² K]
L = Rohrlänge [m]
LMTD = Mittlere logarithmische Temperaturdifferenz [K]
n = Anzahl der Innenrohre [–]
Nu = Nußelt-Zahl [–]
Pr = Prandtl-Zahl [–]
Δp_M = Druckverlust im Mantel [Pa]
Δp_R = Druckverlust im Rohr [Pa]
Δp_{St} = Druckverlust im Stutzen [Pa]
Q = Wärmeleistung [W]
Re = Reynoldszahl [–]
V_M = Volumenstrom im Mantel [m³/s]
V_R = Volumenstrom im Rohr [m³/s]
w_M = Strömungsgeschwindigkeit im Mantel [m/s]
w_R = Strömungsgeschwindigkeit im Rohr [m/s]
w_{St} = Strömungsgeschwindigkeit im Stutzen [m/s]
z = Anzahl der 180°-Wendungen [–]

Beispiel 11.1.1: Auslegung eines Doppelrohrwärmetauschers

Wärmeleistung Q = 3,53 kW LMTD = 32,46 °C

Innenrohr 21,3 x 2	Mantelrohr 33,7 x 2
$V = 0{,}05$ m³/h	$V = 0{,}3$ m³/h
$\rho = 1000$ kg/m³	$\rho = 1000$ kg/m³
$\nu = 0{,}41$ mm²/s	$\nu = 0{,}8$ mm²/s
$c = 1{,}16$ Wh/kg K	$c = 1{,}16$ Wh/kg K
$\lambda = 0{,}66$ W/mK	$\lambda = 0{,}61$ W/mK
Pr = 2,594	Pr = 5,476

Rohrseite

$w_R = 0{,}059 \text{ m/s}$

$$Re = \frac{0{,}059 \cdot 0{,}0173}{0{,}41 \cdot 10^{-6}} = 2490$$

$$Nu = (0{,}037 \cdot 2490^{0{,}75} - 0{,}66) \cdot 2{,}594^{0{,}42} = 9{,}52$$

$$\alpha_R = \frac{9{,}52 \cdot 0{,}66}{0{,}0173} = 363 \text{ W/m}^2\text{K}$$

$$\alpha_{ia} = 363 \cdot \frac{17{,}3}{21{,}3} = 295 \text{ W/m}^2\text{K}$$

Matelseite

$$f_M = \frac{\pi}{4} \cdot (0{,}0297^2 - 1 \cdot 0{,}0213^2) = 336{,}3 \cdot 10^{-6} \text{ m}^2$$

$w_M = 0{,}248 \text{ m/s}$

$$d_h = \frac{0{,}0297^2 \cdot 0{,}0213^2}{0{,}0213} = 0{,}0201 \text{ m}$$

$$Re = \frac{0{,}248 \cdot 0{,}0201}{0{,}8 \cdot 10^{-6}} = 6320$$

$Nu = 39{,}39$

$$\alpha_M = \frac{39{,}39 \cdot 0{,}61}{0{,}021} = 1195 \text{ W/m}^2\text{K}$$

Wärmedurchgangszahl k

$$\frac{1}{k} = \frac{1}{1195} + \frac{1}{295} + \frac{0{,}002}{14} + 0{,}0002 = 0{,}00457 \qquad k = 219 \text{ W/m}^2\text{K}$$

$$A_{erf} = \frac{3530}{32{,}46 \cdot 219} = 0{,}5 \text{ m}^2 \qquad L_{erf} = \frac{0{,}5}{\pi \cdot 0{,}0213} = 7{,}5 \text{ m Rohr}$$

Druckverlustberechnung für 2 x 3,75 m Rohr

Rohrseite

$$\Delta p_{St} = 1{,}5 \cdot \frac{0{,}059^2 \cdot 1000}{2} = 2{,}6 \text{ Pa}$$

Reibungsbeiwert f = 0,058 für Re = 2490

$$\Delta p_R = \left(0{,}058 \cdot \frac{7{,}5}{0{,}0173} + 1\right) \cdot \frac{0{,}059^2 \cdot 1000}{2} = 46 \text{ Pa}$$

$$\Delta p_{ges} = 2{,}6 + 46 = 48{,}6 \text{ Pa}$$

Mantelseite

2 Eintritts- und 2 Austrittsstutzen DN 20 $w_{St} = 0{,}265$ m/s für 0,3 m/h

$$\Delta p_{St} = 3 \cdot \frac{0{,}265^2 \cdot 1000}{2} = 105 \text{ Pa}$$

Reibungsbeiwert f = 0,057 für Re = 2604

$$\Delta p_M = \left(0{,}057 \cdot \frac{7{,}5}{0{,}0084} + 1\right) \cdot \frac{0{,}248^2 \cdot 1000}{2} = 1596 \text{ Pa}$$

$$\Delta p_{ges} = 105 + 1596 = 1701 \text{ Pa}$$

Beispiel 11.1.2: Auslegung eines Multirohrwärmetauschers

$V_M = 2{,}3 \text{ m}^3/\text{h}$ Pr = 7,1 $\lambda = 0{,}58$ W/m K $\nu = 1 \text{ mm}^2/\text{s}$

$D_i = 84$ mm mit 7 Innenrohren 20 x 2, 3 m lang

$$f_M = \frac{\pi}{4} \cdot (0{,}084 - 7 \cdot 0{,}02^2) = 0{,}0033 \text{ m}^2$$

$$d_h = \frac{0{,}084^2 \cdot 7 \cdot 0{,}02^2}{7 \cdot 0{,}02} = 0{,}0304 \text{ m}$$

$$d_h' = \frac{0{,}084^2 \cdot 7 \cdot 0{,}02^2}{0{,}084 + 7 \cdot 0{,}02} = 0{,}019 \text{ m}$$

$$w_M = \frac{2{,}3}{0{,}0033 \cdot 3600} = 0{,}194 \text{ m/s}$$

$$Re = \frac{0{,}194 \cdot 0{,}0304}{1 \cdot 10^{-6}} = 5897 \qquad Re' = \frac{0{,}194 \cdot 0{,}019}{1 \cdot 10^{-6}} = 3686$$

Berechnung der Wärmeübergangszahl mit Re = 5897

$$Nu = (0{,}037 \cdot Re^{0{,}75} - 6{,}66) \cdot Pr^{0{,}42} = (0{,}037 \cdot 5897^{0{,}75} - 6{,}66) \cdot 7{,}1^{0{,}42} = 41{,}5$$

$$\alpha = \frac{Nu \cdot \lambda}{d_h} = \frac{41{,}5 \cdot 0{,}58}{0{,}0304} = 792 \text{ W/m}^2\text{K}$$

Alternativberechnung nach Donohue zum Vergleich

$$Nu = C \cdot (Re')^{0{,}6} \cdot Pr^{0{,}33}$$

$Re' = 3686$ $\qquad C = 1{,}16 \cdot (d_h')^{0{,}6} = 1{,}16 \cdot 0{,}019^{0{,}6} = 0{,}1076$

$$Nu = 0{,}1076 \cdot 3686^{0{,}6} \cdot 7{,}1^{0{,}33} = 28{,}5$$

$$\alpha = \frac{28{,}5 \cdot 0{,}58}{0{,}019} = 871 \text{ W/m}^2\text{K}$$

Der α-Wert nach Donohue ist zu hoch!

Beispiel 11.1.3: Multirohrwärmetauscher mit laminarer Strömung auf der Mantelseite

$D_i = 84$ mm	7 Innenrohre 20 x 2 , 3 m lang		
$\rho = 1101$ kg/m³	$\lambda = 0{,}4235$ W/m K	$Pr = 78{,}4$	
$c = 3{,}21$ kJ/kg K	$\eta = 10{,}36$ mPas		
$f_M = 0{,}0033$ m²	$V_M = 1{,}6$ m³/h	$d_h = 0{,}0304$ m	$d_h' = 0{,}019$ m

$$w_M = \frac{1{,}6}{0{,}0033 \cdot 3600} = 0{,}1349 \text{ m/s}$$

$$Re = \frac{0{,}1349 \cdot 0{,}0304}{9{,}4 \cdot 10^{-6}} = 435 \qquad Re' = \frac{0{,}1349 \cdot 0{,}019}{9{,}4 \cdot 10^{-6}} = 272{,}7$$

$$Nu = 1{,}86 \cdot 435^{0{,}33} \cdot 78{,}4^{0{,}33} \cdot \left(\frac{0{,}0304}{3}\right)^{0{,}33} = 12{,}8$$

$$\alpha = \frac{12{,}8 \cdot 0{,}4235}{0{,}0304} = 178{,}3\ \text{W/m}^2\,\text{K}$$

Alternativberechnung nach Donohue zum Vergleich

$C = 1{,}16 \cdot (d_h')^{0,6} = 1{,}16 \cdot 0{,}019^{0,6} = 0{,}1076$

$Nu = 0{,}1076 \cdot 272{,}7^{0,6} \cdot 78{,}4^{0,33} = 13{,}13$

$$\alpha = \frac{13{,}32 \cdot 0{,}4235}{0{,}019} = 293\ \text{W/m}^2\,\text{K}$$

Die Wärmeübergangszahl nach Donohue ist deutlich zu hoch!

Druckverlustberechnung mit Re' = 272,7

$$f = \frac{64}{Re} = 0{,}23$$

$$\Delta p_M = 0{,}23 \cdot \frac{3}{0{,}019} \cdot \frac{0{,}1349^2 \cdot 1101}{2} = 364\ \text{Pa}$$

Stutzendruckverlust: Stutzen DN 50 $w_{St} = 0{,}226$ m/s

$$\Delta p_{St} = 1{,}5 \cdot \frac{0{,}226^2 \cdot 1101}{2} = 42\ \text{Pa}$$

$\Delta p_{ges} = 364 + 42 = 406$ Pa

Beispiel 11.1.4: Multirohrwärmetauscher mit laminarer Strömung im Mantel

$\rho = 1101$ kg/m³	$\lambda = 0{,}4235$ W/m K	$c = 0{,}89$ Wh/kg K	$\nu = 25$ mm²/s
$Pr = 208$	$\alpha_{ia} = 262$ W/m² K (Rohrseite)		
$f_M = 0{,}0033$ m²	$V_M = 3{,}5$ m³/h	$d_h = 0{,}0304$	$d_h' = 0{,}019$

$$w_M = \frac{3{,}5}{0{,}0033 \cdot 3600} = 0{,}2946\ \text{m/s}$$

$$Re = \frac{0{,}2946 \cdot 0{,}0304}{25 \cdot 10^{-6}} = 358 \qquad Re' = \frac{0{,}2946 \cdot 0{,}019}{25 \cdot 10^{-6}} = 223{,}9$$

$$Nu = 1{,}86 \cdot 358^{0,33} \cdot 208^{0,33} \cdot \left(\frac{0{,}0304}{3}\right)^{0,33} = 16{,}94$$

$$\alpha_M = \frac{16{,}94 \cdot 0{,}4235}{0{,}0304} = 236\ W/m^2K$$

Berechnung der Wärmedurchgangszahl

$\alpha_{ia} = 262\ W/m^2K$ $\alpha_M = 236\ W/m^2K$

$$\frac{1}{k} = \frac{1}{236} + \frac{1}{262} + 0{,}0002 = 0{,}0083 \qquad k = 121\ W/m^2K$$

$$Q = k \cdot A \cdot \Delta t = 121 \cdot 1{,}3 \cdot 18{,}75 = 2953\ W$$

Viskositätskorrektur für $\eta = 25$ mPas und $\eta_W = 10$ mPas

$$\psi = \left(\frac{\eta_W}{\eta}\right)^{0,14} = \left(\frac{10}{25}\right)^{0,14} = 1{,}14$$

$$\alpha_{Mkorr} = 1{,}14 \cdot 236 = 268\ W/m^2K$$

Druckverlustberechnung

$Re' = 223{,}9$ $d_h' = 0{,}019\ m$

$$f = \frac{64}{Re} = 0{,}285$$

$$\Delta p_M = 0{,}285 \cdot \frac{3}{0{,}019} \cdot \frac{0{,}2946 \cdot 1101}{2} = 2150\ Pa$$

Stutzendruckverlust: Stutzen DN 50 $w_{St} = 0{,}5\ m/s$

$$\Delta p_{St} = 1{,}5 \cdot \frac{0{,}5^2 \cdot 1101}{2} = 206\ Pa$$

$$\Delta p_{ges} = 2150 + 206 = 2356\ Pa$$

Beispiel 11.1.5: Vergleich von Doppelrohr- oder Multirohrwärmetauscher

Doppelrohrwärmetauscher

Rohrseite

5,2 m³/h	20/30 °C	Q = 51480 W
$\rho = 1100$ kg/m³	$\lambda = 0{,}4$ W/m K	c = 0,9 Wh/kg K
$\nu = 2{,}4$ mm²/s	$w_R = 1{,}248$ m/s	Pr = 21,38
Innenrohr 42,4 x 2	$d_i = 38{,}4$ mm	

$$Re = \frac{1{,}248 \cdot 0{,}0384}{2{,}4 \cdot 10^{-6}} = 19968$$

$$Nu = 0{,}023 \cdot 19968^{0,8} \cdot 21{,}38^{0,33} = 174{,}14$$

$$\alpha_R = \frac{174{,}14 \cdot 0{,}4}{0{,}0384} = 1814 \text{ W/m}^2\text{K}$$

$$\alpha_{ia} = 1814 \cdot \frac{38{,}4}{42{,}4} = 1643 \text{ W/m}^2\text{K}$$

Mantelseite

5,2 m³/h	80/71,25 °C	Pr = 2,35
$\lambda = 0{,}666$ W/m K	$\nu = 0{,}385$ mm²/s	c = 1,16 Wh/kg K
$\rho = 974{,}65$ kg/m³		
Außenrohr 70 x 2	$d_i = 66$ mm	

$$f_M = \frac{\pi}{4} \cdot (0{,}066^2 - 0{,}0424^2) = 0{,}002 \text{ m}^2$$

$$w_M = 0{,}719 \text{ m/s}$$

$$d_h = \frac{0{,}066^2 - 0{,}0424^2}{0{,}0424} = 0{,}06033 \text{ m}$$

$$Re = \frac{0{,}719 \cdot 0{,}06033}{0{,}385 \cdot 10^{-6}} = 112668$$

$$Nu = 335{,}4$$

$$\alpha_M = \frac{335{,}4 \cdot 0{,}666}{0{,}06033} = 3703 \text{ W/m}^2\text{K}$$

$$\frac{1}{k} = \frac{1}{1643} + \frac{1}{3703} + \frac{0{,}002}{50} + 0{,}0002 = 0{,}001119$$

$k = 894\ \text{W/m}^2\text{K}$ LMTD = 50,6 °C

$$A_{erf} = \frac{51480}{894 \cdot 50{,}6} = 1{,}138\ \text{m}^2 \qquad L_{erf} = \frac{1{,}138}{\pi \cdot 0{,}0424} = 8{,}54\ \text{m Rohr}$$

Druckverlustberechnung für Doppelrohrwärmetauscher 3 x 3 m = 9 m Rohrlänge

Rohrseite

$$\Delta p_{St} = 1{,}5 \cdot \frac{1{,}248^2 \cdot 1100}{2} = 1285\ \text{Pa}$$

Reibungsbeiwert f = 0,034 für Re = 19968

$$\Delta p_R = \left(0{,}034 \cdot \frac{9}{0{,}0384} + 2\right) \cdot \frac{1{,}248^2 \cdot 1100}{2} = 8540\ \text{Pa}$$

$$\Delta p_{ges} = 1285 + 8540 = 9825\ \text{Pa}$$

Mantelseite mit 3 Ein- und Austrittsstutzen DN 50

$w_{St} = 0{,}736\ \text{m/s}$

$$\Delta p_{St} = 4{,}5 \cdot \frac{0{,}736^2 \cdot 974{,}6}{2} = 1188\ \text{Pa}$$

$d_h' = 0{,}066 - 0{,}0424 = 0{,}0236\ \text{m}$

$$Re' = \frac{0{,}719 \cdot 0{,}0236}{0{,}385 \cdot 10^{-6}} = 44073$$

$f_1 = 0{,}0278$ aus für Re = 44073

$$\Delta p_M = 0{,}0278 \cdot \frac{9}{0{,}0236} \cdot \frac{0{,}719^2 \cdot 974{,}6}{2} = 2674\ \text{Pa}$$

$$\Delta p_{ges} = 1188 + 2674 = 3862\ \text{Pa}$$

Multirohrwärmetauscher

Außenrohr 76,1 x 2 $d_i = 72{,}1$ mm mit 7 Innenrohren 16 x 1

Rohrseite

$$w_R = \frac{5{,}2}{0{,}001077 \cdot 3600} = 1{,}34 \text{ m/s}$$

$$Re = \frac{1{,}34 \cdot 0{,}014}{2{,}4 \cdot 10^{-6}} = 7816 \qquad Pr = 21{,}38 \qquad Nu = 87{,}2$$

$$\alpha_R = \frac{87{,}2 \cdot 0{,}4}{0{,}014} = 2491 \text{ W/m}^2\text{K}$$

$$\alpha_{ia} = 2491 \cdot \frac{14}{16} = 2179 \text{ W/m}^2\text{K}$$

Mantelseite

$$f_M = \frac{\pi}{4} \cdot (0{,}0721 - 7 \cdot 0{,}016^2) = 0{,}00267 \text{ m}^2$$

$$w_M = 0{,}54 \text{ m/s} \qquad Pr = 2{,}35$$

$$d_h = \frac{0{,}0721^2 - 7 \cdot 0{,}016^2}{0{,}0424} = 0{,}0304 \text{ m}$$

$$Re = \frac{0{,}54 \cdot 0{,}0304}{0{,}385 \cdot 10^{-6}} = 42639$$

$$Nu = 0{,}023 \cdot 42639^{0{,}8} \cdot 2{,}35^{0{,}33} = 154{,}2$$

$$\alpha = \frac{154{,}2 \cdot 0{,}666}{0{,}0304} = 3378 \text{ W/m}^2\text{K}$$

$$\frac{1}{k} = \frac{1}{2179} + \frac{1}{3378} + \frac{0{,}002}{50} + 0{,}0002 = 0{,}000995 \qquad k = 1005 \text{ W/m}^2\text{K}$$

$$A_{erf} = \frac{51480}{1005 \cdot 50{,}6} = 1{,}01 \text{ m}^2 \qquad L_{erf} = \frac{1{,}01}{\pi \cdot 0{,}016 \cdot 7} = 2{,}9 \text{ m}$$

Benötigt wird ein Wärmetauscher mit 7 Rohren 16 x 1, 3 m lang.

Druckverlustberechnung für Multirohrwärmetauscher

Rohrseite

Stutzen DN 32 $w_{St} = 1{,}8$ m/s

$$\Delta p_{St} = 1{,}5 \cdot \frac{1{,}8^2 \cdot 1100}{2} = 2673 \text{ Pa}$$

f = 0,043 für Re' = 7816

$$\Delta p_R = 0{,}034 \cdot \frac{2{,}9}{0{,}014} \cdot \frac{1{,}34^2 \cdot 1100}{2} = 8802 \text{ Pa}$$

$$\Delta p_{ges} = 2673 + 8802 = 11\,475 \text{ Pa}$$

Mantelseite

Stutzen DN 50 $w_{St} = 0{,}736$ m/s

$$\Delta p_{St} = 1{,}5 \cdot \frac{0{,}736^2 \cdot 974{,}6}{2} = 396 \text{ Pa}$$

$d_h' = 0{,}0185$ m

$$Re' = \frac{0{,}54 \cdot 0{,}0185}{0{,}385 \cdot 10^{-6}} = 25\,948$$

f = 0,032 für Re' = 25948

$$\Delta p_M = 0{,}032 \cdot \frac{2{,}9}{0{,}0185} \cdot \frac{0{,}54^2 \cdot 974{,}6}{2} = 708 \text{ Pa}$$

$$\Delta p_{ges} = 396 + 708 = 1104 \text{ Pa}$$

11.2 Schlangenrohr-Wärmetauscher

Diese Apparate werden eingesetzt für geringe und mittlere Wärmeleistungen bzw. geringe Mengenströme, um eine höhere Strömungsgeschwindigkeit für den Wärmeübergang zu erreichen. Die Austauschflächen sind größer als bei den Doppelrohrwärmetauschern und der Wärmeübergang ist etwas besser wegen des Zentrifugaleffekts.

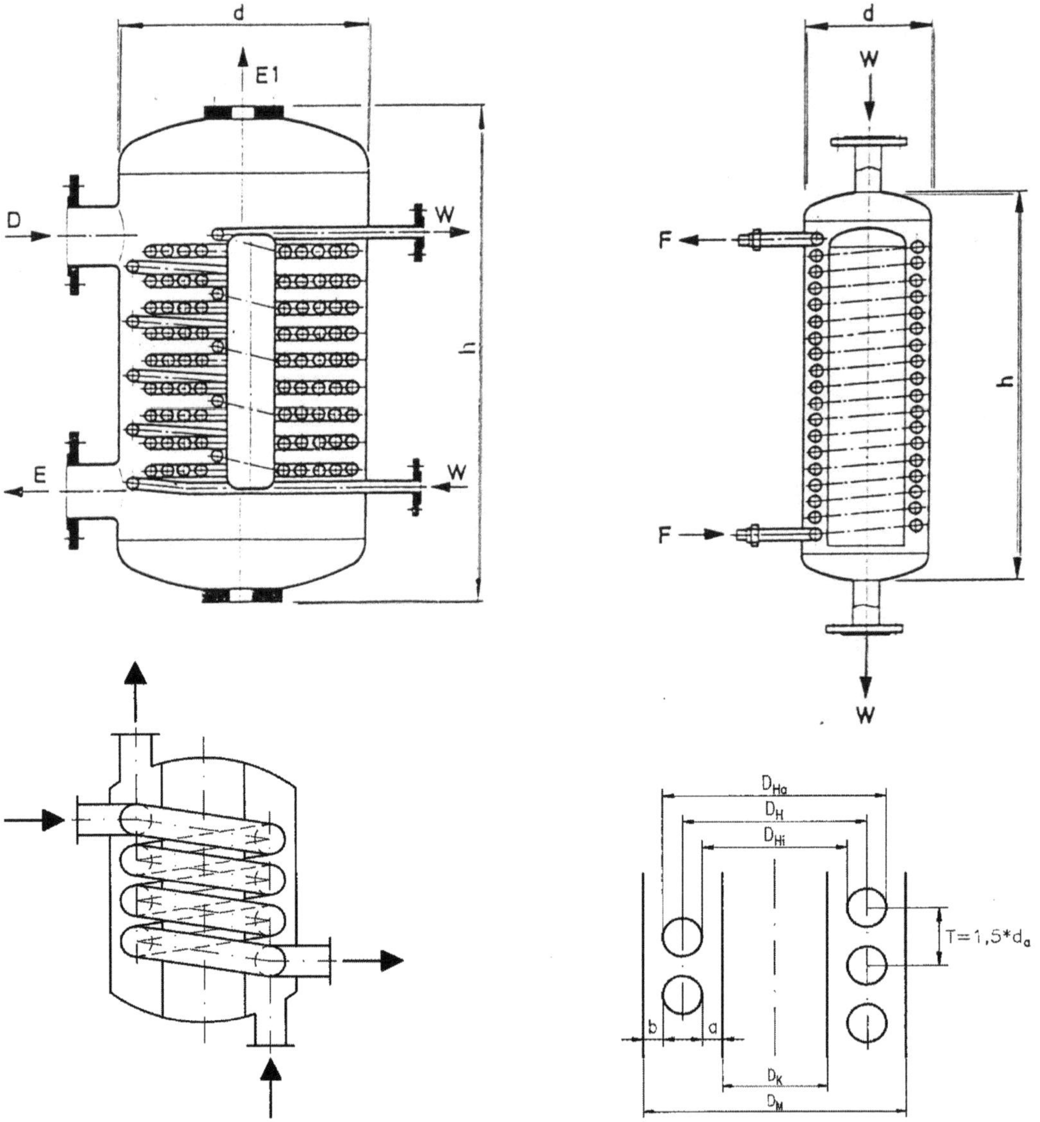

Bild 11.2.1: Schlangenrohrkühler

Formelzeichen:

D_M = Mantelinnendurchmesser [m]
D_K = Kernrohraußendurchmesser [m]
D_H = Mittlerer Spiraldurchmesser [m]
d_a = Rohraußendurchmesser [m]
d_i = Rohrinnendurchmesser [m]
T = Teilung der Spirale = $1{,}5 \cdot d_a$ [m]
N = Zahl der Spiralwindungen
D_{Ha} = Außenspiraldurchmesser = $D_H + d_a$ [m]
D_{Hi} = Innenspiraldurchmesser = $D_H - d_a$ [m]
a = Spalt auf der Innenseite ~15 mm oder $d_a / 2$ [m]
b = Spalt auf der Außenseite ~15 mm oder $d_a / 2$ [m]
L = Gesamtrohrlänge [m]

Geometrische Berechnungen

Gesamtrohrlänge der Spirale: $L = N \cdot \sqrt{(D_H \cdot \pi)^2 + T^2}$ [m]

Gesamtoberfläche der Spirale: $A = \frac{Q}{k \cdot \Delta t}$ [m²]

Anzahl der Spiralwindungen: $N = \frac{A}{\pi \cdot d_a \cdot \frac{L}{N}}$

Bauhöhe der Spirale: $H = N \cdot T + d_a$ [m]

Rohrseitige Berechnung der Wärmeübergangszahl

$$w_i = \frac{V_R}{d_i^2 \cdot \frac{\pi}{4} \cdot 3600} \quad [m/s]$$

$$Re = \frac{w_i \cdot d_i}{\nu} \qquad Pr = \frac{\nu \cdot c \cdot \rho \cdot 3600}{\lambda}$$

$$Re > 8000 \qquad Nu = 0{,}023 \cdot Re^{0,8} \cdot Pr^{0,33}$$

$$\alpha_i = \frac{Nu \cdot \lambda}{d_i} \qquad \alpha_{SP} = \alpha_i \cdot \left(1 + 3{,}5 \cdot \frac{d_i}{D_H}\right)$$

$$\alpha_i = \alpha_{SP} \cdot \frac{d_i}{d_a}$$

Berechnung der Wärmedurchgangszahl

$$\frac{1}{k} = \frac{1}{\alpha_{ia}} + \frac{1}{\alpha_M} + \frac{s}{\lambda} + f_1 + f_2$$

Mantelseitige Berechnung

$$A_M = \frac{\pi}{4} \cdot [(D_M^2 - D_K^2) - (D_{Ha}^2 - D_{Hi}^2)]$$

$$w_M = \frac{V_M}{A_M \cdot 3600} \quad [m/s]$$

Berechnung von α_M mit dem hydraulischen Durchmesser D_e

$$D_e = \frac{4 \cdot V_f}{\pi \cdot d_a \cdot L} = \frac{4 \cdot (V_a - V_c)}{\pi \cdot d_a \cdot L}$$

$$V_a = \frac{\pi}{4} \cdot (D_M^2 - D_K^2) \cdot T \cdot N \quad [m^3]$$

$$V_c = \frac{\pi}{4} \cdot d_a^2 \cdot L \quad [m^3]$$

$$Re = \frac{w_M \cdot D_e}{\nu}$$

$$Nu = 0{,}6 \cdot Re^{0{,}5} \cdot Pr^{0{,}31}$$

$$\alpha_M = \frac{Nu \cdot \lambda}{D_e} \quad [W/m^2 K]$$

Berechnung von α_M mit dem Rohraußendurchmesser d_a

$$Re = \frac{w_M \cdot d_a}{\nu}$$

$$Nu = 0{,}196 \cdot Re^{0{,}6} \cdot Pr^{0{,}33}$$

$$\alpha_M = \frac{Nu \cdot \lambda}{d_a} \quad [W/m^2 K]$$

Beispiel 11.2.1: Auslegung eines Schlangenrohrwärmetauschers

$D_M = 0{,}46$ m $\quad D_K = 0{,}34$ m $\quad D_H = 0{,}4$ m

$d_a = 30$ mm $\quad d_i = 25$ mm $\quad T = 45 \text{ mm} = 1{,}5 \cdot d_a$

$D_{Ha} = D_M - d_a = 460 - 30 = 430$ mm

$D_{Hi} = D_K + d_a = 340 + 30 = 370$ mm

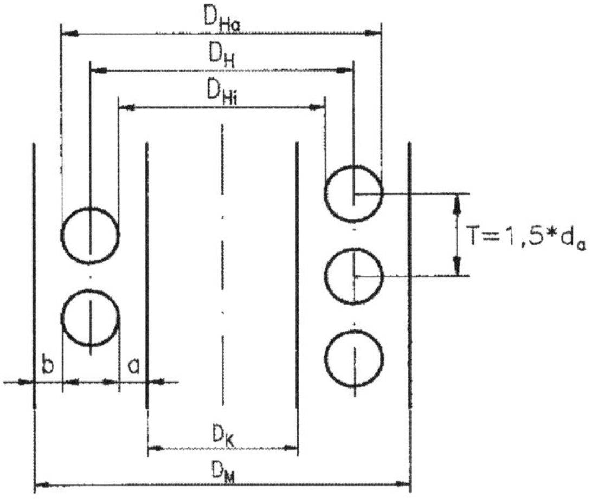

Bild 11.2.2:

Rohrseite:	$1{,}55$ m³/h	127 °C	→	100 °C
Mantelseite:	$2{,}3$ m³/h	30 °C	→	47 °C

$$LMTD = \frac{80 - 70}{\ln \frac{80}{70}} = 74{,}9 \text{ °C}$$

Kreuzstrom: $S = 0{,}175$ $\quad R = 1{,}58$ $\quad F = 0{,}99$

$CMTD = 0{,}99 \cdot 74{,}9 = 74{,}1$ °C

$Q = 42400$ W

Rohrseitige Berechnung

$d_i = 25$ mm $\quad V = 1{,}55$ m³/h $\quad \rho = 870$ kg/m³

$\nu = 0{,}719 \cdot 10^{-6}$ m²/s $\quad c = 1{,}16$ Wh/kg K $\quad \lambda = 0{,}486$ W/m K

$w = 0{,}877$ m/s

$$Re = \frac{0{,}877 \cdot 0{,}025}{0{,}719 \cdot 10^{-6}} = 30513$$

$$Pr = \frac{0{,}719 \cdot 10^{-6} \cdot 1{,}16 \cdot 870 \cdot 3600}{0{,}486} = 5{,}37$$

$$Nu = 0{,}023 \cdot Re^{0{,}8} \cdot Pr^{0{,}33} = 0{,}023 \cdot 30513^{0{,}8} \cdot 5{,}37^{0{,}33} = 155{,}7$$

$$\alpha_i = \frac{155{,}7 \cdot 0{,}486}{0{,}025} = 3027{,}5 \text{ W/m}^2\text{K}$$

$$\alpha_{SP} = 3027{,}5 \cdot \left(1 + 3{,}5 \cdot \frac{0{,}025}{0{,}4}\right) = 3690 \text{ W/m}^2\text{K}$$

$$\alpha_{ia} = 3690 \cdot \frac{25}{30} = 3075 \text{ W/m}^2\text{K}$$

Mantelseitige Berechnung

Berechnung des hydraulischen Durchmessers D_e

$$L = N \cdot \sqrt{(D_H \cdot \pi)^2 + T^2} = N \cdot \sqrt{(0{,}4 \cdot \pi)^2 + 0{,}045^2} = 1{,}257 \cdot N$$

$$V_a = \frac{\pi}{4} \cdot (0{,}46^2 - 0{,}34^2) \cdot 0{,}045 \cdot N = 0{,}0034 \cdot N$$

$$V_c = \frac{\pi}{4} \cdot 0{,}03^2 \cdot 1{,}257 \cdot N = 0{,}0009 \cdot N$$

$$V_f = V_a - V_c = (0{,}0034 - 0{,}0009) \cdot N = 2{,}504 \cdot 10^{-3} \cdot N$$

$$D_e = \frac{4 \cdot 2{,}504 \cdot 10^{-3} \cdot N}{\pi \cdot 0{,}03 \cdot 1{,}257 \cdot N} = 84{,}52 \cdot 10^{-3} \text{ m}$$

Berechnung des Strömungsquerschnitts AM

$$D_{Ha} = D_M - d_a = 460 - 30 = 430 \text{ mm}$$

$$D_{Hi} = D_K + d_a = 340 + 30 = 370 \text{ mm}$$

$$A_M = \frac{\pi}{4} \cdot \left[(0{,}46^2 - 0{,}34^2) - (0{,}43^2 - 0{,}37^2)\right] = 0{,}0377 \text{ m}^2$$

Berechnung der Strömungsgeschwindigkeit w_M für $V_M = 2{,}3$ m³/h

$$w_M = \frac{2{,}3}{0{,}0377 \cdot 3600} = 0{,}017 \text{ m/s}$$

Berechnung der Wärmeübergangszahl mit D_e

$\nu = 1{,}71 \cdot 10^{-6}\ m^2/s$ $c = 1{,}16\ Wh/kg\,K$ $\rho = 935\ kg/m^3$ $\lambda = 0{,}473\ W/mK$

$$Pr = \frac{1{,}71 \cdot 10^{-6} \cdot 1{,}16 \cdot 935 \cdot 3600}{0{,}473} = 14{,}11$$

$$Re = \frac{w \cdot D_e}{\nu} = \frac{0{,}017 \cdot 0{,}0845}{1{,}71 \cdot 10^{-6}} = 840$$

$$Nu = 0{,}6 \cdot Re^{0{,}5} \cdot Pr^{0{,}31} = 0{,}6 \cdot 840^{0{,}5} \cdot 14{,}11^{0{,}31} = 39{,}5$$

$$\alpha_M = \frac{39{,}5 \cdot 0{,}473}{0{,}0845} = 221\ W/m^2K$$

Berechnung der Wärmedurchgangszahl k

$\alpha_{ia} = 3075\ W/m^2K$ $\alpha_M = 221\ W/m^2K$

$$\frac{1}{k} = \frac{1}{3075} + \frac{1}{221} + \frac{0{,}0025}{50} + 0{,}0002 = 0{,}0051 \qquad k = 196\ W/m^2K$$

$$A_{erf} = \frac{42400}{74{,}1 \cdot 196} = 2{,}92\ m^2 \qquad L_{erf} = \frac{2{,}92}{\pi \cdot 0{,}03 \cdot 1{,}257} = 24{,}6\ m$$

Gewählt: 25 m

$L = 25 \cdot 1{,}257 = 31{,}4\ m$ $H = 25 \cdot 0{,}045 + 0{,}03 = 1{,}155\ m$

Berechnung der Wärmeübergangszahl mit d = 0,03 m

$$Re = \frac{0{,}017 \cdot 0{,}03}{1{,}71 \cdot 10^{-6}} = 298{,}2$$

$$Nu = 0{,}196 \cdot Re^{0{,}6} \cdot Pr^{0{,}31} = 0{,}196 \cdot 298{,}2^{0{,}6} \cdot 14{,}11^{0{,}31} = 14{,}46$$

$$\alpha_M = \frac{14{,}46 \cdot 0{,}473}{0{,}03} = 228\ W/m^2K$$

$$\frac{1}{k} = \frac{1}{3075} + \frac{1}{228} + \frac{0{,}0025}{50} + 0{,}0002 = 0{,}00496 \qquad k = 201\ W/m^2K$$

$$A_{erf} = \frac{42400}{74{,}1 \cdot 201} = 2{,}85\ m^2 \qquad N_{erf} = \frac{2{,}85}{\pi \cdot 0{,}03 \cdot 1{,}257} = 24\ m$$

$L = 24 \cdot 1{,}257 = 30{,}2\ m$ $H = 24 \cdot 0{,}045 + 0{,}03 = 1{,}11\ m$

Beispiel 11.2.2: Auslegung eines Schlangenrohrkühlers

Rohrseite

4,22 m^3/h	DN 50 (57 x 2)	$d_i = 54$ mm	$c = 1{,}16$ Wh/kg K
$\rho = 980$ kg/m^3	$\nu = 1 \cdot 10^{-6}$ m^2/s	$\lambda = 0{,}48$ W/m K	
$t_1 = 20$ °C	$t_2 = 30$ °C	$Q = 48000$ W	

Mantelseite

10 m^3/h	$D_M = 1000$ mm	$c = 0{,}6$ Wh/kg K	$Pr = 23$
$\rho = 800$ kg/m^3	$\nu = 2 \cdot 10^{-6}$ m^2/s	$\lambda = 0{,}15$ W/m K	
$t_1 = 80$ °C	$t_2 = 70$ °C	$Q = 48000$ W	

$$\begin{array}{ccc} 80 & \rightarrow & 70 \\ \underline{30} & \leftarrow & \underline{20} \\ 50 & & 50 \end{array} \qquad \text{LMTD} = 50\ °C$$

Rohrseitige Berechnung

$w_i = 0{,}51$ m/s

$$Re = \frac{0{,}51 \cdot 0{,}054}{1 \cdot 10^{-6}} = 27653$$

$$Pr = \frac{1 \cdot 10^{-6} \cdot 1{,}16 \cdot 980 \cdot 3600}{0{,}48} = 8{,}5$$

$$Nu = 0{,}023 \cdot 27653^{0{,}8} \cdot 8{,}5^{0{,}33} = 166{,}8$$

$$\alpha_i = \frac{166{,}8 \cdot 0{,}48}{0{,}054} = 1482{,}9 \text{ W/m}^2\text{ K}$$

$$\alpha_{SP} = 1482{,}9 \cdot \left(1 + 3{,}5 \cdot \frac{0{,}054}{0{,}886}\right) = 1799 \text{ W/m}^2\text{ K}$$

$$\alpha_{ia} = 1799 \cdot \frac{54}{57} = 1704 \text{ W/m}^2\text{ K}$$

Mantelseitige Berechnung

a) Spaltweiten = 0,5 · d_a = 28,5 mm

D_M = 1000 mm D_K = 772 mm D_H = 886 mm
D_{Ha} = 943 mm D_{Hi} = 829 mm d_a = 57 mm
T = 85,5 mm Spaltbreiten innen und außen: 28,5 mm

$$D_{Ha} = D_H + d_a = 886 + 57 = 943 \text{ mm}$$

$$D_{Hi} = D_H - d_a = 886 - 57 = 829 \text{ mm}$$

$$A_M = \frac{\pi}{4} \cdot [(1^2 - 0{,}772^2) - (0{,}943^2 - 0{,}829^2)] = 0{,}1585 \text{ m}^2$$

$$w_M = \frac{10}{0{,}1585 \cdot 3600} = 0{,}0175 \text{ m/s}$$

$$L = N \cdot \sqrt{(\pi \cdot 0{,}886)^2 + 0{,}0855^2} = 2{,}79 \cdot N$$

$$V_a = \frac{\pi}{4} \cdot (1^2 - 0{,}772^2) \cdot 0{,}0855 \cdot N = 0{,}0271 \cdot N$$

$$V_c = \frac{\pi}{4} \cdot 0{,}057^2 \cdot 2{,}79 \cdot N = 0{,}007116 \cdot N$$

$$V_f = (0{,}0271 - 0{,}007116) \cdot N = 0{,}02 \cdot N$$

$$D_e = \frac{4 \cdot 0{,}02 \cdot N}{\pi \cdot 0{,}057 \cdot 2{,}79 \cdot N} = 0{,}16 \text{ m}$$

$$Re = \frac{0{,}0175 \cdot 0{,}16}{2 \cdot 10^{-6}} = 1401{,}1$$

$$Nu = 0{,}6 \cdot 1401{,}1^{0{,}5} \cdot 23^{0{,}31} = 59{,}36$$

$$\alpha_M = \frac{59{,}36 \cdot 0{,}15}{0{,}16} = 55{,}7 \text{ W/m}^2\text{K}$$

$$\frac{1}{k} = \frac{1}{1704} + \frac{1}{55{,}7} + \frac{0{,}002}{50} + 0{,}0002 = 0{,}0187 \qquad k = 53{,}24 \text{ W/m}^2\text{K}$$

$$A_{erf} = \frac{48000}{53{,}24 \cdot 50} = 2{,}85 \text{ m}^2 \qquad N = \frac{18}{\pi \cdot 0{,}057 \cdot 2{,}79} = 36 \text{ m}$$

$$L = 2{,}79 \cdot 36 = 100{,}6 \text{ m} \qquad H = 36 \cdot 0{,}0855 + 0{,}057 = 3{,}13 \text{ m}$$

Alternativberechnung mit d_a = 57 mm

$w = 0{,}0175$ m/s $d_a = 57$ mm $Pr = 23$

$$Re = \frac{0{,}0175 \cdot 0{,}057}{2 \cdot 10^{-6}} = 498{,}7$$

$$Nu = 0{,}6 \cdot 498{,}7^{0{,}6} \cdot 23^{0{,}33} = 23{,}16$$

$$\alpha = \frac{23{,}16 \cdot 0{,}15}{0{,}057} = 60{,}9 \text{ W/m}^2\text{K}$$

$k = 58$ W/m²K

$A = 16{,}55 \text{ m}^2$ $N = 33$

$L = 92{,}4$ m $H = 2{,}9$ m

b) Spaltweiten = 15 mm

$D_M = 1000$ mm $D_K = 826$ mm $D_H = 913$ mm

$D_{Ha} = 970$ mm $D_{Hi} = 856$ mm $d_a = 57$ mm

$T = 85{,}5$ mm Spaltbreiten innen und außen: 15 mm

$$A_M = \frac{\pi}{4} \cdot \left[(1^2 - 0{,}826^2) - (0{,}97^2 - 0{,}856^2)\right] = 0{,}086 \text{ m}^2$$

$$w_M = \frac{10}{0{,}086 \cdot 3600} = 0{,}032 \text{ m/s}$$

$$L = N \cdot \sqrt{(\pi \cdot 0{,}913)^2 + 0{,}0855^2} = 2{,}86 \cdot N$$

$$V_a = \frac{\pi}{4} \cdot (1^2 - 0{,}826^2) \cdot 0{,}0855 \cdot N = 0{,}0213 \cdot N$$

$$V_c = \frac{\pi}{4} \cdot 0{,}057^2 \cdot 2{,}86 \cdot N = 0{,}007319 \cdot N$$

$$V_f = 0{,}0213 - 0{,}007319 \cdot N = 0{,}014 \cdot N$$

$$D_e = \frac{4 \cdot 0{,}014 \cdot N}{\pi \cdot 0{,}057 \cdot 2{,}86 \cdot N} = 0{,}109 \text{ m}$$

$$Re = \frac{0{,}032 \cdot 0{,}109}{2 \cdot 10^{-6}} = 1749{,}5$$

$$Nu = 0{,}6 \cdot 1749{,}5^{0{,}5} \cdot 23^{0{,}31} = 66{,}3$$

$$\alpha_M = \frac{66{,}3 \cdot 0{,}15}{0{,}109} = 91{,}3\ W/m^2K$$

$$\frac{1}{k} = \frac{1}{1704} + \frac{1}{91{,}3} + \frac{0{,}002}{50} + 0{,}0002 = 0{,}01178 \qquad k = 85\ W/m^2K$$

$$A_{erf} = \frac{48000}{85 \cdot 50} = 11{,}3\ m^2 \qquad N = \frac{11{,}3}{\pi \cdot 0{,}057 \cdot 2{,}86} = 22\ m$$

$$L = 22 \cdot 2{,}86 = 63\ m \qquad H = 22 \cdot 0{,}0855 + 0{,}057 = 1{,}94\ m$$

Alternativberechnung mit $d_a = 57$ mm

$w = 0{,}032$ m/s $\quad d_a = 57$ mm $\quad Pr = 23$

$$Re = \frac{0{,}032 \cdot 0{,}057}{2 \cdot 10^{-6}} = 912$$

$$Nu = 0{,}196 \cdot 912^{0{,}6} \cdot 23^{0{,}33} = 32{,}93$$

$$\alpha = \frac{32{,}93 \cdot 0{,}15}{0{,}057} = 86{,}6\ W/m^2K$$

$k = 80{,}8\ W/m^2K$

$A = 11{,}9\ m^2 \qquad N = 23$

$L = 66{,}3\ m \qquad H = 2\ m$

Schrifttum

Haraburda, S. S.: Consider helical-coil heat exchangers. Chem. Eng. (1975) Juli

Patil, R. K.; Shende, B. W.; Ghosh, P. K.: Designing a helical-coil heat exchanger. Chem. Eng. (1982) Dez.

11.3 Querstrombündel

Querstrombündel sind rechteckige Rohrbündel, die vorwiegend zur Gaskühlung oder -heizung verwendet werden. Es wird gezeigt, wie man die Wärmeübergangszahlen und Druckverluste beim Durchströmen von Querstrombündeln ermittelt.

Die konvektive Wärmeübergangszahl in den Rohren wird in Kapitel 3 behandelt.

Einsatzfälle:

- Luftkühler zum Kühlen oder Kondensieren von Produkten in den Rohren
- Luft- oder Wasservorwärmer mit heißen Rauchgasen

Wegen der schlechten Wärmeübergangszahlen auf der Gasseite werden oft Rippenrohre zur Leistungsverbesserung eingesetzt.

Berechnung der Wärmeübergangszahlen nach Grimison

$$Nu = K \cdot Re^{M} \cdot f_R$$

$$\alpha = \frac{Nu \cdot \lambda}{d}$$

Die Konstanten K und M sind in Abhängigkeit vom Quer- und Längsverhältnis für fluchtende und versetzte Anordnung in **Tabelle 11.3.1** aufgelistet. Ab 10 Rohrreihen ist $f_R = 1$.

Für den Druckverlust gilt:

$$\Delta P = \zeta \cdot n \cdot \frac{w^2 \cdot \rho}{2}$$

ζ = Druckverlustbeiwert
n = Rohrreihenzahl

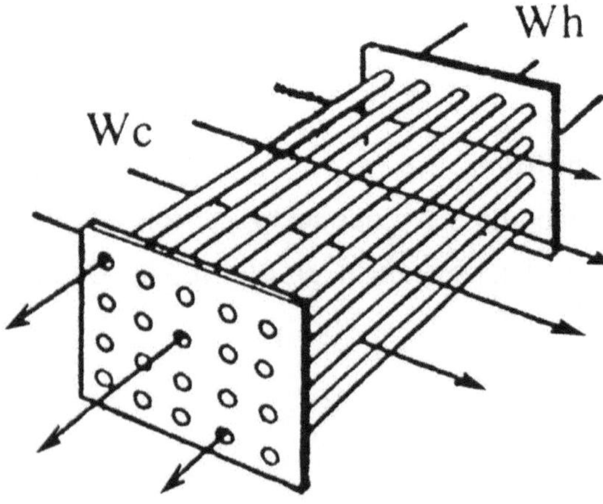

Bild 11.3.1: Querstrombündel

Nach Jakob gilt für fluchtende Anordnung:

$$\zeta = Re^{-0,15} \cdot \left(0,176 + \frac{0,32 \cdot s_l}{(s_q^* - 1)^{(0,43 + 1,13 / s_l^*)}}\right)$$

Nach Jakob gilt für die versetzte Anordnung:

$$\zeta = Re^{-0,16} \cdot \left(1 + \frac{0,47}{(s_q^* - 1)^{1,08}}\right)$$

Tabelle 11.3.1: K- und M-Werte für Luft bei verschiedenen Quer- und Längsteilungsverhältnissen nach Grimison

Querteilungsverhältnis $s_q{}^* = \frac{s_l}{d_a}$, Längsteilungsverhältnis $s_l{}^* = \frac{s_2}{d_a}$, Reynoldszahl Re = 2000 bis 40000

$s_q{}^*$	1,25		1,5		2		3	
	K	M	K	M	K	M	K	M
$s_l{}^*$	für fluchtende Rohranordnung							
1,25	0,348	0,592	0,275	0,608	0,100	0,704	0,0633	0,752
1,5	0,367	0,586	0,250	0,620	0,101	0,702	0,0678	0,744
2	0,418	0,570	0,299	0,602	0,229	0,632	0,198	0,648
3	0,290	0,601	0,357	0,584	0,374	0,581	0,286	0,608
$s_l{}^*$	für versetzte Rohranordnung							
0,6	—	—	—	—	—	—	0,213	0,636
0,9	—	—	—	—	0,446	0,571	0,401	0,581
1,0	—	—	0,497	0,558	—	—	—	—
1,125	—	—	—	—	0,478	0,565	0,518	0,560
1,25	0,518	0,556	0,505	0,554	0,519	0,556	0,522	0,562
1,5	0,451	0,568	0,460	0,562	0,452	0,568	0,488	0,568
2	0,404	0,572	0,416	0,568	0,482	0,556	0,449	0,570
3	0,310	0,592	0,356	0,580	0,440	0,562	0,421	0,574

Beispiel 11.3.1: Berechnung der Wärmeübergangszahlen und Druckverluste in einem Querstrombündel

Luft bei 200 °C und 1 bar Pr = 0,685 k = 0,7457 kg/m³

$\lambda = 0{,}0368$ W/mK $\nu = 34{,}63\ \mathrm{mm^2/s}$ d = 38 mm

n = 20 $s_q{}^* = 1{,}5$ $s_l{}^* = 1{,}5$

Es werden die Wärmeübergangszahlen und die Druckverluste bei verschiedenen Strömungsgeschwindigkeiten w berechnet.

w [m/s]	5	10	15	20	25
Re	**5486**	**10973**	**16460**	**21946**	**27433**
Fluchtende Anordnung: K = 0,25, M = 0,62					
Nu	52	79,97	102,8	122,9	141,1
α [W/m²K]	52,8	81,2	104,5	124,8	143,4
ζ	0,348	0,313	0,295	0,282	0,273
ΔP [Pa]	65	233,9	495	843	1274
Versetzte Anordnung: K = 0,46, M = 0,562					
Nu	58,1	85,8	107,7	126,6	143,6
α [W/m²K]	59	87,1	109,4	128,6	145,8
ζ	0,5027	0,449	0,421	0,4027	0,3886
ΔP [Pa]	93,7	335,5	707,5	1201,3	1811

Beispiel 11.3.2: Berechnung der Wärmeübergangszahl für 18000 m³/h Luft mit den Stoffdaten von Beispiel 11.3.1 für ein Rohrbündel mit 1 m² Anströmfläche mit verschiedenen Quer- und Längsteilungen

a) $s_q^* = 3$ $s_l^* = 1{,}5$ $K = 0{,}0678$ $M = 0{,}744$ $A_{ges} = 1$ m

$$A_{frei} = A_{ges} \cdot \frac{s_q - 1}{s_q} = 1 \cdot \frac{3-1}{3} = 0{,}666\ m^2$$

$$w = \frac{18000}{0{,}666 \cdot 3600} = 7{,}5\ m/s \quad Re = \frac{w \cdot d}{\nu} = \frac{7{,}5 \cdot 0{,}038}{34{,}63 \cdot 10^{-6}} = 8230$$

$Nu = 55{,}5$ $\alpha = 56{,}4\ W/m^2K$

b) $s_q^* = 3$ $s_l^* = 3$ $K = 0{,}286$ $M = 0{,}608$

$Nu = 68{,}7$ $\alpha = 69{,}8\ W/m^2K$

c) $s_q^* = 2$ $s_l^* = 1{,}5$ $K = 0{,}101$ $M = 0{,}702$

$A_{frei} = 0{,}5\ m^2$ $w = 10\ m/s$ $Re = 10973$

$Nu = 69{,}28$ $\alpha = 70{,}4\ W/m^2K$

d) $s_q^* = 2$ $s_l^* = 2$ $K = 0{,}229$ $M = 0{,}632$

$Nu = 81{,}9$ $\alpha = 83{,}2\ W/m^2K$

e) $s_q^* = 1{,}5$ $s_l^* = 1{,}5$ $K = 0{,}25$ $M = 0{,}62$

$A_{frei} = 0{,}333\ m^2$ $w = 15\ m/s$ $Re = 16460$

$Nu = 102{,}8$ $\alpha = 104{,}5\ W/m^2K$

f) $s_q^* = 1{,}5$ $s_l^* = 3$ $K = 0{,}357$ $M = 0{,}584$

$Nu = 103{,}5$ $\alpha = 105\ W/m^2K$

g) $s_q^* = 1{,}25$ $s_l^* = 1{,}5$ $K = 0{,}367$ $M = 0{,}586$

$A_{frei} = 0{,}2\ m^2$ $w = 25\ m/s$ $Re = 27433$

$Nu = 146{,}4$ $\alpha = 148{,}7\ W/m^2K$

f) $s_q^* = 1{,}25$ $s_l^* = 3$ $K = 0{,}29$ $M = 0{,}601$

$Nu = 134{,}8$ $\alpha = 137\ W/m^2K$

12 Rippenrohrwärmetauscher

12.1 Warum nimmt man Rippenrohre?

Rippenrohre werden eingesetzt, wenn die Wärmeübergangszahl auf der Außenseite der Rohre sehr viel kleiner ist als die Wärmeübergangszahl in den Rohren.

Entscheidend für den Wärmeübergang ist die Wärmeleitung durch die Grenzschicht δ am Rohr:

$$\alpha = \frac{\lambda}{\delta} \quad [\mathrm{W/m^2K}]$$

Bei Medien mit schlechter Wärmeleitzahl λ, z. B. Gase, oder bei zähflüssigen Stoffen mit großer Grenzfilmdicke δ kann die Wärmeleistung Q durch eine **Flächenvergrößerung auf der Außenseite** verbessert werden.

$$Q = \alpha_a \cdot F_a \cdot \Delta t_a = \alpha_i \cdot F_i \cdot \Delta t_i$$

Das erforderliche Flächenverhältnis unter Berücksichtigung der Verschmutzungsbeiwerte berechnet man wie folgt:

$$\left(\frac{F_a}{F_i}\right)_{erf} \geq \frac{\frac{1}{\alpha_a} + r_a}{\frac{1}{\alpha_i} + r_i}$$

F_a = Außenoberfläche des Rohrs [m²/m]
F_i = Innenoberfläche des Rohrs [m²/m]
α_a = Äußere Wärmeübergangszahl [W/m²K]
α_i = Innere Wärmeübergangszahl [W/m²K]
r_a = Äußerer Verschmutzungsbeiwert
r_i = Innerer Verschmutzungsbeiwert

Beispiel 12.1.1: Berechnung des erforderlichen Flächenverhältnisses

$\alpha_a = 100\ \mathrm{W/m^2K}$ $\alpha_i = 1000\ \mathrm{W/m^2K}$ $r_a = 0{,}0001$ $r_i = 0{,}0002$

$$\left(\frac{F_a}{F_i}\right)_{erf} = \frac{\frac{1}{100} + 0{,}0001}{\frac{1}{1000} + 0{,}0002} = 8{,}5$$

Wegen der schlechten äußeren Wärmeübergangszahl sollte die äußere Oberfläche 8,5-mal so groß sein wie die Innenrohroberfläche!

Vorteile der Rippenrohre:

- höhere Wärmeleistung pro m Rohr bzw. pro Bauvolumen
- geringere Apparate-Abmessungen / weniger Rohre
- kleinerer Strömungsquerschnitt in den Rohren / besserer Wärmeübergang
- weniger Druckverlust

Man unterscheidet die folgenden Rippenrohrtypen:

- **Hochberippte Querrippenrohre** mit Rippenhöhen von 10–16 mm
- **Hochberippte Längsrippenrohre** mit Rippenhöhen von 12,7–25 mm
- **Niedrigberippte Querrippenrohre** mit Rippenhöhen von 1,5–3 mm

Die hochberippten Querrippenrohre werden in Luftkühlern und Gaswärmetauschern eingesetzt.

Die Längsrippenrohre verwendet man als Tankheizer oder in Doppelrohrwärmetauschern für zähflüssige Medien, z.B. Öl oder Bitumen, weil – im Gegensatz zu den Querrippenrohren – die Rippenabstände deutlich größer sind als die laminare Grenzschicht am Rohr, so dass eine Strömung zwischen den Rippen möglich ist.

Für eine Anströmlänge von 10 mm ergibt sich in Abhängigkeit von der Reynoldszahl Re an Platten die folgende laminare Grenzschichtdicke:

$Re = 100 \quad \Rightarrow \quad \delta = 4{,}64\ mm$
$Re = 200 \quad \Rightarrow \quad \delta = 3{,}28\ mm$
$Re = 500 \quad \Rightarrow \quad \delta = 2{,}07\ mm$

Der Rippenabstand muss größer sein als die Grenzschichtdicke!

Niedrigberippte Rohre werden zur Leistungssteigerung in vorhandenen Wärmetauschern benutzt oder zur Verkleinerung der Apparate, z. B. für die Kältemittelverdampfung und -kondensation oder zur Verringerung der Bauhöhen von Heizbündeln. Beim konvektiven Wärmeübergang auf der Mantelseite sollte die Reynoldszahl > 500 sein.

12.2 Was beeinflusst die Wirksamkeit von Rippenrohren?

Aus **Bild 12.2.1** geht hervor, wie stark die äußere Oberfläche eines Rohres mit 20 mm Kerndurchmesser in Abhängigkeit von der Rippenhöhe zunimmt.

Mit zunehmender Rippenhöhe fällt jedoch der Rippenwirkungsgrad η_R, der den Temperaturabfall vom Kernrohr bis zur Rippenspitze erfasst. Das ist in **Bild 12.2.2** dargestellt. Es ist auch zu erkennen, wie stark die Wärmeleitzahl des Rippenwerkstoffs den Rippenwirkungsgrad beeinflusst.

Den Einfluss der äußeren Wärmeübergangszahl α_a auf den Rippenwirkungsgrad η_R verdeutlichen die verschiedenen Kurven für unterschiedliche α_a-Werte in **Bild 12.2.3**. Mit zunehmender Rippenhöhe und steigendem α_a-Wert fällt der Rippenwirkungsgrad.

Größere Rippenhöhen sind nur bei kleinen Wärmeübergangszahlen auf der Außenseite von Rohren interessant, z. B. bei Gasen.

- **Große Rippenhöhen** sind wirtschaftlich für geringe äußere Wärmeübergangszahlen bis zu $\alpha_a = 50\ W/m^2K$
- **Niedrigberippte Rohre** sind vorteilhaft bei höheren α_a-Werten bis zu $1000\ W/m^2K$

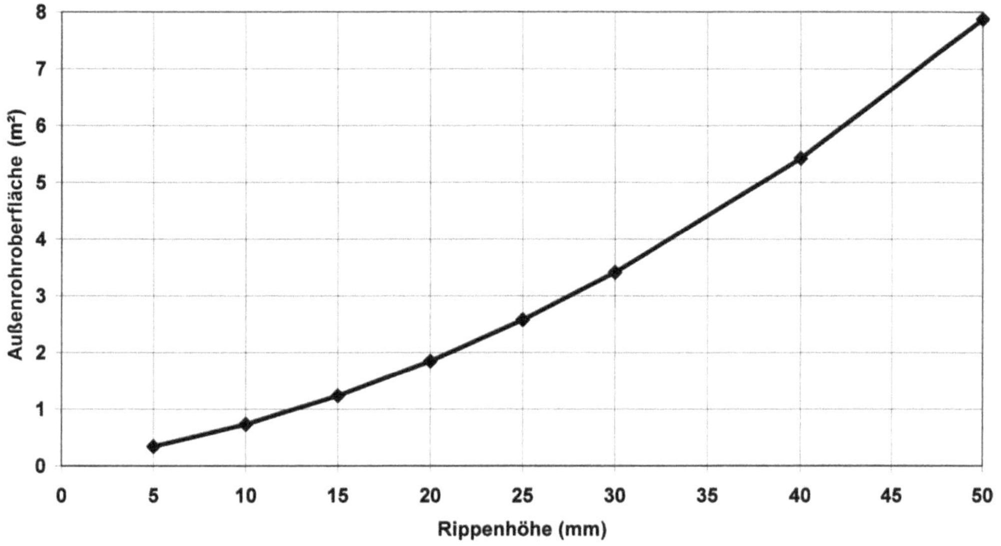

Bild 12.2.1: Außenrohroberfläche als Funktion der Rippenhöhe für einen Kernrohrdurchmesser von 20 mm

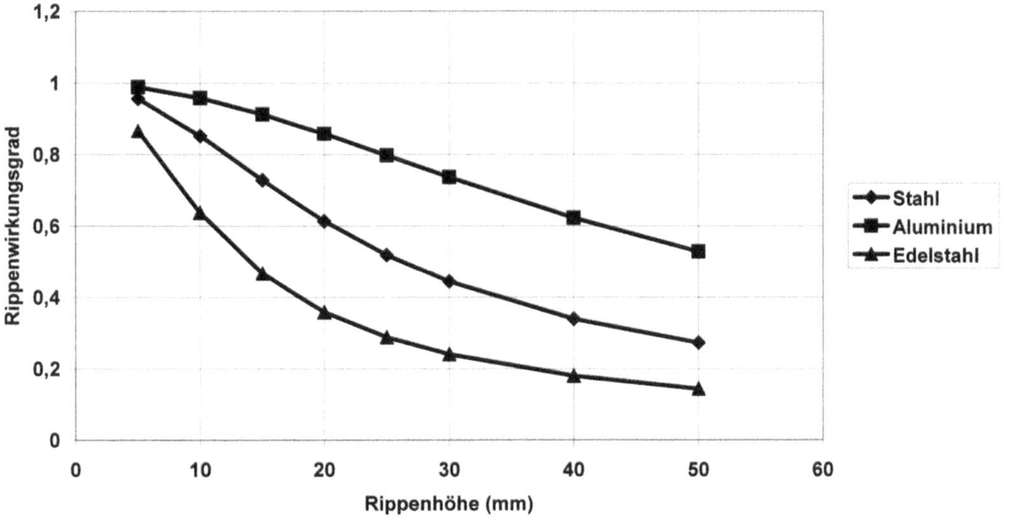

Bild 12.2.2: Rippenwirkungsgrad η_R in Abhängigkeit von der Rippenhöhe und dem Rippenwerkstoff

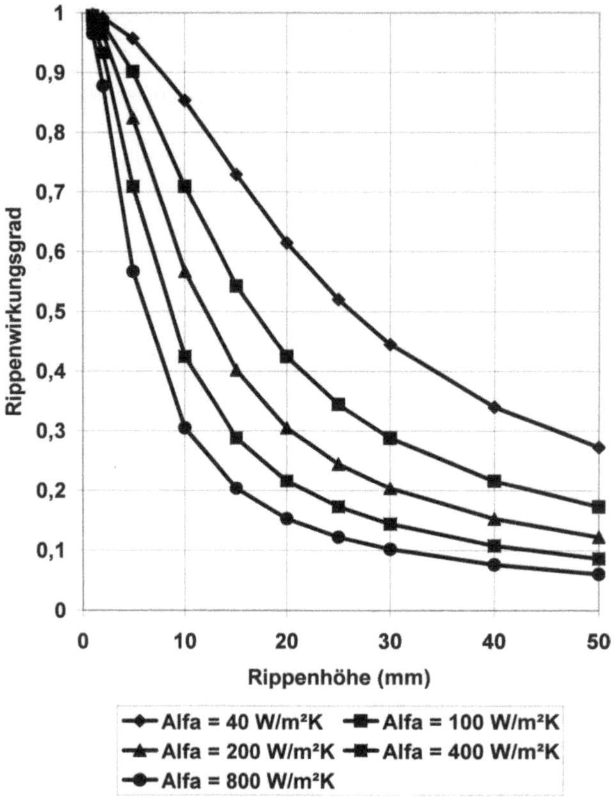

Bild 12.2.3: Rippenwirkungsgrad η_R als Funktion der Rippenhöhe für verschiedene äußere Wärmeübergangszahlen von $\alpha_a = 40$ bis 800 W/m²K

Die durch den **Rippenwirkungsgrad η_R** erfasste Verschlechterung des wirksamen Δt für den Wärmeübergang gilt aber **nur für die Rippenoberfläche** und nicht für die Kernrohraußenoberfläche. Das wird berücksichtigt in dem **gewogenen Rippenwirkungsgrad η_W**, der etwas besser ist als der Rippenwirkungsgrad η_R. Aus wirtschaftlicher Sicht sollte der gewogene Rippenwirkungsgrad > 80 % liegen.

Die folgende Auflistung verdeutlicht anhand eines Beispiels die Einsatzbereiche verschiedener Rippenrohre aus Stahl:

Wärmeleistung Q = 100 kW $\Delta t = 50$ K $\alpha_i = 3000$ W/m²K

Es wird die erforderliche **Rohrlänge L** für die Wärmeleistung Q = 100 kW für verschiedene α_a-Werte und Rippenrohrtypen ermittelt.

			$\alpha_a = 50$ W/m²K	$\alpha_a = 500$ W/m²K
Typ 1:	$h_R = 16$ mm	$d_K = 38$ mm	L = 340 m	L = 145 m
Typ 2:	$h_R = 10$ mm	$d_K = 20$ mm	L = 905 m	L = 313 m
Typ 3:	$h_R = 1{,}5$ mm	$d_K = 22{,}2$ mm	L = 1695 m	L = 317 m
Glattrohr 25 x 2			L = 4348 m	L = 623 m

h_R = Rippenhöhe d_K = Kernrohrdurchmesser

12.3 Rippenrohrberechnungen

12.3.1 Berechnung des Rippenwirkungsgrads η_R

$$\eta_R = \frac{\tanh X}{X}$$

$$\tanh X = \frac{e^X - e^{-X}}{e^X + e^{-X}}$$

$$X = h_R \cdot \sqrt{\frac{2 \cdot \alpha_a}{b_R \cdot \lambda_R}}$$

α_a = Äußere Wärmeübergangszahl [W/m²K]
b_R = Rippenbreite [m]
λ_R = Wärmeleitzahl des Rippenwerkstoffs [W/m K]
h_R = Rippenhöhe [m]

Korrektur für Kreisrippenrohre, bei denen X_{KR} statt X für die Berechnung des Rippenwirkungsgrads η_R eingesetzt wird.

$$X_{KR} = X \cdot \left(1 + 0{,}35 \cdot \ln \frac{d_R}{d_K}\right)$$

d_R = Rippendurchmesser [mm]
d_K = Kernrohrdurchmesser [mm]

12.3.2 Berechnung des gewogenen Rippenwirkungsgrads η_W

$$\eta_W = \frac{\eta_R \cdot F_R + F_K}{F_a}$$

F_a = Gesamte Außenoberfläche = $F_R + F_K$ [m²]
F_K = Kernrohroberfläche [m²]
F_R = Rippenoberfläche [m²]

Beispiel 12.3.2.1: Berechnung des Rippenwirkungsgrads für $\alpha_a = 40\ W/m^2K$

$d_K = 20$ mm	$d_R = 40$ mm	$F_a = 0{,}55\ m^2/m$
$b_R = 0{,}3$ mm	$\lambda_R = 50$ W/mK	$d_i = 16$ mm
$h_R = 10$ mm	$F_K = 0{,}07\ m^2/m$	$F_R = 0{,}48\ m^2/m$

$$X = 0{,}01 \cdot \sqrt{\frac{2 \cdot 40}{0{,}0003 \cdot 50}} = 0{,}7303$$

Korrektur für Kreisrippenrohre:

$$X_{KR} = 0{,}7303 \cdot \left(1 + 0{,}35 \cdot \ln \frac{40}{20}\right) = 0{,}9075$$

$$\eta_R = \frac{\tanh X}{X} = \frac{0{,}7199}{0{,}9075} = 0{,}7933$$

$$\eta_W = \frac{0{,}7933 \cdot 0{,}48 + 0{,}07}{0{,}55} = 0{,}82$$

Beispiel 12.3.2.2: Berechnung des Rippenwirkungsgrads für $\alpha_a = 300\ W/m^2K$

Gleiche Daten wie in Beispiel 1, aber $\alpha_a = 300\ W/m^2K$

$$X = 0{,}01 \cdot \sqrt{\frac{2 \cdot 300}{0{,}0003 \cdot 50}} = 2$$

$$X_{KR} = 2{,}48$$

$$\eta_R = 0{,}3968$$

$$\eta_W = \frac{0{,}3968 \cdot 0{,}48 + 0{,}07}{0{,}55} = 0{,}4736$$

Beispiel 12.3.2.3: Berechnung des Rippenwirkungsgrads für $\alpha_a = 1000\ W/m^2K$

Gleiche Daten wie in Beispiel 1, aber $\alpha_a = 1000\ W/m^2K$

$$X = 0{,}01 \cdot \sqrt{\frac{2 \cdot 1000}{0{,}0003 \cdot 50}} = 3{,}65$$

$$X_{KR} = 4{,}5373$$

$$\eta_R = 0{,}22$$

$$\eta_W = 0{,}32$$

12.3.3 Berechnung der Wärmedurchgangszahl k_i für die Innenrohroberfläche F_i ohne Verschmutzung

$$\frac{1}{k_i} = \frac{1}{\alpha_{ai}} + \frac{1}{\alpha_i} + \frac{s}{\lambda_W}$$

$$\alpha_{ai} = \alpha_a \cdot \eta_W \cdot \frac{F_a}{F_i} = \frac{\alpha_a}{F_i} \cdot (\eta_R \cdot F_R + F_K) \quad [W/m^2K]$$

$$q_i = k_i \cdot F_i \cdot \Delta t \quad [W]$$

α_a = Äußere Wärmeübergangszahl $[W/m^2K]$
α_{ai} = Äußere Wärmeübergangszahl bezogen auf die Innenrohroberfläche $[W/m^2K]$
α_i = Innere Wärmeübergangszahl $[W/m^2K]$
λ_W = Wärmeleitzahl des Kernrohrs [W/m K]
s = Rohrwandstärke des Kernrohrs [m]
Δt = Treibendes Temperaturgefälle [K]
q_i = Wärmeleistung bezogen auf die Innenrohroberfläche [W]

Beispiel 12.3.3.1: Berechnung der Wärmedurchgangszahl k_i und der Wärmeleistung q_i bezogen auf die Rohrinnenoberfläche pro m Rohr

$\alpha_i = 3000\ W/m^2K$ $s = 2\ mm$ $\lambda_W = 50\ W/m\,K$ $\Delta t = 30\ K$
$F_i = 0{,}05\ m^2/m$ $F_a = 0{,}55\ m^2/m$ $F_a / F_i = 11$

a) $\alpha_a = 40\ W/m^2K$ $\eta_R = 0{,}7933$ $\eta_W = 0{,}82$

$$\alpha_{ai} = \alpha_a \cdot \eta_W \cdot \frac{F_a}{F_i} = 40 \cdot 0{,}82 \cdot 11 = 360\ W/m^2K$$

$$\alpha_{ai} = \frac{\alpha_a}{F_i} \cdot (\eta_R \cdot F_R + F_K) = \frac{40}{0{,}05} \cdot (0{,}7933 \cdot 0{,}48 + 0{,}07) = 360\ W/m^2K$$

$$\frac{1}{k_i} = \frac{1}{360} + \frac{1}{3000} + \frac{0{,}002}{50} = 0{,}0032$$

$$k_i = 317\ W/m^2K$$

$$q_i = k_i \cdot F_i \cdot \Delta t = 317 \cdot 0{,}05 \cdot 30 = 475{,}5\ W/m\ Rohr$$

b) $\alpha_a = 300\ W/m^2K$ $\quad\eta_W = 0{,}4736$

$\alpha_{ai} = 300 \cdot 0{,}4736 \cdot 11 = 1563\ W/m^2K$

$$\frac{1}{k_i} = \frac{1}{1563} + \frac{1}{3000} + \frac{0{,}002}{50} = 0{,}001 \qquad k_i = 987\ W/m^2K$$

$q_i = 987 \cdot 30 \cdot 0{,}05 = 1480{,}5$ W/m Rohr

c) $\alpha_a = 1000\ W/m^2K$ $\quad\eta_W = 0{,}32$

$\alpha_{ai} = 1000 \cdot 0{,}32 \cdot 11 = 3520\ W/m^2K$

$$\frac{1}{k_i} = \frac{1}{3520} + \frac{1}{3000} + \frac{0{,}002}{50} = 0{,}0007 \qquad k_i = 1521\ W/m^2K$$

$q_i = 1521 \cdot 30 \cdot 0{,}05 = 2281{,}5$ W/m Rohr

12.3.4 Berechnung der Wärmedurchgangszahl k_a bezogen auf die Außenrohroberfläche F_a ohne Verschmutzung

$$\frac{1}{k_a} = \frac{1}{\alpha_{aW}} + \frac{F_a}{F_i} \cdot \left(\frac{s}{\lambda} + \frac{1}{\alpha_i}\right)$$

$$\alpha_{aW} = \alpha_a \cdot \left(1 - (1 - \eta_R) \cdot \frac{F_R}{F_a}\right) = \frac{\alpha_a}{F_a} \cdot (\eta_R \cdot F_R + F_K) = \alpha_a \cdot \eta_W$$

$q_a = k_a \cdot F_a \cdot \Delta t \quad [W]$

α_a = äußere Wärmeübergangszahl [W/m²K]

α_{aW} = gewogene, äußere Wärmeübergangszahl unter Berücksichtigung des Rippenwirkungsgrads für die Rippenoberfläche

q_a = Wärmeleistung bezogen auf die Außenrohroberfläche [W]

$$k_a = k_i \cdot \frac{F_i}{F_a} \qquad k_i = k_a \cdot \frac{F_a}{F_i}$$

Beispiel 12.3.4.1: Berechnung der Wärmedurchgangszahl k_a und der Wärmeleistung q_a bezogen auf die Außenrohroberfläche pro m Rohr

Daten wie in Beispiel 12.3.3.1

a) $\alpha_a = 40$ W/m²K $\quad$ **$\eta_R = 0,7933$**

$$\alpha_{aW} = 40 \cdot \left(1 - (1 - 0,7933) \cdot \frac{0,48}{0,55}\right) = 32,8 \text{ W/m}^2\text{K}$$

$$\frac{1}{k_a} = \frac{1}{32,8} + \frac{0,55}{0,05} \cdot \left(\frac{0,002}{50} + \frac{1}{3000}\right) = 0,0346$$

$k_a = 28,82$ W/m²K $\qquad$ $F_a = 0,55$ m²/m Rohr

$q_a = 28,82 \cdot 30 \cdot 0,55 = 475,5$ W/m Rohr

Umrechnung: $\quad k_i = k_a \cdot F_a / F_i = 28,82 \cdot 11 = 317$ W/m²K

$q_i = 317 \cdot 30 \cdot 0,05 = 475,5$ W/m Rohr

b) $\alpha_a = 300$ W/m²K $\quad$ **$\eta_R = 0,3963$**

$$\alpha_{aW} = 300 \cdot \left(1 - (1 - 0,3963) \cdot \frac{0,48}{0,55}\right) = 141,9 \text{ W/m}^2\text{K}$$

$$\frac{1}{k_a} = \frac{1}{141,9} + \frac{0,55}{0,05} \cdot \left(\frac{0,002}{50} + \frac{1}{3000}\right) = 0,0112$$

$k_a = 89,72$ W/m²K

$q_a = 89,72 \cdot 30 \cdot 0,55 = 1480,4$ W/m Rohr

Umrechnung: $\quad k_i = 89,72 \cdot 11 = 986,9$ W/m²K

$q_i = 986,9 \cdot 30 \cdot 0,05 = 1480,35$ W/m Rohr

12.3.5 Berechnung der Wärmedurchgangszahl k_a bezogen auf die berippte Außenoberfläche F_a unter Berücksichtigung der Verschmutzungsbeiwerte r_a und r_i

$$\frac{1}{k_a} = \frac{\frac{1}{\alpha_a} + r_a}{\eta_W} + \frac{F_a}{F_i} \cdot \left(\frac{1}{\alpha_i} + r_i + \frac{s_W}{\lambda_W} \right)$$

$$\frac{1}{k_a} = \frac{1}{\alpha_{aW}} + \frac{r_a}{\eta_W} + \frac{F_a}{F_i} \cdot \left(\frac{1}{\alpha_i} + \frac{s_W}{\lambda_W} + r_i \right)$$

$$q_a = k_a \cdot F_a \cdot \Delta t$$

Beispiel 12.3.5.1: Berechnung der Wärmedurchgangszahl k_a

$\alpha_a = 800\ W/m^2K$	$\alpha_i = 6000\ W/m^2K$	$F_a = 0{,}207\ m^2/m$	$F_a / F_i = 3{,}27$
$\eta_W = 0{,}9368$	$r_a = r_i = 0{,}00015$	$s_W = 1\ mm$	$\lambda_W = 50\ W/mK$
$\Delta t = 25\ K$			

$$\alpha_{aW} = \alpha_a \cdot \eta_W = 800 \cdot 0{,}9368 = 749{,}4\ W/m^2K$$

$$\frac{1}{k_a} = \frac{1}{749{,}4} + \frac{0{,}00015}{0{,}9368} + 3{,}27 \cdot \left(\frac{1}{6000} + \frac{0{,}001}{50} + 0{,}00015 \right) = 0{,}0026$$

$$k_a = 385{,}3\ W/m^2K$$

$$q_a = k_a \cdot F_a \cdot \Delta t = 385{,}3 \cdot 0{,}207 \cdot 25 = 1994\ W/m\ Rohr$$

12.3.6 Berechnung der Wärmedurchgangszahl k_i für die Innenrohroberfläche F_i unter Berücksichtigung der Verschmutzungsbeiwerte r_a und r_i

$$\frac{1}{k_i} = \frac{1}{\alpha_{ai}} + \left(\frac{r_a}{\eta_W} \cdot \frac{F_i}{F_a} \right) + \frac{1}{\alpha_i} + r_i + \frac{s_W}{\lambda_W}$$

$$q_i = k_i \cdot F_i \cdot \Delta t$$

Beispiel 12.3.6.1: Berechnung von k_i

Daten wie in Beispiel 12.3.5.1

$$\alpha_{ai} = \alpha_a \cdot \eta_W \cdot \frac{F_a}{F_i} = 800 \cdot 0{,}9368 \cdot 3{,}27 = 2450{,}6\ W/m^2K$$

$$\frac{1}{k_i} = \frac{1}{2450{,}6} + \left(\frac{0{,}00015}{0{,}9368} \cdot \frac{1}{3{,}27}\right) + \frac{1}{6000} + 0{,}00015 + \frac{0{,}001}{50} = 0{,}0008$$

$k_i = 1259{,}9\ \text{W/m}^2\text{K}$

$q_i = k_i \cdot F_i \cdot \Delta t = 1259{,}9 \cdot 0{,}0633 \cdot 25 = 1994$ W/m Rohr

Umrechnung: $k_a = k_i \cdot \frac{F_i}{F_a} = 1259{,}9 \cdot \frac{1}{3{,}27} = 385{,}3\ \text{W/m}^2\text{K}$

12.3.7 Verschmutzung und Temperaturgradient

Ein weiterer Vorteil der Rippenrohre ist der geringere Temperaturabfall durch Verschmutzungen auf der vergrößerten Außenrohroberfläche F_a. Die Verschmutzung wirkt sich nicht so stark aus wie bei Glattrohren.

$\Delta t_{r_a} = r_a \cdot \frac{q}{F_a}$ [K] $\qquad \Delta t_{r_i} = r_i \cdot \frac{q}{F_i}$ [K]

Δt_{r_a} = Temperaturabfall durch Verschmutzung auf F_a
Δt_{r_i} = Temperaturabfall durch Verschmutzung auf F_i
q = Wärmestromdichte (W/m Rohr)

Da die Rippenrohroberfläche viel größer ist als die Innenrohroberfläche, wirkt sich die Verschmutzung außen deutlich geringer aus.

Beispiel 12.3.7.1: Berechnung des Temperaturabfalls durch Verschmutzung

$F_a = 0{,}207\ \text{m}^2/\text{m}$ $\qquad F_i = 0{,}0638\ \text{m}^2/\text{m}$

$r_a = r_i = 0{,}0002$ $\qquad k_a = 531\ \text{W/m}^2\text{K}$ $\qquad \Delta t = 25$ K

$q = k_a \cdot F_a \cdot \Delta t = 531 \cdot 0{,}207 \cdot 25 = 2748$ W/m Rohr

$\Delta t_{r_a} = 0{,}0002 \cdot \frac{2748}{0{,}207} = 2{,}6$ K $\qquad \Delta t_{r_i} = 0{,}0002 \cdot \frac{2748}{0{,}0638} = 8{,}6$ K

Der Temperaturabfall auf der großen Außenoberfläche ist viel kleiner!

Durch die größere Außenoberfläche wird auch der Temperaturgradient auf der Außenseite reduziert. Die Temperaturdifferenz zwischen der Wand und dem Medium ist kleiner, so dass eine schonendere Beheizung mit geringerem Δt möglich ist oder bei hohen Temperaturen auf der Rohraußenseite der Werkstoff geschont wird.

Beispiel 12.3.7.2: Berechnung der Temperaturgradienten für Glattrohr und Rippenrohr

$Q = 500\ \text{kW}$ $\alpha_a = 800\ \text{W/m}^2\text{K}$ $\alpha_i = 6000\ \text{W/m}^2\text{K}$

$r_a = r_i = 0{,}00015$ $s_W = 1\ \text{mm}$ $\lambda_W = 50\ \text{W/m K}$

a) Glattrohr 25 x 1

$F_a = 0{,}07854\ \text{m}^2/\text{m}$ $F_a / F_i = 1{,}087$

$$\frac{1}{k_a} = \frac{1}{800} + 0{,}00015 + \frac{0{,}001}{50} + 1{,}087 \cdot \left(\frac{1}{6000} + 0{,}00015\right)$$

$k_a = 566{,}8\ \text{W/m}^2\text{K}$ $q = 566{,}8 \cdot 25 = 14170\ \text{W/m}^2$

$$\Delta t_{\alpha_a} = \frac{14170}{800} = 17{,}71\ \text{K}$$

$$\Delta t_{r_a} = 0{,}00015 \cdot 14170 = 2{,}13\ \text{K}$$

$$\Delta t_{\alpha_i} = \frac{14170}{6000} \cdot 1{,}087 = 2{,}57\ \text{K}$$

$$\Delta t_{r_i} = 0{,}00015 \cdot 14170 \cdot 1{,}087 = 2{,}31\ \text{K}$$

$$\Delta t_L = \frac{0{,}001}{50} \cdot 14170 = 0{,}28\ \text{K}$$

b) Rippenrohr Trufin S/T

$F_a = 0{,}207\ \text{m}^2/\text{m}$ $F_a / F_i = 3{,}27$ $\eta_W = 0{,}9368$

$$\frac{1}{k_a} = \frac{\frac{1}{800} + 0{,}00015}{0{,}9368} + 3{,}27 \cdot \left(\frac{1}{6000} + 0{,}00015 + \frac{0{,}001}{50}\right)$$

$k_a = 385{,}3\ \text{W/m}^2\text{K}$ $q = 385{,}3 \cdot 25 = 9632{,}5\ \text{W/m}^2$

$$\Delta t_{\alpha_a} = \frac{9632{,}5}{0{,}9368 \cdot 800} = 12{,}85\ \text{K}$$

$$\Delta t_{r_a} = \frac{0{,}00015 \cdot 9632{,}5}{0{,}9368} = 1{,}55\ \text{K}$$

$$\Delta t_{\alpha_i} = \frac{9632{,}5}{6000} \cdot 3{,}27 = 5{,}25\ \text{K}$$

$$\Delta t_{r_i} = 0{,}00015 \cdot 9632{,}5 \cdot 3{,}27 = 4{,}72\ \text{K}$$

$$\Delta t_L = \frac{0{,}001}{50} \cdot 3{,}27 \cdot 9632{,}5 = 0{,}63\ \text{K}$$

Δt_{α_a} = Temperaturgradient für α_a [K]
Δt_{α_i} = Temperaturgradient für α_i [K]
Δt_{r_a} = Temperaturgradient für die äußere Verschmutzung r_a [K]
Δt_{r_i} = Temperaturgradient für die innere Verschmutzung r_i [K]
Δt_L = Temperaturgradient für die Wärmeleitung durch die Wand [K]

12.3.8 Vergleich der Wärmeleistungen $k_i \cdot F_i$ [W/m K] verschiedener Rohre

In **Bild 12.3.8.1** sind die Wärmeleistungen pro m Rohr von verschiedenen Rohren in Abhängigkeit von der äußeren Wärmeübergangszahl dargestellt. Die Kurven gelten für eine Wärmeübergangszahl von 3000 W/m²K im Rohr.

- Glattrohre 25 x 2 aus Stahl, $F_a / F_i = 1{,}19$
- Niedrig berippte Trufinrohre 22,2 x 1,65 mit 1,5 mm Rippenhöhe aus Stahl, $F_a / F_i = 3{,}6$
- Hochberippte Applifin-Rohre 20 x 2 mit 10 mm Rippenhöhe, $F_a / F_i = 11$

F_a / F_i = Flächenverhältnis der äußeren zur inneren Oberfläche der Rohre

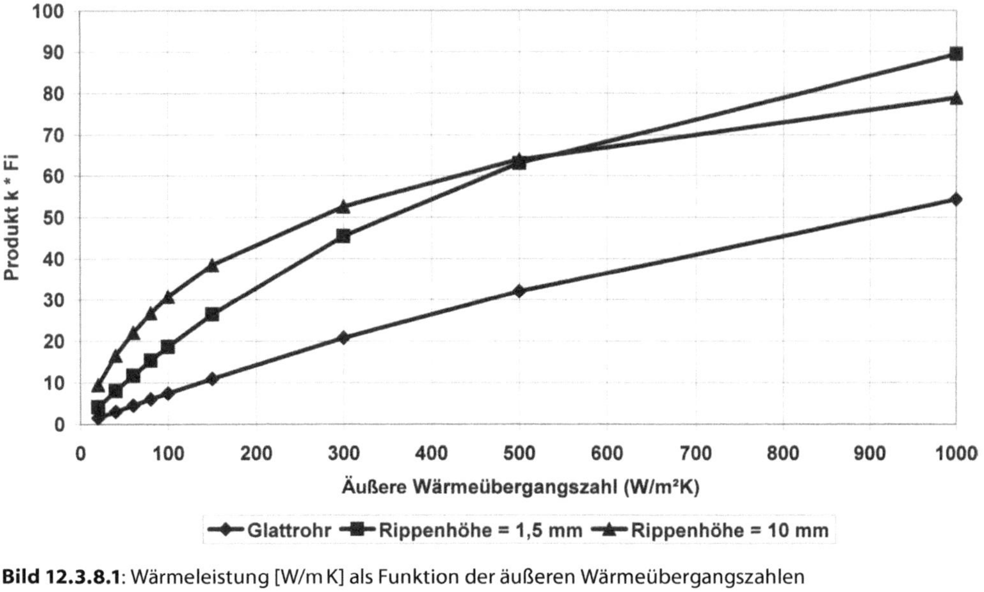

Bild 12.3.8.1: Wärmeleistung [W/m K] als Funktion der äußeren Wärmeübergangszahlen

Es ist deutlich zu erkennen, dass sich durch die Berippung die Wärmeleistung steigern lässt. Man erkennt den Vorteil der hochberippten Rohre im Bereich niedriger äußerer Wärmeübergangskoeffizienten und die Möglichkeiten zur Leistungssteigerung durch die Verwendung von niedrig berippten Rohre im Bereich höherer äußerer Wärmeübergangszahlen.

12.4 Anwendungsbeispiele

Aus den bisherigen Ausführungen geht hervor, dass Rippenrohre bevorzugt dann zum Einsatz kommen, wenn durch eine große Oberfläche eine niedrige Wärmeübergangszahl kompensiert werden soll.

Aus den folgenden durchgerechneten Beispielen ergibt sich die bevorzugte Anwendung der verschiedenen Rippenrohrtypen für bestimmte Aufgaben:

- Aus Beispiel 12.4.1 ergeben sich die Vorteile von niedrigberippten Rohren für Heizbündel zur Verdampfung, wenn niedrige Bauhöhen und geringe Bündelbreiten angestrebt werden.
- Das Beispiel 12.4.2 verdeutlicht die Vorzüge von Längsrippenrohren für Heizschlangen zur Beheizung von Lagerbehältern, weil der Wärmeübergang durch Eigenkonvektion sehr schlecht ist.
- Aus Beispiel 12.4.3 geht hervor, wie gut sich hochberippte Querrippenrohre zur Gaskühlung oder -heizung eignen.
- In Beispiel 12.4.4 wird gezeigt, dass sich Doppelrohr- und Multitubewärmetauscher mit Rippenrohren gut für zähflüssige und gasförmige Medien eignen, weil auf kleinem Raum große Leistungen möglich sind.

Beispiel 12.4.1: Verdampfer-Heizbündel für eine Destillationsanlage ohne Berücksichtigung der Verschmutzung und des Wärmeleitwiderstands der Rohrwand

$Q = 500$ kW $\alpha_i = 6000\ \text{W/m}^2\text{K}$ $\alpha_a = 800\ \text{W/m}^2\text{K}$ $\Delta t = 25$ K

a) mit Glattrohren 25 x 1

$L = 4$ m $F_a = 0{,}0785\ \text{m}^2/\text{m}$

$$\frac{1}{k_a} = \frac{1}{6000} \cdot \frac{25}{23} + \frac{1}{800} \qquad k_a = 699\ \text{W/m}^2\text{K}$$

$$F_{a_{erf}} = \frac{Q}{k \cdot \Delta t} = \frac{500000}{699 \cdot 25} = 28{,}6\ \text{m}^2 = 364\ \text{m Rohr DN 25}$$

Anordnung: 91 Rohre, 4 m lang, Teilung 32 mm
Bündelbreite $B = 90 \cdot 32 + 25 = 2905$ mm

b) Mit niedrigberippten Trufinrohren S/T 60-197042

$d_a = 25{,}4$ mm $h_R = 1{,}5$ mm $b_R = 0{,}3$ mm $\lambda_R = 50$ W/mK

$F_a = 0{,}207$ m²/m $F_a / F_i = 3{,}27$ $d_R / d_K = 1{,}135$

$X = 0{,}4898$ $X_{KR} = 0{,}5116$ $\eta_R = 0{,}921$ $\eta_W = 0{,}9368$

$\alpha_{aW} = 0{,}9368 \cdot 800 = 749{,}4 \text{ W/m}^2\text{K}$

$$\frac{1}{k_a} = \frac{1}{749{,}4} + \frac{1}{6000} \cdot 3{,}27 \qquad k_a = 532 \text{ W/m}^2\text{K}$$

$$F_{a_{erf}} = \frac{500000}{532 \cdot 25} = 37{,}6 \text{ m}^2 = 182 \text{ m Rohr DN 25}$$

Anordnung: 46 Rohre, 4 m lang, Teilung 32 mm

Bündelbreite B = 45 · 32 + 25,4 = 1465,4 mm

c) Längsrippenrohre, $d_K = 25{,}4$ mm, mit 20 Längsrippen 12,7 mm hoch

$b_R = 0{,}81$ mm $F_a = 0{,}5869$ m²/m $F_a/F_i = 8{,}838$

$X = 2{,}52$ $\eta_R = 0{,}391$ $\eta_W = 0{,}4559$ $\alpha_{aW} = 364{,}7$ W/m²K

$$\frac{1}{k_a} = \frac{1}{364{,}7} + \frac{1}{6000} \cdot 8{,}838 \quad k_a = 237 \text{ W/m}^2\text{K}$$

$$F_{a_{erf}} = \frac{500000}{237 \cdot 25} = 84{,}4 \text{ m}^2 = 144 \text{ m Rohr}$$

Anordnung: 36 Rohre, 4 m lang, Teilung 66 mm

Bündelbreite B = 35 · 66 + 50,8 = 2360,8 mm

Fazit: Das kleinste Bündel ergibt sich beim Einsatz von niedrigberippten Rohren!

Beispiel 12.4.2: Heizbündel für die Beheizung eines Produkts in einem Tank mit 10 m Durchmesser ohne Berücksichtigung der Verschmutzung und des Wärmeleitwiderstandes der Rohrwand

$Q = 200$ kW $\alpha_i = 6000$ W/m²K $\alpha_a = 50$ W/m²K $\Delta t = 50$ K

Rohrdaten wie in Beispiel 12.4.1

a) Mit Glattrohren 25 x 1

$F_a = 0{,}0785\ m^2$

$$\frac{1}{k_a} = \frac{1}{6000} \cdot \frac{25}{23} + \frac{1}{50} \qquad k_a = 49{,}5\ W/m^2K$$

$$F_{a_{erf}} = \frac{200000}{49{,}5 \cdot 50} = 80{,}8\ m^2 = 1029\ m\ \text{Rohr DN 25}$$

Anordnung: 128 Rohre, 8 m lang, einlagig

b) Mit Trufin-Rippenrohren

$F_a = 0{,}207\ m^2/m$

$X = 0{,}122$ $X_{KR} = 0{,}1279$ $\eta_R = 0{,}9945$ $\eta_W = 0{,}9957$

$\alpha_{aW} = 0{,}9957 \cdot 50 = 49{,}8\ W/m^2K$

$$\frac{1}{k_a} = \frac{1}{49{,}8} + \frac{1}{6000} \cdot 3{,}27 \qquad k_a = 48{,}5\ W/m^2K$$

$$F_{a_{erf}} = \frac{200000}{48{,}5 \cdot 50} = 82{,}5\ m^2 = 398\ m\ \text{Rohr}$$

Anordnung: 50 Rohre, 8 m lang, einlagig

c) Mit Längsrippenrohren

$d_K = 25.4\ mm$ $h_R = 12{,}7\ mm$ $F_a = 0{,}5869\ m^2/m$

$$X = 0{,}0127 \cdot \sqrt{\frac{2 \cdot 50}{0{,}0008 \cdot 50}} = 0{,}631$$

$\eta_R = 0{,}885$ $\eta_W = 0{,}897$ $\alpha_{aW} = 0{,}897 \cdot 50 = 44{,}85\ W/m^2K$

$$\frac{1}{k_a} = \frac{1}{44{,}85} + 8{,}838 \cdot \frac{1}{6000} \qquad k_a = 42\ W/m^2K$$

$$F_{a_{erf}} = \frac{200000}{42 \cdot 50} = 95{,}2\ m^2 = 162\ m\ \text{Rohr}$$

Anordnung: 20 Rohre, 8 m lang, einlagig

Empfehlung: Heizbündel aus Längsrippenrohren

Beispiel 12.4.3: Gaskühlung mit Kühlwasser in den Rohren ($\alpha_i = 5000\ W/m^2K$)

Gasmenge $V_M = 904\,000\ m^3/h$ $Q = 8$ Mio W $\Delta t = 40\ K$

Zulässiger Druckverlust = 3,8 mbar
Zulässige Bündelbreite = 6 m

Stoffdaten des Gases: $\rho = 0{,}885\ kg/m^3$ $\lambda = 0{,}0332\ W/mK$
$\nu = 25\ mm^2/s$ $Pr = 0{,}68$

a) Mit Glattrohren 38 x 3,6 ohne Verschmutzung

Abschätzung der erforderlichen Fläche mit $k = 90\ W/m^2K$:

$$A = \frac{Q}{k \cdot \Delta t} = \frac{8 \cdot 10^6}{90 \cdot 40} = 2222\ m^2$$

$L_{erf} = 19000\ m = 3166$ Rohre mit $L = 6\ m$

Wegen des geringen zulässigen Druckverlustes wird eine fluchtende Anordnung mit $s_q = s_l = 2 \cdot d_a = 76\ mm$ gewählt.

s_q = Querteilung der Rohre s_l = Längsteilung der Rohre

100 Rohre übereinander, 6 m lang, 36 Rohrreihen hintereinander, fluchtend
Gesamtrohrlänge = $100 \cdot 36 \cdot 6 = 21600\ m$
Gesamtoberfläche = $2578\ m^2$ Bündelhöhe = 7,6 m
Bündelquerschnittsfläche $F_{Bündel} = 6 \cdot 7{,}6 = 45{,}6\ m^2$ (Breite · Höhe)

Freie Strömungsquerschnittsfläche $F_{Strömung}$ durch das Rohrbündel:

$$F_{Strömung} = \frac{s_q - d_a}{s_q} \cdot H \cdot L = \frac{76 - 38}{76} \cdot 7{,}6 \cdot 6 = 22{,}8\ m^2$$

$$w_{Str} = \frac{904000}{22{,}8 \cdot 3600} = 11\ m/s$$

$$Re = \frac{w \cdot d_a}{\nu} = \frac{11 \cdot 0{,}038}{25 \cdot 10^{-6}} = 16720$$

Druckverlustberechnung nach Jakob:

$\zeta = 0{,}189$

$$\Delta P = \frac{w^2 \cdot \rho}{2} \cdot n_R \cdot \zeta = \frac{11^2 \cdot 0{,}88}{2} \cdot 36 \cdot 0{,}189 = 362\ Pa$$

Wärmeübergangsberechnung nach Grimison:

$Nu = 0{,}229 \cdot 16720^{0{,}632} \cdot 1 = 106{,}8$

$$\alpha = \frac{106{,}8 \cdot 0{,}0332}{0{,}038} = 93{,}3\ \text{W/m}^2\text{K}$$

Berechnung der Wärmedurchgangszahl für Dampfbeheizung mit $\alpha_i = 5000$ W/m² K

$$\alpha_{ia} = 5000 \cdot \frac{30{,}8}{38} = 4428\ \text{W/m}^2\text{K}$$

$$\frac{1}{k_a} = \frac{1}{4428} + \frac{1}{93{,}3} + \frac{0{,}0036}{50} = 0{,}0011 \qquad k = 90{,}7\ \text{W/m}^2\text{K}$$

Wärmeleistung Q

$Q = k \cdot A \cdot \Delta t = 90{,}7 \cdot 2578 \cdot 40 = 9{,}35$ W

Geforderte Wärmeleistung $Q_{erf} = 8$ Mio W Verschmutzungsreserve: 16,9 %

Bündelabmessungen: Höhe = 7,6 m Breite = 6 m Tiefe = 2,7 m

b) Mit Rippenrohren Applifin 95725 ohne Verschmutzung

äußere Oberfläche: 1,5 m²/m $d_k = 25{,}4$ mm $d_R = 57{,}2$ mm

Querteilung $s_q = 57{,}2$ mm Längsteilung $s_l = 49{,}5$ mm, versetzt

Anordnung: 153 Rohre übereinander, 6 m lang, 5 Reihen hintereinander

Gesamtrohrlänge $L = 153 \cdot 6 \cdot 5 = 4590$ m Rohr

Gesamtoberfläche $A = 6885$ m²

$F_{bündel} = 7{,}6 \cdot 6 = 45{,}6$ m² $f_{proj} = 0{,}03$ m²/m Rohr

$F_{strömung} = 45{,}6 \cdot 6 \cdot 0{,}03 = 18$ m²

$$w = \frac{904000}{3600 \cdot 18} = 13{,}95\ \text{m/s} \qquad Re = \frac{13{,}95 \cdot 0{,}0254}{25 \cdot 10^{-6}} = 14174$$

Druckverlustberechnung mit $\zeta = 0{,}8$ aus Firmenangaben

$$\Delta P = \frac{13{,}95^2 \cdot 0{,}88}{2} \cdot 5 \cdot 0{,}8 = 343\ \text{Pa}$$

Berechnung der Wärmeübergangszahl nach Firmenangaben:

$$\frac{Nu}{Pr^{1/3}} = 0{,}37 \cdot Re^{0{,}553} \cdot f_R = 0{,}37 \cdot 14174^{0{,}553} \cdot 1 = 73{,}1$$

$$Nu = 73{,}1 \cdot 0{,}68^{0{,}33} = 64{,}4$$

$$\alpha_a = \frac{64{,}4 \cdot 0{,}0332}{0{,}0254} = 84{,}2\ W/m^2K$$

Berechnung des Rippenwirkungsgrads:

$$X = 0{,}0159 \cdot \sqrt{\frac{2 \cdot 84{,}2}{50 \cdot 0{,}0004}} = 1{,}459 \qquad X_{KR} = 1{,}8735 \qquad \eta_R = 0{,}5092$$

$$\eta_W = \frac{0{,}5092 \cdot 1{,}46 + 0{,}04}{1{,}5} = 0{,}5222$$

$$\alpha_W = 0{,}5222 \cdot 84{,}2 = 44\ W/m^2K$$

Berechnung der Wärmedurchgangszahl:

$\alpha_i = 4000\ W/m^2K$ $\qquad$ $\alpha_W = 44\ W/m^2K$ = wirksamer α-Wert

$$\frac{1}{k} = \frac{1}{44} + 23{,}5 \cdot \left(\frac{0{,}0025}{50} + \frac{1}{4000}\right) = 0{,}0298 \qquad k = 33{,}6\ W/m^2K$$

Wärmeleistung $Q = 33{,}6 \cdot 6885 \cdot 40 = 9{,}25$ Mio W

Geforderte Wärmeleistung $Q_{erf} = 8$ Mio W $\qquad$ Reserve: 15,7 %

Bündelabmessungen: $\qquad$ Höhe: 7,6 m $\qquad$ Breite: 6 m $\qquad$ Tiefe: 255,2 mm

Vergleich zwischen Glattrohr und Rippenrohr:

	Glattrohr	Rippenrohr
Höhe [m]	7,6	7,6
Breite [m]	6,0	6,0
Tiefe [m]	2,7	0,255
Rohrlänge [m]	21600	4590
Oberfläche [m²]	2578	6885

Fazit: Durch den Einsatz von Rippenrohren lässt sich die Rohrlänge von 21600 m auf 4590 m verkürzen und die Bündeltiefe von 2,7 m auf 0,26 m verringern.

Beispiel 12.4.4: Doppelrohr-Ölkühler mit einem Längsrippenrohr

Mantelrohr mit $D_i = 77{,}9$ mm Produkt: Öl

Innenrohr mit Längsrippen:

$d_a = 48{,}2$ mm, Rippenhöhe 12,7 mm, Oberfläche 0,76 m²/m,
Produkt: Kühlwasser

erforderliche Wärmeleistung $Q_{erf} = 7$ kW wirksames $\Delta t = 23$ °C

Mantelseite

Produktmenge $V_M = 3{,}5$ m³/h
Strömungsquerschnitt $F_M = 0{,}0026$ m²
Strömungsgeschwindigkeit $w_M = 0{,}374$ m/s $d_h = 10{,}4$ mm

Öldaten: $\rho = 846$ kg/m³ $c = 0{,}58$ Wh/kg K
$\lambda = 0{,}131$ W/m K $\nu = 19$ mm²/s

$$\text{Prandtlzahl } Pr = \frac{3600 \cdot 19 \cdot 10^{-6} \cdot 0{,}58 \cdot 846}{1{,}5} = 256$$

$$\text{Reynoldszahl } Re = \frac{0{,}374 \cdot 0{,}0104}{19 \cdot 10^{-6}} = 204{,}7 \quad \rightarrow \quad \text{laminare Strömung}$$

Berechnung der Wärmeübergangszahl

$$Nu = 1{,}86 \cdot \left(204{,}7 \cdot 256 \cdot \frac{0{,}0104}{6}\right)^{1/3} = 8{,}36$$

$$\alpha = \frac{8{,}36 \cdot 0{,}131}{0{,}0104} = 105 \text{ W/m}^2\text{K}$$

$$X = 0{,}0127 \cdot \sqrt{\frac{2 \cdot 105}{0{,}001 \cdot 50}} = 1{,}459 \qquad \eta_R = 0{,}822$$

$$\eta_W = \frac{0{,}822 \cdot 0{,}61 + 0{,}15}{0{,}76} = 0{,}857 \qquad \alpha_W = 0{,}857 \cdot 105 = 90 \text{ W/m}^2\text{K}$$

Rohrseite

3 m³/h Kühlwasser

$w_R = 0{,}54$ m/s $Pr = 6{,}94$ $\lambda = 0{,}604$ W/mK

$$Re = \frac{0{,}54 \cdot 0{,}0442}{1 \cdot 10^{-6}} = 23868$$

$$Nu = 0{,}023 \cdot 23868^{0{,}8} \cdot 6{,}94^{1/3} = 139{,}45$$

$$\alpha_R = \frac{139{,}45 \cdot 0{,}604}{0{,}0442} = 1905 \text{ W/m}^2\text{K}$$

Berechnung der Wärmedurchgangszahl k_a

$$\frac{1}{k} = \frac{1}{90} + \frac{0{,}0001}{0{,}857} + 5{,}5 \cdot \left(\frac{0{,}002}{59} + \frac{1}{1905} + 0{,}0001\right) \qquad k_a = 68{,}1 \text{ W/m}^2\text{K}$$

$$\text{erforderliche Fläche } A = \frac{7000}{23 \cdot 68{,}1} = 4{,}47 \text{ m}^2$$

$$\text{erforderliche Länge } L = \frac{4{,}47}{0{,}76} = 5{,}88 \text{ m}$$

Alternativberechnung für einen Multitube-Wärmetauscher mit Glattrohren

Manteldurchmesser D_i = 84 mm mit 7 Innenrohren 20 x 2

Mantelseite:

3,5 m³/h Öl

Strömungsquerschnitt $f_M = 0{,}0033$ m² $\qquad d_h = 0{,}0304$ m

Oberfläche = 0,4398 m²/m $\qquad w_M = 0{,}295$ m/s $\qquad Re = 471$

$$Nu = 1{,}86 \cdot \left(471 \cdot 256 \cdot \frac{0{,}0304}{6}\right)^{1/3} = 15{,}78$$

$$\alpha = \frac{15{,}78 \cdot 0{,}131}{0{,}0304} = 68 \text{ W/m}^2\text{K}$$

Rohrseite:

3 m³/h Kühlwasser $\qquad w_R = 0{,}59$ m/s $\qquad Re = 18009$

$Nu = 111{,}3$ $\qquad \alpha_R = 4202$ W/m²K $\qquad \alpha_{ia} = 3362$ W/m²K

Berechnung der Wärmedurchgangszahl k

$$\frac{1}{k} = \frac{1}{3362} + \frac{1}{68} + \frac{0{,}002}{50} + 0{,}0002 \qquad k = 65{,}6 \text{ W/m}^2\text{K}$$

$$\text{erforderliche Fläche } A = \frac{7000}{65{,}6 \cdot 23} = 4{,}64 \text{ m}^2$$

$$\text{erforderliche Länge } L = \frac{4{,}64}{0{,}4398} = 10{,}6 \text{ m}$$

13 Festigkeitsberechnungen von Wärmeaustauschern

Die gesamten Festigkeitsberechnungen für Rohrbündelwärmetauscher werden nach den AD-Merkblättern AD-B1 bis AD-B11 durchgeführt. Ausgelegt wird für die Druckbelastung auf der Rohr- und Mantelseite. Zusatzbeanspruchungen durch äußere Kräfte, z. B. Stutzenlasten und Auflagerkräfte, werden hierbei nicht berücksichtigt. Die Berechnungen für die einzelnen Bauteile werden wie folgt durchgeführt:

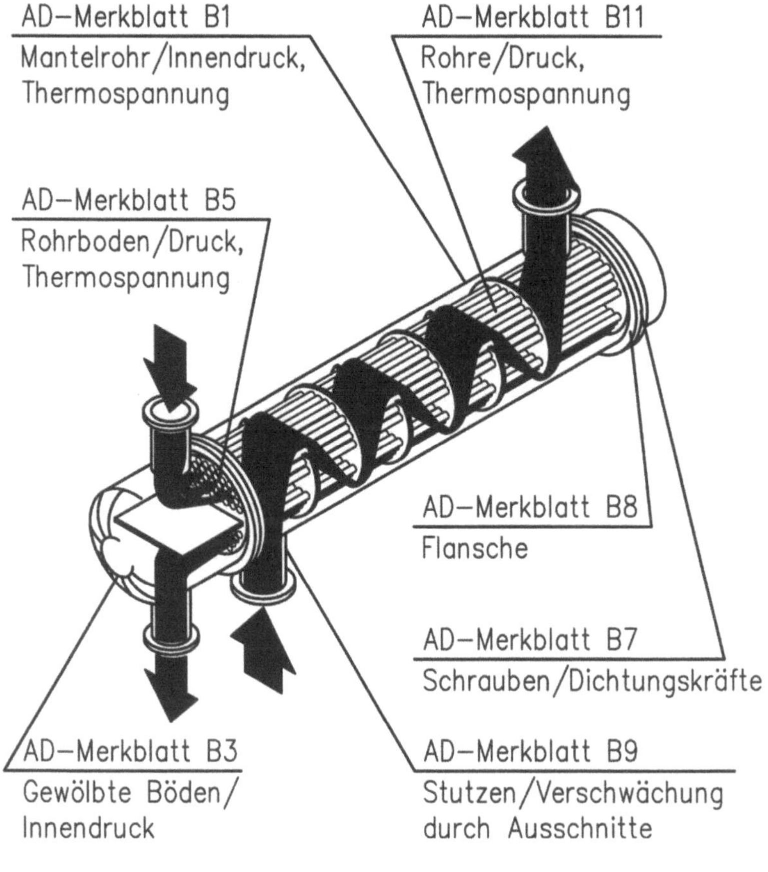

Bild 13.1:

13.1 Berechnung der Mantelwandstärke für Innendruckbelastung nach AD-Merkblatt B1

Der Berechnungsablauf ist in Beispiel 13.1.1 dargestellt. In die Formel müssen der Mantelaußendurchmesser D_a, der innere Überdruck p, der Festigkeitskennwert des Werkstoffs K für

Beispiel 13.1.1: Berechnung der Wandstärke s (Mantelrohr/Innendruck) nach AD-Merkblatt B1

Mantelaußendurchmesser $D_a = 508$ mm | Innendruck $p = 10$ bar

Festigkeitskennwert $K = 198$ N/mm^2 | Sicherheitsbeiwert $S = 1{,}5$

Schweißnahtfaktor $v = 0{,}85$

Wanddickenunterschreitung $c_1 = 0{,}4$ mm | Abnutzungszuschlag $c_2 = 1$ mm

$$s = \frac{D_a \cdot p}{20 \cdot \frac{K}{S} \cdot v + p} + c_1 + c_2 \quad [\text{mm}]$$

$$s = \frac{508 \cdot 10}{20 \cdot \frac{198}{1{,}5} \cdot 0{,}85 + 10} + 0{,}4 + 1 = 3{,}65 \text{ mm}$$

Gewählt: Mantelrohr 508 · 4 mm

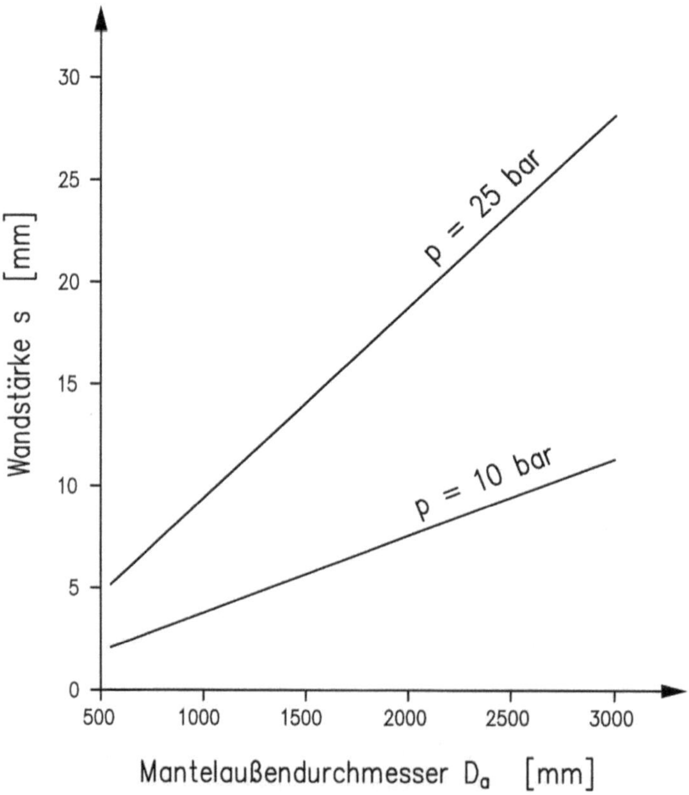

Bild 13.1.1: Wandstärke s in Abhängigkeit vom Mantelaußendurchmesser D_a; Festigkeitskennwert $K = 198$ N/mm^2 Sicherheitsbeiwert $S = 1{,}5$ Schweißnahtfaktor $v = 1$ Zuschläge $c_1 = 0$ und $c_2 = 0$

die maximal auftretende Temperatur, der Sicherheitsbeiwert S und der Schweißnahtfaktor v eingesetzt werden. Der Schweißnahtfaktor v liegt bei ca. 0,85, wenn der Mantel aus längsnahtgeschweißtem Blech besteht. Wird der Mantel aus nahtlosem Rohr gefertigt, kann v = 1 gesetzt werden. Der Zuschlag c_1 berücksichtigt die Toleranz des Mantelbleches. Diese liegt bei ca. 10 % der Blechstärke. Der Abnutzungszuschlag c_2 berücksichtigt die zu erwartende Korrosion. Für einen Mantel aus Edelstahlblech kann $c_2 = 0$ gesetzt werden. Ist der Mantel aus Stahl, muss für c_2 mindestens 1 mm eingesetzt werden.

Aus **Bild 13.1.1** ist zu entnehmen, dass die Mantelwandstärke proportional zum Mantelaußendurchmesser bei konstantem Innendruck zunimmt. Bei einem größeren Innendruck (25 bar) fällt der Anstieg stärker aus.

13.2 Berechnung der Wandstärke gewölbter Böden (Klöpper- oder Korbbogenböden) für Innendruckbelastung nach AD-Merkblatt B3

An den Wärmetauscherhauben werden vielfach Klöpperböden bzw. Korbbogenböden als Abschluss eingesetzt. Die Berechnung der Wandstärke wird in Beispiel 13.2.1 gezeigt. Neben den bereits aus der Mantelberechnung bekannten Größen taucht zusätzlich der Berechnungsbeiwert β auf. Dieser Wert wird grafisch aus dem AD-Merkblatt B3 Bild 7 bzw. 8 ermittelt.

Beispiel 13.2.1: Berechnung der Wandstärke s (gewölbte Böden/Innendruck) nach AD-Merkblatt B3

Bodenaußendurchmesser $D_a = 508$ mm — Innendruck p = 10 bar

Festigkeitskennwert $K = 198\ N/mm^2$ — Sicherheitsbeiwert S = 1,5

Schweißnahtfaktor v = 1 — Berechnungsbeiwert β = 3,15 (aus AD-B3 Bild 7)

Wanddickenunterschreitung $c_1 = 0{,}5$ mm — Abnutzungszuschlag $c_2 = 1$ mm

$$s = \frac{D_a \cdot p \cdot \beta}{40 \cdot \frac{K}{S} \cdot v} + c_1 + c_2 \quad [\text{mm}]$$

$$s = \frac{508 \cdot 10 \cdot 3{,}15}{40 \cdot \frac{198}{1{,}5} \cdot 1} + 0{,}5 + 1 = 4{,}53 \text{ mm}$$

Gewählt: Klöpperboden 508 · 5 mm

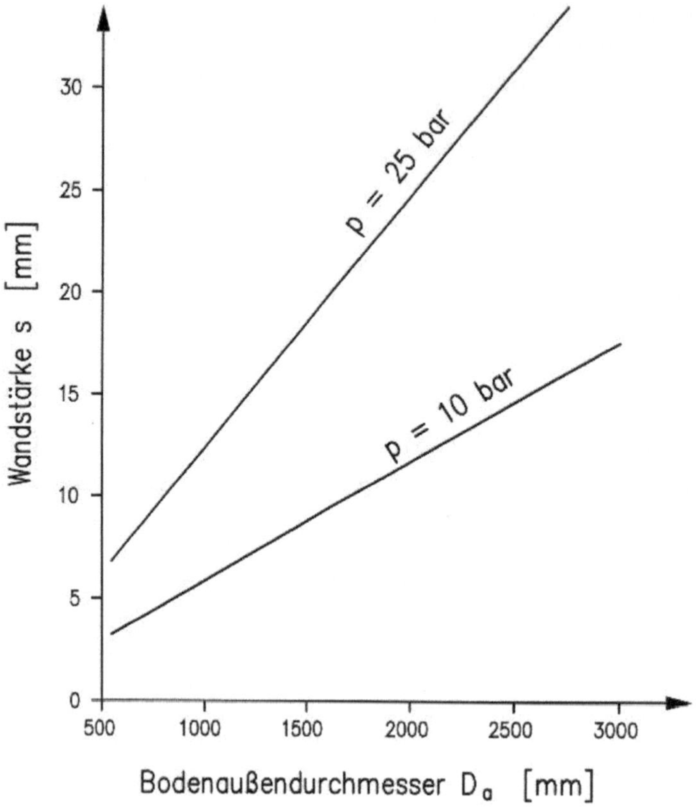

Bild 13.2.1: Wandstärke s in Abhängigkeit vom Bodenaußendurchmesser D_a; Festigkeitskennwert $K = 198\ N/mm^2$ Sicherheitsbeiwert S = 1,5 Schweißnahtfaktor v = 1 Zuschläge $c_1 = 0$ und $c_2 = 0$ gerechnet für Klöpperböden

Beispiel 13.2.2: Klöpperboden mit Ausschnitt im Bereich außerhalb $0{,}6 \cdot D_a$

Bodenaußendurchmesser $D_a = 508$ mm	Innendruck p = 10 bar
Festigkeitskennwert $K = 198\ N/mm^2$	Sicherheitsbeiwert S = 1,5
Schweißnahtfaktor v = 1	Stutzeninnendurchmesser $d_i = 100$ mm
Berechnungsbeiwert $\beta = 4{,}0$ (aus AD-B3 Bild 7)	
Wanddickenunterschreitung $c_1 = 0{,}6$ mm	Abnutzungszuschlag $c_2 = 1$ mm

$$s = \frac{508 \cdot 10 \cdot 4{,}0}{40 \cdot \frac{198}{1{,}5} \cdot 1} + 0{,}6 + 1 = 5{,}45\ \text{mm}$$

Gewählt: Klöpperboden 508 · 6 mm

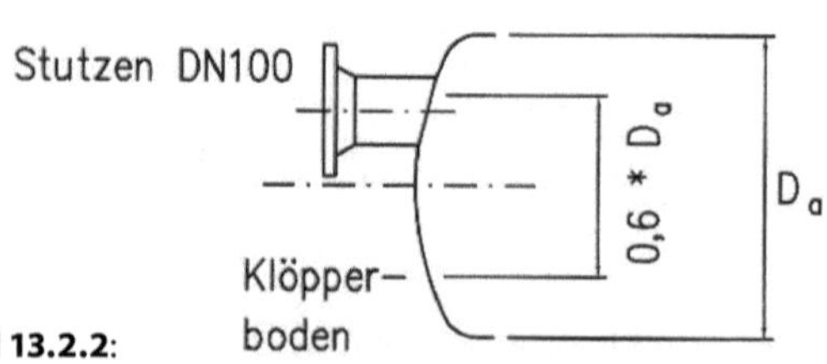

Bild 13.2.2:

Bild 13.2.3: Wandstärke s in Abhängigkeit vom Bodenaußendurchmesser D_a mit Stutzen im Klöpperboden ∅ 200 mm
Festigkeitskennwert $K = 198\ N/mm^2$
Sicherheitsbeiwert $S = 1{,}5$
Schweißnahtfaktor $v = 1$
Zuschläge $c_1 = 0$ und $c_2 = 0$

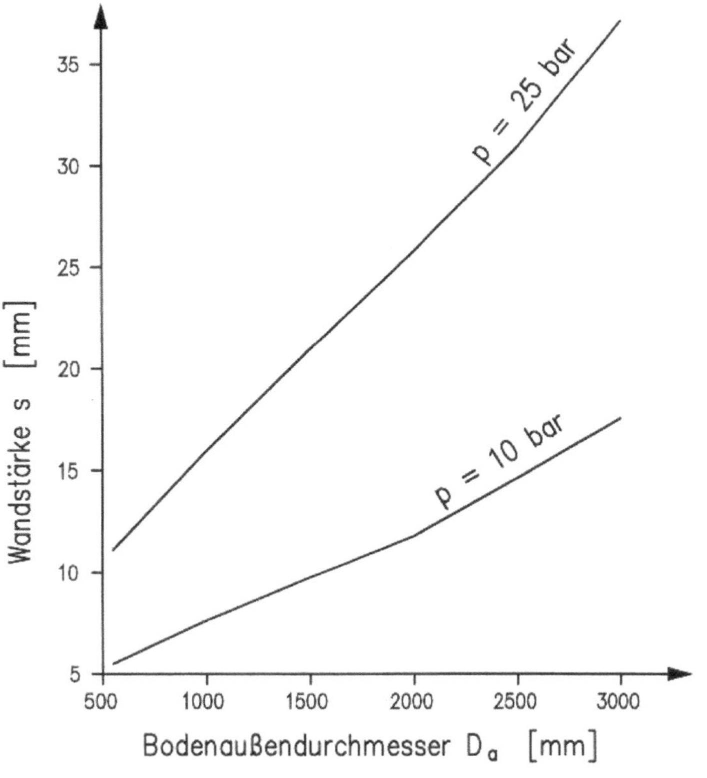

In **Bild 13.2.1** ist die Wandstärke eines Klöpperbodens für zwei verschiedene Innendrücke über dem Bodenaußendurchmesser aufgetragen.

Ist der Boden zusätzlich mit einem Stutzen versehen, verändert sich die Berechnung gemäß Beispiel 13.2.2. Wichtig ist hierbei die Stutzenlage. Ist der Stutzen vollständig oder teilweise außerhalb von einem gedachten Kreis von $0{,}6 \cdot D_a$, erhöht sich der Berechnungsbeiwert β. Ist der Stutzen vollständig innerhalb von $0{,}6 \cdot D_a$, braucht er für die Auslegung nicht berücksichtigt werden. In **Bild 13.2.3** ist zu sehen wie sich die Wandstärke des Bodens mit einem Stutzen DN 200 außerhalb $0{,}6 \cdot D_a$ in Abhängigkeit vom Außendurchmesser erhöht.

In **Bild 13.2.4** sind die Wandstärken für das Mantelrohr und einen Klöpperboden mit Stutzen DN 200 bzw. ohne Stutzen für einen Innendruck von 10 bar in Abhängigkeit vom Außendurchmesser dargestellt.

Bei großen Innendrücken kann die Verwendung von Korbbogenböden von Vorteil sein (**Bild 13.2.5**). Aufgrund der unterschiedlichen Geometrie ergeben sich im Vergleich zu den häufig verwendeten Klöpperböden geringere Wandstärken.

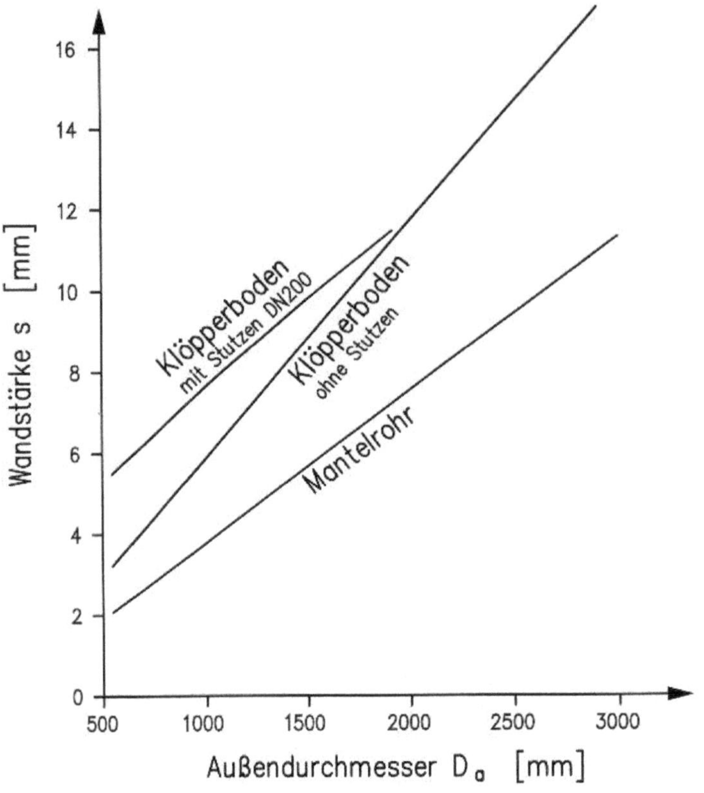

Bild 13.2.4: Wandstärke s in Abhängigkeit vom Außendurchmesser D_a für Mantelrohr und Klöpperböden
p = 10 bar
Festigkeitskennwert
K = 198 N/mm²
Sicherheitsbeiwert S = 1,5
Schweißnahtfaktor v = 1
Zuschläge $c_1 = 0$ und $c_2 = 0$

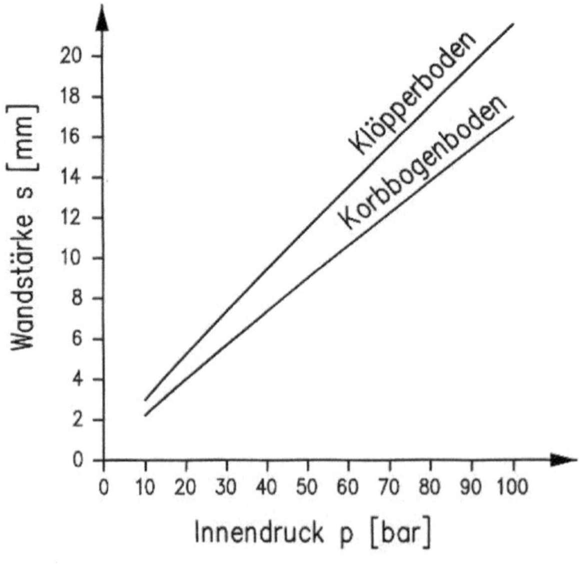

Bild 13.2.5: Wandstärke s von Klöpperböden und Korbbogenböden in Abhängigkeit vom Innendruck
Klöpperboden $R = D_a$
$r = 0{,}1 \cdot D_a$
Korbbogenboden $R = 0{,}8 \cdot D_a$
$r = 0{,}154 \cdot D_a$
Bodenaußendurchmesser D_a = 508 mm
Festigkeitskennwert K = 198 N/mm²
Sicherheitsbeiwert S = 1,5

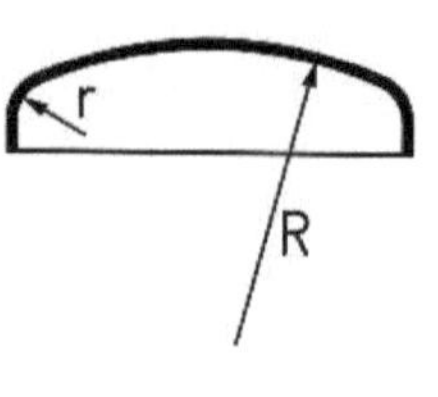

13.3 Berechnung der Rohrbodenwandstärke für Druckbelastung nach AD-Merkblatt B5

Die Gestaltung der Rohrböden kann auf unterschiedlichste Art und Weise erfolgen. Hier wird die Berechnung an zwei grundsätzlich verschiedenen Varianten gezeigt.

- zwei feste Rohrböden
- ein Rohrboden mit U-Rohren

13.3.1 Berechnung der Wandstärke für zwei feste Rohrböden

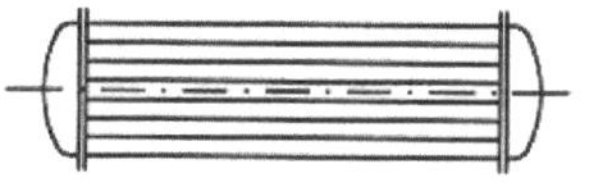

Ausschlaggebend für den weiteren Rechnungsweg ist der Vergleich Rohrkraft F_R zu Knickkraft F_K. Ist die Rohrkraft F_R kleiner als die Knickkraft F_K, erfolgt die Dimensionierung des Rohrbodens nach Formel [1]. Ist $F_R > F_K$, muss mit Formel [2] gerechnet werden.

Hierbei sind F_R und F_K wie folgt definiert:

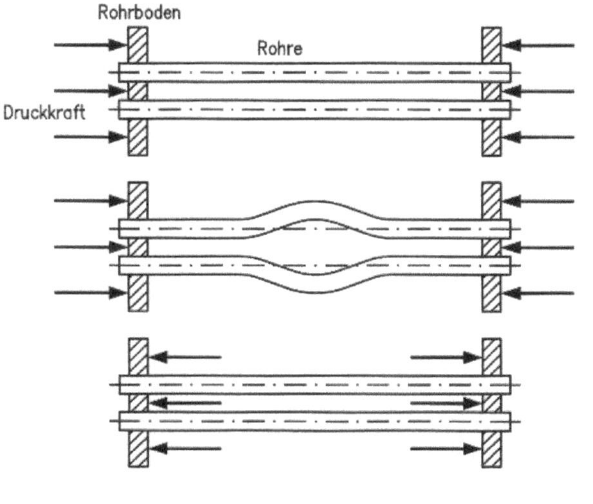

Rohrkraft F_R:
Druckkraft auf die einzelnen Innenrohre, hervorgerufen durch die Druckbelastung der Rohrböden.

Knickkraft F_K:
Grenzkraft, bei der die Innenrohre in Abhängigkeit von der freien Knicklänge l_K seitlich ausknicken. Die freie Knicklänge l_K ist definiert als der zweifache Umlenkblechabstand.

$F_R < F_K$ $$s = 0{,}4 \cdot d_2 \cdot \sqrt{\frac{p \cdot S}{10 \cdot K}} + c_1 + c_2 \qquad [1]$$

$F_R > F_K$ $$s = C \cdot \sqrt{\frac{D_1^2 - n \cdot d_i^2}{v} \cdot \frac{p \cdot S}{10 \cdot K}} + c_1 + c_2 \qquad [2]$$

Knickkraft $$F_K = \frac{\pi^2 \cdot E \cdot J}{l_K^2 \cdot 3{,}0} \quad [N]$$

Rohrkraft $$F_R = p \cdot \frac{D_i^2 \cdot \pi}{40 \cdot n} \quad [N]$$

Das Beispiel 13.3.1 ist für zwei eingeschweißte Rohrböden DN 500 mit 164 Rohren 25 · 2 mm gerechnet.

Wegen der großen Knicklänge l_K von 2500 mm ist $F_R > F_K$ und die Wandstärke des Rohrbodens muss mit Formel [2] berechnet werden. Es ergibt sich eine sehr hohe Wandstärke von 33,3 mm. In der Praxis ist l_K jedoch deutlich kleiner (2 · Umlenkblechabstand), so dass im Normalfall mit Formel [1] gerechnet werden kann. Für das Beispiel würde die Berechnung nach Formel [1] eine Rohrbodenwandstärke von 3,7 mm ergeben. Die gewählte Rohrbodenwandstärke sollte in etwa dem Außendurchmesser der Innenrohre entsprechen, damit die Rohre problemlos eingeschweißt werden können.

Beispiel 13.3.1: Eingeschweißter Rohrboden, ∅ 500 mm, 164 Rohre 25 · 2 mm

Berechnungsbeiwert $C = 0{,}4$ | Berechnungsdurchmesser $D_1 = 500$ mm

Elastizitätsmodul $E = 205000$ N/mm²

Trägheitsmoment der Rohre $J = 9628$ mm⁴ | Festigkeitskennwert $K = 198$ N/mm²

freie Knicklänge der Rohre $l_K = 2500$ mm | Innendruck $p = 10$ bar

Sicherheitsbeiwert $S = 1{,}5$ | Teilung $t = 32$ mm

Verschwächungsbeiwert $v = 0{,}22$

Wanddickenunterschreitung $c_1 = 1$ mm | Abnutzungszuschlag $c_2 = 1$ mm

Knickkraft $$F_K = \frac{\pi^2 \cdot 205000 \cdot 9628}{2500^2 \cdot 3{,}0} = 1039 \text{ N}$$

Rohrkraft $$F_R = 10 \cdot \frac{500^2 \cdot \pi}{40 \cdot 164} = 1197 \text{ N}$$

Wandstärke des Rohrbodens

$F_R > F_K$ 1197 N > 1039 N

$$s = 0{,}4 \cdot \sqrt{\frac{500^2 - 164 \cdot 21^2}{0{,}22} \cdot \frac{10 \cdot 1{,}5}{10 \cdot 198}} + 1 + 1 = 33{,}3 \text{ mm}$$

Die auftretenden Thermospannungen dürfen bei der Ausführung des Wärmetauschers mit zwei festen Rohrböden auf keinen Fall vernachlässigt werden. In **Tabelle 13.2.1** sind zulässige Temperaturdifferenzen zwischen den Rohren und dem Mantel angegeben.

Rohre und Mantel aus Stahl: $\Delta t_{zul} = 42$ K

Rohre und Mantel aus Edelstahl: $\Delta t_{zul} = 30$ K

Werden diese zulässigen Temperaturdifferenzen überschritten, treten zu hohe Spannungen auf. Dieses kann durch den Einbau eines Kompensators im Mantel oder durch eine Aufteilung der Temperaturdifferenzen auf zwei oder mehrere Apparate vermieden werden.

Tabelle 13.3.1: Thermospannung (AD-Merkblatt S3/0) und zulässige Temperaturdifferenzen zwischen Rohren und Mantel

<table>
<tr><th colspan="2">Thermospannung</th></tr>
<tr><td colspan="2">$\alpha_M \cdot \vartheta_M - \alpha_R \cdot \vartheta_R \geq 5 \cdot 10^{-4}$
α_R = Längenausdehnungskoeffizient der Rohre [K^{-1}]
α_M = Längenausdehnungskoeffizient des Mantels [K^{-1}]
ϑ_R = Temperatur der Rohre [K^{-1}]
ϑ_M = Temperatur des Mantels [K^{-1}]</td></tr>
<tr><th colspan="2">Zulässige Temperaturdifferenzen zwischen Rohren und Mantel</th></tr>
<tr><td>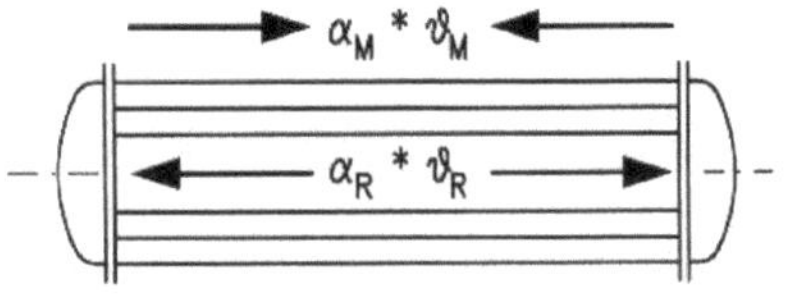
</td><td>$\Delta\vartheta$</td></tr>
<tr><td>Rohre und Mantel aus Stahl
$\alpha_R = \alpha_M = 12 \cdot 10^{-6}\ K^{-1}$</td><td>42 K</td></tr>
<tr><td>Rohre und Mantel aus Edelstahl
$\alpha_R = \alpha_M = 17 \cdot 10^{-6}\ K^{-1}$</td><td>30 K</td></tr>
</table>

Die auftretenden Wärmespannungen im Mantel und in den Rohren können gemäß AD-Merkblatt S3/0 wie folgt exakt berechnet werden:

Wärmespannungen im Mantel
$$\sigma_{\vartheta M} = \frac{\alpha_R \cdot \vartheta_R - \alpha_M \cdot \vartheta_M}{\frac{1}{E_M} + \frac{A_M}{A_R \cdot E_R}}$$

Wärmespannungen in den Rohren
$$\sigma_{\vartheta R} = \frac{\alpha_M \cdot \vartheta_M - \alpha_R \cdot \vartheta_R}{\frac{1}{E_R} + \frac{A_R}{A_M \cdot E_M}}$$

α_R = Längenausdehnungskoeffizient der Rohre [K^{-1}]
α_M = Längenausdehnungskoeffizient des Mantels [K^{-1}]
ϑ_R = Temperatur der Rohre [K^{-1}]
ϑ_M = Temperatur des Mantels [K^{-1}]
E_R = Elastizitätsmodul der Rohre [N/mm^2]
E_M = Elastizitätsmodul des Mantels [N/mm^2]
A_R = Querschnittsfläche der Rohre [mm^2]
A_M = Querschnittsfläche des Mantels [mm^2]

Tabelle 13.2.2: Thermospannungen σ_ϑ für Rohre und Mantel bei $\alpha_R = \alpha_M$, $E_R = E_M$ und $A_R = A_M$

$\sigma_\vartheta = \frac{E \cdot \alpha \cdot \Delta\vartheta}{2}$	**$\Delta\vartheta = 40$ K**	**$\Delta\vartheta = 100$ K**
Rohre und Mantel aus Stahl $\alpha = 12 \cdot 10^{-6}\ K^{-1}$ $E = 205000\ N/mm^2$	49 N/mm^2	123 N/mm^2
Rohre und Mantel aus Edelstahl $\alpha = 17 \cdot 10^{-6}\ K^{-1}$ $E = 195000\ N/mm^2$	66 N/mm^2	166 N/mm^2

Unter der Annahme, dass die Längenausdehnungskoeffizienten, die Elastizitätsmodule sowie die Querschnittsflächen auf der Rohr- und Mantelseite gleich sind, erhält man die stark vereinfachte Gleichung

$$\sigma_\vartheta = \frac{E \cdot \alpha \cdot \Delta\vartheta}{2} \quad \text{bei } \alpha_R = \alpha_M,\ E_R = E_M \text{ und } A_R = A_M.$$

Mit dieser Formel kann man schnell eine überschlägige Größe für die Thermospannung ermitteln. **Tabelle 13.2.2** zeigt, dass die Thermospannungen für ein Δt von 100 K die zulässigen Spannungen der gängigen Werkstoffe überschreiten.

Für den Mantel muss nach Beispiel 13.3.2. die Vergleichsspannung σ_V ermittelt werden. Diese setzt sich aus der Summe der Innendruckspannung und der Thermospannung zusammen. Die Auslegung ist richtig, wenn die Vergleichsspannung σ_V kleiner ist als der Festigkeitskennwert K geteilt durch den Sicherheitsbeiwert S.

Beispiel 13.3.2: Spannung σ_p aus Innendruck für den Mantel

Innendruck p = 10 bar — Wandstärke s = 2,6 mm

Mantelinnendurchmesser D_i = 500 mm — Mantelaußendurchmesser D_a = 508 mm

$$\sigma_p = \frac{p \cdot D_i^2}{40 \cdot D_a \cdot s} = \frac{10 \cdot 500^2}{40 \cdot 508 \cdot 2{,}6} = 47\ N/mm^2$$

Vergleichsspannung σ_V für den Mantel

$$\sigma_V = \sigma_p + \sigma_\vartheta \le \sigma_{zul} = \frac{K}{S}$$

$$\sigma_V = 47 + 49 = 96\ N/mm^2 \le \frac{198}{1{,}5} = 132\ N/mm^2$$

13.3.2 Berechnung der Wandstärke für einen Rohrboden mit U-Rohren

Bei Wärmetauschern mit einer großen Temperaturdifferenz werden zur Vermeidung der Thermospannungen häufig U-Rohre eingesetzt. Die Rohre können sich frei ausdehnen, da sie nur in einem Rohrboden verankert sind. Der Rechengang zur Ermittlung der Rohrbodenwandstärke ist im Folgenden dargestellt:

$$s = C \cdot D_1 \cdot \sqrt{\frac{p \cdot S}{10 \cdot K \cdot v}} + c_1 + c_2$$

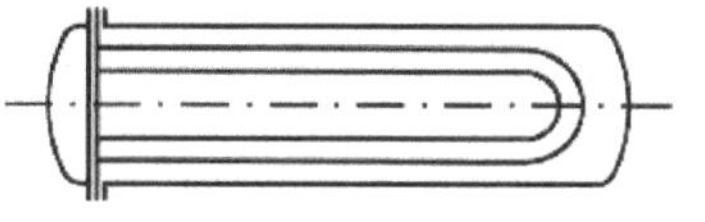

Beispiel 13.3.3: Berechnung der Wandstärke s für den Rohrboden eines U-Rohr-Apparates

Berechnungsdurchmesser $D_i = 500$ mm

Festigkeitskennwert $K = 198$ N/mm^2

Verschwächungsbeiwert $v = 0{,}22$

Wanddickenunterschreitung $c_1 = 1$ mm

Innendruck $p = 10$ bar

Sicherheitsbeiwert $S = 1{,}5$

Berechnungsbeiwert $C = 0{,}4$

Abnutzungszuschlag $c_2 = 1$ mm

$$s = 0{,}4 \cdot 500 \cdot \sqrt{\frac{10 \cdot 1{,}5}{10 \cdot 198 \cdot 0{,}22}} + 1 + 1 = 39{,}1 \text{ mm}$$

Gewählt: Rohrboden 40 mm Wandstärke

Die berechnete Wandstärke von s = 39,1 mm ist größer als in Beispiel 13.3.1. Der Grund dafür ist ein Abstützungseffekt der Rohre bei zwei festen Rohrböden. Dieser Effekt fehlt bei nur einem Rohrboden. Deshalb müssen Rohrböden von U-Rohr-Apparaten eine größere Wandstärke haben.

13.4 Berechnung der Wärmetauscherinnenrohre auf inneren und äußeren Überdruck nach AD-Merkblatt B11

Die Wärmetauscherrohre werden von der Rohr- und Mantelseite mit Druck beaufschlagt. Für beide Druckbelastungen wird die Berechnung wie in Beispiel 13.4.1 beschrieben durchgeführt. Die Formel ist identisch mit der in AD-Merkblatt B1 angegebenen Berechnungsmethode für die Mantelberechnung auf Innendruckbelastung. Für die kleineren Durchmesser der Wärmetauscherrohre ist die Auslegung für Innendruckbelastung maßgebend. Die Berechnung auf Außendruckbelastung kann vernachlässigt werden. Wärmetauscherrohre können abweichend von den übrigen Berechnungen ohne Abnutzungszuschlag ($c_2 = 0$) ausgeführt werden, damit der Wärmedurchgang nicht unnötig verschlechtert wird.

Beispiel 13.4.1: Berechnung der Wandstärke s der Innenrohre für inneren und äußeren Überdruck gemäß AD-Merkblatt B11

Rohraußendurchmesser $D_a = 25$ mm

innerer und äußerer Überdruck $p = 10$ bar

Festigkeitskennwert $K = 198$ N/mm^2

Sicherheitsbeiwert $S = 1{,}5$

Schweißnahtfaktor $v = 1$

Wanddickenunterschreitung $c_1 = 0{,}2$ mm

Abnutzungszuschlag $c_2 = 0$ mm

$$s = \frac{D_a \cdot p}{20 \cdot \frac{K}{S} \cdot v + p} + c_1 + c_2 \quad [\text{mm}]$$

$$s = \frac{25 \cdot 10}{20 \cdot \frac{198}{1{,}5} \cdot 1 + 10} + 0{,}2 = 0{,}3 \text{ mm}$$

Gewählt: Innenrohre 25 · 1 mm

13.5 Berücksichtigung der Stutzen im Mantel nach AD-Merkblatt B9

Die im Mantel eingesetzten Stutzen führen zu einer Verschwächung des Mantelbleches. Deshalb muss im Bereich der Stutzen die Wandstärke s_A des Mantels berechnet werden.

$$s_A = \frac{D_a \cdot p}{20 \cdot \frac{K}{S} \cdot v_A + p} + c_1 + c_2 \quad [\text{mm}]$$

Neben den bereits bekannten Größen geht in die Berechnung der Verschwächungsbeiwert v_A ein. Mit Hilfe von Bild 7b aus AD-B9 kann der v_A-Wert grafisch ermittelt werden.

Im Beispiel 13.5.1 wird für einen Stutzen DN 100 im Mantel DN 500 bei 10 bar Innendruck eine Mindestwandstärke von s = 5,2 mm ausgerechnet. Das Beispiel 13.1.1 für die Mantelrohrberechnung ergab eine geringere Wandstärke von 3,65 mm. Bestimmend für die Dimensionierung des Mantels ist also die Berechnung mit Stutzen nach AD-B9. In **Bild 13.5.1** sind die Mantelwandstärken für verschiedene Stutzengrößen über dem Innendruck aufgetragen.

Beispiel 13.5.1: Berechnung der verschwächten Wandstärke des Mantelrohres s_A im Bereich eines Stutzens gemäß AD-Merkblatt B9

Stutzen DN 100 (114,3 · 3,6)	Mantelrohr DN 500
Mantelaußendurchmesser $D_a = 508$ mm	Innendruck $p = 10$ bar
Festigkeitskennwert $K = 198$ N/mm^2	Sicherheitsbeiwert $S = 1{,}5$
Wanddickenunterschreitung $c_1 = 0{,}4$ mm	Abnutzungszuschlag $c_2 = 1$ mm

Verschwächungsbeiwert $v_A = 0{,}57$ (aus AD-B9, Bild 7b)

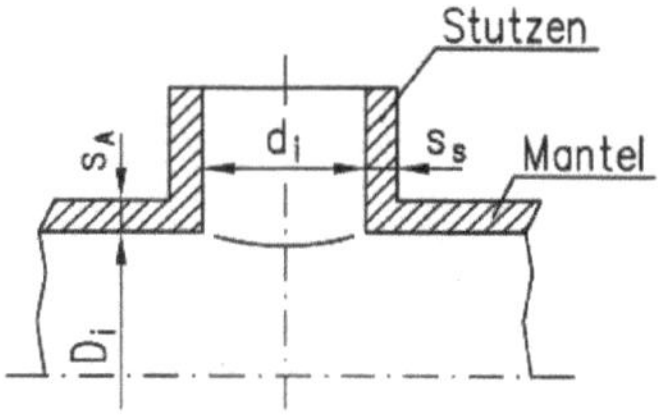

$$s = \frac{508 \cdot 10}{20 \cdot \frac{198}{1{,}5} \cdot 0{,}57 + 10} + 0{,}4 + 1 = 5{,}2 \text{ mm}$$

Gewählt: Mantelrohr 508 · 6 mm

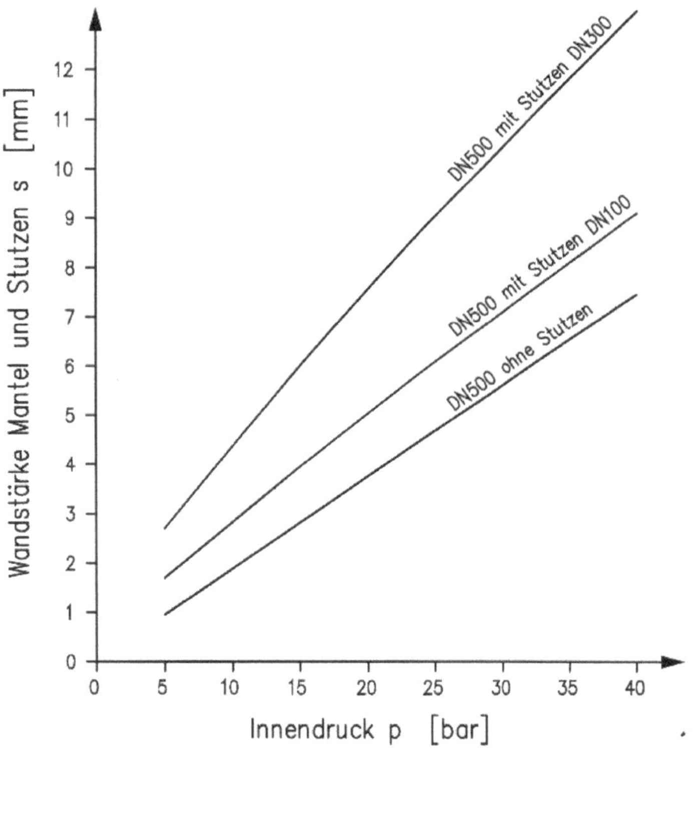

Bild 13.5.1: Wandstärke s des Mantelrohres in Abhängigkeit vom Innendruck für verschiedene Stutzengrößen
Mantelrohr ∅ $D_a = 500$ mm
Festigkeitskennwert
$K = 198$ N/mm^2
Sicherheitsbeiwert $S = 1{,}5$
Schweißnahtfaktor $v = 1$
Zuschläge $c_1 = 0$ und $c_2 = 0$

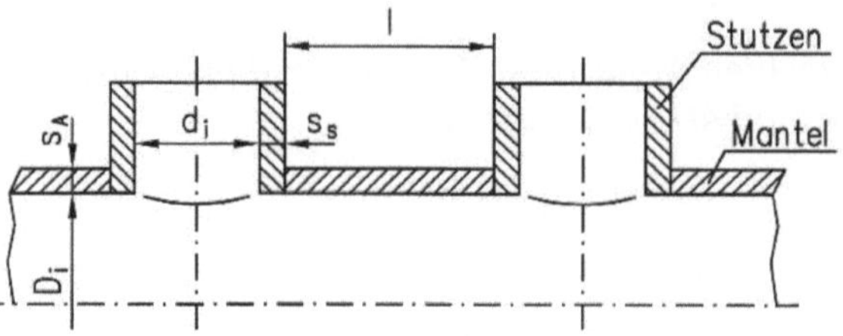

Bild 13.5.2: Gegenseitige Beeinflussung von mehreren Stutzen auf dem Mantel

Ein Sonderfall tritt bei der Stutzenberechnung auf, wenn mehrere Stutzen dicht nebeneinander angeordnet sind. Es muss geprüft werden, ob eine gegenseitige Beeinflussung der Stutzen vorliegt. Hierzu wird als bestimmende Größe der Abstand l mit folgender Formel ermittelt:

$$l \geq 2 \cdot \sqrt{(D_i + s_A - c_1 - c_2) \cdot (s_A - c_1 - c_2)}$$

Wenn der Abstand l den Grenzwert nach der Formel unterschreitet, muss der Mantel verstärkt werden. Im Beispiel 13.5.2 ist eine zusätzliche Verstärkung des Mantelbleches nötig, wenn $l < 235$ mm ist.

Beispiel 13.5.2: Berechnung des Abstands l zwischen zwei Stutzen

Mantelrohrdurchmesser $D_i = 972$ mm Stutzen 2 · DN 300

Wandstärke des Mantelrohres im Stutzenbereich $s_A = 14$ mm

Wandstärke des Stutzens $s_S = 12$ mm

$$l \geq 2 \cdot \sqrt{(972 + 14) \cdot 14} = 235 \text{ mm}$$

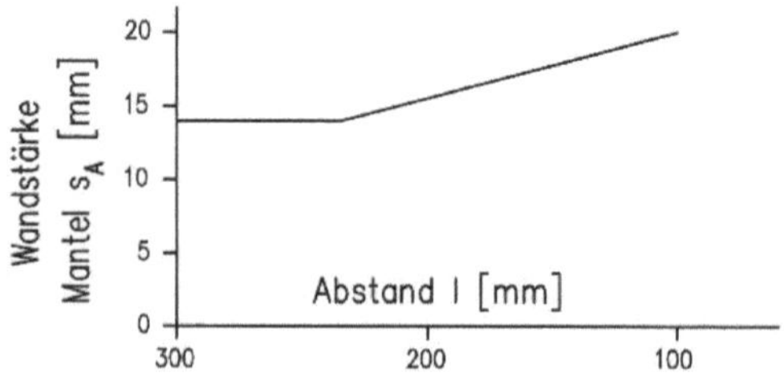

13.6 Berechnung der Mantelwandstärke bei Außendruckbelastung nach AD-Merkblatt B6

In der Praxis ist die Dimensionierung eines Wärmetauschers auf äußeren Überdruck sehr selten. Wird der Apparat im Vakuum betrieben muss die Wandstärke für 1 bar äußeren Über-

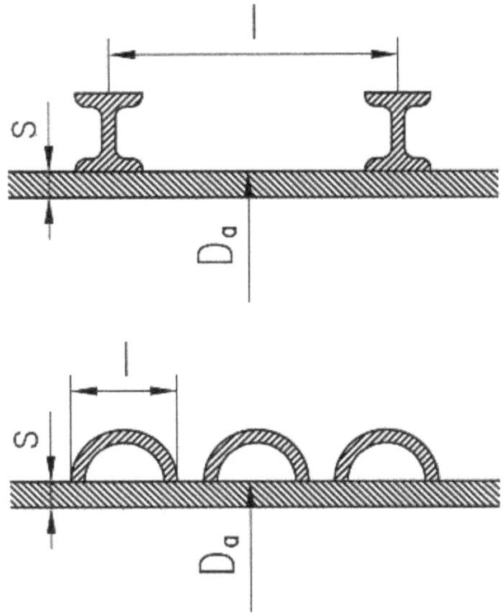

Bild 13.6.1: Profilringe (oben) und Halbrohre (unten) als Verstärkung gegen elastisches Einbeulen und plastisches Verformen

druck berechnet werden. Hierbei ergeben sich nur geringe Wandstärken, die kaum bestimmend für die Auslegung sind.

Dagegen ist die Berechnung auf äußeren Überdruck bei der Dimensionierung von außenbeheizten Rührbehältern von großer Bedeutung. Wenn der Doppelmantel bzw. die Halbrohrspirale für Heizdampf mit 10 bar ausgelegt ist, muss die Wandstärke des Rührbehälters für diesen äußeren Überdruck berechnet werden. Von entscheidender Bedeutung ist die Beullänge l. Bei einer Halbrohrspirale ist l der Außendurchmesser des Halbrohres (**Bild 13.6.1**). Für einen Doppelmantel ist die Beullänge die gesamte zylindrische Länge des Mantels. Diese lässt sich durch Aufbringen von Profilringen (siehe Bild 13.6.1) verkürzen.

Die Berechnung erfolgt gegen

- elastisches Einbeulen und
- plastisches Verformen

Die größte ermittelte Wandstärke ist ausschlaggebend.

13.6.1 Berechnung der Wandstärke gegen elastisches Einbeulen

Wird der Behältermantel mit äußerem Überdruck beaufschlagt, bilden sich auf den Umfang verteilt Einbeulwellen, die mit Wegfall der Druckbeanspruchung wieder verschwinden.

Es ist nicht möglich, die Wandstärke direkt zu berechnen. Es kann nur für eine vorgegebene Wandstärke der maximal zulässige äußere Überdruck p ermittelt werden. Vorab muss die Anzahl der am Umfang auftretenden Einbeulwellen n berechnet werden:

$$p = \frac{E}{S_K} \left\{ \frac{20}{(n^2-1) \cdot \left[1 + \left(\frac{n}{z}\right)^2\right]^2} \cdot \frac{s - c_1 - c_2}{D_a} + \frac{80}{12 \cdot (1 - \nu^2)} \cdot \left[\frac{20}{(n^2-1) \cdot \left[1 + \left(\frac{n}{z}\right)^2\right]^2} \right] \cdot \left[\frac{s - c_1 - c_2}{D_a} \right]^3 \right\}$$

Hilfswert $z = 0{,}5 \cdot \frac{D_a \cdot \pi}{l}$

Anzahl der Einbeulwellen $n = 1{,}63 \cdot \sqrt[4]{\frac{D_a{}^3}{l^2 \cdot (s - c_1 - c_2)}}$, Bedingung: n ganzzahlig, $n \geq 2$, $n > Z$

E = Elastizitätsmodul (Stahl 20 °C: 210000 N/mm²)
S_K = Sicherheitsbeiwert gegen elastisches Einbeulen = 3
ν = Querkontraktionszahl = 0,3
D_a = Mantelaußendurchmesser
p = Außendruck

13.6.2 Berechnung gegen plastisches Verformen

Ist das Verhältnis Mantelaußendurchmesser **D_a zu Beullänge $l \leq 5$**, muss mit folgender Formel gerechnet werden:

$$s = \frac{p \cdot D_a \cdot S}{40 \cdot K} + \sqrt{\frac{p^2 \cdot D_a{}^2 \cdot S^2}{1600 \cdot K^2} + \frac{1{,}5 \cdot u \cdot [1 - 0{,}2 \cdot (D_a / l)] \cdot p \cdot D_a{}^2 \cdot S}{2000 \cdot K}} + c_1 + c_2$$

Ist das Verhältnis **D_a zu $l > 5$**, erfolgt die Berechnung mit den nachfolgenden beiden Formeln, wobei der kleinere Wert für die Wandstärke ausschlaggebend ist.

$$s = \frac{p \cdot D_a \cdot S}{20 \cdot K} + c_1 + c_2$$

$$s = l \cdot \sqrt{\frac{p \cdot S}{30 \cdot K}} + c_1 + c_2$$

Der kleinere Wert für s ist maßgebend

S = Sicherheitsbeiwert (1,6 für Stahl)
K = Festigkeitskennwert
p = Außendruck
D_a = Mantelaußendurchmesser
l = Beullänge
u = Unrundheit (1,5 %)

Bild 13.6.2: Wandstärke s in Abhängigkeit von der Beullänge l für Mäntel unter äußerem Überdruck; Außendruck p = 8 bar, Außendurchmesser, D_a = 1000 mm, Festigkeitskennwert K = 198 N/mm², Querkontraktionszahl ν = 0,3, E-Modul E = 210000 N/mm², Sicherheitsbeiwert S = 1,6, Unrundheit u = 1,5 %, Zuschläge $c_1 = 0$ und $c_2 = 0$

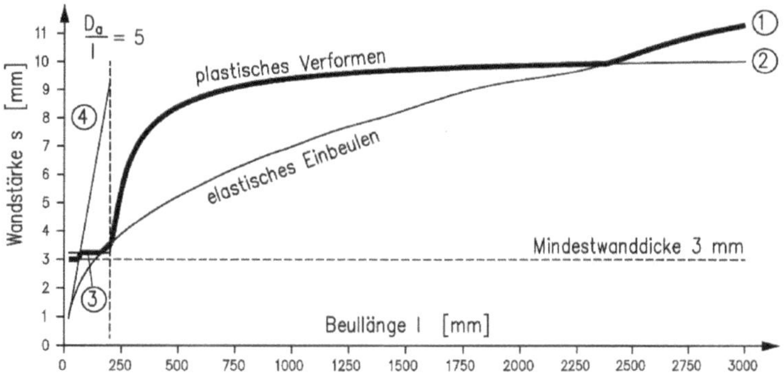

Bild 13.6.2 zeigt das Ergebnis der gesamten Berechnung beispielhaft für einen äußeren Überdruck von 8 bar und einen Mantelaußendurchmesser von 1000 mm. Aufgetragen ist die Wandstärke für die verschiedenen Formeln als Funktion der Beullänge. Es ergibt sich die dick eingezeichnete Grenzkurve als Mindestwandstärke des Mantels. Eine wirksame Reduzierung der Wandstärke kann nur durch eine Verkürzung der Beullänge unter 200 mm erreicht werden.

Aus **Bild 13.6.3** wird der starke Einfluss der Beullänge auf die Behälterwandstärke ersichtlich. Für einen Rührbehälter mit Doppelmantel werden schon bei Drücken von 10 bar Wandstärken über 20 mm erreicht. Wenn Halbrohre eingesetzt werden, ist die erforderliche Wandstärke wegen der kleinen Beullänge deutlich geringer.

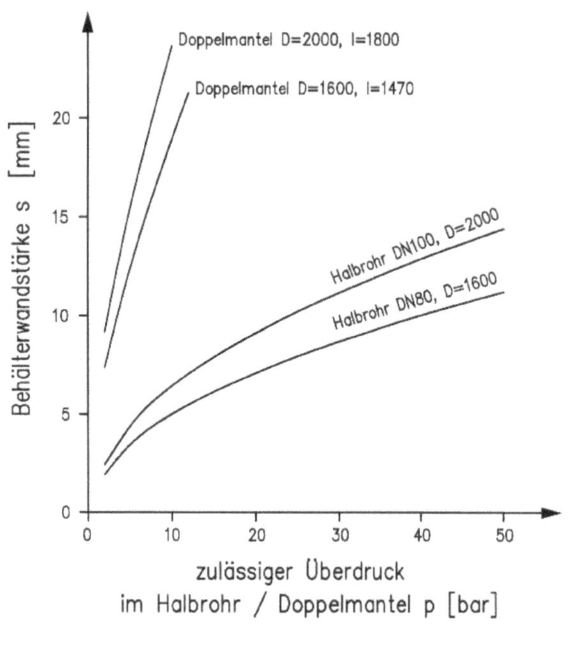

Bild 13.6.3: Einfluss des Heizwandrohrdruckes auf die Rührbehälterwandstärke für Halbrohre und Doppelmantel, Temperatur 200 °C, Werkstoff 1.4541

13.7 Dimensionierung der Schrauben an den Flanschverbindungen nach AD-Merkblatt B7

Berechnet wird der erforderliche Kerndurchmesser der Schrauben für den Betriebszustand und den Einbauzustand.

Zunächst berechnet man die Mindestschraubenkraft F_{SB} für den Betriebszustand, d. h. unter Druckbelastung. F_{SB} setzt sich aus der Rohrkraft F_{RB}, der Kraft auf den Flansch F_{FB} und der erforderlichen Dichtungskraft F_{DB} zusammen:

$$F_{SB} = F_{RB} + F_{FB} + F_{DB}$$

Die Einzelkräfte sind wie folgt definiert:

Rohrkraft F_{RB}: Kraft, verursacht durch den Innendruck, die versucht die Flanschverbindung auseinanderzuziehen

$$F_{RB} = \frac{p \cdot \pi \cdot d_i^2}{40}$$

Kraft F_{FB} auf den Flansch: Innendruckkraft die am Flanschrand bis zur Mitte der Dichtung auftritt

$$F_{FB} = \frac{p \cdot \pi \cdot (d_D^2 - d_i^2)}{40}$$

Dichtungskraft F_{DB}: Mindestkraft um im Betriebszustand eine sichere Dichtigkeit zu gewährleisten mit dem Dichtungskennwert K_1

$$F_{DB} = \frac{p}{10} \cdot \pi \cdot d_D \cdot 1{,}2 \cdot K_1$$

Anschließend wird die Mindestschraubenkraft F_{DV} für den Einbauzustand ermittelt:

$$F_{DV} = \pi \cdot d_D \cdot K_0 \cdot K_D$$

Wenn $F_{DV} > F_{SB}$, dann $F_{DV}^* = 0{,}2 \cdot F_{DV} + 0{,}8 \cdot \sqrt{F_{SB} \cdot F_{DV}}$

Mit den nachfolgenden Formeln berechnet man den Kerndurchmesser der Schrauben für den Einbau- und den Betriebszustand. In den Formeln müssen die vorher ermittelten Mindestschraubenkräfte eingesetzt werden.

Betriebszustand: $d_K = Z \cdot \sqrt{\frac{F_{SB}}{K \cdot n}} + c_5$

Einbauzustand: $d_K = Z \cdot \sqrt{\frac{F_{DV}}{K_{20} \cdot n}}$

Bild 13.7.1:

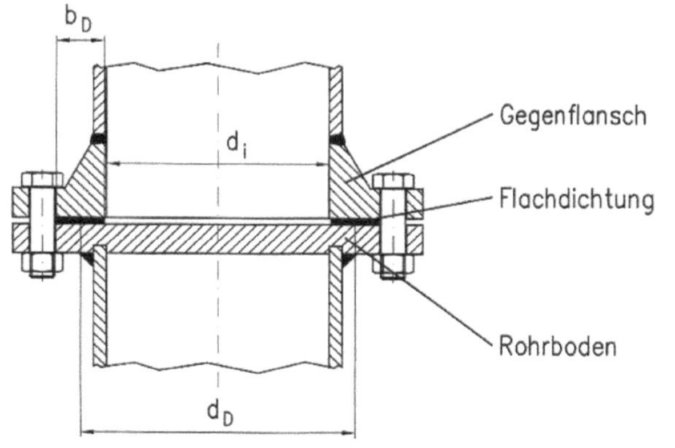

$$Z = \sqrt{\frac{4 \cdot S}{\pi \cdot \varphi}}$$

Beispiel 13.7.1 zeigt die Schraubenberechnung am Beispiel der Flanschverbindung Rohrboden–Eintrittskammer DN 500 eines Wärmetauschers für einen Betriebsdruck von 10 bar. Eingesetzt werden Schrauben aus dem Werkstoff 4.6. Die ermittelten Kerndurchmesser der Schrauben $d_K = 18{,}1$ mm für den Betriebszustand und $d_K = 16{,}8$ mm für den Einbauzustand sind geringer als der vorgesehene Schraubenkerndurchmesser $d_K = 19{,}7$ mm für M24.

Beispiel 13.7.1: Berechnung des erforderlichen Schraubendurchmessers an der Flanschverbindung Rohrboden–Eintrittskammer DN 500

Druck $p = 10$ bar | Rohrinnendurchmesser $d_i = 500$ mm

Mittl. Dichtungsdurchmesser $d_D = 534$ mm | Dichtungsbreite $b_D = 24$ mm

Dichtungskennwert $K_1 = 1{,}3 \cdot b_D$ | Dichtungskennwert $K_0 \cdot K_D = 10 \cdot b_D$

Hilfswert $\varphi = 0{,}75$

Sicherheitsbeiwert $S = 1{,}8$ (Vollschaftschrauben (z. B. DIN 931)

Festigkeitskennwert der Schrauben $K = 192$ N/mm² (Werkstoff 4.6, 80-prozentige Ausnutzung der Streckgrenze)

Anzahl der Schrauben $n = 20$ | Korrosionszuschlag $c_5 = 3$ mm

Rohrkraft FRB für den Betriebszustand (Druck):

$$F_{RB} = \frac{10 \cdot \pi \cdot 500^2}{40} = 196{,}3 \text{ kN}$$

Kraft F_{FB} auf den Flansch für den Betriebszustand (Druck)

$$F_{FB} = \frac{10 \cdot \pi \cdot (534^2 - 500^2)}{40} = 27{,}6 \text{ kN}$$

Erforderliche Dichtungskraft F_{DB} für den Betriebszustand (Druck)

$$F_{DB} = \frac{10}{10} \cdot \pi \cdot 534 \cdot 1{,}2 \cdot 1{,}3 \cdot 24 = 62{,}8 \text{ kN}$$

Mindestschraubenkraft F_{SB} für den Betriebszustand (Druck)

$$F_{SB} = 196{,}3 + 27{,}6 + 62{,}8 = 286{,}7 \text{ kN}$$

Mindestschraubenkraft F_{DV} für den Einbauzustand (Druck)

$$F_{DV} = \pi \cdot 534 \cdot 10 \cdot 24 = 402{,}6 \text{ kN}$$

$F_{DV} > F_{SB}$ 402 kN > 286,7 kN

$\rightarrow \quad F_{DV}^* = 0{,}2 \cdot 402{,}6 + 0{,}8 \cdot \sqrt{286{,}7 \cdot 402{,}6} = 352{,}3 \text{ kN}$

Erforderlicher Schraubendurchmesser d_K

$$Z = \sqrt{\frac{4 \cdot 1{,}8}{\pi \cdot 0{,}75}} = 1{,}75$$

Betriebszustand: $d_K = 1{,}75 \cdot \sqrt{\frac{286700}{192 \cdot 20}} + 3 = 18{,}1 \text{ mm}$

Einbauzustand: $d_K = 1{,}75 \cdot \sqrt{\frac{352300}{192 \cdot 20}} = 16{,}8 \text{ mm}$

Gewählt: 20 · M24 Kerndurchmesser $d_K = 19{,}7$ mm

13.8 Dimensionierung der Flansche nach AD-Merkblatt B8

Berechnet wird die erforderliche Höhe des Flanschblattes h_F am Beispiel eines Vorschweißflansches PN 10 bezogen auf zwei verschiedene Querschnitte (**Bild 13.8.1** und **Bild 13.8.2**). Zunächst ermittelt man die Hebelarme a der Schraubenkraft für den Betriebszustand und für den Einbauzustand (Beispiel 13.8.1). Anschließend wird der erforderliche Flanschwiderstand W für den Betriebs- und Einbauzustand mit den Schraubenkräften aus Abschnitt 13.7 berechnet. Mit diesem Flanschwiderstand wird dann die erforderliche Höhe des Flanschblattes h_F dimensioniert. Das Ergebnis zeigt, dass der Flansch nicht ausreichend dimensioniert ist. Es muss ein Flansch PN 16 ausgewählt werden. Anschließend muss die Berechnung ein weiteres Mal für den Querschnitt B–B (Bild 13.8.2) durchgeführt werden (Beispiel 13.8.2).

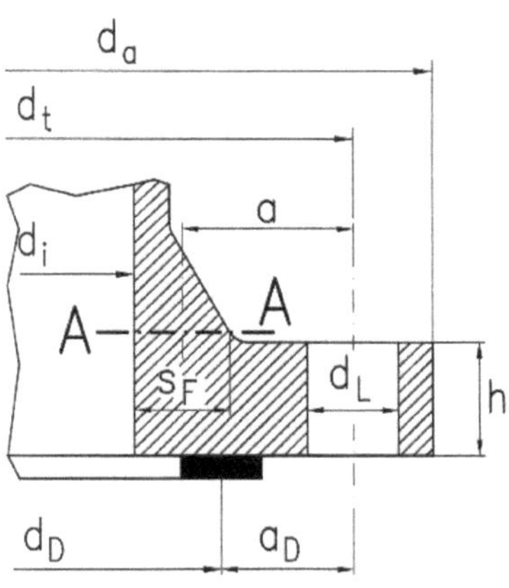

Bild 13.8.1: Vorschweißflansch mit konischem Ansatz, Querschnitt A–A DN 500, PN 10

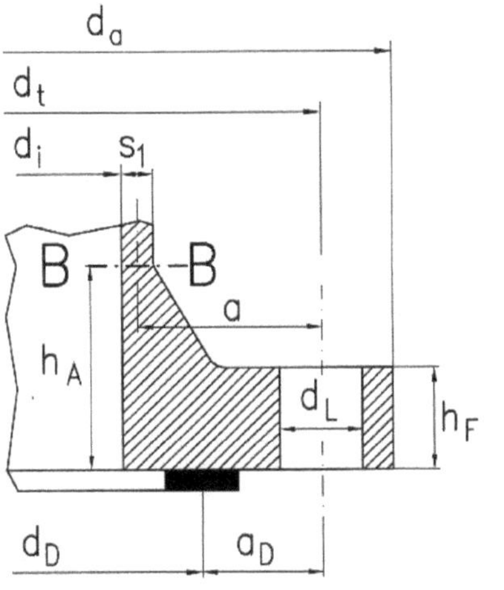

Bild 13.8.2: Vorschweißflansch mit konischem Ansatz, Querschnitt B–B

Beispiel 13.8.1: Berechnung der erforderlichen Höhe des Flanschblattes h_F für den Querschnitt A–A

$d_a = 670$ mm	$d_t = 620$ mm	$d_i = 494$ mm	$d_D = 534$ mm
$K = 198$ N/mm²	$s_1 = 7$ mm	$s_F = 8$ mm	$S = S' = 1{,}5$

Hebelarme a der Schraubenkraft

Betriebszustand: $$a = \frac{d_t - d_i - s_F}{2} = \frac{620 - 494 - 8}{2} = 59 \text{ mm}$$

Einbauzustand: $$a = \frac{d_t - d_D}{2} = \frac{620 - 534}{2} = 43 \text{ mm}$$

Erforderlicher Flanschwiderstand W

Betriebszustand: $$W = \frac{F_{SB} \cdot S}{K} \cdot a = \frac{286700 \cdot 1{,}5}{198} \cdot 59 = 128146 \text{ mm}^3$$

Einbauzustand: $$W = \frac{F_{DV} \cdot S'}{K_{20}} \cdot a_D = \frac{352300 \cdot 1{,}5}{198} \cdot 43 = 114764 \text{ mm}^3$$

mit F_{SB} und F_{DV} aus Beispiel 13.7.1, Berechnung der Mindestschraubenkraft

Rechnerische doppelte Flanschbreite b

$$b = d_a - d_i - 2 \cdot d_L' = 670 - 494 - 2 \cdot 13 = 150 \text{ mm}$$

mit d_L' aus Bild 3 AD-B8

Hilfswert Z

$$Z = (d_i + s_F) \cdot s_F^2 = (494 + 8) \cdot 8^2 = 32128 \text{ mm}^3$$

Erforderliche Höhe des Flanschblattes h_F, Querschnitt A–A

$$h_F = \sqrt{\frac{1{,}27 \cdot W - Z}{b}} = \sqrt{\frac{1{,}27 \cdot 128146 - 32128}{150}} = 29{,}5 \text{ mm}$$

Der gewählte Flansch DN 500, PN 10, DIN 2632: $h_F = 24$ mm ist nicht ausreichend dimensioniert!

→ Flansch PN 16 wählen ($h_F = 30$ mm)!

Beispiel 13.8.2: Berechnung der erforderlichen Höhe des Flanschblattes h_F für den Querschnitt B–B

Daten aus Beispiel 13.8.1

Hebelarme a der Schraubenkraft

Betriebszustand: $$a = \frac{d_t - d_i - s_1}{2} = \frac{620 - 494 - 7}{2} = 59{,}5 \text{ mm}$$

Einbauzustand: $$a = \frac{d_t - d_D}{2} = \frac{620 - 534}{2} = 43 \text{ mm}$$

Erforderlicher Flanschwiderstand W

Betriebszustand: $$W = \frac{F_{SB} \cdot S}{K} \cdot a = \frac{286700 \cdot 1{,}5}{198} \cdot 59{,}5 = 129232 \text{ mm}^3$$

Einbauzustand: $$W = \frac{F_{DV} \cdot S'}{K_{20}} \cdot a_D = \frac{352300 \cdot 1{,}5}{198} \cdot 43 = 114764 \text{ mm}^3$$

mit F_{SB} und F_{DV} aus Beispiel 13.7.1, Berechnung der Mindestschraubenkraft

Rechnerische doppelte Flanschbreite b

$b = d_a - d_i - 2 \cdot d_L' = 670 - 494 - 2 \cdot 13 = 150\ \text{mm}$

mit d_L' aus Bild 3 AD-B8

Hilfswert Z

$$Z_1 = \frac{3}{4}(d_i + s_1) \cdot s_1^2 = \frac{3}{4}(494 + 7) \cdot 7^2 = 18412\ \text{mm}^3$$

Hilfswert B

$B = 0{,}73$ aus Bild 4 AD-B8

Erforderliche Höhe des Flanschblattes h_F, Querschnitt B–B

$$h_F = B \cdot \sqrt{\frac{1{,}27 \cdot W - Z_1}{b}} = 0{,}73 \cdot \sqrt{\frac{1{,}27 \cdot 129232 - 18412}{150}} = 22{,}8\ \text{mm}$$

Schrifttum

Allgemein:

[1] Kern, D. Q.: Process Heat Transfer. McGraw-Hill, New York, 1950

[2] Fraas, A. P.; Ozisik, M. N.: Heat Exchanger Design. John Wiley, New York, 1965

[3] McAdams, W. H.: Heat Transmission. McGraw-Hill, New York, 1954

[4] Perry's Chemical Engineer's Handbook. McGraw-Hill, New York, 1984

[5] Hewitt, G. F.; Shires, G. L.; Bott, T. R.: Process Heat Transfer. CRC Press, Boca Raton, 1994

[6] Lord; Minton; Slusser: Design of Heat Exchangers. Chem. Eng. (1970) Jan.

[7] Chopey, N. P.: Heat Transfer, In: Handbook of Chemical Engineering Calculations. McGraw-Hill, New York, 1993

[8] VDI-Wärmeatlas. 5. Auflage, VDI-Verlag, Düsseldorf, 1988

[9] Hell, F.: Grundlagen der Wärmeübertragung. VDI-Verlag, Düsseldorf, 1982

[10] Tubular Exchanger Manufacturers Association, Inc. (TEMA) (Hrsg.): Standards of the Tubular Exchanger Manufacturers Association (TEMA Standards). 9th Edition, 2007

[11] Rohsenow, W. M.; Hartnett, J. P.: Handbook of Heat Transfer. McGraw-Hill, New York, 1973

[12] Eckert, E. R. G.; Drake, R. M.: Heat and Mass Transfer. McGraw-Hill, New York, 1959

Konvektion:

[13] Sieder, E. N.; Tate, G. E.: Heat Transfer and Pressure Drop of Liquids in Tubes. Ind. Eng. Chem. 28 (1936), S. 1429–1435

[14] Donohue, D. A.: Heat Transfer and Pressure Drop in Heat Exchangers. Ind. Eng. Chem. 41 (1949), S. 2499, sowie Petroleum Refiner 34 (1955), Nr. 10 und Nr. 11

[15] Tinker, T.: Shell-Side Characteristics of Shell and Tube Heat Exchangers. Trans. ASME, Vol. 80 (1958), S. 36 ff

[16] Bell, K. J.: Thermal Design of Heat Transfer Equipment. In: Perry's Chemical Engineer's Handbook. McGraw-Hill, New York, 1973

[17] Grimison, E. D.: Correlation and utilization of new data on flow resistance and heat transfer for cross-flow of gases over tube banks. Trans. ASME 59 (1937), S. 583–594

[18] Jakob, M.: Heat transfer and flow resistance in crossflow of gases over tube banks. Trans. ASME 60 (1938), S. 384–386

[19] Coates, J.; Pressburg, B. S.: Heat Transfer to moving Fluids. Chem. Eng. (1959) Dez.

[20] Jones, A. E.: Thermal Design of the Shell-and-Tube. Chem. Eng. (2002) März

[21] Clarke, L.; Davidson, R. L.: Manual for Process Engineering Calculations. McGraw-Hill, New York, 1962

Kondensation:

[22] Nusselt, W.: Die Oberflächenkondensation des Wasserdampfes. Verein Deutscher Ingenieure, 60 (1916), S. 541–546

[23] Gilmore, G. H.: Chem. Eng. (1953) April

[24] Lord; Minton; Slusser: Design Parameters for Condensers and Reboilers. Chem. Eng. (1970) März

[25] Devore, A.: How to design multitube condensers. Petroleum Refiner 38 (1959) Juni

[26] Hadley, M.: Kondensation binärer Dampfgemische unter dem Einfluß der vollturbulenten Gasströmung. Fortschr. Ber. VDI Reihe 3, Nr. 468, VDI-Verlag, Düsseldorf, 1997

[27] Durand; Guerrero; Ronces: Gravity Effects in Horizontal Condensers. Chem. Eng. (2002) April

Blasensieden:

[28] Mostinski, I. L.: Calculations of heat transfer in boiling liquids. Teploenergetika 10 (1953) Nr. 4

[29] McNelly, M. J.: J. Imp. Coll. Chem. Eng. Soc. 7 (1953) Nr. 18

[30] Starczewski, J.: Heat transfer to nucleate boiling liquids. Brit. Chem. Eng. 10 (1965) Nr. 8

[31] Cooper, M. G.: Saturation nucleate pool boiling. J. Chem. Eng. Symp. Ser. 86 (1984) Nr. 2

Reboiler:

[32] Palen, J. W.; Small, W. M.: Kettle and Internal Reboilers. Hydrocarb. Proc. 43 (1964) Nr. 11

[33] Fair, J. R.: What you need to design thermosiphon reboilers. Petroleum Refiner 39 (1960) Nr. 2

[34] Hughmark, G. A.: Designing thermosiphon reboilers. CEP 57 (1961) Nr. 7, CEP 60 (1964) Nr. 7 und CEP 65 (1969) Nr. 7

[35] Chen, J. C.: Correlation for boiling heat transfer to saturated liquids in convective flow. Ind. Eng. Proc. Des. Dev. 58 (1966) Nr. 3

[36] Fair, J. R.; Klip, A.: Thermal Design of horizontal reboilers. Chem. Eng. Progress 79 (1983) Nr. 3

[37] Love, D. L.: No hassle reboiler selection. Hydroc. Process. (1992) Okt.

[38] Chen, E.: Optimize reboiler design. Hydroc. Process. (2001) Juli

[39] Collins, G. K.: Horizontal thermosiphon reboiler design. Chem. Eng. (1976) Juli

[40] Kern, R.: How to design piping for reboiler systems. Chem. Eng. (1975) Juni

Flash-Berechnungen:

[41] Henley-Seader: Equilibrium-Stage Separation Operations in Chemical Engineering. John Wiley, New York, 1981

[42] Smith, B. D.: Design of Equilibrium Stage Processes. McGraw-Hill, New York, 1963

Rippenrohre:

[43] Kern, D. Q.; Kraus, A. D.: Extended Surface Heat Transfer. McGraw-Hill, New York, 1972

[44] Schmidt, Th. E.: Kältetechnik 18 (1966) Nr. 4, S. 135–138

[45] Kays, W. M.; London, A. L.: Compact Heat Exchangers. McGraw-Hill, New York, 1964

Temperaturdifferenz:

[46] Bowman, R. A.: Ind. Engr. Chem. 28 (1936), S. 541–544

[47] Bowman, R. A.; Mueller, A. C.; Nagle, W. M.: Mean Temperature Difference in Design. Trans. ASME 62 (1940), S. 283–294

[48] Stevens, R. A; Fernandez, J.; Woolf, J. R.: Mean-Temperature difference in one, two and three-pass cross flow heat exchangers. Trans. ASME 79 (1957), S. 287–297

[49] Fisher, F. K.: Mean Temperature Difference Correction in Multipass Exchangers. Ind. Eng. Chem. 30 (1938), S. 377–383

[50] Bowman, J. A.; Turton, R.: Charts for the Performance & Design of Heat Exchangers II. Chem. Eng. (1990) Juli, S. 93–99

[51] Plants, Ch. A.: Chem. Eng. (1992) Juni und Chem. Eng. (1992) Juli

[52] Mukherjes, R.: Chem. Eng. Progress (1996) April und Chem. Eng. Progress (1998) Februar

[53] Fisher, J.; Parker, R. O.: Hydrocarbon Processing (1969) Juli